Mikrobiologie
der Getränke

Die Deutsche Bibliothek — CIP-Einheitsaufnahme

Mikrobiologie der Lebensmittel. — Hamburg: Behr's.

Getränke / Hrsg.: Helmut. H. Dittrich. — 1993
ISBN 3-86022-113-2
NE: Dittrich, Helmut H. (Hrsg.)

Auflage 1993

ISBN 3-86022-113-2

Satz und Druck: K & R Druck GmbH, Uelzen

MIKROBIOLOGIE DER LEBENSMITTEL

GETRÄNKE

Herausgegeben von

Helmut H. Dittrich

unter Mitarbeit von

Werner Back · Siegfried Donhauser

Remigius E. Fresenius · Knut Keding

Wolfgang Schröder

BEHR'S...VERLAG

Vorwort

Getränke erfüllen ein elementares Lebensbedürfnis: Sie stillen den Durst des Menschen. Trinken ist eine physiologische Notwendigkeit, denn alle Stoffwechselvorgänge beruhen auf der Aktivität von Enzymen, die nur in wäßriger Lösung aktiv sind. Deshalb ist für die Körperfunktionen und für das Wohlbefinden des Menschen eine ständige und ausreichende Wasseraufnahme erforderlich.

Getränke befriedigen dieses Erfordernis — wenn auch mit Einschränkungen —, denn abgesehen vom Wasser selbst bestehen sie doch zum größten Teil aus Wasser.

Ein zweiter Aspekt ist nicht weniger wichtig. Sowohl alkoholfreie wie alkoholhaltige Getränke haben auf Grund ihrer jeweiligen Inhaltsstoffe einen spezifischen Genußwert. Der Alkohol, der ausgeprägte physiologische und psychologische Wirkungen verursacht, ist in diesem Sinne ein Inhaltsstoff von besonderer Bedeutung.

Alle diese Gründe führen zu einem beträchtlichen Getränkekonsum. Der Pro-Kopf-Verbrauch im Jahre 1990 betrug in den „alten" Ländern der Bundesrepublik Deutschland: 85 Liter Mineral-, Quell- und Tafelwasser, 85 Liter Erfrischungsgetränke, 39,6 Liter Fruchtsäfte, Nektare und Gemüsesäfte, 143,1 Liter Bier, 21 Liter Wein, 5,1 Liter Sekt und 6,2 Liter Spirituosen. Dies entsprach folgenden Ausgaben in DM: Für Wässer 4,89 Milliarden, für Erfrischungsgetränke 7,40 Milliarden, für Säfte und Nektare 5,44 Milliarden, für Bier 19,63 Milliarden, für Wein 7,82 Milliarden, für Sekt 2,14 und für Spirituosen 7,79 Milliarden. Dies sind insgesamt 55,11 Milliarden DM.

Diese gewaltige Summe veranschaulicht die volkswirtschaftliche Bedeutung der Getränke. Sie macht deutlich, daß diese Getränke so perfekt hergestellt werden müssen, daß sie einen möglichst hohen Genußwert haben und deshalb vom Markt aufgenommen, also getrunken werden. Dazu gehört auch, daß sie diese hohe Qualität bis zum Zeitpunkt des Konsums behalten und sich nicht nachteilig verändern. Nach der Produktion muß ihre Qualität gesichert sein, andernfalls droht Qualitäts- und damit Wertminderung oder sogar der Verderb, der ihren Wertverfall zur Folge hätte.

Dieses Buch behandelt alle einschlägigen mikrobiologischen Fakten. Auch die Qualitätssicherung ist ausführlich beschrieben, weil die Minimierung der Risiken die unbedingte Voraussetzung für den wirtschaftlichen Erfolg ist. Die Basis der Produktion wie auch der Qualitätssicherung sind ausreichende u.a. mikrobiologische Fachkenntnisse. Die Autoren haben sich bemüht, sie dem Benutzer dieses Buches zu vermitteln. Ihr Bestreben war es, sowohl dem Praktiker wie auch dem Wissenschaftler und dem Studenten kurze, aber hinreichende Orientierung über die Mikrobiologie der Getränke und die Bedeutung der Mikroorganismen für die Qualität und die Qualitätssicherung der Getränke zu bieten.

Verzeichnis der Autoren

Prof. Dr. Werner BACK	Lehrstuhl für Technologie der Brauerei Getränketechnologie Freising-Weihenstephan
Prof. Dr. Helmut H. DITTRICH (Herausgeber)	Forschungsanstalt Geisenheim Mikrobiologie und Biochemie Geisenheim
Prof. Dr. Siegfried DONHAUSER	Lehrstuhl für Technische Mikrobiologie und Technologie der Brauerei II Freising-Weihenstephan
Prof. Dr. Remigius E. FRESENIUS	Institut Fresenius GmbH Fachhochschule Fresenius Taunusstein
Prof. Dr. Knut KEDING	Fachhochschule Wiesbaden Fachbereich W Geisenheim
Dr. Wolfgang SCHRÖDER	Erkrath

Inhaltsverzeichnis

1 Mikroorganismen in Getränken — eine Übersicht

H.H. DITTRICH

1 Mikroorganismen in Getränken — eine Übersicht

Was ist Mikrobiologie? Was sind Mikroorganismen?

Die Mikrobiologie bearbeitet kleine und kleinste Lebewesen und ihre Lebensäußerungen. Obwohl der Begriff sowohl niedere Tiere (Protozoen) wie auch einzellige Algen und auch Viren einschließen kann, versteht man unter **Mikrobiologie** im engeren Sinne die **Lehre von den Bakterien, Hefen** und **mikroskopischen Pilzen**, die meist Schimmelpilze genannt werden.

1.1 Eigenschaften der Mikroorganismen

Diese **Mikroorganismen** sind niedere Pflanzen. Sie unterscheiden sich von den Tieren und höheren Pflanzen durch ihre einfache biologische Organisation. Sie sind meist einzellig. Sind sie mehrzellig wie die Pilze — die nur mikroskopisch zu unterscheiden sind — bilden sie keine Gewebe, sondern nur ein wenig differenziertes „Lager", einen Thallus.

Auf Grund ihrer Zellstruktur können die Mikroorganismen in zwei klar unterscheidbare Gruppen eingeteilt werden:

- die **Eukaryonten**, zu denen Algen, Protozoen und Pilze einschließlich der Hefen gehören. Ihr Zellaufbau ähnelt dem der Tiere und Pflanzen; sie besitzen einen „echten" Zellkern, der mit einer Kernmembran gegen das umgebende Zellplasma abgegrenzt ist.
- die **Prokaryonten**, zu denen die Bakterien und die Cyanobakterien (Blaualgen) gestellt werden. Ihre größtenteils im Kernmaterial Desoxyribonucleinsäure (DNA) zusammengefaßte Erbinformation ist nicht von einer Kernhülle umschlossen. Ein weiterer Unterschied besteht in der nur bei Prokaryonten vorkommenden Zellwandstruktur: dem Murein-Sacculus, einem Heteropolymer, das in sich sackförmig geschlossen ist. Diese Struktur ist bei einer Bakteriengruppe einschichtig (gramnegative Bakterien), bei einer zweiten mehrschichtig (grampositive Bakterien).

Die Hauptunterschiede zwischen Bakterien (prokaryotische Zellen) und Pilzzellen (Hefen und Pilze i.e.S = eukaryotische Zellen) zeigt Tab. 1.1.

Tab. 1.1: Vergleich der Unterschiede zwischen prokaryotischen und eukaryotischen Zellen (35)

	prokaryotische Zelle Bakterien	eukaryotische Zelle Hefen, Pilze
typischer Durchmesser	1 µm	10 µm
Chromosomenzahl	1	größer als 1
Kernmembran	fehlt	vorhanden
Ort der oxidativen Phosphorylierung	Cytoplasmamembran	Mitochondrien
Vakuolen	selten	üblich
Größe der Ribosomen	70S, viele	80S
Mucopeptide	gewöhnlich vorhanden	fehlen
Geißeln	wenn überhaupt vorkommend, eine Fibrille	wenn überhaupt vorkommend, viele Fibrillen + Membran
geschlechtliche Vermehrung	selten und unvollständig	üblich und vollständig

Objekte der Mikrobiologie sind auch die **Viren**. Sie sind keine Mikroorganismen im engeren Sinne, sondern nichtzelluläre Teilchen, die Pflanzen- und Tierzellen befallen müssen, um sich in ihnen vermehren zu können. Sie sind von „echten" Mikroorganismen scharf abzugrenzen.

Die **Methoden zur Untersuchung** der verschiedenen Gruppen der Mikroorganismen sind gleich. Sie unterscheiden sich stark von den Techniken zur Untersuchung von Pflanzen und Tieren. Dies sind vor allem:

- die mikroskopische Betrachtung. Wegen der geringen Größe der Organismen kann man ihre typischen morphologischen Besonderheiten — wenn solche überhaupt vorhanden sind — nur bei Vergrößerung durch das Mikroskop erkennen.
- Methoden der Entkeimung (Sterilisation). Die Stoffwechseleigenschaften eines Mikroorganismus sind zweifelsfrei nur erkennbar, wenn er in „Reinkultur", also ohne Beisein anderer Mikroorganismen vorliegt. Um dies zu gewährleisten, muß das Medium, in das er zur Vermehrung „eingeimpft" wird, zuvor von anderen „Infektanten" (auch „Keime" genannt) befreit werden; es muß „entkeimt" oder „sterilisiert" werden.
- die Züchtung von Reinkulturen. Als es möglich geworden war, sterile Medien zur Vermehrung herzustellen, wurde es möglich, Methoden zur Trennung verschie-

dener Mikroorganismen anzuwenden. Man konnte sie nun in „Reinkultur" vermehren. Erst dadurch konnten ihre jeweiligen Art-Eigenschaften bestimmt werden.

1.2 Ernährungs- und Vermehrungsfaktoren

Es ist zu wiederholen: Mikroorganismen sind mikroskopisch kleine Organismen. Die **Größe** der meisten Bakterien liegt um 0,001 mm = 1 μm (Mikrometer). Hefezellen sind größer, meist 3 bis 8 μm.

Die meisten Mikroorganismen, die uns hier beschäftigen, sind **organotroph** oder **heterotroph**; sie decken ihren Energiebedarf aus geeigneten organischen Stoffen, oft aus Kohlenhydraten.

Bei so kleinen Organismen ist das Verhältnis von Oberfläche zu Volumen sehr groß. Da ihre Zellen Wasser und die darin gelösten Stoffe über die ganze Oberfläche und nicht nur an einer bestimmten Stelle aufnehmen, folgt aus dem hohen Oberflächen-Volumen-Verhältnis eine große Wechselwirkung mit ihrer Umgebung, also ein **großer Stoffumsatz**: Pro Zeiteinheit wird eine große Menge „Nährstoffe" aufgenommen, ebenso werden die Stoffwechselprodukte, z.B. Alkohol plus CO_2, über die ganze Zelloberfläche ausgeschieden.

Die hohe Stoffwechselaktivität bringt den Mikroorganismen hohe Energiegewinne, welche ihnen schnelle **Vermehrung** ermöglicht. Viele Bakterien haben eine Generationszeit von weniger als 30 Minuten; aus einer Zelle sind während dieser Zeit zwei geworden. In dieser Zeit müssen sie ihr eigenes Gewicht an Zellinhaltsstoffen synthetisieren. Tab 1.2 verdeutlicht die ideale Vermehrung eines Bakteriums mit einer Generationszeit von 20 Minuten und einem Volumen von 1 μm^3. Schon nach 3,3 Stunden (200 Minuten) hat sich die Zellzahl auf mehr als 1000 vermehrt. Bei gleichbleibend schneller Vermehrung würde die Zellzahl alle 3,3 Stunden um das 1000fache zunehmen. Bereits nach 50 Stunden wäre das Volumen aller Zellen größer als das unseres Planeten.

Tab. 1.2: Vermehrung eines Bakteriums bei idealen Bedingungen (Generationszeit 20 Minuten)

Zeit (h)	Zahl der Zellen	Volumen der Zellen
0	1	1 μm^3
$3^1/_3$	10^3	
$6^2/_3$	10^6	
10	10^9	1 mm^3
20	10^{18}	1 m^3
30	10^{27}	1 km^3
40	10^{36}	1 000 km^3
50	10^{45}	1 000 000 km^3

In der Praxis sind ideale Vermehrungsvoraussetzungen nirgendwo gegeben. Der begrenzende Faktor ist meist der Mangel an bestimmten essentiellen Stoffen.

Erst wenn sich ein Mikroorganismus in einem Getränk auf eine bestimmte Zellzahl vermehrt hat, wird seine Aktivität bemerkbar: Wenn sich infizierende Hefe in einem Saft auf 10^5-10^6 Zellen pro ml vermehrt hat, beginnt er sich einzutrüben und als Zeichen einsetzender Gärung Kohlendioxid (CO_2) freizusetzen. Für eine vergleichbare Trübung durch Bakterien müßte deren Zahl etwa hundertmal höher sein.

Die beschriebene Vermehrung der Bakterien und der Hefen ist eine ungeschlechtliche, auch vegetative oder somatische geheißen; ein Geschlechtsakt, der die Mischung der Erbmaterialien bewirkt, ist nicht erforderlich. Die **vegetative Vermehrung** erfolgt bei Bakterien durch Teilung der Zelle, meist **Querteilung**. Einige Arten bilden in der Zelle sehr widerstandsfähige Endosporen. Hefen vermehren sich vegetativ durch **Sprossung** oder Knospung; aus einer Zelle entwickelt sich ein Auswuchs, der zur Größe der Mutterzelle heranwächst. Meist trennen sich die Zellen dann voneinander. Schimmelpilze vermehren sich anders. Wenn eine ihrer ungeschlechtlichen Sporen — **Konidien** genannt — auf ein geeignetes Substrat fällt, keimt sie aus zu einem langen Zellfaden (deshalb auch die Bezeichnung Fadenpilze), der **Hyphe** genannt wird, wovon sich die weitere Bezeichnung **Hyphomyceten** herleitet. Diese Hyphe kann sich verzweigen, es entsteht ein mehr oder minder dichtes Geflecht, **Mycel** genannt. Es hat ein charakteristisches Aussehen, oft eine bestimmte Färbung. Diese „Kolonie" bildet nach oben stehende Träger, auf denen die Konidien abgeschnürt werden. Sie können durch Luftströmungen oder durch Kontakt verbreitet werden. Gegen widrige Umwelteinflüsse sind sie relativ widerstandsfähig.

Bei Bakterien, wie auch bei Hefen und bei Schimmelpilzen sichert die ungeschlechtliche Vermehrung die Massenvermehrung der jeweiligen Art, ihre Erhaltung und ihre weite Verbreitung. Auch in Getränken ist allein sie wichtig, die geschlechtliche Vermehrung spielt nur in Sonderfällen eine Rolle.

Für die Vermehrung der Mikroorganismen und die danach von ihnen auf ein Getränk ausgehenden positiven oder negativen Wirkungen sind viele **Voraussetzungen** nötig: Die erforderlichen Nährstoffe in ausreichender Menge, der der jeweiligen Art zusagende pH-Wert der Substrate und die für sie geeignete Temperatur. Die An- oder Abwesenheit von Sauerstoff sowie die Verfügbarkeit von Wasser sind weitere wichtige Faktoren.

Die **Nährstoffe** müssen alle notwendigen Elemente enthalten, die Baustoffe der Zellen sind. In hoher Menge werden benötigt: C, O, H, N, S, P, K, Ca, Mg, Na und Fe. Zusätzlich sind Mangan, Zink, Kupfer und andere erforderlich. Einige Mikroorganismen sind auf bestimmte organische Stoffe mit kompliziertem Bau angewiesen. So benötigen manche Milchsäurebakterien bestimmte Aminosäuren (zum Proteinaufbau), Purine oder Pyrimidine (zur Nucleinsäuresynthese) und/oder Vitamine (als Coenzyme) als Wuchsstoffe.

Wie höhere Pflanzen können einige „Spezialisten" Kohlendioxid (CO_2) als Kohlenstoff-Quelle benutzen, sie sind C-autotroph. Viel wichtiger ist aber der C-heterotrophe Ernährungstyp.

Als **Kohlenstoff-** und gleichzeitig auch als **Energiequelle** können prinzipiell alle biologisch entstandenen organischen Stoffe verwertet werden. In Abwasser vorkommende Pseudomonaden können eine Vielzahl von organischen Stoffen verwerten. In Bierwürze, in Frucht- und Gemüsesäften liegen **Kohlenhydrate**, vor allem **Zucker**, in hohen Mengen vor. Sie sind für Hefen und Schimmelpilze, ebenso für Milchsäure-, Essigsäure- und manche Buttersäurebakterien geeignete Substrate. Diese Mikroorganismen sind in besonderem Maße auf hohe Zuckerumsätze eingestellt. In vergorenen Substraten wie Bier und Wein kann Ethanol und auch das Gärungsnebenprodukt Glycerin genutzt werden, ebenso Fruchtsäuren. Vor allem aus den Zuckern können diese Mikroorganismen nicht nur die C-Gerüste ihrer Zellinhaltsstoffe aufbauen, sondern auch Energie gewinnen; durch Vergärung wenig, durch Veratmung — also bei Vorhandensein von Sauerstoff — viel. Diese Energie ist für die unzähligen Synthesen erforderlich, die der Organismus zur Bildung seiner vielen Zellinhaltsstoffe ausführen muß.

Als **Stickstoffquelle** kommen in natürlichen Substraten Eiweiße (Proteine) und Aminosäuren vor. Außerdem können auch Ammonium- und manchmal auch Nitrationen dazu dienen. Der Schwefelbedarf wird meist aus schwefelhaltigen Aminosäuren und aus Sulfat gedeckt.

Neben diesen Ernährungsgrundlagen sind für die Vermehrung der Mikroorganismen und den von ihr ausgehenden Folgen auch mehrere **Vermehrungsbedingungen** unabdingbar. Eine der wichtigsten ist der pH-Wert des Substrates. Im allgemeinen gilt: Hefen und Pilze sind auch in sauren, z.T. in sehr sauren Medien vermehrungsfähig, Bakterien bevorzugen alkalische und neutrale oder weniger saure Substrate. Dies ist der Grund, warum unter sonst gleichen Bedingungen Bier stärker zum bakteriellen Verderb neigt als Wein; Wein säurereicherer Rebsorten stärker als Wein säureärmerer Sorten. Unter den Bakterien sind die am säuretolerantesten, die selbst Säure bilden, also die Essigsäure- und Milchsäurebakterien, danach die Buttersäurebakterien. Tab. 1.3 gibt Beispiele.

Tab. 1.3: Minimale und maximale pH-Werte für die Vermehrung von Mikroorganismen (9)

Mikroorganismen	Minimum pH	Maximum pH	Säuretoleranz
Pseudomonas aeruginosa	5,6	8,0	geringe
Bacillus stearothermophilus	5,2	9,2	Säuretoleranz
			$pH_{min.} > 5,0$
Clostridium sporogenes	5,0	9,0	mittlere
Bacillus cereus	4,9	9,3	Säuretoleranz
Salmonellen	4,0-4,5	8,0-9,6	$pH_{min.}$ 5,0-4,0
Escherichia coli	4,4	9,0	
Proteus vulgaris	4,4	9,2	
Milchsäurebakterien			starke
Lactobacillus spp.	3,8-4,4	7,2	Säuretoleranz
Essigsäurebakterien			$pH_{min.} < 4,0$
Acetobacter acidophilus	2,6	4,3	
Hefen			
Saccharomyces cerevisiae	2,3	8,6	
Pilze			
Penicillium italicum	1,9	9,3	
Aspergillus oryzae	1,6	9,3	

Die Massenvermehrung der meisten Mikroorganismen erfordert eine mehr oder minder gute **Sauerstoffversorgung**. Essigsäurebakterien haben einen hohen O_2-Bedarf. Schimmelpilze brauchen ebenfalls einen hohen Sauerstoffdruck; beide Gruppen sind **Aerobier**. Im Falle einer Infektion wachsen sie am besten **auf** Säften. Aber auch in Säften eingetauchte Konidien können trotz des geringen Sauerstoffgehaltes noch zu kugeligen Mycelklumpen auswachsen. Hefen, die ebenfalls Aerobier sind, können sich vermehren und danach den Zucker vergären. Im Gegensatz dazu sind Buttersäurebakterien, die nicht selten bestimmte Gemüsesäfte infizieren, ausgesprochene **Anaerobier**. Sie vermehren sich nur unter Luft-Ausschluß; Sauerstoff ist für sie giftig. Die meisten Milchsäurebakterien wachsen am besten bei geringem O_2-Druck. Viele Bakterien sind mikroaerophil; sie vertragen nicht den Patrialdruck der Luft, sondern nur etwa ein Zehntel davon. Viele Hefen und Pilzen brauchen nicht den vollen Sauerstoffgehalt der Luft. — Von **CO_2** werden die meisten Mikroorganismen gehemmt; stille Wässer verkeimen deshalb stärker als vergleichbare CO_2-imprägnierte. Die Lagerung von Lebensmitteln kann durch CO_2-haltige (> 10 %) Luft verlängert werden.

Bakterien und Hefen haben ein stärkeres **Wasserbedürfnis** als Schimmelpilze. Bakterien bezeichnet man daher als hydrophil, Schimmelpilze dagegen als xerotolerant. Hefen nehmen eine Mittelstellung ein. Während in feuchten Produktionsräumen Schimmelpilze sich noch vermehren oder zumindest überleben können, wird dies Bakterien nicht mehr möglich sein. Diese Eigenschaft bestimmt auch die Vermehrbarkeit von Mikroorganismen in Salz- oder Zuckerlösungen, z.B. in Fruchtsaftkonzentraten. Sie begrenzt auch die Vergärbarkeit von Auslesemosten durch Hefen.

Eine wichtige Eigenschaft sind die **Temperatur**-Ansprüche. Die meisten Mikroorganismen wachsen gut zwischen 20 ° C und 42 ° C, sie sind mesophil. Sporenbildende Bakterien haben meist ein Wachstumsoptimum von über 50 ° C. Aber auch bei kühler Lagerung von Säften und Konzentraten können sich psychrotrophe Arten vermehren. Es sind dies vor allem Hefen und Schimmelpilze, während Bakterien in der Regel mittlere bis höhere Temperaturen brauchen.

Wichtig ist für Getränke auch der Faktor **Zeit**. Wenn ein Getränk einem Mikroorganismus nur mäßige oder langsame Vermehrung erlaubt, so kann das Getränk schon konsumiert sein, bevor er bemerkt wird und/oder das Getränk schädigen kann. Dies kann bei trinkbaren Wässern und bei Bier der Fall sein. Das andere Extrem kann manchmal bei gerbstoffreichen Rotweinen eintreten. Bei nicht ganz konsequenter Filtration können sich in der Flasche Milchsäurebakterien vermehren. Die Infektanten sind nach 10 bis 15 Jahren tot. Ein Sonderfall ist die Folge von Enzymaktivitäten beim Ausklaren von naturtrüben Säften; obwohl der Verderb zweifelsfrei ist, ist der Verderber nicht mehr nachweisbar, weil nicht mehr vermehrungsfähig. Die von ihm gebildeten Enzyme können dagegen noch (teilweise) aktiv sein. — Der einfachste Nachweis der Anwesenheit potentieller Verderbsorganismen ist die mehr oder minder lange Aufbewahrung von Rückstellproben der abgefüllten Getränke bei geeigneten Temperaturen, die höher sein sollten als die üblichen Bevorratungstemperaturen beim Kunden.

Die unterschiedlichen Eigenschaften der Mikroorganismen bestimmen ihre **Eignung** — etwa die eines Hefestammes zur Herstellung eines Fruchtweines — bei schädlichen Mikroorganismen bestimmen sie die **Art der Infektion** des Getränkes und in einem späteren Stadium auch die **Art des Verderbs**.

Sind bestimmte Mikroorganismen zur Herstellung eines Getränkes erforderlich — zum Beispiel Hefen zur Herstellung von Gärungsgetränken — setzt man sie am besten als Reinkulturen oder **Starterkulturen** dem Vorprodukt (z.B. Bierwürze oder Traubenmost) zu. In diesen Fällen sind alle anderen Mikroorganismen entbehrlich oder sogar mehr oder weniger „schädlich". Werden keine Starterkulturen angewandt, muß sich der erforderliche Mikroorganismus „spontan" vermehren. Solche **Spontangärungen** führen nicht immer zu einwandfreien Produkten.

Andere Getränke — Wasser, Säfte, Erfrischungsgetränke — müssen frei von Mikroorganismen sein. Ein nennenswertes Mikroorganismen-Vorkommen in ihnen ist zu beanstanden. Es ist auf eine — vermeidbare — Infektion zurückzuführen (4).

Während die Konidien der Schimmelpilze auf dem Luftwege verbreitet werden können, entfällt diese Möglichkeit für Bakterien und Hefen weitgehend. Sie werden mehr durch die Verbreitung verkeimter Substrate sowie durch direkten oder indirekten Kontakt übertragen. Bereits eine einzige vermehrungsfähige Zelle kann ein großes Volumen eines Getränkes, das ihm gute Vermehrungsmöglichkeiten bietet — z.B. 10 000 Liter eines Fruchtsaftes — verderben.

Der Zusatz, die Übertragung oder das Verspritzen von verkeimten Getränkeresten wird vom Betriebspersonal als Schadensursache meist richtig erkannt und daher verhütet. Zu wenig beachtet wird aber, daß Flächen, Behältnisse oder Maschinenteile, die mit keimfreien Getränken bespritzt oder überlaufen werden, schon in kurzer Zeit verkeimen können, wenn die **Zusammensetzung des Getränkes** dies ermöglicht. Stets ist daran zu denken, daß selbst kaum sichtbare Schmutzreste Millionen von Mikroorganismen enthalten können, von denen vielfache Infektionen ausgehen können. Jede Infektionsquelle vervielfacht das Infektionsrisiko.

Bei nicht ausreichender **Betriebshygiene** kommt es machmal zur Ausbildung einer Betriebsmikroflora, die für den jeweiligen Betrieb typisch sein kann. Die Verderbserreger haben sich über viele Generationen den gegebenen Bedingungen angepaßt. Sie sind meist schwer auszuschalten. Deshalb sollten auch die Desinfektionsmittel in regelmäßigen Abständen gewechselt werden. Der Desinfektion muß eine gründliche Reinigung vorangehen. Unter einer Schmutzschicht können nämlich Mikroorganismen überleben, sie bleiben infektionsgefährlich.

Eine umsichtige und konsequente Betriebshygiene ist daher die Grundbedingung der **risikofreien Getränkeherstellung**. Wird diese selbstverständliche Vorsorge mißachtet, kommt früher oder später der mikrobielle Verderb der Getränke. Kundenverlust und wirtschaftliche Einbußen sind die Folge.

1.3 Die Getränke-Mikroorganismen

Dieser Begriff muß unterteilt werden in:

- Mikroorganismen, die für die Herstellung von Getränken unverzichtbar sind. Für Gärungsgetränke sind dies Hefen der Art *Saccharomyces cerevisiae*. Ohne sie gäbe es kein Bier, keinen Wein, keinen Schaumwein, keinen Sherry. Für Weine mit zu hohem Säuregehalt können auch Milchsäurebakterien nützlich sein; sie bauen Äpfelsäure zu Milchsäure ab. Die Weine werden dadurch „milder", sie werden trinkbarer.
- Alle anderen Mikroorganismen, die sich in Getränken vermehren können. Sie sind im obigen Sinne nicht „nützlich", sie sind bestenfalls entbehrlich, in den meisten Fällen aber schädlich, da sie die Beschaffenheit und/oder die Zusammensetzung der Getränke verändern und sie dadurch verderben. Bei Bier und Wein etwa können dies z.B. Kahmhefen sein, bei Fruchtsaftgetränken und bei Fruchtsäften können dies verschiedene Bakterien, Hefen und Schimmelpilze sein (19). In diesen Getränken sind alle Mikroorganismen, die darin vermehrungsfähig sind oder bleiben, potentielle Verderber. Die Getränke müssen infolgedessen frei sein von Mikroorganismen.

In zum Trinken bestimmten Wässern sind die höchstzulässigen Gehalte bestimmter Mikroorganismen, z.B. *Escherichia coli* und die Gesamtkeimzahlen verordnet (siehe Kap. 2, S. 47ff). Bei höheren Keimgehalten ist das Wasser nicht mehr handelsfähig. Trinkbare Wässer müssen auch frei sein von Viren.

In der Folge werden nur die Mikroorganismen besprochen, die für Getränke in der einen oder anderen Hinsicht wichtig sind.

1.3.1 Bakterien

In Getränken, die ihre Massenvermehrung zulassen, also in Fruchtsäften und in Fruchtsaftgetränken, aber auch in Wein und Bier und auch in Maischen, sind Essigsäurebakterien und Milchsäurebakterien am wichtigsten. Buttersäurebakterien sind u.a. deshalb seltener, weil sie einen höheren pH-Wert brauchen.

Bakterien können durch Filtrationen aus den Getränken entfernt werden. Die meisten von ihnen können durch Erhitzung abgetötet werden. Die Endosporen der Gattungen *Bacillus* und *Clostridium* sind allerdings sehr hitzeresistent.

In zum Trinken bestimmten Wässern können verschiedene Bodenbakterien vorkommen. Ist ein Wasser mit Fäkalien verunreinigt, ist darin *Escherichia coli* nachweisbar. Bei der Trinkwasser-Untersuchung (siehe Kap. 10, S. 333ff) dient er als Leitkeim; wenn er nachzuweisen ist, ist das gleichzeitige Vorkommen von krankheitserregenden Enterobakterien nicht auszuschließen. Details entnehme man Kap. 2.

1.3.1.1 Essig(säure)bakterien

Pflanzensäfte und ähnliche zuckerhaltige Substrate bieten ihnen gute Vermehrungsbedingungen. Die Verletzungsstellen von Früchten und austretender Saft bieten ihnen massenhafte Vermehrung. Sie sind sehr säuretolerant, relativ osmotolerant und streng aerob. Deshalb können sie sich **auf** mäßig alkoholhaltigen und zuckerhaltigen Flüssigkeiten vermehren, weniger **in** ihnen. Außerdem können sie sich in leeren, aber ungereinigten Tanks, auf ungereinigten Pressen u.a. Gerätschaften vermehren. Sie können sich auch auf Saftkonzentraten vermehren.

Wegen ihres hohen Sauerstoffbedarfs ist ihre Schadwirkung bei Früchten am größten. Säfte und Bierwürze, Bier und Wein sind weniger gefährdet. In den abgefüllten Getränken können sie sich kaum vermehren, sie können aber z.B. in Bier vermehrungsfähig bleiben. In Weinen ist dies wegen des SO_2-Gehaltes und der viel längeren Lagerzeit nicht so.

Essigsäurebakterien können Essigsäure bilden. Sie verursachen den **„Essigstich"** von verletzten, geplatzten oder eingemaischten Früchten u.a. Pflanzenteilen. An seiner sensorischen Wahrnehmung ist auch noch Essigsäure-Ethylester beteiligt. Die Bildung höherer Konzentrationen zieht den Verderb nach sich. Bei Säften und Weinen gibt es für die höchstzulässigen Gehalte an **„flüchtiger Säure"** Richtwerte bzw. gesetzlich festgelegte Grenzwerte (siehe S. 71). Alkohole und Aldehyde können zu den entsprechenden Säuren oxidiert werden.

Es gibt zwei Gattungen. Die Gattung *Gluconobacter* heißt nach ihrer Fähigkeit, Glucose zu Gluconsäure zu oxidieren. Die Gattung *Acetobacter* bildet demgegenüber mehr Essigsäure. Ihre Eigenschaften vergleiche man in Tab. 1.4 und S. 101f.

Tab. 1.4: Wichtige Unterscheidungsmerkmale zwischen *Gluconobacter* und *Acetobacter* (nach 10)

Merkmale	*Gluconobacter*	*Acetobacter*
Begeißelung	polar (oder nicht)	peritrich (oder nicht)
Oxidation von:		
Ethanol zu Acetat (pH 4,5)	langsam	stark
Acetat zu CO_2	—	+
Lactat zu CO_2	—	+
Glucose zu Gluconat	+	unterschiedlich
Glucose zu 5-Ketogluconat	+	unterschiedlich
Tricarbonsäurezyklus	—	+

1.3.1.2 Milchsäurebakterien

Milchsäurebakterien sind säuretolerant, aber ernährungsphysiologisch anspruchsvoll. In Säften, in Bier und Wein werden ihre Bedürfnisse gedeckt. Weil sie außerdem einen nur geringen Sauerstoffbedarf haben, können sie sich in diesen Medien vermehren. Im Gegensatz zu Hefen, Schimmelpilzen und anderen Aerobiern werden sie durch CO_2 nicht gehemmt. Deshalb können sie sich in Bier und CO_2-imprägnierten Säften vermehren. Da sie Zucker schnell umsetzen, bewirken sie in diesen Getränken einen schnellen **Verderb**. Er besteht vor allem in der Bildung von:

- Milchsäure, Essigsäure, CO_2, eventuell auch von Ethanol aus Zuckern,
- Polysacchariden ebenfalls aus Zuckern,
- Diacetyl,
- Abbau von Äpfel- und Citronensäure, hauptsächlich zu Milchsäure und Essigsäure.

In Säften und Bierwürze, aber auch in restzuckerhaltigem Wein kann die CO_2-Bildung der Milchsäurebakterien eine Gärung durch Hefen vortäuschen. Die Stoffbildungen und die sensorischen Auswirkungen sind sehr verschieden und für die Produktqualität bedeutsam.

Dies gilt besonders für die Bildung von Essigsäure **(~„flüchtige Säure")**. Ihre sensorisch negative Bedeutung erstreckt sich auf alle Getränke. Ein erhöhter Gehalt ist in Getränken in den meisten Fällen auf Milchsäurebakterien zurückzuführen, weniger auf Essigbakterien. Schon deshalb sind Milchsäurebakterien die gefährlicheren Getränkeschädlinge.

Die **Milchsäurebildung** aus Zucker kann beträchtlich sein. Sie kann zu einer sensorisch merkbaren Säuerung führen. Bei Säften gibt es einen Richtwert für Lactat (siehe S. 71). Die Bildung von L- und/oder D-Lactat variiert je nach Gattung bzw. Art. Milchsäurebildung aus dem in Säften natürlich vorkommenden L-Malat ergibt stets L-Lactat. Die meisten auf Früchten, in Säften und Weinen vorkommenden Milchsäurebakterien sind dazu befähigt (siehe S. 229f).

Viele Milchsäurebakterien bilden aus Zuckern **Polysaccharide**. Technisch wichtig ist die Dextranbildung von *Leuconostoc mesenteroides*. Die Polysaccharide erhöhen die Viskosität der geschädigten Getränke, sie werden „zäh".

Eine Mehrzahl von Arten bildet **Diacetyl**. Dieses für das Butteraroma typische Diketon ist schon in geringsten Mengen wahrnehmbar, in Bier leichter als in Säften, Saftgetränken und Weinen. Es ist ein Produkt des Zuckerstoffwechsels, kann aber auch aus Citrat gebildet werden.

Nach der Art ihres Zuckerstoffwechsels unterscheidet man zwei Gruppen:

- **homofermentative Milchsäurebakterien**, die aus Zucker (fast) ausschließlich Milchsäure bilden,
- **heterofermentative Milchsäurebakterien**, die außer Milchsäure auch noch Essigsäure und/oder Ethanol bilden.

Die Homofermentativen bauen den Zucker wie die Hefe auf dem Fructose-1,6-bisphosphat-Wege ab (Abb. 1.1 und 1.2). Das anfallende Pyruvat wird jedoch nicht decarboxyliert, sondern von der Lactat-Dehydrogenase zu Milchsäure hydriert. Pentosen und Gluconat werden meist nicht vergoren.

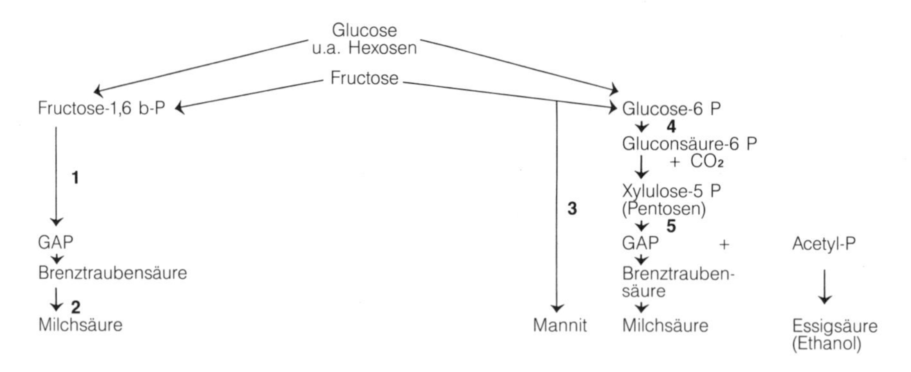

Abb. 1.1: Zuckerabbauwege und Stoffwechselprodukte der homofermentativen (homolactischen; links) und der heterofermentativen (heterolactischen) Milchsäurebakterien (GAP = Glycerinaldehyd-3-Phosphat)
Enzyme: 1 = Aldolase, 2 = Lactat-Dehydrogenase (LDH), 3 = Mannit-Dehydrogenase, 4 = Glucose-6-phosphat-Dehydrogenase, 5 = Phosphoketolase

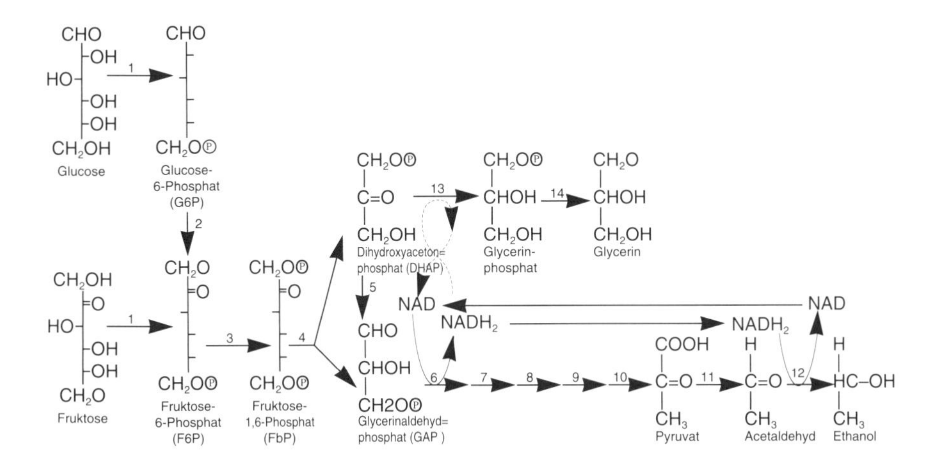

Abb. 1.2: Vereinfachtes Schema der alkoholischen Gärung und der Glycerinbildung von *Saccharomyces cerevisiae*
Enzyme: 1 = Hexokinase, 2 = Glucosephosphat-Isomerase, 3 = Phosphofructo-Kinase, 4 = Aldolase, 5 = Triosephosphat-Isomerase, 6 = Glycerinaldehydphosphat-Dehydrogenase, 7 = Phosphoglycerat-Kinase, 8 = Phosphoglycerat-Mutase, 9 = Enolase, 10 = Pyruvat-Kinase, 11 = Pyruvat-Decarboxylase, 12 = Alkohol-Dehydrogenase (ADH), 13 = Glycerinphosphat-Dehydrogenase, 14 = Glycerin-Phosphatase

Fakultativ Heterofermentative bilden CO_2 aus Gluconat, aber nicht aus Glucose. Obligat Heterofermentative bilden CO_2 aus Gluconat und aus Glucose; sie bauen Glucose auf dem Hexosemonophosphat- (= Pentosephosphat) Weg ab (Abb. 1.1). Aus Glucose (und anteilig aus Fructose) entsteht Essigsäure und/oder Alkohol. Pentosen werden von Heterofermentativen zu Milch- und Essigsäure umgesetzt.

Heterofermentative sind in Getränken häufiger und als Getränkeschädlinge wichtiger. In Säften kommen im wesentlichen nur zwei Gattungen vor: *Leuconostoc* (obligat heterofermentativ) und *Lactobacillus* (teils fakultativ, teils obligat heterofermentativ) (28). In Weinen kommt die homofermentative Gattung *Pediococcus* hinzu (24, 34). Stämme der Gattung *Leuconostoc*, vor allem *Leuconostoc oenos*, haben hier die besten Entwicklungschancen. Sie haben die größere pH-Toleranz, die höhere Osmotoleranz und einen geringeren Nährstoffbedarf. Sie vertragen außerdem höhere Alkoholgehalte als Laktobazillen (Eigenschaften siehe Tab. 1.5 sowie S. 99f).

Tab. 1.5: Die auf Rebenblättern und in Weinen (und auch in anderen Getränken) vorkommenden Milchsäurebakterien und ihre Eigenschaften
Zeichenerklärung:
+++ sehr häufig, ++ häufig, + selten, ± wechselnd, — negativ
xx D-Lactat: Acetat: CO_2 = 1:1:1
Statt Acetat entsteht anaerob teilweise Ethanol

			Vorkommen in Wein	Abbau von Glucose/Fructose zu D- und/oder L-Lactat	Abbau von Arabinose (A) und Xylose (X)
Kokken, meist Tetraden	homo-fermentativ	*Pediococcus damnosus*	+	D+L	A— X—
		Pediococcus pentosaceus		D+L	A+ X±
Diplokokken	obligat hetero-fermentativ	*Leuconostoc oenos*	+++	D[xx]	A— X—
		Leuconostoc oenos	+		A+ X—
		Leuconostoc oenos			A— X+
		Leuconostoc oenos			A+ X+
		Leuconostoc mesenteroides	+	D	A+ X—
		Leuconostoc paramesenteroides	+	D	A± X—
Stäbchen	fakultativ hetero-fermentativ	*Lactobacillus plantarum*	++	D+L	A± X±
		Lactobacillus casei	++	L	A+ X—
	obligat hetero-fermentativ	*Lactobacillus brevis*	++	D+L	A+ X+
		Lactobacillus buchneri	+	D+L	A+ X±
		Lactobacillus hilgardii		D+L	A— X+
		Lactobacillus fructivorans		D+L	A— X—

Bier hat bedeutend höhere pH-Werte. Daher haben Milchsäurebakterien hier weitaus bessere Vermehrungsmöglichkeiten. Als häufigste bierschädliche Arten wurden gefunden: *Lactobacillus brevis* (28 %), *Pediococcus damnosus* (27 %), *Lactobacillus casei* (11 %), *Lactobacillus lindneri* (9 %) und *Lactobacillus coryniformis* (6 %).

Selten sind: *Steptococcus lactis*, *Leuconostoc mesenteroides* und *Micrococcus kristinae*. *Lactobacillus plantarum* ist ebenfalls potentiell bierschädlich (2,3). Siehe auch S. 173f.

Infektionen durch Milchsäurebakterien bleiben oft lange unbemerkt. Die Massenvermehrung tritt dann meist plötzlich ein. Oft sind die Getränke schon ausgeliefert.

Vorkommen und Bedeutung der Milchsäurebakterien in Getränken und Lebensmitteln beschreiben CARR et al. (7).

1.3.1.3 Buttersäurebakterien

Sie sind selten (11, 12, 21). Ihr Verderb äußert sich vor allem durch die Bildung von Buttersäure, die durch ihren typischen Geruch abstößt.

Die Buttersäurebildung ist kennzeichnend für saccharolytische Clostridien, die zu den streng anaeroben sporenbildenden Bakterien gehören. Bei der Zuckervergärung können sie außerdem noch 1-Butanol, 1-Propanol, Aceton, Ethanol, Essigsäure sowie CO_2 und H_2 (brennbar!) bilden.

Für ihre Vermehrung ist ebenfalls ein höherer pH-Wert ($>$ 4,3) günstig. Da sie typische Bodenbakterien sind, ist die Saftbereitung aus mit Erde verunreinigten Falläpfeln, Erdtrauben und Gemüsen problematisch. In Möhren-, Sellerie- u.ä. Gemüsesäften ist auf die Abtötung ihrer hitzeresistenten Sporen besonders zu achten. Es kommt hinzu, daß diese Säfte für sie günstige hohe pH-Werte haben.

Fruchtsaftverderb wurde auch durch einen *Bacillus* (*acidocaldarius*) verursacht. Zwar ist dies kein Buttersäure-, aber ein aerober Sporenbildner. Er ist säuretolerant von pH 2,5 - 5,5 (8).

1.3.1.4 Andere und gesundheitlich bedenkliche Bakterien, Viren und Phagen

Eine größere Zahl von mikrobiologischen Objekten kann in Wasser vorkommen. Häufigere Gattungen in natürlichem Wasser sind: *Pseudomonas*, *Bacillus*, *Micrococcus*, *Achromobacter* und *Flavobacterium*.

In der Trinkwasser-Verordnung und in der Mineral- und Tafelwasser-Verordnung sind mikrobiologische **Richt- und Grenzwerte** festgesetzt. Wasser in Getränkebetrieben muß grundsätzlich Trinkwasserqualität haben. Dies gilt auch für Brauchwasser.

Die Forderung für Trinkwasser (Einzelheiten siehe Kap. 2) besagt, daß die Anzahl der aeroben Bakterien 100 je ml nicht überschreiten soll. Trinkwasser muß frei sein von Krankheitserregern. Dies kann man annehmen, wenn in 100 ml *Escherichia coli* und „Coliforme" (Bakterien) nicht nachgewiesen werden können. Die Mineral- und Tafelwasser-VO zieht engere Grenzen.

Da der unmittelbare Nachweis von Krankheitserregern kaum zu führen ist, nimmt man *Escherichia coli (E. coli)* als Indikator für pathogene Bakterien, die im Dickdarm vorkommen und mit den Fäkalien ausgeschieden werden. Ist *E. coli* im Wasser enthalten, ist seine Verunreinigung mit Warmblüterstuhl nachgewiesen. Es ist dann nicht auszuschließen, daß auch bestimmte krankheitserregende Bakterien in das Wasser gelangt sind. Auch der Nachweis coliformer Bakterien ist ein Hinweis auf Verunreinigungen, die fäkaler, aber auch nichtfäkaler Herkunft sein können.

Nach ihrem Vorkommen im Warmblüter-Dickdarm nennt man sie **Enterobakterien**. Sie bilden aus Zucker Säuren. Ameisensäure ist das typische, aber nicht das Hauptprodukt ihrer Gärung. Sie sind meist beweglich, bilden keine Sporen und sind fakultativ aerob.

Escherichia coli ist normalerweise nicht pathogen. Er überlebt längere Zeit außerhalb des Darmes und ist leicht nachweisbar. Deshalb ist er als **„Leitkeim"** geeignet. *Enterobacter aerogenes* ist der „Zwilling" von *E. coli.* Beide werden als „Coliforme" bezeichnet. Er ist im Boden verbreitet und bildet viel Gas. *Proteus vulgaris* ist auch ein normaler Darmkeim, er ist auch im Boden und in verschmutztem Wasser häufig.

Gefährlich krankheitserregend sind die Gattungen *Salmonella*, *Shigella* und *Yersinia*. Besonders die mehr als 2000 Serotypen umfassenden Enteritis erregenden **Salmonellen** sind eine große Pathogen-Gruppe. Bei Typhus- und Paratyphus-Erregern genügen schon geringe Infektionsdosen von 10^2 bis 10^3 lebenden Salmonellen zur Erkrankung.

Auch **Viren** und Bakteriophagen können in Trinkwasser vorkommen. Dies sind vermehrungsfähige Einheiten, die kleiner als Bakterien, aber gestaltlich sehr verschieden sind. Sie bestehen aus Desoxi- oder aus Ribonucleinsäure, die von Protein umhüllt ist. Sie können sich nur in Zellen spezifischer tierischer oder pflanzlicher Wirtsorganismen vermehren. Die Viren, die Bakterien zu ihrer Vermehrung brauchen, heißen **(Bakterio) Phagen**. Sie sind u.a. in Wein nachgewiesen worden, da sie dort äpfelsäureabbauende Milchsäurebakterien parasitieren. Es wird vermutet, daß es auch Phagen gibt, die Pilzzellen befallen können.

1.3.2 Hefen

Unter diesen meist einzellig vorkommenden Mikroorganismen (15), die zu den Pilzen gehören, ist die Art *Saccharomyces cerevisiae* für die Erzeugung aller alkoholischen Gärungsgetränke einschließlich der Destillate unverzichtbar. Ohne sie und ihre alkoholische Gärung sind Biere und Weine, Sherries, Frucht-, Dessert-, Fruchtdessert-, Schaumweine und weinhaltige Getränke undenkbar.

Auch als Verderber von alkoholischen Getränken wie Wein und Bier, aber auch von Fruchtsäften und Fruchtsaftgetränken haben Hefen die größte Bedeutung. Bei alkoholfreien Getränken wird mikrobieller Verderb in über 90 von 100 Fällen durch Hefen verursacht (28). Auch dabei nimmt *Saccharomyces cerevisiae* die erste Stelle ein.

Die überragende Bedeutung der Hefe *Saccharomyces cerevisiae* basiert auf ihrer ausgeprägten Fähigkeit, verschiedene **Zucker** zu **Alkohol**, genauer Ethanol, zu vergären. Diesen Zuckerabbau bezeichnet man als **alkoholische Gärung**, kurz Gärung.

Ethanol ist der für alle alkoholischen Getränke kennzeichnende Inhaltsstoff, dessen (Mindest)Konzentrationen bei vielen Produkten nicht unterschritten werden dürfen. Umgekehrt dürfen bei Frucht- und Gemüsesäften bestimmte Ethanolgehalte nicht überschritten werden (siehe S. 71).

Der in Bier, Wein und Schaumwein sowie in vergorenen Maischen vorhandene — unverzichtbare — Alkohol entsteht auf grundsätzlich gleiche Weise wie der in Frucht- und Gemüsesäften eventuell durch Verderb entstehende. Abb. 1.2 zeigt den Reaktionsweg.

Trotz unterschiedlichster Ausgangsprodukte sind im wesentlichen nur zwei **vergärbare Zucker** von Bedeutung: Glucose und Fructose. Beide Hexosen sind in oft hohen Konzentrationen in Früchten und pflanzlichen Organen enthalten. Daneben kommt in ihnen das Disaccharid Saccharose (Sucrose, Rohr- oder Rübenzucker) vor. Durch das in Pflanzen, aber auch in Hefe vorkommende Enzym Saccharase (Invertase, β-Fructosidase) wird es in Glucose und Fructose gespalten. Beide Spaltprodukte werden dann von der Hefe aufgenommen und von ihr vergoren. Getreide (Körner) enthalten das Polysaccharid Stärke, das durch Amylase(n) „verzuckert", d.h. zu Maltose und Glucose hydrolysiert werden kann. Da Maltose ein aus zwei Glucosemolekülen zusammengesetztes Disaccharid ist, welches durch Maltase gespalten wird, ist sie ebenfalls vergärbar. Das aus Glucose aufgebaute Polysaccharid Zellulose kann nach Verzuckerung ebenso vergoren werden wie das aus Fructoseresten bestehende Polysaccharid Inulin in Topinamburknollen. — Eine vergärbare Hexose ohne technische Bedeutung ist Mannose, ebenso Galactose, die nur schleppend vergoren wird, wenn überhaupt. Pentosen wie Xylose und Arabinose werden nicht vergoren.

Hauptprodukte der Gärung sind Ethanol und CO_2. Die Eigenschaften des Ethanols sowie die ernährungsphysiologischen Aspekte des Konsums alkoholischer Getränke sind in WUCHERPFENNIG (37) beschrieben. — Das entstehende Gärgas ist aber im Erzeugerbetrieb ein Sicherheitsrisiko. Infolge seines hohen spezifischen Gewichtes verdrängt es die Luft, es wirkt erstickend. Bei 10 % vol tritt bereits starke Atemnot ein. Da eine brennende Kerze bei etwa 10 % vol CO_2-Gehalt der Luft verlöscht, ist dies ein bewährtes Warnzeichen. Wenn gegoren wird, ist daher eine wirksame CO_2-Entfernung lebenswichtig.

Theoretisch entstehen aus Glucose 51,1 % Ethanol und 48,9 % CO_2. Die praktische Ausbeute ist wesentlich geringer. Hierfür gibt es zwei Gründe:

- mit dem entweichenden CO_2 entweichen auch kleine Mengen Ethanol. Die Verluste sind umso größer, je wärmer das Gärgut ist.
- außer den Hauptprodukten entstehen kleinere Mengen anderer Produkte aus dem Zucker.

Von diesen Gärungs-**Nebenprodukten** ist **Glycerin** das Gewichtigste. Seine Bildung ist aus Abb. 1.2 ersichtlich. Diese Bildungsweise zeigt auch, daß die Glycerinbildung mit der Alkoholbildung mengenmäßig korreliert ist.

Butandiol und die **höheren Alkohole** entstehen, wenn auch in kleineren, doch in ebenfalls noch bedeutsamen Mengen. Ihre Bildung verdeutlicht Abb. 6.5.

Ein auch von Hefe gebildetes Gärungsprodukt ist die **Essigsäure** (siehe S. 204). Mit steigender Zuckerkonzentration des Gärsubstrates nimmt auch ihre Bildung zu. Ihre **Ester** mit Ethanol und mit den höheren Alkoholen sind sensorisch wirksam.

Acetaldehyd (Ethanal) tritt besonders während der Angärung aus den Hefezellen aus, wird aber in späteren Phasen teilweise wieder aufgenommen. Um es geschmacksunwirksam zu machen, wird Wein nach der Gärung „geschwefelt", d.h. mit SO_2 versetzt. Auch **Pyruvat** und **Ketoglutarat** sind SO_2-bindende Metaboliten.

Ein Gärungsprodukt im weitesten Sinne ist schließlich auch die **Hefe**. Sie vermehrt sich im Gärsubstrat auf Kosten des Zuckers und anderer verwertbarer Inhaltsstoffe. Die Höhe der Vermehrung ist je nach Gärsubstrat und den Bedingungen sehr unterschiedlich. In Traubenmost kann sie bis 100 Millionen Zellen pro Milliliter (ml) und mehr betragen. Die Oberfläche der Hefezellen in einem Liter eines gärenden Mostes wurde mit 17,6 m^2 berechnet. Diese sehr große Oberfläche bietet die Erklärung für den schnellen Zuckerumsatz während der Gärung. Schon während der Gärung stirbt ein Teil der Zellen ab (siehe auch S. 211).

Ein weiteres Nebenprodukt von erheblicher Bedeutung ist die bei der Gärung frei werdende **Wärme**. Messungen ergaben 24,14 Kcal/Mol Glucose (18). Gärsubstrate mit höheren Zuckergehalten setzen mehr, solche mit niedrigeren Zuckergehalten setzen weniger Wärme frei. Etwa 20 % der entstandenen Gärungswärme werden vom Gärgas CO_2 ausgetragen. Die in großen Gärgut-Volumina gebildeten großen Wärmemengen sollten durch wirksame Kühlung abgeführt werden, da sonst erhebliche Alkoholverluste auftreten. Außerdem kann die Hefe durch die Wärmewirkung geschädigt werden; äußerstenfalls kommt es zum Stillstand der Gärung („Versieden", siehe S. 213). Milchsäurebakterien werden dagegen bei diesen Temperaturen noch nicht geschädigt, sondern sogar gefördert. Unerwünschte Stoffumsätze sind dann nicht auszuschließen.

Viele Rassen von *Saccharomyces cerevisiae* sind osmotolerant, d.h. sie können hohe Zuckerkonzentrationen, wie z.B. die in Trockenbeerenauslesemosten, vergären oder zumindest angären (siehe S. 218). Auch **auf**, weniger **in** Saftkonzentraten können sie sich vermehren. Viele sind auch resistent gegenüber SO_2 und anderen Konservierungsmitteln.

Für ihre hohe Potenz zum Getränkeverderb gibt es folgende Gründe:

- die meisten Stämme sind robust und anspruchslos: Im Vergleich zu den vorkommenden Bakterien sind sie auch noch bei relativ niedrigen Temperaturen ausreichend vermehrungsfähig. Viele können sich auch in kalt gelagerten Getränken und Konzentraten vermehren, besonders bei langen Lagerzeiten. Einige Stämme sind psychrophil (31).
- sie haben nur geringe Ernährungsansprüche; die für Wachstum und Stoffwechsel erforderlichen Stoffe synthetisieren sie selbst, sie sind weitgehend wuchsstoffautotroph. Auch ihr Sauerstoffbedürfnis ist gering (siehe S. 60).
- der Säuregehalt der Säfte, Saft- und Erfrischungsgetränke, Weine und Schaumweine behindert ihre Vermehrung nicht. Selbst extrem hohe Säuregehalte von z.B. 25-30 g/l und entsprechend tiefe pH-Werte hemmen sie nicht.

Für die verschiedenen Erzeugnisse bzw. für die jeweiligen Bedingungen ihrer Erzeugung sind viele physiologische Rassen dieser Art selektiert worden. Diese Rassen galten früher oft als eigenständige Arten.

Taxonomische Beschreibungen der Hefen lieferten KREGER-VAN RIJ (16), BARNETT, PAYNE und YARROW (6).

In die Art *Saccharomyces cerevisiae* werden heute die früher als selbstständige „Arten" beschriebenen Rassen einbezogen: *S. carlsbergensis*, *S. ellipsoideus*, *S. pastorianus*, *S. uvarum*, *S. oviformis*, *S. cheresiensis*, *S. oxidans*, *S. fructuum*, *S. italicus*, *S. hispanica*, *S. prostoserdovii*, *S. sake*, *S. steineri*, *S. vini*. Alle diese Namen sind nur Synonyme für *Saccharomyces cerevisiae*. — Die Rassen dieses Artenkreises sind als biologisches System mit spezifischen Eigenschaften und Toleranzen anzusehen. Ihre morphologischen und physiologischen Varianten können erheblich von der „Normalform" der Art abweichen. Das in Abb. 1.3 wiedergegebene stark voneinander abweichende Aussehen zweier *Saccharomyces*-Stämme ist ein augenfälliges Beispiel dafür.

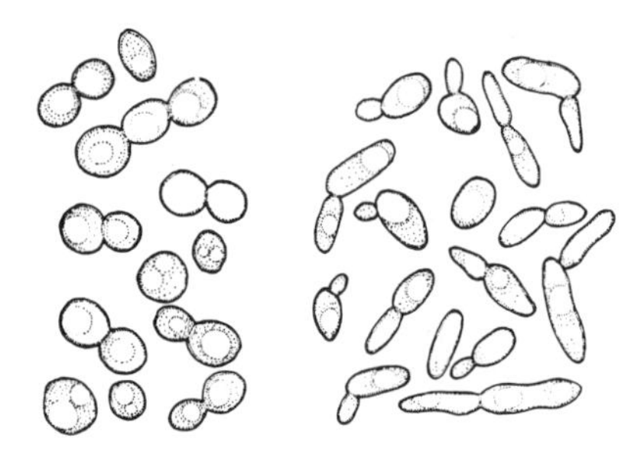

Abb. 1.3: Zellen zweier morphologisch verschiedener Stämme von *Saccharomyces cerevisiae* (CBS 1171 und CBS 380) (16).
Der Vergleich zeigt, daß trotz gleicher Art-Zugehörigkeit die gestaltlichen Unterschiede bei Mikroorganismen sehr groß sein können.

Die gewerblich genutzten Saccharomyceten, die Bier-, Wein-, Brennerei- und Backhefen, gehören sämtlich zur Art *Saccharomyces cerevisiae*. Brauereitechnologisch sind ihre Unterarten und die Unterteilung in ober- und untergärige Hefen wichtig (siehe Kap. 5).

Die starke Vermehrungs- und Gärfähigkeit der technisch genutzten „Kultur"-Hefen, aber auch der Getränke-Infektanten scheint auf Polyploidie zu beruhen. Diese Organismen enthalten in ihrem Zellkern nicht nur einen (haploid) oder zwei (diploid) Chromosomensätze, sondern mehrere, sie sind polyploid. Diese Eigenschaft, die bei der Gattung *Saccharomyces* oft auftritt, macht diese Rassen aktiver, anpassungsfähiger und widerstandsfähiger. Sie haben dadurch einen Selektionsvorteil, sie sind durchsetzungsfähiger. Von 50 *Saccharomyces*-Stämmen waren 6 diploid, 3 triploid, 15 tetraploid, 8 pentaploid, 7 hexaploid. 11 waren ebenfalls polyploid, doch ließ sich ihre Kernwertigkeit nicht ermitteln.
Die Gattung *Saccharomyces* schließt 10 Arten ein (6, 16). Die typische Art der Gattung ist *Saccharomyces cerevisiae*.

Neben dieser für Getränke zweifellos wichtigsten Hefe gibt es noch viele Gattungen und Arten anderer Hefen. Sie unterscheiden sich zum Teil stark voneinander:

„Die Hefen sind Pilze, die durch die Massen von Sproßzellen oder auch von Gliedsporen, die durch Zerfall von Hyphen entstehen, ihre Verbreitung und zum Teil auch ihre Erhaltung sichergestellt haben. Sie stellen aber keine systematisch einheitliche Gruppe dar, sondern gehören zu ganz verschiedenen Pilzklassen und Ordnungen, wie aus ihren Entwicklungsgängen und ihrer Sporenbildung zwingend zu schließen ist" (36).

Die typische Eigenschaft dieser eiförmigen, manchmal auch ein- oder zweiseitig zugespitzten oder auch wurstförmigen Hefezellen ist ihre ungeschlechtliche Vermehrung durch **Sprossung**; die Zelle bildet einen knospenartigen Auswuchs, der bis zur Größe der Mutterzelle heranwächst und sich dann meist von ihr trennt.

Die **Gärung** ist dagegen eine unterschiedlich stark ausgeprägte Eigenschaft. Es gibt auch schwach gärende Hefen und Hefen ohne erkennbare Gärung.

Das **Vorkommen** der Hefen ist unspezifisch, sie sind weit verbreitet. Zuckerhaltige Standorte werden bevorzugt: Alle Arten von verderbenden Früchten, besonders deren Verletzungsstellen, Blutungssaft von Bäumen, Nektar von Blüten, auf und im Boden. Ihre Verbreitung erfolgt durch Abwehen von Bodenpartikeln, häufiger durch Insekten wie Wespen und Essigfliegen, in Erzeugerbetrieben zudem durch Kontakt und durch Verspritzen verkeimten Materials.

Im Hinblick auf die Produktion von Getränken bezeichnet man häufig die unerwünschten oder sogar schädlichen Hefen einfach als „wilde" Hefen. Unter ihnen sind besonders zwei Gruppen hervorzuheben: Die Apiculatushefen und die Kahmhefen.

Die **Apiculatushefen** sind im typischen Falle an beiden Polen zitronenförmig zugespitzt. Der Name leitet sich ab von *Kloeckera apiculata*. Die ihnen entsprechenden Stämme, mit der für Hefen typischen geschlechtlichen (sexuellen) Vermehrung durch Ascosporen-Bildung bezeichnet man als *Hanseniaspora uvarum*. Die Zellen dieser Hefen sind kleiner, ihr Gärvermögen weniger stark als das der Saccharomyceten. Sie kommen in Vielzahl auf Kern-, Stein- und Beerenobst vor. — Ähnlich sind die nichtsporenbildende Gattung *Brettanomyces* und ihre ascosporenbildende Ensprechung, die Gattung *Dekkera*. Diese Hefen können an einem oder an beiden Polen zugespitzt sein, aber nicht zitronenförmig, sondern spitzbogenartig. Es kommen aber auch ovale und wurstförmige Zellen vor. Sie sind schwächere Gärer als *Saccharomyces cerevisiae*, ihre Alkoholverträglichkeit ist aber ausgeprägt. Ihr Stoffwechsel ist mehr aerob. Wichtig ist ihre stärkere Bildung von Essigsäure und Essigsäureethylester. Diese Stoffbildungen sind typisch für manche belgischen und englischen Spezial-Biere, zurückzuführen auf *Brettanomyces* und für den „Esterton" von Weinen, verursacht durch *Kloeckera*.

Daneben gibt es noch Spezialisten, wie *Sacharomycodes ludwigii*, die in stark geschwefelten Säften überleben kann. *Schizosaccharomyces pombe* gärt stark und baut Äpfelsäure energisch ab.

Die **Kahmhefen** vermehren sich bevorzugt **auf** zucker- oder alkoholhaltigen Getränken. Bei den Gattungen *Candida*, *Metschnikowia* und *Pichia* steigt das Sauerstoffbedürfnis in dieser Reihenfolge. Die Zellen, die unter diesen Bedingungen in die Länge wachsen und so ein Pseudomycel bilden, lagern Fett ein und schwimmen auf der Flüssigkeit; sie bilden eine Kahmhaut. Ihr aerober Stoffwechsel verringert den Extrakt. Viele organische Getränke-Inhaltsstoffe werden veratmet; Glycerin, Fruchtsäuren und sogar Alkohol schwinden, es bildet sich ein Kahm-Geschmack aus, die Getränke schmecken „leer". Infolge der Perfektionierung der Getränkeherstellung hat die Bedeutung dieser Hefen als Schädlinge stark abgenommen.

Ausführliche Darstellungen über Hefen als Getränke-Mikroorganismen bieten BACK (5), DITTRICH (11, 12) und WALKER und AYRES (33). Kürzere Beschreibungen finden sich in Büchern der Lebensmittel-Mikrobiologie, z.B. KRÄMER (14), KUNZ (17) und in speziellen Darstellungen, z.B. BACK (1), RECCA und MRAK (25), SAND (29, 30) und ZAAKE (38). — Man vergleiche auch die diesbezüglichen Beschreibungen in den Kap. 4, 5 und 6.

1.3.3 Schimmelpilze

Schimmelpilze sind zur Infektion pflanzlicher Materialien prädestiniert: Ihre Hyphen scheiden pektinabbauende Enzyme aus. Dies ermöglicht ihnen durch Abbau der Mittellamellen in den Zwischenzellräumen (interzellulär) vorzudringen und im Pflanzengewebe große Areale zu durchwachsen. Außerdem spalten sie Stärke, Zellulose und andere Polysaccharide. Dies führt zu einem Strukturverlust der Pflanzengewebe. Die anfallenden Zucker und Säuren setzen sie um. Pilze sind daher auf Früchten häufig. Mit zunehmender Reife treten sie als Schwächeparasiten auf.

Bereits vor der Ernte können Obst und Gemüse sowie Getreide von Pilzen infiziert und ihre Qualität von ihnen gemindert worden sein. Häufig ist beispielsweise der Befall von Birnen durch *Monilia fructigena*. Die Früchte können schon am Baum faulen. Ebenfalls häufig und sehr augenfällig ist der Befall von Traubenbeeren durch *Botrytis cinerea*. *Penicillium (P.) expansum* und *P. digitatum* sind auf Citrusfrüchten häufig. Infolge ihrer Weichschaligkeit sind Tomaten sehr gefährdet. Gesunde Früchte können platzen und dann schnell verschimmeln.

In diesen und anderen Fällen werden durch pilzliche Infektionen Aussehen, Beschaffenheit und Qualität der Früchte und der daraus hergestellten Erzeugnisse weitgehend verändert. Nicht selten treten nach dem Pilzbefall Folgeinfektionen auf, z.B. durch Essigbakterien und/oder Hefen. Bei allen Produkten ist die Qualität der Rohware maßgebend für die Produktqualität.

Alle Stoffbildungen bzw. Qualitätsveränderungen gehen von den Hyphen bzw. Mycelien eines Pilzes aus. Der häufige Schluß vom „kulturellen" Nachweis auf mögliche Aktivitäten geht fehl. Er beruht meist auf dem Nachweis der Konidien. Diese sind aber physiologisch inaktiv, sie überleben das aktive Mycel lange, außerdem werden sie in großen Mengen gebildet.

Die am häufigsten vorkommenden Infektanten sind „Allerweltsschimmelpilze", sie kommen auch auf anderen Standorten vor, sie sind auch Lagerschädlinge von Obst und Gemüse. Oft gehören sie zu den Gattungen *Aspergillus*, *Penicillium*, *Mucor*, *Rhizopus*, *Cladosporium*, *Fusarium*, *Alternaria* (Abb. 1.4 und Abb. 1.5). — Zur Beschreibung dieser und anderer Schimmelpilze vgl. man Kap. 4.3, 5.8.3 und 6.9.

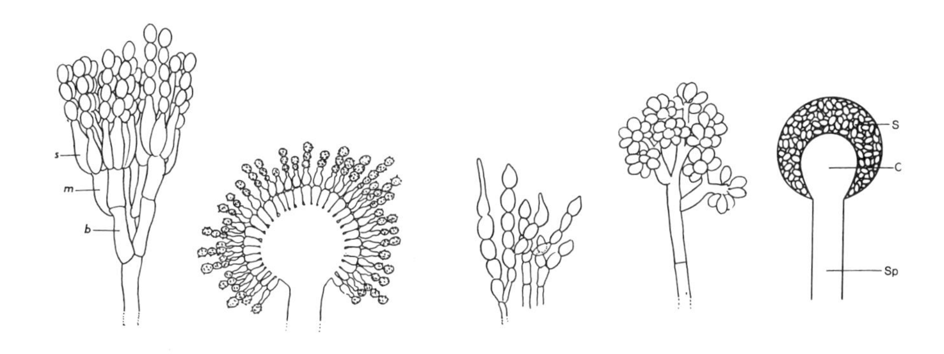

Abb. 1.4: Konidienträger von *Penicillium expansum* (s = Sterigmen, m = Metulae, b = primäre Verzweigungen), *Aspergillus niger*, *Sclerotinia (Monilia) fructigena*, *Botrytis cinerea* und *Mucor sp.* (S = Sporangiosporen, c = Columella, Sp = Sporangienträger) v.l.n.r. (13)

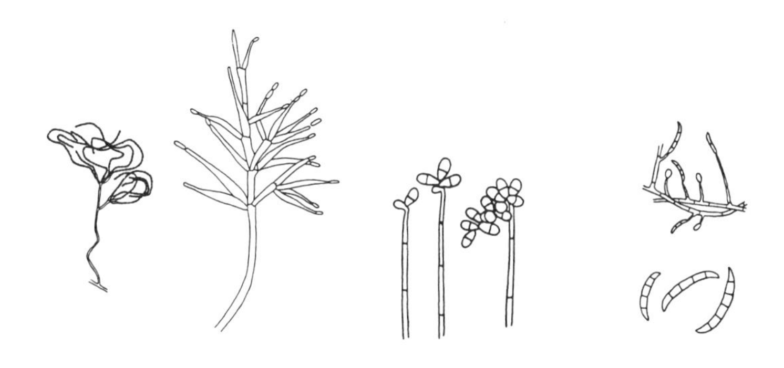

Abb. 1.5: Konidienträger von *Paecilomyces sp.*, *Trichothecium roseum* und *Fusarium sp.* (27)

In Fruchtsäften sind Pilze trotz des für sie günstigen Substrates selten. Dies ist auf die konsequente Hitzeentkeimung der Säfte zurückzuführen. Die einzig ernstzunehmenden Schadpilze sind thermoresistente Stämme von *Byssochlamys* (die ungeschlechtliche oder Nebenfruchtform heißt *Paecilomyces*), allenfalls auch von *Monascus* und *Phialophora* (20, 22, 23, 32).

Schimmelpilze sind Aerobier. Sie wachsen deshalb meist auf der Oberfläche ihrer Substrate. Manche können aber auch noch bei geringen Sauerstoffdrucken wachsen. Von höheren CO_2-Konzentrationen werden sie gehemmt.

Die Qualitätsminderung ist häufig schon sensorisch merkbar. Viele Arten bilden einen **„Schimmel-"** oder **„Muffton"**, einige hinterlassen zusätzlich im Saft bittere Geschmacksstoffe. Beide Arten von Stoffwechselprodukten sind mit den zulässigen Mitteln höchstens teilweise zu entfernen. — Der **Pektinabbau**, zu dem die meisten Schimmelpilze befähigt sind, bewirkt bei naturtrüben Säften **Ausklaren**. — Schimmelpilze können die Säurezusammensetzung der Säfte ändern und rote Traubenfarbstoffe zerstören. — Wichtig ist die mögliche Alkoholbildung verschiedener Pilze, weil der Ethanolgehalt der Säfte begrenzt ist (siehe S. 71).

Einige Pilze sind wegen ihrer **Mycotoxinbildung** als Infektanten der Rohware gesundheitlich bedenklich (26). Falls in solchen Säften Mycotoxine vorkommen, ist Patulin (Abb. 1.6) das oder eines der häufigsten.

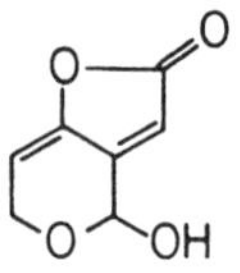

Abb. 1.6: Strukturformel von Patulin

Literatur

(1) BACK, W.: Die Bedeutung von Mikroorganismen im Süßmostbetrieb. Flüss. Obst 46 (1979) 131-135

(2) BACK, W.: Nachweis und Identifizierung gramnegativer bierschädlicher Bakterien. Brauwiss. 34 (1981a) 197-204

(3) BACK, W.: Bierschädliche Bakterien, Taxonomie der bierschädlichen Bakterien. Grampositive Arten. Monatsschr. f. Brauerei 34 (1981b) 267-276

(4) BACK, W.: Vermeidung von Infektionen. Pasteurisationsbedingungen. Getränkeindustrie 44 (1990) 84-87

(5) BACK, W.: Handbuch u. Farbatlas der Getränkebiologie. Verlag H. Carl, Nürnberg 1993

(6) BARNETT, J.A., PAYNE, R.W., YARROW, D.: Yeasts. Characteristics and identification, 2. Aufl. Cambridge Univ. Pr., Cambridge etc. 1990

(7) CARR, J.G. et al.: Lactic acid bacteria in beverages and food. Acad. Press, London/New York/San Francisco 1975

(8) CERNY, G. et al.: Fruchtsaftverderb durch Bacillen: Isolierung und Charakterisierung des Verderbserregers. Z. Lebensm. Unters. Forsch. 179 (1984) 224-227

(9) CORLETT, D.A., BROWN, M.H.: pH and Acidity. In: Microbial Ecology of Foods I, 92-111, ICMFS. Acad. Pr., New York, London 1980

(10) DE LEY, J. et al.: Acetobacteriaceae. In: KRIEG, R.: Bergey's Manual of systemat. Bacteriology I, 210-213, 267-278, Williams & Wilkins, Baltimore/London 1984

(11) DITTRICH, H.H.: Mikrobiologie der Frucht- und Gemüsesäfte. In: SCHOBINGER, U.: Frucht- und Gemüsesäfte, 2. Aufl., Ulmer Verlag, Stuttgart 1987a

(12) DITTRICH, H.H.: Mikrobiologie des Weines. 2. Aufl., Ulmer Verlag, Stuttgart 1987b

(13) HAWKER, L.E., LINTON, A.H., FOLKES, B.F., CARLILE, M.J.: Einführung in die Biologie der Mikroorganismen. G. Thieme Verlag, Stuttgart, 1962, 82

(14) KRÄMER, J.: Lebensmittel-Mikrobiologie. Ulmer Verlag, Stuttgart 1987

(15) KOCKOVA-KRATOCHVILOVA, A.: Yeasts and yeast-like organisms. VCH, Weinheim 1990

(16) KREGER-VAN RIJ, N.J.: The yeasts, a taxonomic study. 3. Aufl., Elsevier Science Publ., Amsterdam 1984

(17) KUNZ, B.: Grundriß der Lebensmittel-Mikrobiologie. Behr's Verlag, Hamburg 1988

(18) LAMPRECHT, I. et al.: Mikrokalorimetrische Untersuchungen zum Stoffwechsel von Hefen III. Biophysik 10 (1973) 177-186

(19) LÜTHI, H.R.: Microorganisms in non-citrus juices. Adv. Food Res. 9 (1959) 221-284

(20) LÜTHI, H.R., VETSCH, U.: Über das Vorkommen thermoresistenter Pilze in der Süßmosterei. Schweiz. Z. Obst- u. Weinb. 64 (1955) 404-409

(21) LÜTHI, H.R., VETSCH, U.: Ein seltener Fall von Buttersäuregärung in alkoholfreiem Apfelsaft. Fruchtsaft-Ind. 2 (1957) 54-58

(22) PETER, A.: Byssochlamys fulva als verbreiteter schwer zu bekämpfender Verderber von Fruchtsäften. Ind. Obst- u. Gemüseverwertg. 49 (1964) 222-224

(23) PETER, A.: Fruchtsaftinfektionen durch Schimmelpilze und ihre Bekämpfung. Ind. Obst- u. Gemüseverwertg. 50 (1965) 841-844

(24) PEYNAUD, E.: Etudes récentes sur les bacteries lactiques du vin. Ferment. Vinific. 1 (1968) 219-256

(25) RECCA, J., MRAK, E.M.: Yeasts occuring in citrus products. Food Technol. 6 (1952) 450-454

(26) REHM, H.J.: Pilze in Fruchtsäften und die Gefährlichkeit ihrer Stoffwechselprodukte. Flüss. Obst 37 (1970) 342-346

(27) REIß, J.: Schimmelpilze. Springer Verlag, Berlin usw. 1986

(28) SAND, F.E.: Milchsäuregärung in alkoholfreien Getränken. Mineralwasserztg. 19 (1966) 87-93

(29) SAND, F.E.: Zur Hefe-Flora von Erfrischungsgetränken. Brauwelt 110 (1970) 225-236

(30) SAND, F.E.: Hefen als Begleitflora in alkoholfreien Getränken. Brauwelt 123 (1983) 329-332

(31) SCHMIDT-LORENZ, W.: Vermehrung von Hefen bei Gefriertemperaturen. 2. Symp. techn. Mikrobiologie. Inst. Gärungsgewerbe Berlin (1970) 291-298

(32) SENSER, F., REHM, H.J., WITTMANN, H.: Zur Kenntnis fruchtsaftverderbender Mikroorganismen 1. Z. Obst- u. Gemüseverwertg. 52 (1967) 175-178

(33) WALKER, H.W., AYRES, J.C.: Yeasts as spoilage organisms. In: ROSE, A.H., HARRISON, J.S.: The Yeasts 3, Acad. Press, London, New York 1970

(34) WEILLER, H.G., RADLER, F.: Milchsäurebakterien aus Wein und von Rebenblättern. Zbl. Bakt. II, 124 (1970) 707-732

(35) WILKINSON, J.F.: Einführung in die Mikrobiologie. Verlag Chemie, Weinheim 1974

(36) WINDISCH, S.: Systematik u. allgem. Biologie der Hefen — eine Übersicht. Monatsschr. f. Brauerei 34 (1981) 160-169

(37) WUCHERPFENNIG, K.: BBV Report alkoholische Getränke. 1. Ernährungsphysiologie, Rechtsvorschriften, Technik u. Technologie. Behr's Verlag, Hamburg 1984

(38) ZAAKE, S.: Nachweis und Bedeutung getränkeschädlicher Hefen. Monatsschr. f. Brauerei 32 (1979) 350-356

2 Mikrobiologie des Wassers

R.E. FRESENIUS

2 Mikrobiologie des Wassers

2.1 Einleitung

„Wasser ist das wichtigste Lebensmittel, es kann nicht ersetzt werden". So heißt es treffend in DIN 2000 (1). Als Lebensmittel darf Wasser entsprechend § 8 des Lebensmittel- und Bedarfsgegenständegesetzes (LMBG) (2) und § 11 des Bundesseuchengesetzes (3) nicht geeignet sein, die menschliche Gesundheit zu schädigen. Eine besondere Bedeutung kommt hierbei den mikrobiell bedingten Gesundheitsschäden zu, wie epidemiologische Untersuchungen von Masseninfektionen in der Vergangenheit gezeigt haben. Epidemien sind nämlich dann aufgetreten, wenn es zum Kurzschluß zwischen fäkalem Abwasser und Trinkwasser gekommen ist, das heißt, wenn mit Krankheitskeimen in hoher Konzentration belastetes Abwasser in Trinkwasser gelangte. Dabei wurde beobachtet, daß die Gefahr einer Masseninfektion dann besonders hoch war, wenn verseuchtes Wasser zur Herstellung von Speisen verwendet wurde und sich die Mikroorganismen darin besonders schnell vermehren konnten. Die Erkrankung von Personen ist dabei abhängig von der Art der Mikroorganismen, ihrer Menge und der Fähigkeit der Betroffenen, körpereigene Abwehrmechanismen zu mobilisieren (4, 5).

Es ist demzufolge für die Volksgesundheit eine zwingende Aufgabe, bei der Gewinnung von zum Trinken bestimmtem oder für die Verwendung in Lebensmittelbetrieben verwendetem Wasser durch geeignete Präventivmaßnahmen eine Verkeimung von Wasser insbesondere durch pathogene Mikroorganismen zu vermeiden. Auch mit pathogenen Keimen belastetes Badewasser (Oberflächenwasser, Badebeckenwasser) kann für Menschen gefährlich werden, worauf hier aber nicht näher eingegangen werden kann und auf Fachliteratur verwiesen werden muß (4, 5).

Nachfolgende Tabelle (nach (4)) soll über in Wasser beobachtete Keime und ihre Bedeutung informieren.

Tab. 2.1: Informationen und Bedeutung von in Wasser lebenden Keimen (nach (4))

Mikroorganismus (Familie, Art)	Vorkommen bzw. Erkrankung
Enterobacteriaceae	
Indikatorkeim *E. coli*	Darmflora, keine Erkrankung
enteropathogene *E. coli*	Diarrhoe
Coliforme Bakterien	
Klebsiella pneumoniae	Entzündungen in Harn- und Gallenwegen
Klebsiella aerogenes	sowie im Respirationstrakt
Enterobacter aerogenes	Vorkommen in der Darmflora
Citrobacter freundii	Darmflora, Durchfallserkrankungen
Serratia marcescens	Vorkommen in der Darmflora
Proteus vulgaris	Darmflora, Fäulniserreger
Proteus mirabilis	
Proteus morganii	
Proteus rettgeri	
Salmonella typhi	Typhus abdominalis
Salmonella paratyphi A, B und *C*	Paratyphus
Salmonella typhimurium	akute Gastroenteritiden
Salmonella enteritidis u.a.	
Shigella dysentheriae	bakterielle Ruhr
Shigella flexneri	
Shigella sonnei	
Shigella boydii	
Yersinia enterocolitica	Erreger von Enteritiden (Übertragung auf dem Wasserweg wird bezweifelt)
Fäkalstreptokokken	Faekalindikatoren
Streptococcus faecalis	
Streptococcus faecium	
u.v.a.	
Pseudomonaceae	Darmflora, Diarrhoe
Pseudomonas aeruginosa	Diarrhoe, kommt selten in Brunnenwasser, häufiger in Leitungswasser, Container-, Mineral- und Tafelwasser, Schwimmbadewasser vor.
Pseudomonas fluorescens	
Sporenbildende, sulfitreduzierende Anaerobier (Clostridien)	
Clostridium perfringens	Gasbrandinfektion in Wunden, Lebensmittelvergiftungen
Vibrionaceae	
Aeromonasarten	
Vibrio cholerae u.a.	Erreger der Cholera
Micrococcaceae	
Staphylococcus aureus	bildet Enterotoxine die zu Lebensmittelvergiftungen führen können
Spirillaceae	
Campylobacter fetus	Gastroenteritiden
Legionellaceae	Legionärskrankheit
Parasiten	Erreger chronischer Durchfallerkrankungen, auch Ursache akuter Diarrhoen
Viren	verschiedenartige Krankheitsbilder

Voraussetzung für einen wirksamen Schutz des Verbrauchers sind entsprechende Normen und Rechtsvorschriften, in denen die Anforderungen an die mikrobiologische Beschaffenheit von zum Trinken bestimmtem Wasser, die Untersuchungsverfahren sowie die Häufigkeit von Untersuchungen festgelegt sind. Es ist jedoch bis heute nicht möglich, auf alle in Frage kommenden pathogenen Keime nach Art, Familie und Spezies routinemäßig zu untersuchen. Derartige Untersuchungen würden zu lange dauern, das zu prüfende Wasser wäre längst getrunken und die Untersuchungen wären viel zu aufwendig. Man behilft sich damit, daß nur auf bestimmte Bakterienarten als Indikatorkeime routinemäßig untersucht wird. Problematisch sind z.B. Viren, die durch aufwendige Verfahren erfaßt werden können, auf die in der Regel aber nur im besonderen Verdachtsfall zu prüfen ist. Da in der Mikrobiologie Untersuchungsergebnisse entscheidend von der Art der verwendeten Nährmedien, von Temperatur und Bebrütungsdauer abhängen, müssen zusammen mit festgelegten Grenzwerten auch die Untersuchungsverfahren definiert sein.

In der Bundesrepublik Deutschland werden nachfolgende Kategorien von zum Trinken bestimmtem Wasser unterschieden, für die in der Trinkwasser-Verordnung (TrinkwV) bzw. in der Mineral- und Tafelwasser-Verordnung Untersuchungsverfahren und Grenzwerte angegeben sind. Die anzuwendenden Untersuchungsverfahren werden in Kapitel 10 dieses Buches näher beschrieben.

2.2 Trinkwasser

Trinkwasser unterliegt dem Lebensmittel- und Bedarfsgegenständegesetz (2) und dem Bundesseuchen-Gesetz (3).

Es kann von Wasserversorgungsunternehmen dem Verbraucher als Leitungswasser geliefert werden (DIN 2000) oder aus Einzelwasserversorgungseinrichtungen stammen (DIN 2001). Trinkwasser muß physikalische, chemische und mikrobiologische Eigenschaften aufweisen, die in der Trinkwasser-Verordnung (TrinkwV) (6) festgelegt sind.

Gemäß § 1 TrinkwV darf die Koloniezahl den Richtwert 100/ml bei einer Bebrütungstemperatur von 20 °C ± 2 °C und von 36 °C ± 1 °C nicht überschreiten. In desinfiziertem Trinkwasser soll außerdem die Koloniezahl nach Abschluß der Aufbereitung den Richtwert 20/ml bei einer Bebrütungstemperatur von 20 °C ± 2 °C nicht überschreiten.

Trinkwasser muß frei sein von Krankheitserregern. Dieses Erfordernis gilt als nicht erfüllt, wenn Trinkwasser in 100 ml *E. coli* (Grenzwert) enthält. Coliforme Keime dürfen in 100 ml nicht enthalten sein (Grenzwert); dieser Grenzwert gilt als eingehalten, wenn bei mindestens 40 Untersuchungen in mindestens 95 % der Untersuchungen coliforme Keime nicht nachgewiesen werden. Fäkalstreptokokken dürfen in 100 ml Trinkwasser nicht enthalten sein (Grenzwert). Die zuständige Behörde kann u.a. anordnen, daß der Unternehmer oder sonstige Inhaber einer Wasserversorgungsanlage die mikrobiologischen Untersuchungen auszudehnen oder ausdehnen zu lassen hat zur Feststellung, ob Fäkalstreptokokken in 100 ml oder sulfitreduzierende, sporenbildende Anaerobier in 20 ml nicht, sowie ob andere Mikroorganismen, insbesondere *Pseudomonas aeruginosa*, pathogene Staphylokokken, *Legionella pneumophila*, atypische Mykobakterien oder ob Fäkalbakteriophagen oder enteropathogene Viren im Wasser enthalten sind.

Bei Trinkwasser aus Eigen- oder Einzelversorgungsanlagen, aus denen nicht mehr als 1 000 ml im Jahr entnommen werden, sowie bei Trinkwasser aus Sammel- und Vorratsbehältern und aus Wasserversorgungsanlagen an Bord von Wasserfahrzeugen, in Luftfahrzeugen oder in Landfahrzeugen soll die Koloniezahl den Richtwert von 1 000 je ml bei einer Bebrütungstemperatur von 20 °C ± 2 °C und den Richtwert von 100 je ml bei einer Bebrütungstemperatur von 36 °C ± 1 °C nicht überschreiten.

Für Trinkwasser aus Wasserversorgungsanlagen auf Spezialfahrzeugen, die Trinkwasser transportieren und abgeben, gelten bezüglich der Koloniezahl die o.a. Richtwerte für Trinkwasser.

In der TrinkwV ist auch die Häufigkeit der mikrobiologischen Untersuchungen, bezogen auf die abgegebene Wassermenge, geregelt (7).

2.3 Natürliches Mineralwasser

Natürliches Mineralwasser ist nach der Begriffsbestimmung des § 2 der Mineral- und Tafelwasserverordnung (MTVO) (8) Wasser, das folgende besondere Anforderungen erfüllt:

- es hat seinen Ursprung in einem unterirdischen, vor Verunreinigungen geschützten Wasservorkommen und wird aus einer oder mehreren künstlich erschlossenen Quellen gewonnen.
- es ist von ursprünglicher Reinheit und besitzt bestimmte ernährungsphysiologische Wirkungen aufgrund seines Gehaltes an Mineralstoffen, Spurenelementen oder sonstigen Bestandteilen.
- seine Zusammensetzung, seine Temperatur und seine übrigen wesentlichen Merkmale bleiben im Rahmen natürlicher Schwankungen konstant; durch Schwankungen in der Schüttung werden sie nicht verändert.
- sein Gehalt an den in Anlage 1 MTVO aufgeführten Stoffen überschreitet gegebenenfalls nach einem Verfahren nach § 6 nicht die in Anlage 1 angegebenen

Höchstwerte. Zum Beispiel darf der Arsengehalt in einem natürlichen Mineralwasser nach zulässigem Enteisenungsverfahren, bei dem Arsen zum großen Teil mit entfernt wird, den Wert 0,04 mg/l nicht überschreiten. Natürliches Mineralwasser darf gewerbsmäßig nur in den Verkehr gebracht werden, wenn es amtlich anerkannt ist (§ 3 MTVO).

Die mikrobiologischen Anforderungen sind in § 4 MTVO festgelegt. Natürliches Mineralwasser muß frei sein von Krankheitserregern. Dieses Erfordernis gilt als nicht erfüllt, wenn es in 250 ml *E. coli*, coliforme Keime, Fäkalstreptokokken oder *Pseudomonas aeruginosa* sowie in 50 ml sulfitreduzierende, sporenbildende Anaerobier enthält. Die Koloniezahl darf bei einer Probe, die innerhalb von 12 Stunden nach der Abfüllung entnommen und untersucht wird, den Grenzwert von 100 je ml bei einer Bebrütungstemperatur von 20 °C ± 2 °C und den Grenzwert von 20 je ml bei einer Bebrütungstemperatur von 37 °C ± 1 °C nicht überschreiten.

Bei natürlichem Mineralwasser soll außerdem die Koloniezahl am Quellaustritt den Richtwert von 20 je ml bei einer Bebrütungstemperatur von 20 °C ± 2 °C und den Richtwert 5 je ml bei einer Bebrütungstemperatur von 37 °C ± 1 °C nicht überschreiten. Natürliches Mineralwasser darf nur solche vermehrungsfähige Arten an Mikroorganismen enthalten, die keinen Hinweis auf eine Verunreinigung bei dem Gewinnen oder Abfüllen geben.

2.4 Quellwasser

Quellwasser ist Wasser, das

- seinen Ursprung in einem unterirdischen Wasservorkommen hat und aus einer oder mehreren natürlichen oder künstlich erschlossenen Quellen gewonnen worden ist.
- bei der Herstellung keinen oder lediglich den in § 6 MTVO aufgeführten Verfahren unterworfen worden ist.

Die mikrobiologischen Anforderungen sind die gleichen wie für natürliches Mineralwasser.

2.5 Tafelwasser

Tafelwasser ist Wasser, das eine oder mehrere der in § 11 Abs. 1 und 2 MTVO genannten Zutaten enthält, wie zum Beispiel Natriumchlorid, Calciumchlorid.

Die mikrobiologischen Anforderungen an Tafelwasser sind die gleichen wie für natürliches Mineralwasser. Es entfallen die Richtwerte für die Koloniezahlen des Wassers am Quellaustritt.

2.6 In Fertigpackungen abgepacktes Trinkwasser

In Fertigpackungen abgepacktes Trinkwasser unterliegt der MTVO, nicht der TrinkwV, und muß den mikrobiologischen Anforderungen der MTVO genügen.

2.7 Heilwasser

Gemäß Verlautbarung des Bundesgesundheitsamtes (9) muß Heilwasser in mikrobiologischer Hinsicht die Anforderungen der Mineral- und Tafelwasser-Verordnung erfüllen. Heilwasser unterliegt dem Arzneimittelgesetz (10), die Gewinnung und Überwachung von Heilwasser auch der Betriebsverordnung für pharmazeutische Unternehmer (11). Für die Überwachung sind die Richtlinien der Bundesländer für die Überwachung von Heilwasserbetrieben und Heilquellen (12) zu beachten. Zu berücksichtigen sind ferner die Begriffsbestimmungen für Kurorte, Erholungsorte und Heilbrunnen (13).

2.8 Weitere international auch in mikrobiologischer Hinsicht bedeutungsvolle Vorschriften

Mit der TrinkwV derzeit geltender Fassung ist die EG Richtlinie 80/778 EWG „über die Qualität für Wasser für den menschlichen Gebrauch" (14), mit der TWVO derzeit geltender Fassung die EG Richtlinie 80/777 EWG „zur Angleichung der Rechtsvorschriften der Mitgliedstaaten über die Gewinnung von und den Handel mit natürlichen Mineralwässern" (15) in deutsches nationales Recht überführt worden.

Weltweit, insbesondere auch außerhalb der Europäischen Gemeinschaft finden die „Guidelines for Drinking-Water Quality" der Weltgesundheitsorganisation (WHO) (16) Beachtung.

Literatur

(1) DIN 2000 Nov. 1973 Zentrale Trinkwasserversorgung, Leitsätze für Anforderungen an Trinkwasser, Planung, Bau und Betrieb der Anlagen.
DIN 2001 Febr. 1983. Eigen- und Einzeltrinkwasserversorgung, Leitsätze für Anforderungen an Trinkwasser, Planung, Bau und Betrieb der Anlagen, Technische Regel des DVGW. Normenausschuß Wasserwesen (NAW) im DIN Deutsches Institut für Normung e.V.

(2) Lebensmittel- und Bedarfsgegenständegesetz (LMBG) vom 15.08.1974 (BGBl.I S. 1945) i.d.F. vom 22.01.1991 (BGBl.I S. 121).

(3) Bundesseuchengesetz vom 18.12.1979 (BGBl.I S. 2262, ber. am 05.02.1980 (BGBl.I S. 151)

(4) CARLSON, S.: Bakteriologie und Virologie des Wassers. In: HÖLL, K. „Wasser". Verlag Walter de Gruyter Berlin New York 7. Aufl. 1986

(5) Schweizerische Gesellschaft für Lebensmittelhygiene (SGLH) Schriftenreihe Heft 9 Hygienisch-mikrobiologische Anforderungen an Trinkwasser und seine Verwendung in Lebensmittelbetrieben. Vorträge der 12. Arbeitstagung der Schweizerischen Gesellschaft für Lebensmittelhygiene vom 05.10.1979

(6) Trinkwasser-Verordnung (TrinkwV) vom 05.12.1990 (BGBl. S. 2612) ber. am 23.01.1991 (BGBl.I S. 227)

(7) AURAND, K., HÄSSELBARTH, U., LANGE-ASSCHENFELDT, H., STEUER, W.: „Die Trinkwasserverordnung". Einführung und Erläuterungen für Wasserversorgungsunternehmen und Überwachungsbehörden. 3. Aufl. 1991 Erich Schmidt Verlag Berlin

(8) Mineral- und Tafelwasser-Verordnung (MTVO) vom 01.08.1984 (BGBl.I S. 1036) i.d.F. vom 05.12.1990 (BGBl.I S. 2600, 2610)

(9) Verlautbarung des Bundesgesundheitsamtes vom 22.06.1981, B.Gesundh.Bl. 25 S. 35 (1982)

(10) Arzneimittelgesetz vom 24.08.1976 (BGBl. S. 2445) i.d.F. vom 11.04.1990 (BGBl.I S. 717)

(11) Betriebs-VO für pharmazeutische Unternehmer vom 08.03.1985 (BGBl.I S. 546) i.d.F. vom 25.03.1988 (BGBl. I S. 480)

(12) Richtlinie für die Überwachung von Heilwasserbetrieben und Heilquellen, veröffentlicht in den Ländern Hessen, Niedersachsen und Nordrhein-Westfalen. Hessen: Staatsanzeiger für das Land Hessen Nr. 36, S. 1743 (1986)

(13) Begriffsbestimmung für Kurorte, Erholungsorte und Heilbrunnen des Deutschen Bäderverbandes e.V. und des Deutschen Fremdenverkehrsverbandes e.V. i.d.F. vom 16.03.1991

(14) Richtlinie des Rates 80/778/EWG vom 15.07.1980 über die Qualität von Wasser für den menschlichen Gebrauch ABl. L 229/11

(15) Richtlinie des Rates 80/777/EWG vom 15.07.1980 zur Angleichung der Rechtsvorschriften der Mitgliedstaaten über die Gewinnung von und den Handel mit natürlichen Mineralwässern, ABl. L 229

(16) World Health Organization Geneva 1984 Guidelines für Drinking-Water Quality Vol I Recommendations, Vol 2 Health Criteria and Other Supporting Information

3 Mikrobiologie der Frucht- und Gemüsesäfte

H.H. DITTRICH

3 Mikrobiologie der Frucht- und Gemüsesäfte

3.1 Frucht- und Gemüsesäfte verderbende Mikroorganismen

Frucht- und Gemüsesäfte und aus ihnen hergestellte Erzeugnisse können im wesentlichen auf drei Arten verderben:
Sie können angegoren oder gar vergoren werden, sie können verschimmeln, schließlich können auch sensorisch abstoßende Verderbsprodukte gebildet werden, vornehmlich Essigsäure und Milchsäure. Diese drei Verderbsarten werden — mit Ausnahmen — durch drei verschiedene Gruppen von Mikroorganismen bewirkt: durch **Hefen**, durch **Schimmelpilze** und durch **Bakterien**.

Glücklicherweise bleibt der weitaus überwiegende Teil der erzeugten Frucht- und Gemüsesäfte frei von Verderb. Ist ein Produkt durch Mikroorganismen qualitativ gemindert oder sogar verdorben, kann dies an mangelhafter Rohware liegen oder an mikrobiellen Infektionen während oder nach der Herstellung. Umgekehrt ist mikrobieller Verderb ausgeschlossen, wenn der Einfluß schädigender Mikroorganismen auf jeder Stufe der Erzeugung auf ein Minimum beschränkt ist. Noch vor der Eignung eines Produktes für einen verderbenden Mikroorganismus ist seine „Infektion" entscheidend. Ziel der Erzeugung von Frucht- und Gemüsesäften muß daher die **Verhinderung der Infektion** der Roh-, Halb- und Fertigware sein. Ist eine Infektion erfolgt oder aus gegebenen Gründen nicht auszuschließen, wie bei der Rohware, müssen die infizierenden Mikroorganismen an der Vermehrung gehindert oder abgetötet werden.

Die häufigsten Saftverderber sind **Hefen**. Unter ihnen sind physiologische Rassen von *Saccharomyces cerevisiae* am wichtigsten (siehe S. 32f). Sie sind unter den gegebenen Bedingungen sehr durchsetzungsfähig. Wenn eine Infektion erfolgt, folgt darauf ihre schnelle Vermehrung und damit der Verderb des Gertränkes. Andere Hefen sind unwesentlich.

Die zweite Gruppe saftverderbender Mikroorganismen sind die **Milchsäurebakterien** (siehe S. 27f). In sehr sauren Säften und in Konzentraten ist ihre Vermehrung wegen des tiefen pH-Wertes deutlich eingeschränkt. Hier haben die **Essigsäurebakterien** einen Selektionsvorteil.

Schimmelpilze sind ebenfalls säuretolerant. Sie befallen empfindliche Rohware wie geplatzte Kirschen und Tomaten sowie Erd- und Himbeeren sehr schnell. Sie sind aber nur potentielle Saftverderber. Weil ihre Mycelien wie auch ihre Konidien wenig hitzeresistent sind, sind Infektionen der Säfte relativ selten. Dies gilt auch für die *Byssochlamys*-Arten, obwohl deren Ascosporen recht hitzeresistent sind (17).

Da früher die Hitzebehandlung von Säften weniger konsequent war, waren Schimmelpilzinfektionen viel häufiger. Von 215 Pilzstämmen, die aus Fruchtsäften des Handels isoliert worden waren (42), waren nur 8 direkte und 15 latente Verderber. Am gefährlichsten war *Byssochlamys*. Unter den 29 *Penicillium(P.)*-Arten war *P. velutinum* ein direkter Verderber. Oft traten *P. notatum* und *P. digitatum* auf, *P. roqueforti* nur in Traubensaft. Die 7 gefundenen *Aspergillus(A.)*-Arten (*A. amstelodami*, *A. sydowi* und *A. niger*) waren nur latente Verderber, ebenfalls *Cladosporium*. *Mucor* wurde nicht gefunden.

Diese Mikroorganismen und die von ihnen ausgehenden Risiken oder Schäden beschreiben INGRAM und LÜTHI (24), BEECH (7), AHRENS (2), DITTRICH (13-15), BACK (3, 4) sowie die einschlägigen Kapitel in MÜLLER (34), KRÄMER (28) und KUNZ (29).

3.2 Verderbshindernde bzw. -fördernde Faktoren

3.2.1 Keimgehalt

Die Zahlen der Mikroorganismen auf den verarbeiteten Früchten und auf den Maschinen und Geräten, die bei der Safterzeugung und -abfüllung eingesetzt werden, sind für das Verderbsrisiko der erzeugten Produkte entscheidend; sind die **Keimzahlen hoch**, wird auch das **Verderbsrisiko hoch** sein. Nur bei geringer Keimbelastung wird die Gefahr des mikrobiellen Verderbs auszuschließen sein oder zumindest minimiert werden können. Alle physikalischen und chemischen Methoden der Abtötung von Mikroorganismen sind nämlich abhängig von der Zahl der abzutötenden Mikroorganismen. Nur bei geringen Keimzahlen ist ein ausreichender Abtötungserfolg gegeben. Bei zu hohen Keimzahlen wird zwar der größte Teil der vorhandenen Mikroorganismen abgetötet werden, ein kleiner oder auch nur minimaler Anteil aber wird überleben. Von diesen wenigen Zellen kann eine unerwartete Massenvermehrung ausgehen und zum Verderb führen.

Daraus folgt, daß die **Rohware hochwertig**, d.h. auch mit möglichst wenig Mikroorganismen belastet sein sollte. Gesundes Obst ist nur wenig kontaminiert. Wurmstichiges Obst oder gar Fallobst hat dagegen hohe Keimzahlen, besonders wenn es schon angefault ist. Derart mangelhafte Rohware sollte nicht verarbeitet werden. Die Safterzeugung darf nicht zur Abfallverwertung werden! — Es wäre auch nicht zu vermeiden, daß von stark verkeimtem Obst Infektionen von Maschinen und anderen Betriebseinheiten erfolgen, die von der jeweiligen Stelle wiederum zu Saftinfektionen führen. — Ähnliches gilt für Blattgemüse. Wurzelgemüse muß gründlichst gewaschen werden. Gerade in Garten- und Ackererde sind die Keimgehalte sehr hoch. Zudem sind unter diesen Bakterien viele Sporenbildner, deren (Endo-)Sporen sehr hitzeresistent sind. Sie sind z.B. in Tomatensäften nur mit erhöhtem Aufwand abzutöten.

Zweitens müssen die **Keimzahlen in den Betrieben niedrig** gehalten werden. Wie die Hitzeanwendung kann auch der Einsatz von Desinfektionsmitteln nur bei geringen Keimzahlen den Erfolg garantieren. Daher sind Pressen, Füllerventile und alle in Frage kommenden Maschinen und Gerätschaften zunächst gründlich zu reinigen. Desinfektionsmittel können schädliche Bakterien, die unter einer Schmutzschicht liegen oder von ihr umhüllt sind, nicht mit Sicherheit abtöten (siehe S. 315ff).

Sauberkeit ist daher die Voraussetzung für die **Betriebshygiene**, die wiederum die notwendige Voraussetzung ist für eine **risikofreie Produkterzeugung**.

Tab. 3.1 gibt den Keimgehalt des Waschwassers von Äpfeln wieder. Da das Waschen die Mikroorganismen nur teilweise entfernt, sind die tatsächlichen Keimzahlen auf Früchten noch wesentlich höher. Die art- und mengenmäßige Zusammensetzung schwankt je nach Obstsorte, den Anbauverhältnissen, der Erntemethode und den Transport- und Lagerverhältnissen stark. Die **Keimzahlen** liegen etwa zwischen 10^2 bis 10^8 Zellen/g (25). Je Apfel wurden 10^2 bis 10^6 gefunden (32), auf einer Traubenbeere etwa 100 000 (6).

Tab. 3.1: Keimgehalt des Waschwassers von Äpfeln zur Saftgewinnung (34)

Mikroorganismenart	Keimgehalt je 1 ml Waschwasser
Hefen	1 804 000
Hyphomyzeten	20 000
Bakterien	978 000
Streptomyzeten	100

3.2.2 pH-Wert

Die meisten **Fruchtsäfte** sind **sauer**. Ihre pH-Werte liegen meist zwischen 3,0 und 4,0 (Tab. 3.2). Gemüsesäfte haben dagegen ihren Schwerpunkt zwischen pH 5,0 und 6,0. Daraus folgt, daß in den meisten Fruchtsäften Bakterien weitgehend unterdrückt werden. In Gemüsensäften werden sie viel weniger gehemmt.

Tab. 3.2: pH-Werte auf dem deutschen Markt angebotener Fruchtsäfte und Nektare (16)

	pH-Wert
Maracuja (Nektar)	3,0
Johannisbeer (Nektar)	3,10
Grapefruitsaft	3,10
Traubensaft	3,20
Zwetschgen (Nektar)	3,26
Mango (Nektar)	3,26
Guave (Nektar)	3,28
Orange (Nektar)	3,32
Sauerkirsche (Nektar)	3,34
Aprikose (Nektar)	3,44
Orangensaft	3,60
Ananassaft	3,62
Birnensaft	3,66

Hinzu kommt, daß Säfte aus Wurzelgemüse oft stark keimbelastet sind durch die Erde, die der Rohware anhängt. Am gefährlichsten sind die Bakterien, die selbst Säuren bilden können, unter ihnen die **Milchsäurebakterien**.

Hefen und Schimmelpilze sind viel säuretoleranter. Vor allem **Hefen** sind deshalb mögliche **Fruchtsaftverderber**. Unter erschwerten Bedingungen, z.B. in Fruchtsaftkonzentraten, ist ihre Vermehrung im stark sauren Bereich unter pH 3,0 bereits gehemmt (38). Osmotolerante Hefen vermehren sich optimal erst zwischen 4,0 und 5,0. Bei tieferem pH wachsen sie schlechter, deshalb kann Zuckersirup durch Säurezusatz (länger) hefefrei gehalten werden.

Durch mikrobielle Aktivitäten wird der pH-Wert von Säften kaum verändert. Ausnahmen sind der Abbau von Säuren, z.B. von Äpfel- oder Citronensäure, oder die Bildung von Säuren, z.B. von Milchsäure (siehe S. 73).

Das **Ansäuern** durch eine Milchsäuregärung ist für Sauergemüse sehr lange bekannt. Das bekannteste Beispiel ist das Sauerkraut, dem seit der Weltumseglung durch COOK (1872) ein besonderer ernährungsphysiologischer Wert zuerkannt wird. Ausgehend davon werden Maischen oder Gemüsesäfte gezielt milchsauer vergoren, um die relativ hohen pH-Werte zu erniedrigen auf 3,8 bis 4,2. Die besten Ergebnisse wurden mit Starterkulturen von *Lactobacillus plantarum* erzielt (10). Selbst bereits saure Fruchtsäfte kann man durch Beimpfung mit Milchsäurebakterien säuern. Das Ziel dieser **Lactofermentation** ist vor allem eine ernährungsphysiologische Aufwertung. Außerdem eine erhöhte mikrobiologische Stabilität dieser Säfte (45, 52). Mit diesem Verfahren wurden milchsaure Fruchtsäfte mit weinartigem Geschmack entwickelt (36).

3.2.3 Zuckerkonzentration und Wasseraktivität

Mikroorganismen haben ein hohes Wasserbedürfnis. Hohe Zucker- und Salzkonzentrationen hemmen deshalb ihre Vermehrung (vgl. Kap. 1.2). Vor allem die Zuckergehalte in Säften und ihre Konzentration in **Saftkonzentraten** sind maßgebende Eigenschaften. Bei der Konzentrierung wird ihr Wassergehalt vermindert und dadurch der Zucker- und Säuregehalt erhöht. Durch den niedrigen pH-Wert und die niedrige „Wasseraktivität" (a_W), sind Konzentrate gegen mikrobiellen Verderb weitgehend stabilisiert (4).

Produkte mit $a_W < 0{,}60$ bleiben meist befallsfrei. Konzentratverderb durch Bakterien ist selten. Immerhin können sich einige *Lactobacillus*- und *Leuconostoc*-Stämme in Produkten mit 40-50 °Brix sogar vermehren.

Die häufigsten **Konzentratverderber** sind **Hefen**. Unter ihnen gibt es zunächst die, die überleben. Konzentrate sind durch sie nicht unmittelbar gefährdet. Wenn sie ohne Pasteurisation verdünnt werden, verderben diese Hefen, zu denen die „Weinhefe" *Saccharomyces cerevisiae* zu zählen ist, diese infizierten Produkte durch ihre dann einsetzende Gärung. Die eigentlichen Verderber sind die **osmotoleranten Hefen**. Sie können sich noch in Konzentraten vermehren und schwach gären. Die CO_2-Bildung kann zum Platzen der Behälter führen.

Osmotolerant sind die meisten Rassen von *Zygosaccharomyces (Z.) rouxii* und *Z. bailii*. Diese Hefen sind rundlicher und kleiner, sie vermehren sich langsamer und gären schwächer als *Saccharomyces cerevisiae*. Sie sind empfindlicher gegen höhere Säuregehalte, aber gegenüber SO_2 und Konservierungsmitteln widerstandsfähiger. Sie brauchen zur Vermehrung höhere Temperaturen. Wenn sie mit *Saccharomyces cerevisiae* zusammen vorkommen, unterliegen sie dieser vitaleren Hefe. Auch manche Rassen anderer Hefen wie *Candida*, *Hansenula* und *Brettanomyces* können osmotolerant sein.

Da Fruchtsaftkonzentrate in großen Mengen hergestellt und oft lange bevorratet werden, werden sie bis auf 80 Gew. % Zucker konzentriert, da sich die frühere Grenzkonzentration von 65 Gew. % nicht immer als ausreichend erwiesen hat.

Konzentrate werden manchmal unsachgemäß in Behälter mit Wasserresten eingelagert, oder es kommt bei der Einlagerung zur Schwitzwasserbildung. In solchen

Fällen wird ihre Oberfläche stark verdünnt. Die Erhöhung der a_W-Werte ermöglicht dann die Besiedlung der Konzentratoberfläche mit Hefen und manchmal auch mit Schimmelpilzen. Dieser Oberflächenbewuchs sollte abgeschöpft werden. Ein Durchmischen würde die Mikroorganismen auf die ganze Masse des Konzentrates verteilen.

Wasserfreier Zucker hemmt die Mikroorganismenvermehrung total. Bei nicht einwandfreier Lagerung ist dagegen eine Verkeimung möglich (35). — Ebenso ist die Vermehrung von Bakterien in Kochsalz unmöglich. In einem Fall ist aber nach dem Salzen eines Gemüsesaftes, in dem halotolerante Bakterien überlebten, die Vermehrung dieser Keime beobachtet worden. — Fruchtpulver sind infolge ihres geringen Wassergehaltes (unter 0,6 %) mikrobiologisch stabil.

3.2.4 Sauerstoffversorgung

Das mögliche Wachstum von Hefen und Schimmelpilzen auf der Oberfläche von Konzentraten ist mitbedingt durch die gute Sauerstoffversorgung. Hefen und Pilze sind nämlich **Aerobier**. Im einzelnen ist das O_2-Bedürfnis differenzierter. *Saccharomyces cerevisiae*, der Prototyp der Hefen, kann sich auch in sauerstofffreien Säften (submers) für eine beschränkte Zeit noch stark vermehren.

Tab. 3.3 zeigt das unterschiedliche O_2-Bedürfnis verschiedener Hefen. Trotz ganz geringer Infektionen haben sich die meisten Hefen auch ohne Sauerstoff schon nach wenigen Tagen so stark vermehrt, daß sie den Saft eingetrübt haben und gären.

Tab. 3.3: Trübung und CO_2-Bildung (Bombage-) durch Hefevermehrung in Apfelsaft von pH 3,10 bei 25 °C. Beimpfung 1-10 Hefezellen pro Tetra Pak. Zeitangabe in Tagen (Artnamen aktualisiert (16))

infizierende Mikroorganismen	aerob Trübung/CO_2	anaerob Trübung/CO_2
Saccharomyces cerevisiae	3/4	4/4
Saccharomyces cerevisiae	3/3	3/3
Zygosaccharomyces bailii	4/5	4/6
Hanseniaspora uvarum	2/2	2/2
Hanseniaspora uvarum	2/3	2/3
Brettanomyces sp.	3/4	6/9
Pichia anomala	4/5	4/6
Pichia jadinii	5/8	7/14
Candida intermedia	4/5	5/7
Pichia pastoris	5/7	-/-
Rhodotorula glutinis	5/-	-/-
Rhodotorula glutinis	5/-	-/-

Auch der wichtigste saftverderbende Schimmelpilz, *Byssochlamys*, ist nur in geringem Maße sauerstoffabhängig. Die Mucoraceen können anaerob Ethanol bilden.

Milchsäurebakterien sind mikroaerophil. Sie können sich deshalb in Säften — falls die pH-Werte dies zulassen — gut vermehren, selbst bei den hohen CO_2-Gehalten, die beim **BÖHI**-Verfahren angewandt werden. Buttersäurebakterien sind strikte **Anaerobier**. Sie kommen nur gelegentlich in Fruchtsäften vor. Meist wirkt auf sie der niedrige pH-Wert hemmend.

Ausgesprochene Aerobier sind der Großteil der Schimmelpilze, Essigsäurebakterien und Kahmhefen. Sie werden nur **auf** Säften und ihren Konzentraten wachsen können. Bei den Kahmhefegattungen *Pichia*, *Hansenula* und *Candida* gibt es Übergänge: Die *Pichia*-Arten sind ausgeprägt aerob, während viele *Candida*-Arten auch submers wachsen.

Insgesamt ist der Faktor Sauerstoff und das von ihm abhängige Redoxpotential für die Infektion und den Verderb von Säften von eher geringer Bedeutung.

3.2.5 Chemische Zusammensetzung

Mikroorganismen können sich in einem Substrat nur vermehren, wenn sie darin die Nährstoffe vorfinden, die sie benötigen. Ihre Bedürfnisse unterscheiden sich zum Teil stark voneinander: Während Hefen und Schimmelpilze schon mit wenigen Stoffen auskommen, brauchen beispielsweise Milchsäurebakterien verschiedene organische Stoffe.

Säfte sind sehr komplexe Substrate; sie enthalten eine nicht abzuschätzende Vielzahl von Substanzen. Die Infektanten finden daher in den Säften einen reichlich gedeckten Tisch vor.

Zucker ist zum Aufbau des Kohlenstoffgerüstes aller Zellinhaltsstoffe unverzichtbar. Er ist in Säften meist in höheren Konzentrationen vorhanden als er von Mikroorganismen benötigt wird, nämlich bis zu 10 %, manchmal noch mehr. **Glucose** und **Fructose** sind die wichtigsten Zucker. Sie können von allen Infektanten genutzt werden. Zur Vermehrung von Hefen reichen bereits 0,1 % Zucker aus (38). **Saccharose** kommt meist in geringeren Mengen vor. Sie kann von den meisten Hefen genutzt werden, von einigen, die keine β-Fructosidase haben, aber nicht, z.B. von *Hanseniaspora uvarum*. **Pentosen** kommen nur in geringen Mengen vor. Von Milchsäurebakterien können sie z.T. genutzt werden.

Organische Säuren wie Äpfel- und Citronensäure können meist umgesetzt werden. Durch den Säureabbau wird der pH-Wert angehoben. Dies verbessert für Milchsäurebakterien die Entwicklungschancen. Essig- und Ameisensäure wirken antibakteriell.

Sorbinsäure ist ein gegen Pilze und Hefen wirksames Konservierungsmittel. Auch Phenolcarbonsäuren, die in manchen Säften in relativ hohen Konzentrationen vorkommen, sind gegen Mikroorganismen wirksam.

Stickstoff(N)-Verbindungen sind für den Aufbau der Zellproteine und anderer N-haltiger Zellinhaltsstoffe erforderlich. Für die Vermehrung von Mikroorganismen sind in Säften stets ausreichende Mengen vorhanden. Selbst in Birnensäften, in denen der hefeverwertbare Stickstoff für eine Gärung kaum ausreicht, reicht er für den Verderb völlig aus. Das N-Minimum für eine sichtbare Infektion liegt bei 0,2 mg N/l Getränk (38). Aminosäuren, die in allen Säften vorliegen, sind für alle Mikroorganismen geeignete N-Quellen. Hefen können auch NH_4^+ verwerten, NO_3^- dagegen nur in Ausnahmefällen.

Die NO_3^--Verwertung einiger Bakterien benützt man, um dieses unerwünschte Ion in stark NO_3^--haltigen Gemüsesäften abzureichern.

Bestimmte Stämme von *Paracoccus denitrificans*, *Pseudomonas denitrificans* und *Bacillus licheniformis* setzen anaerob Nitrat zu Stickstoff, CO_2 und H_2O um. Die Säfte werden sensorisch nicht oder allenfalls gering verändert, der pH-Wert nimmt zu (21).

Mineralstoffe kommen in Säften stets vor. Häufige Kationen sind Effektoren von Enzymen. PO_4^{3-} ist für den Energiestoffwechsel und für die Synthese der Erbsubstanz lebenswichtig, SO_4^{2-} für die Bildung schwefelhaltiger Aminosäuren in den Zellproteinen. Versuchsweise hat man Säfte durch Kationenentzug vor mikrobiellem Verderb schützen können.

Vitamine sind, soweit wasserlöslich, Coenzyme wichtiger Enzyme. Sie sind in Säften meist ausreichend vorhanden. Manche Milchsäurebakterien sind auf sie angewiesen, Hefen und Schimmelpilze können sie in der Regel selbst synthetisieren.

Mikroorganismenhemmende Stoffe sind in den meisten Säften nur in Spuren enthalten, z.B. ätherische Öle (44). Orangenöl wirkt stärker antimikrobiell als Citronenöl. Die wirksame Dosis liegt bei 500 mg/l bei 1 Million Hefen/ml. Schimmelpilze werden erst von 2000 mg/l Orangenöl unterdrückt. Sehr wirksam ist D-Limonen. Auch Polyphenole, die in Säften als Glucoside oder mit Säuren verestert vorkommen, sowie Saponine, wirken antimikrobiell. — In Säften aus fauligen Äpfeln wurde bis zu 632 mg/l Ameisensäure gefunden. Solche Mengen können ungesetzliche Zusätze zur Konservierung vortäuschen. In Säften aus nur gesunden Äpfeln sind nur 10-30 mg/l enthalten (55).

Antimykotisch wirken auch Iso-Eugenol, Zimtaldehyd, Carvacrol, Eugenol und Thymol. Die antimykotische Wirkung von Phenolen scheint von der freien Hydroxylgruppe in Verbindung mit einem Alkylsubstituenten abhängig zu sein (37).

Fruchtsäfte mit ihren beträchtlichen Zuckergehalten und tiefen pH-Werten können von Hefen und Schimmelpilzen infiziert werden. Den größten Selektionsvorteil haben die stark gärenden Hefen der Art *Saccharomyces cerevisiae* (siehe auch Kap. 4.2.1 und S. 111), Schimmelpilze benötigen meist eine bessere Sauerstoffversorgung.

Besonders wichtig ist dies für die Essigsäurebakterien. Milchsäurebakterien können sich dagegen in Säften mit nicht allzu tiefen pH-Werten selbst dann vermehren, wenn sie das für Hefen und Pilze hemmende CO_2 in hohen Konzentrationen enthalten. — Gemüsesäfte werden infolge ihrer relativ hohen pH-Werte und niedrigen Zuckergehalte mehr für Milchsäurebakterien und für „wilde" Hefen, besonders Kahmhefen, anfällig sein.

3.3 Die Infektion der Säfte

Die Infektion der Säfte entscheidet über ihre **Haltbarkeit**, ihren **Verderb** und somit über ihre **Handelsfähigkeit**

- durch Veränderung ihrer optischen Beschaffenheit (Trübung oder andere Veränderungen des Aussehens),
- durch Veränderungen der Inhaltsstoffe, d.h. der Zusammensetzung, die Veränderungen der Geruchs- und Geschmackseigenschaften zur Folge haben kann.

Beide Arten der Veränderung sind nur dann möglich, wenn sich die infizierenden Mikroorganismen stark vermehren können. Dies ist vielen Arten schon in kurzer Zeit möglich. Hefen können ihre Zellzahl in ca. 3 Stunden verdoppeln, Bakterien in ca. 30 Minuten. Bei dieser Vermehrungsgeschwindigkeit kann theoretisch

die 1 000fache Zellzahl in 3 Stunden,
die 1 000 000fache Zellzahl in 10 Stunden entstehen.

Die **Haltbarkeit** von Fruchtsäften vermindert sich bei Bakterien-Infektionen in Abhängigkeit von den **Zellzahlen** (40):

300 Bakterien pro l — Haltbarkeit 18 Tage
1 000 Bakterien pro l — Haltbarkeit 8 Tage
3 000 Bakterien pro l — Haltbarkeit 3 Tage

Obwohl die häufigsten Fruchtsaftverderber Hefen sind (siehe S. 55), die längere Vermehrungszeiten haben, sind sie nicht weniger gefährlich, da sie anspruchsloser und pH-toleranter sind. In fruchtfleischhaltigen Getränken ist bereits 1 Hefezelle in 10 ml bedenklich. In klaren Getränken ist ein Anfangskeimgehalt von 1 Hefe/ml keineswegs immer gefährlich (33).

Die Infektion von Säften ist von zwei Infektionsquellen abhängig:

- vom Keimgehalt der zu verarbeitenden Früchte und Gemüse. Er muß möglichst niedrig sein. Mit seiner Zunahme steigt die Infektions- und Verderbsgefahr.
- von Infektionsmöglichkeiten im Betrieb.

3.3.1 Mikroorganismen auf Früchten und Gemüsen

Je mehr Mikroorganismen mit der Rohware in den Verarbeitungsbetrieb kommen, umso größer ist die Gefahr, daß sie

- in die Säfte eingetragen werden und sich
- im Betrieb vermehren, an bestimmten Stellen Infektionsherde bilden, von denen (Streu)Infektionen in die Säfte erfolgen können.

Deshalb ist angefaultes oder beschädigtes Obst, sowie älteres, mit Erde verunreinigtes Fallobst, weil stark keimhaltig, zur Versaftung ungeeignet. Nur „gesundes", also wenig keimbelastetes Obst sollte versaftet werden. Auch gesundes Obst sollte nach der schonenden Ernte rasch verarbeitet werden, da bei der Lagerung die Keimzahlen zunehmen. Vor dem Pressen sollte es gewaschen werden, um den Keimgehalt zu verringern. Zur Apfelsaftherstellung sollte nur Obst mit weniger als 2 Millionen lebenden Hefen und 0,2 Millionen Schimmelpilzsporen pro Gramm verwendet werden (25).

Auf Früchten herrscht *Candida tropicalis* vor, auf Gemüsen *Cand. lambica*, außerdem *Cryptococcus albidus*. *Saccharomyces cerevisiae* kommt auf Früchten häufiger vor als auf Gemüsen (49). Außerdem kommen *Pichia*, *Hanseniaspora*, *Hansenula*, *Metschnikowia*, *Rhodotorula* und *Trichosporon* vor, bei den Schimmelpilzen *Penicillium*, *Aspergillus*, *Mucor* und *Geotrichum*.

Das Vorkommen ist von den **Jahreszeiten** abhängig. Auf Äpfeln und Traubenbeeren nehmen die Keimzahlen gegen den Herbst hin zu (32).

Die **Verteilung** auf den Früchten ist ungleichmäßig. Bei Traubenbeeren sitzen viele Hefen auf feinen Rissen auf der Oberfläche reifer Beeren. Da dort das saftige Beereninnere offen liegt, können sie sich stark vermehren. Auf der unverletzten Beerenoberfläche finden sich nur wenige Hefen. Weichschaliges Obst wie Kirschen, aber auch Tomaten, bieten ähnliche Verhältnisse. Bei Vollreife können sie beim Transport platzen. In kürzester Zeit schimmeln dann die Rißstellen. Das Verschimmeln von Tomaten kann schon zwei Tage nach der Ernte beginnen. Es entwickeln sich *Penicillium*-, *Aspergillus*- und gelegentlich *Fusarium*-Arten sowie geschmacksverschlechternde *Mucor*-Arten. Bei nur + 6 °C unterblieb die Schimmelbildung.

In Tomatensäften sind bei mikroskopischer Betrachtung Pilzhyphen oder Hyphenknäuel zu sehen, wenn verschimmelte Rohware verarbeitet wurde. Der mikroskopische Befund kann auch quantitative Beurteilungen zulassen (43).

Da das natürliche Mikroorganismen-Reservoir der **Erdboden** ist, nimmt die Infektionsgefahr bei Tomaten, aber auch anderer Rohware durch Regenspritzer mit der Entfernung vom Boden ab. Durch Erde erfolgen Infektionen mit Bakterien. Unter ihnen sind die aeroben Sporenbildner der Gattung *Bacillus* und eine Gruppe der anaeroben Sporenbildner der Gattung *Clostridium* besonders wichtig. Ihre Sporen sind äußerst hitzeresistent. Besonders hoch ist die Keimbelastung von unterirdischen Pflanzenteilen. Säfte aus Möhren, roten Rüben oder Rettich haben zudem hohe pH-Werte über 4,5, meist sogar über 5,0. Die Hitze-Entkeimung solcher Säfte ist daher sehr sorgfältig durchzuführen. Tomatensaft ist besonders durch den mesophilen *Bacillus coagulans* (= *Bac. thermoacidurans*) gefährdet.

Im allgemeinen werden **Bakterien** mehr **mit** der **Rohware**, also mit verletztem, fauligem oder verunreinigtem Obst und Gemüse eingeschleppt. **Hefen** können sich dagegen **im Betrieb** besser vermehren. Von innerbetrieblichen Keimreservoiren erfolgt dann häufig die Infektion bereits fertiger Säfte durch das Personal.

3.3.2 Infektionsmöglichkeiten im Betrieb

Bei der Apfelernte in 15 Betrieben des US-Staates New York betrugen die durchschnittlichen Keimzahlen $2{,}8x10^4$, $7{,}3x10^4$, $1{,}7x10^5$ pro Gramm (48). Nach dem Zerkleinern des Obstes steigen die Keimzahlen meist stark an. Während sich die Hefen und Schimmelpilze beträchtlich vermehren können, ist die Vermehrung von Bakterien wegen des meist niedrigen pH-Wertes stark eingeschränkt. In den fertigen Säften sind Hefen der Art *Saccharomyces cerevisiae* die häufigsten und **gefährlichsten Verderber**.

Die Fruchtsäfte werden steril in Tanks eingelagert. Bei der Füllung können sie auf ihrem Weg in die Flasche aus Leitungen und von Geräten Mikroorganismen aufnehmen. Mit einer Verkeimung ist auch in mangelhaft gereinigten Flaschen und durch Flaschenverschlüsse zu rechnen. Der gefüllte Saft ist dann gefährdet, denn bei höheren Temperaturen (25-30 °C) erfolgt eine schnelle Vermehrung der Infektanten, die einen ebenfalls schnellen Saftverderb hervorrufen, falls nicht eine sofortige Hitzeentkeimung die Haltbarkeit wiederherstellt. — Eine Verringerung der Keime erfolgt dagegen durch Separieren, Schönen (Gelatine, Bentonit) sowie natürlich durch Filtrieren.

In der Folge sollen die **Infektionsmöglichkeiten bei der Bearbeitung und Füllung** von Säften nach Desinfektion der Leitungen und Geräte in einem safterzeugenden Berieb beispielhaft aufgezeigt werden. Nach der Reinigung mit P_3-Lösung erfolgte die Desinfektion mit kalter 1 %iger Neomoscan-Lösung. Die Arbeitstemperaturen lagen meist bei 8 °C. Die Getränke wurden heiß gefüllt (Abb. 3.1).

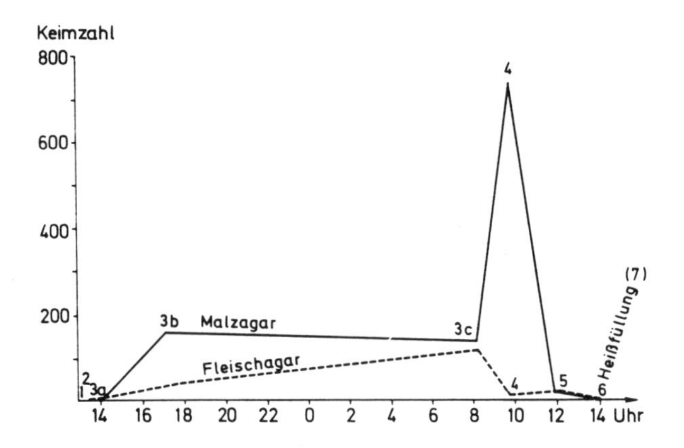

Abb. 3.1: Zu- und Abnahme der Keimzahlen von blankem Apfelsaft während der Bearbeitung und Abfüllung nach Desinfektion der Leitungen und Geräte (56). 1 = Tank (Hahn), 2 = Pumpe (Hahn), 3 = Schönungsbehälter, 4 = Kieselgurfilter (Hahn Klarseite), 5 = Zwischenbehälter, 6 = Schichtenfilter (K 10, Hahn Klarseite) (56)

Die Abb. 3.1, 3.2 und 3.3 zeigen, daß die Keimzahlen — meist Hefen — an einigen Stellen der Bearbeitung 500/ml erreichen oder sogar übersteigen. Dies zeigt nochmals, daß Säfte äußerst infektionsgefährdet und äußerst verderblich sind. Gründliche Reinigung und Desinfektion sind unbedingt nötig, um die Keimzahlen in den Getränken und damit auch den Verderb möglichst klein zu halten. Niedrige Verarbeitungstemperaturen tragen dazu entscheidend bei. Lange Verweilzeiten bei hohen Temperaturen sind keimzahlerhöhend und daher sehr nachteilig. — Die Höhe der Keimzahlen schwankt selbst bei der gleichen Obstart je nach Betrieb wegen der ungleichen Betriebsverhältnisse und Arbeitsweisen.

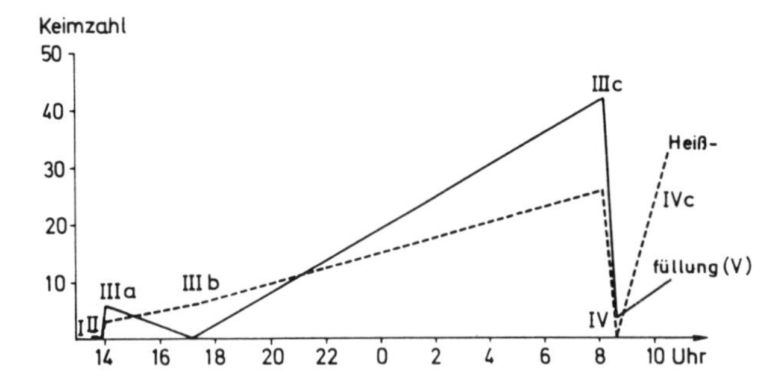

Abb. 3.2: Zu- und Abnahme der Keimzahlen von naturtrübem Apfelsaft während der Bearbeitung und Abfüllung nach Desinfektion der Leitungen und Geräte (56). I = Tank (Hahn), II = Pumpe (Hahn), III = Zwischenbehälter, IV = Schlauch nach Separator, IVc = Zwischenbehälter (56)

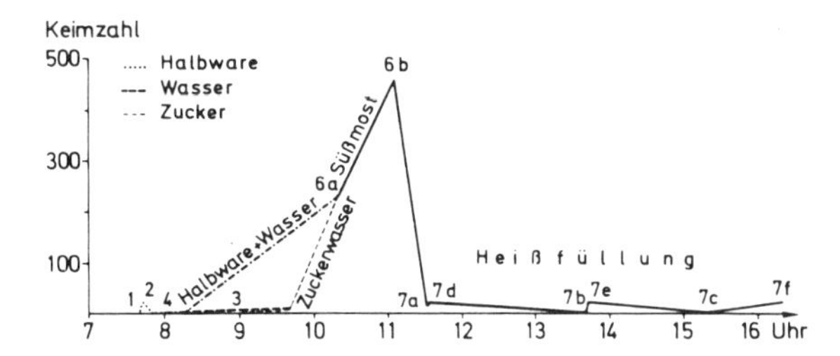

Abb. 3.3: Zu- und Abnahme der Keimzahlen von Süßmost aus schwarzen Johannisbeeren während der Herstellung nach Desinfektion der Leitungen und Geräte (56)

Die Zu- und Abnahme der Keimzahlen bei der Herstellung anderer Säfte unter anderen Betriebsbedingungen zeigen die Abb. 3.4, 3.5 und 3.6. Bei der Herstellung von Aprikosenmark wurden teilweise sehr hohe Hefezahlen von einigen 10 000/ml gefunden. Bei derart hohen Keimbelastungen ist zu befürchten, daß nachfolgend die Pasteurisation nicht den erhofften Erfolg hat.

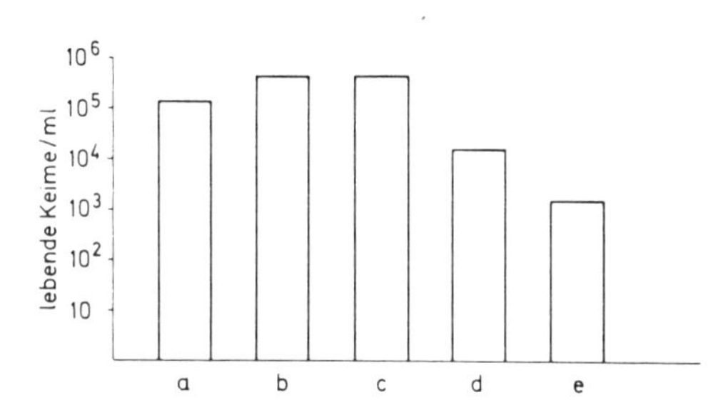

Abb. 3.4: Keimzahlen bei der Himbeersaftherstellung und -kaltlagerung,
a = frischer Saft, b = zerquetschte Himbeeren, c = nach dem Pressen,
d = zentrifugierter Saft, e = gekühlter Saft bei 2 °C bis 3 °C (25)

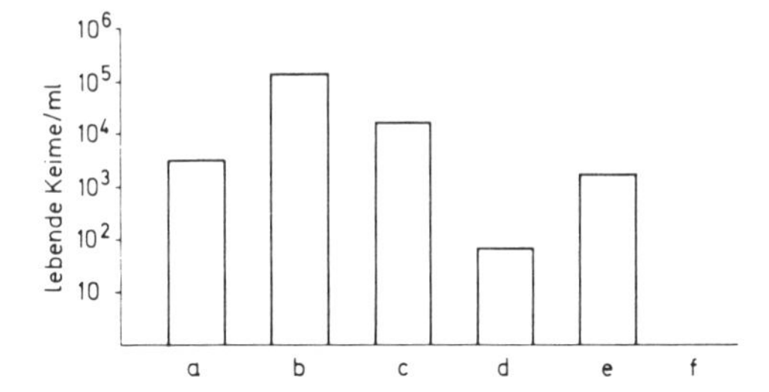

Abb. 3.5: Keimzahlen bei der Herstellung von Sauerkirschsaft, trüb.
a = nach dem Entsteinen, b = vor der Vorwärmung,
c = nach der Vorwärmung, d = nach der Blitzpasteurisation,
e = vor dem Sterilisieren, f = nach dem Sterilisieren (25)

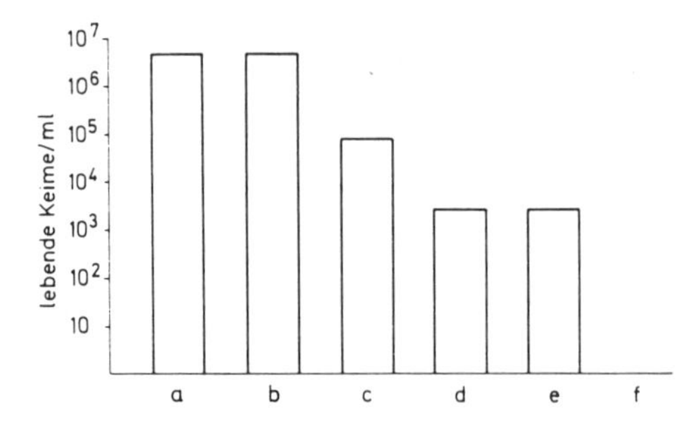

Abb. 3.6: Keimzahlen bei der Tomatensaftherstellung. a = nach dem Passieren, b = vor der Vorwärmung, c = nach der Vorwärmung, d = nach der Blitzpasteurisierung, e = vor dem Sterilisieren, f = nach dem Sterilisieren (25)

Geräte, die zu Infektionsquellen werden können, sind u.a. Zentrifugen, Verdampfer, ja sogar der Plattenerhitzer. Die höchsten Reinfektionsquoten gehen vom **Füller** aus. Die im Laufe des Tages zunehmende Verkeimung der Zentriertulpen und der Füllventile ist kaum völlig auszuschließen. Durch Nachsterilisieren dieser Teile in bestimmten Zeitabständen, z.B. durch Eintauchen oder Besprühen mit 70 %igem Alkohol, kann man dieser Infektionsgefahr entgegenwirken. Kompliziert gebaute Maschinen, vor allem deren bewegliche Teile, sind am schwersten keimfrei zu machen und keimfrei zu halten.

Flaschenwaschmaschinen können ebenfalls Infektionsquellen sein (26). Kellerbehandlungsmittel sind auch manchmal kontaminiert, z.B. Kieselgur (27).

3.4 Veränderungen und Qualitätsminderungen der Säfte durch Mikroorganismen

3.4.1 Veränderungen der Safteigenschaften

Ein infizierter Saft verändert sich in den meisten Fällen sichtbar: Falls sich die Infektanten vermehren können, nimmt seine Klarheit ab, seine **Trübung** nimmt zu. Bei Infektionen durch **Hefe** ist die Trübung anfänglich im ganzen Saft gleichmäßig. Folgende Hefezahlen bewirken in blanken, nur schwach gefärbten Säften folgende Trübungsgrade:

1 000 /ml — glanzklar
100 000 /ml — gerade feststellbare Eintrübung
1 000 000 /ml — leichte Trübung
10 000 000 /ml — starke Trübung

Nach der Vergärung des Zuckers sterben die Hefen größtenteils ab. Sie setzen sich dann am Flaschenboden ab. — Andere Hefen, deren Zellen bei der Vermehrung zusammenbleiben (z.B. *Zygosaccharomyces bailii*), bilden Sproßverbände mit bis zu mehreren tausend Zellen, die stecknadelkopfgroß werden können. Der Saft ist meist klar, die großen Sproßverbände liegen als Klümpchen auf dem Flaschenboden. Ebenso verhalten sich die „Kugelhefen" der Mucoraceen (siehe S. 250).

Bakterien trüben meist weniger stark ein. Oft sind die Säfte nur opaleszent verändert. Während Hefeinfektionen ein trockenes, leicht aufrüttelbares **Depot** geben, bilden die sedimentierten Bakterien zähe, schleimige Depots.

Kahmhefen und **Essigsäurebakterien** vermehren sich ringförmig an der Saftoberfläche im Flaschenhals. Später bilden sie trockene, papierartige bzw. schleimige Oberflächenvegetationen. Auch **Schimmelpilze** wachsen meist **auf** den Säften in dicken Decken. Einige Pilze, die an der Oberfläche weiter wachsen, drücken die ältesten Mycelmassen wurstförmig aus dem Flaschenhals nach unten. — Keimen einzelne Sporen **im** Saft aus, bilden sie kugelige Mycelien.

Schimmelpilze bauen Pektin ab. Die damit verbundene **Viscositätsabnahme** kann gefährlich sein; naturtrübe Säfte „klaren aus"; die vorher homogen verteilten Trubstoffe fallen aus. Dieser Effekt kann auch von Konzentraten kommen, selbst wenn die Infektanten schon tot oder abgeschöpft sind. Die von ihnen ausgeschiedenen Enzyme können durch Erhitzen inaktiviert werden.

Der Rußtaupilz *Aureobasidium pullulans*, bestimmte Schimmelpilze, „Schleimhefen" sowie manche Milchsäure- und Essigsäurebakterien können **Viskositätserhöhungen** bewirken. Die Säfte werden „zäh" oder schleimig (siehe S. 237, 245).

Viele Infektanten können **Farbveränderungen** bewirken. Einige Schimmelpilze können Farbstoffe in das bewachsene Substrat abscheiden. Wichtiger ist die **Farbstoffabnahme**. Die Anthocyane roter Traubenbeeren werden schon am Rebstock von *Botrytis cinerea*, aber auch von anderen infizierenden Schimmelpilzen teilweise abgebaut. Der Saft ist dann farbschwächer. Aber auch durch Hefe- und Milchsäurebakterien-Infektionen nimmt die Farbintensität ab. Die Ursache ist die Spaltung dieser β-Glucoside. Es wurde erwogen, solche Enzympräparate zur (teilweisen) Entfärbung zu stark gefärbter Säfte einzusetzen. — Das von manchen Pilzen gebildete Enzym **Laccase** kann durch Polyphenol-Oxidation „weiße" Säfte bräunen. Bei gezielter Behandlung mit höheren Aktivitäten dieses Enzyms können Säfte aber vor späterer Bräunung stabilisiert werden (12).

3.4.2 Veränderungen der Saftzusammensetzung

Die Vermehrung infizierender Mikroorganismen in einem Saft verändert seine Zusammensetzung. Der Stoffwechsel der Infektanten bewirkt das **Verschwinden safteigener** und die Bildung **saftfremder Stoffe**.

Aber nicht erst der fertige Saft ist der Veränderung durch Mikroorganismen zugänglich, sondern schon in der Frucht kann er verändert werden. Das ist dann möglich, wenn die **Rohware** infiziert, also qualitativ minderwertig ist (siehe Tab. 3.4).

Tab. 3.4: Inhaltsstoffe von Säften aus einwandfreien (a) Früchten und aus vergleichbaren minderwertigen (b) Früchten
1 = Apfel (Golden Delicious), 2 = Birne (11)

		1		2	
		a	b	a	b
°Oe		45	45	48	44
pH		3,4	3,4	3,7	3,2
Gesamtsäure	g/l	4,0	3,3	1,5	3,6
L-Äpfelsäure	g/l	5,0	3,8	1,6	0,9
Milchsäure	g/l	0,06	0,19	0,02	0,08
Flüchtige Säure	g/l	0,07	0,17	0,04	0,31
Alkohol	g/l	0	0,56	0,37	3,40
Glycerin	g/l	0	0,11	0	0,81

Der **Alkoholgehalt** von Apfelsäften aus guter Rohware beträgt höchstens 0,5 g/l, der **Essigsäuregehalt** etwa 50 mg/l. Auch **Milchsäure** ist ein Indiz für minderwertige Rohware; in gesunden Früchten kommt sie nur in geringen Mengen vor.

Diese Veränderungen der Säfte sind meist nicht das Produkt nur einer infizierenden Mikroorganismenart, sondern von Mischinfektionen. In Säften aus essigstichigen Traubenbeeren sind nicht nur die von Essigbakterien gebildete Essigsäure und Gluconsäure vorhanden (46). Vorprodukt der Essigsäure ist Alkohol (Ethanol), der von Hefen gebildet wurde. Die Hefen bilden auch nicht unbeträchtliche Glycerin-Mengen. Die Ameisensäure geht dagegen auf mitinfizierende Schimmelpilze zurück (1), die auch an der Glycerin- und der Gluconsäure-Bildung beteiligt sein können. Die Herkunft dieser mikrobiellen Stoffwechselprodukte ist daher nicht immer eindeutig bestimmbar.

Ethanol, oder einfach **Alkohol**, wird größtenteils von Hefen durch Vergären des Zuckers gebildet; auf Obst und Beerenfrüchten meist von den schwach gärenden sogen. „wilden" Hefen z.B. der Gattungen *Candida*, *Hanseniaspora* und *Metschnikowia*, in den gepreßten Säften dagegen meist von *S. cerevisiae*, dem wichtigsten Saftverderber. „Größere Mengen" Ethanol als 3 g/l „kommen nativ in Fruchtsäften aus frischen, gesunden Früchten nicht vor. Größere Mengen weisen auf die Verarbeitung faulen Obstes bzw. auf mikrobielle Veränderungen während der Herstellung und Lagerung des Saftes hin" (9). Die „Richtwerte und Schwankungsbreiten bestimmter Kennzahlen (RSK-Werte)" haben deshalb diesen **„Grenzwert"** für die wichtigsten Fruchtsäfte auf 3 g/l festgesetzt (Tab. 3.5). Die „zulässige Höchstmenge" des Alkohols war früher mit 5 g/l höher. Die Herabsetzung der „Grenzwerte" ist ein Zeichen für den Fortschritt der Fruchtsafttechnologie und für das Qualitätsbewußtsein. Traubensaft darf bis zu 8 g/l enthalten (Weingesetz!). — Sauerkrautsaft und Gemüsesäfte dürfen bis zu 5 g/l enthalten. Im Regelfall sind „wilde" Hefen die Bildner.

Tab. 3.5: Richtwerte für mikrobiellen Verderb in Fruchtsäften (nach (9))

	Milchsäure g/l max.	Flüchtige Säuren (ber. als Essigsäure) g/l max.	Ethanol g/l max.	Bemerkungen
Apfelsaft	0,5	0,4	3,0	Biogene Säuren und Ethanol kommen in Apfelsäften praktisch nicht vor. Überhöhte Werte weisen auf die Verarbeitung von faulem Obst bzw. auf mikrobielle Veränderungen während der Herstellung und Lagerung des Saftes hin.
Traubensaft	0,5	0,4	8,0	
Orangensaft	0,5	0,4	3,0	Sachgerecht hergestellte und gelagerte Erzeugnisse zeigen Gehalte an Ethanol unter 3 g/l und an flücht. Säuren unter 0,4 g/l. Milchsäuregehalte über 0,2 g/l werden i.R. bereits von einer Geruchsveränderung begleitet.
Birnensaft	0,5	0,4	3,0	Biogene Säuren und Ethanol kommen nativ in Fruchtsäften aus frischen, gesunden Früchten nicht vor. Größere Mengen weisen auf die Verarbeitung faulen Obstes bzw. auf mikrobielle Veränderungen während der Herstellung und Lagerung des Saftes hin.
Himbeersaft				Milchsäure kann in Säften aus frischen Beeren nicht nachgewiesen werden. Über 0,4 g/l flüchtige Säure weisen auf mikrobielle Veränderungen oder Konservierung mit Ameisensäure hin.
Grapefruitsaft	0,5	0,4	3,0	Sachgerecht hergestellte und gelagerte Erzeugnisse zeigen Gehalte unter obigen Werten.
schwarzer Johannisb. saft				Biogene Säuren und Ethanol kommen praktisch nicht vor. Erst durch mikrobielle Veränderungen werden diese Stoffe in größeren Mengen gebildet.
Sauerkirschsaft				Wie bei Johannisbeer-Saft.

Die **Alkoholbildung** kann während der Saftgewinnung erfolgen, etwa wenn Maischen bei warmem Wetter lange stehen. Sie kann auch nach der Kurzzeiterhitzung im Tank erfolgen. Die Entkeimung der Tanks ist dann nicht sorgfältig genug durchgeführt worden. Die Einlagerung unter CO_2-Druck (15 g/l) nach **Böhi** hemmt die Alkoholbildung bei hohen Hefezahlen nicht. Sie wird daher kaum mehr angewandt. Schließlich kann auch während der Bearbeitung der Säfte Alkohol gebildet werden, wenn die Hefezahlen und die Temperaturen hoch und die Standzeiten lang sind.

Kohlendioxid (CO_2) ist das zweite Hauptprodukt der alkoholischen Gärung. Anfangs nur als Prickeln im Mund bemerkbar, bei fortgeschrittener Gärung als explosives Austreten, wenn die Flasche oder der Tank geöffnet wird. Bei vollständiger Vergärung können sogar Flaschen und Tanks platzen.

Angegorene Säfte sind auch anderweitig verändert, sie schmecken „gärig". **Acetaldehyd**, **Ester** und **höhere Alkohole** sind daran beteiligt (siehe S. 201ff).

Glycerin ist ebenfalls ein Gärungsprodukt. Es ist dann in Mengen von bis zu 10 % des gebildeten Alkohols vorhanden. Auch Schimmelpilze können Glycerin bilden. Während Säfte aus infektionsfreien Traubenbeeren weniger als 1 g/l enthielten, wurden in Säften aus *Botrytis*-befallenen Beeren bis zu 14 g/l gefunden.

Die **Zuckeralkohole** Mannit und Arabit scheinen von *Botrytis* in kleinen Mengen gebildet zu werden (siehe S. 245). Mannit kann auch von heterofermentativen Milchsäurebakterien aus Fructose gebildet werden.

2.3-Butandiol ist ein typisches Hefe-Stoffwechselprodukt. Seine Menge ist etwa dem Quadrat des gebildeten Alkohols proportional.

Organische Säuren können je nach Art der infizierenden Mikroorganismen abgebaut oder gebildet werden.

Unter ihnen sind die „flüchtige Säure" und die Milchsäure durch ihre RSK-Werte begrenzt (siehe S. 71). In den wichtigsten Fruchtsäften darf **Milchsäure** den **„Richtwert"** von **0,5 g/l** nicht übersteigen. Die **flüchtige Säure** muß unter **0,4 g/l** liegen (siehe Tab. 3.5). Bei diesen oder gar noch höheren Gehalten ist die Zusammensetzung der Säfte auch noch anderweitig verändert. Sie sind meist auch geschmacklich verändert und daher nicht mehr handelsfähig.

Die sog. **flüchtige Säure** wird als **Essigsäure** (Acetat) berechnet. In der flüchtigen Säure ist etwas **Ameisensäure** (Formiat) enthalten, die von Schimmelpilzen gebildet wird (55). Liegen große Mengen vor, ist sie dem Saft verbotenerweise zur Konservierung zugesetzt worden. Essigsäure wird in Früchten von Essigsäurebakterien im wesentlichen durch Oxidation des von Hefen gebildeten Ethanols erzeugt.

Im Betrieb ist Essigsäurebildung durch heterofermentative Milchsäurebakterien und durch Essigbakterien möglich, z.B. während der Bearbeitung bei hoher Temperatur, in Saftresten in Tanks, in Pfützen und in toten Leitungsenden.

Gluconsäure wird von Essigsäurebakterien durch Oxidation der Glucose gebildet. Sie ist schon in essigstichiger Rohware enthalten (46). In Traubensäften aus schimmelpilzinfizierten Beeren können mehrere g/l enthalten sein. Sie kann auch in Halbkonzentraten gebildet werden. Die Oxidation der Glucose kann über die Gluconsäure hinausgehen. Dann fallen 2-Keto- und 5-Keto-Gluconsäure, wohl auch 2,5-Diketogluconsäure an.

Außer Essigsäure wird unter solchen Infektionsbedigungen auch **Essigsäureethylester** erhöht sein. Er ist am **„Essigstich"** sensorisch beteiligt. Essigsäure und ihr Ethylester können auch von „wilden" Hefen gebildet werden (47).

Milchsäure (Lactat) ist das typische Produkt der Milchsäurebakterien. Aus Zucker bilden sie — je nach Stamm — D- und/oder L-Lactat. Heterofermentative Milchsäurebakterien (siehe S. 28) bilden außerdem noch Essigsäure, etwas Alkohol und CO_2.

Häufig ist damit die Bildung von Acetoin und Diacetyl verbunden. Das **Diacetyl** ist schon ab 1 mg/l geruchlich bemerkbar. Diese u.a. Stoffbildungen kommen in den Erläuterungen der RSK-Werte von Orangensaft zum Ausdruck: „Ein Milchsäuregehalt unter 0,2 g/l wird i.R. bereits von einer wahrnehmbaren Geruchsveränderung begleitet".

L-Milchsäure entsteht aus dem Abbau des natürlich vorkommenden L-Malats durch Milchsäurebakterien. Ihr Malolactat-Enzym setzt das Malat zu Milchsäure plus CO_2 im Verhältnis 2:1 um (siehe S. 232). Ein heftiger bakterieller Äpfelsäureabbau kann alkoholische Gärung durch Hefen vortäuschen. Zur Vermeidung stärkerer Malat-Verluste und anderer Folgeschäden ist ein „abbauender" Saft schnellstens zu filtrieren und nachfolgend zu pasteurisieren.

Auch Hefen können Malat abbauen (siehe S. 228). Sie vergären es während der alkoholischen Gärung zu Alkohol und CO_2. *Saccharomyces cerevisiae* baute bei der Vergärung von Traubensaft durchschnittlich 23 % ab (51). *Schizosaccharomyces pombe* kann Malat nahezu vollständig abbauen. Manche Schimmelpilze können Malat ebenfalls teilweise abbauen.

Von Milchsäurebakterien kann auch **Citronensäure** (Citrat) abgebaut werden. Hierbei wird der Saft doppelt geschädigt; durch den Säurerückgang und durch die entstehende Essigsäure. Außerdem entsteht CO_2. **Weinsäure** kann dagegen in Traubensäften erst abgebaut werden, wenn die Äpfelsäure bereits verschwunden und der Saft schon verdorben ist.

Aminosäuren können von vielen Milchsäurebakterien zu den entsprechenden Aminen decarboxiliert werden. Das im Verdacht unerwünschter physiologischer Wirkungen stehende Histamin und auch Tyramin lösen aber in Apfelsaft „keine statistisch signifikanten Effekte" aus. „Dagegen verursachte Phenylethylamin bei einigen Probanden Symtome wie Kopfschmerzen, Schwindel und Übelkeit", aber erst nach Einnahme von 5 mg (30). Von einigen Milchsäurebakterien kann Arginin zu Ornithin plus Harnstoff gespalten werden. Daraus entsteht Ammoniak und CO_2.

Milchsäurebakterien, aber auch Schimmelpilze wie *Botrytis cinerea* und hefeartige Pilze wie *Aureobasidium pullulans* können **Polysaccharide** bilden. In extremen Fällen führt dies zur Erhöhung der Viskosität, d.h. zur Schleimigkeit der Säfte.

Das „typische" Dextran von *Leuconostoc mesenteroides* und von *Acetobacter*-Arten ist ein unverzweigtes α-1,6-Glucan. *Pediococcus damnosus* und *Botrytis cinerea* bilden dagegen verzweigte **Glucane** (siehe S. 245).

Manche Schimmelpilze bilden **Mycotoxine**. Dies sind mehr oder weniger giftige Stoffwechselprodukte. Ihre Bildung in Getränken oder auf der Oberfläche von Getränken ist so gut wie ausgeschlossen, da Getränke, die Schimmelentwicklung zeigen, nicht mehr handelsfähig sind; sie sind verdorben. Auf die eventuelle Bildung von Mycelflocken oder -decken auf Säften in Lagertanks muß vom Hersteller geachtet werden. Falls Mycotoxine in Säften vorkommen, wurden sie höchstwahrscheinlich schon von infizierenden Pilzen in der Rohware gebildet (19, 20). Auch deshalb sollte nur einwandfreie Rohware verarbeitet werden.

Patulin (Formel siehe S. 40) wurde gelegentlich in Obstsäften und Obstprodukten nachgewiesen (8, 53, 54; Tab. 3.6). Es wird gebildet von *Penicillium expansum*, dem Erreger der Braunfäule bei Äpfeln, Birnen, Quitten, Aprikosen, Pfirsichen und Tomaten sowie in kleinen Mengen auch von *Penicillium urticae* und *Byssochlamys nivea*. In Faulstellen von Äpfeln wurde bis zu 1g/kg gefunden. Diese Fäule tritt nur nach Verletzungen der Frucht auf. Nur etwa die Hälfte der Faulstellen von Äpfeln und Birnen enthält Patulin. Fallobst, das längere Zeit liegt, ist besonders betroffen. Patulin wird bei der Pasteurisation der Säfte nicht zerstört. Der von der WHO (Welt-Gesundheits-Organisation) empfohlene „Grenzwert" liegt bei 50μg/l.

Tab. 3.6: Patulin-Vorkommen in 68 Obstsäften und Obsterzeugnissen des deutschen Handels in 1982 (8)

Probenart	Zahl der untersuchten Proben	Patulin negativ	positiv	ermittelte Menge
Apfelsaft	33	32	1	52 ppb
Apfelmus und Apfelkompott	16	15	1	2,6 ppb
Apfelpulver	1	1	-	-
Apfelfruchtsaftgetränk	3	3	-	-
Birnensaft	4	3	1	24 ppb
Fruchtsaftgetränk Birne	1	1	-	-
Aprikosennektar	3	3	-	-
Pfirsichnektar	2	2	-	-
10 Früchte, Diät-Nektar	1	1	-	-
Johannisbeernektar (schwarz)	4	4	-	-

In Säften aus deutschen stark pilzbefallenen Weintrauben waren Patulin und von *Trichothecium roseum* gebildete Trichothecine gefunden worden (39). Da aus Trauben deutscher Anbaugebiete keine Traubensäfte, sondern nur Weine hergestellt werden, ist dieses Vorkommen praktisch bedeutungslos; nach der Vergärung und der Schwefelung ist kein Patulin mehr nachweisbar (41). Auch Trichothecin verschwindet bei der Gärung (fast) vollständig (18). — **Aflatoxine**, die gefährlichsten Mycotoxine, sind in Säften und Getränken nicht festgestellt worden (53).

„Schimmel"- oder **„Mufftöne"** werden nicht selten von Schimmelpilzen gebildet, die die Rohware infizieren. Diese Geruchsstoffe sind häufig qualitätsmindernd. Als muffigschimmliger Geruchsstoff von *Penicillium roqueforti* wurde ein Sesquiterpen vermutet (23). Auch Mucoraceen und *Trichothecium* bilden Mufftöne.

Muffige Fremdgerüche können auch von Gummidichtungen, z.B. in Schichtenfiltern kommen, die N-Methylanilin enthalten. Mit Hypochlorit-Reiningungsmitteln entsteht 2,4,6-Trichloranilin, das noch in kleinsten Mengen einen ausgeprägten Muff-Geruch hat (31).

Trichothecium und verschiedene andere Pilze können in Säften **Bittertöne** erzeugen. Muffiger Geruch und bitterer Geschmack können schlimmstenfalls kombiniert auftreten.

Pektinabbauende Enzyme werden von vielen Schimmelpilzen gebildet. Derartige Enzympräparate finden in der Fruchtsaftindustrie zur Beschleunigung der Entsaftung und zur Ausbeuteerhöhung sowie zur Klärung der Säfte ausgedehnte Anwendung (Übersicht: WEISS 1987 (50)).

Da sie durch bestimmte Gemüseinhaltsstoffe gehemmt werden, sind sie zur Erzeugung von Gemüsemazeraten ungeeignet. Pilzliche Endo-Polygalacturonasen sind hitzestabil. Bei den gebräuchlichen Pasteurisationstemperaturen reicht daher ihre Inaktivierung nicht immer aus (22).

Andererseits können saftinfizierende Schimmelpilze in naturtrüben Säften das „Ausklaren" der Trubstoffe bewirken. Solche Säfte sind dann nicht mehr handelsfähig.

In Traubensaftkonzentraten kann durch die osmotolerante Hefe *Zygosaccharomces bailii* eine **Verschiebung des Glucose/Fructose-Verhältnisses** zugunsten der Glucose erfolgen, da diese Hefe fructophil ist (5).

Genauere Beschreibungen der Veränderungen der Säfte durch die verschiedenen Mikroorganismen entnehme man DITTRICH (13, 14, 15).

Die wichtigsten Verderbsarten bei Fruchtsäften und ihre mikrobiellen Verursacher zeigt Abb. 3.7.

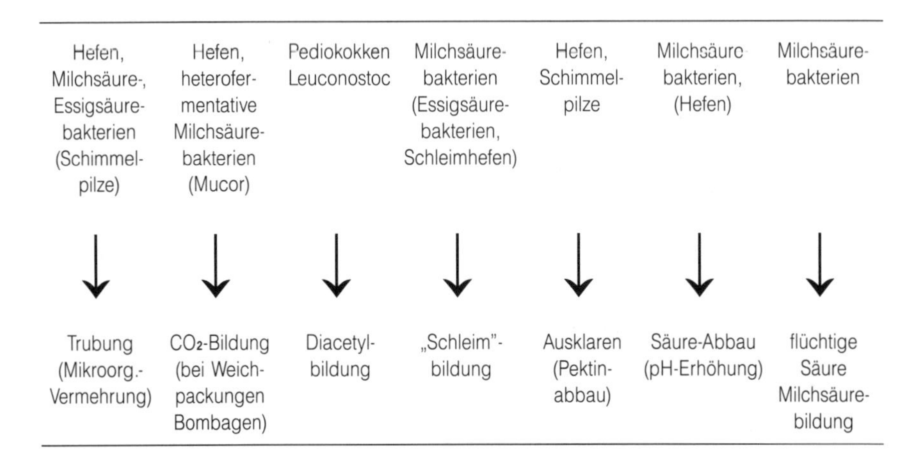

Abb. 3.7: Verderbsarten bei Fruchtsäften und verursachende Mikroorganismen

Literatur

(1) AHRENS, E., DIZER, H.: Zur Frage der Ameisensäurebildung durch Schimmelpilze und der Sterilität von Gärröhrchen. Flüss. Obst 11 (1978) 428-430

(2) AHRENS, E.: Gefahrenmomente durch Mikroorganismen bei der Herstellung von Fruchtsaftgetränken und Möglichkeiten zu ihrer Ausschaltung. Getränke-Ind. 35 (1981) 792-796, 905-909

(3) BACK, W.: Die Bedeutung von Mikroorganismen im Süßmostbetrieb. Flüss. Obst 46 (1979) 131-135

(4) BACK, W.: Erkennen von lebenden Mikroorganismen in Halbware wie Konzentrat, Püree und Fruchtmark. Confructa-Studien 30 (1986) 176-182

(5) BAMBALOW, G.: Veränderungen des Verhältnisses Glucose/Fructose in Trauben-Konzentrat durch Hefen der Gattung Zygosaccharomyces. Weinberg u. Keller 17 (1970) 87-90

(6) BARNETT, J.A. et al.: The numbers of yeasts associated with wine grapes of Bordeaux. Arch. Microbiol. 83 (1972) 52-55

(7) BEECH, F.W.: Microbiology of fruit juices. Kongreß-Ber. 8. Intern. Fruchtsaft-Kongr. Meran 1976. Juris Druck & Verl., Zürich (1977) 107-134

(8) BERGNER-LANG, B. et al.: Zur Analytik von Patulin in Obstsäften und Obsterzeugnissen. Dtsch. Lebensm. Rdsch. 79 (1983) 400-404

(9) BIELIG, H.J. et al.: Richtwerte und Schwankungsbreiten bestimmter Kennzahlen (RSK-Werte) für Apfel-, Trauben- u. Orangensaft. Confructa 28 (1984) 63-85

(10) BUCKENHÜSKENS, H., GIERSCHNER, K.: Charakterisierung von lactofermentierten Gemüsesäften aus dem Handel. Flüss. Obst 54 (1989) 72-81

(11) DAEPP, H.U., MAYER, K.: Über den Einfluß des Rohmaterials auf die Fruchtsaftqualität. Schw. Z. Obst- und Weinbau 73 (1964) 37-39

(12) DIETRICH, H., WUCHERPFENNIG, K., MAIER, G.: Lassen sich Apfelsäfte mit Phenoloxidasen gegen Nachtrübungen stabilisieren? Flüss. Obst 57 (1990) 68-73

(13) DITTRICH, H.H.: Mögliche Veränderungen von Frucht- und Gemüsesäften durch Mikroorganismen. Flüss. Obst 53 (1986) 320-323

(14) DITTRICH, H.H.: Mikrobiologie der Frucht- und Gemüsesäfte. In: SCHOBINGER, U.: Frucht- und Gemüsesäfte. 2. Aufl., Ulmer Verlag, Stuttgart (1987a) 470-518

(15) DITTRICH, H.H.: Mikrobiologie des Weines. 2. Aufl., Ulmer Verlag, Stuttgart 1987b

(16) DUONG, H.A.: Mikrobiologie aseptisch verpackter Fruchtsäfte. Internat. Fruchtsaftunion, Sympos. Bericht Den Haag XIV (1987) 323-332

(17) ECKARDT, G., AHRENS, E.: Untersuchungen über Byssochlamys fulva Olliver & Smith als potentiellen Verderbniserreger in Erdbeerkonserven. Chem. Mikrobiol. Technol. Lebensm. 5 (1977) 76-90

(18) FLESCH, P. et al.: Über die Kontamination von Traubenmost und Wein mit Toxinen bei Verarbeitung von Trichothecium roseum befallenem Lesegut. Wein-Wiss. 45 (1990) 141-144

(19) FRANK, H.K.: Die Bedeutung von Patulin bei der Herstellung von Fruchtsäften. Flüss. Obst 41 (1974a) 330-331

(20) FRANK, H.K.: Die Bedeutung von Mycotoxinen bei der Verarbeitung von Obst und Gemüse. Ind. Obst- u. Gemüseverwertg. 59 (1974b) 450-451

(21) GIERSCHNER, K., HAMMES, W.P.: Mikrobiologische Nitrat-Entfernung aus Gemüsesäften bzw. Gemüseflüssigprodukten. Flüss. Obst 58 (1991) 236-239

(22) HARRIS, J.E., DENNIS, C.: Heat stability of fungal pectolytic enzymes. J. Sci. Food Agric. 33 (1982) 781-791

(23) HEIMANN, W. et al.: Beitrag zur Entstehung des Korktons in Wein. Dtsch. Lebensm. Rdsch. 79 (1983) 103-107

(24) INGRAM, M., LÜTHI, H.: Microbiology of Fruit Juices. In: TRESSLER, K., JOSLIN, M.A.: Fruit and vegetable juice processing technology. Avi Publ. Comp., Westport, Conn. 1961

(25) KARDOS, E.: Obst- und Gemüsesäfte. VEB Fachbuchverl. Leipzig 1966, 1979

(26) KIPPHAN, H., BIRNBAUM, R.: Die Re-Infektionsmöglichkeiten in Flaschenreinigungsmaschinen und ihre Bekämpfung. Milchwiss. 22 (1967) 345-353

(27) KLEBER, W., THORWEST, A.: Mikrobiolog. Untersuchungen an Kieselguren. Brauwelt 105 (1965) 1825-1828

(28) KRÄMER, J.: Lebensmittel-Mikrobiologie. UTB Ulmer, Stuttgart 1987

(29) KUNZ, B.: Grundriß der Lebensmittel-Mikrobiologie, Behr's Verlag, Hamburg 1988

(30) LÜTHY, J., SCHLATTER, C.: Biogene Amine in Lebensmitteln. Zur Wirkung von Histamin, Tyramin u. Phenylethylamin auf den Menschen. Z. Lebensm. Unters. Forsch. 177 (1983) 439-443

(31) MÄNDLI, H.: Fremdgeruch in Bier durch 2,4,6-Trichloranilin. EBC Congress (1989) 469-473

(32) MARSHALL, G.R., WALKLEY, V.T.: Some aspects of microbiology applied to commercial apple juice production. Food Res. 16 (1951) 448-456

(33) MROZEK, H.: Der Getränkebetrieb und seine Infektionsflora. Mineralwasserztg. (1967) 20, 13

(34) MÜLLER, G.: Mikrobiologie pflanzlicher Lebensmittel. 3. Aufl., Steinkopf-Verlag, Darmstadt 1983

(35) MÜLLER, G.: Zum Keimgehalt des Zuckers (Saccharose) und dem Einfluß feuchter Lagerbedingungen. Lebensm. Industrie 36 (1989) 253-255

(36) NIWA, M. et al.: Milchsaure Vergärung von Fruchtsäften mit Lactobacillen. Monatsschr. f. Brauwiss. 40 (1987) 373-377

(37) PAULI, A., KNOBLOCH, K.: Inhibitory effects of essential oil components on growth of foodcontaminating fungi. Z. Lebensm. Unters. Forsch. 185 (1987) 10-13

(38) SAND, F.E.: Hefen in alkoholfreien Getränken. Naturbrunnen 17 (1967) 22-26, 116-120, 263-268

(39) SCHWENK, S., ALTMAYER, B., EICHHORN, K.W.: Untersuchungen zur Bedeutung toxischer Stoffwechselprodukte des Pilzes Trichothecium roseum für den Weinbau. Z. Lebensm. Unters. Forsch. 188 (1989) 527-530

(40) SCOTT, R.: Mikrobiologische Aspekte. Flüss. Obst 50 (1983) 587-588

(41) SCOTT, P.M., FULEKI, T., HARTWIG, J.: Patulin content of juice and wine produced from moldy grapes. J. Agric. Food Chem. 25 (1977) 434-437

(42) SENSER, F., REHM, H.J.: Über das Vorkommen von Schimmelpilzen in Fruchtsäften. Dtsch. Lebensm. Rdsch. 61 (1965) 184-186

(43) STRAUSS, D.: Über Untersuchungen an Tomatenprodukten. Mitt. Lebensm. Unters. Hyg. 60 (1969) 259-270

(44) SUBBA, A.S., SOUMTHRI, T.C., SURYANARAYANA R.R.: Antimicrobial action of citrus oils. J. Food Sci. 32 (1967) 225-227

(45) SULC, D.: Ernährungsphysiologische und verfahrenstechnische Aspekte bei der Herstellung von milchsauer vergorenen Gemüsesäften. Flüss. Obst 51 (1984) 17-24

(46) SPONHOLZ, W.R., DITTRICH, H.H.: Analyt. Vergleiche von Mosten und Weinen aus gesunden und essigstichigen Traubenbeeren. Wein-Wiss. 34 (1979) 279-292

(47) SPONHOLZ, W.R., DITTRICH, H.H., BARTH, A.: Über die Zusammensetzung essigstichiger Weine. Dtsch. Lebensm. Rdsch. 78 (1982) 423-428

(48) SWANSON, K.M., LEASOR, S.B., DOWNING, D.L.: Aciduric and heat resistant Microorganisms in apple juice and cider processing operations. J. Food Sci. 50 (1985) 336-339

(49) TOROK, T., KING, A.D.: Comparative study of the identification of food-borne yeasts. Appl. Environment. Microbiol. 57 (1991) 1207-1212

(50) WEISS, J. In: SCHOBINGER, U.: Frucht- und Gemüsesäfte. 2. Aufl., Ulmer Verlag, Stuttgart (1987) S. 116-118, 169-170

(51) WENZEL, K., DITTRICH, H.H., PIETZONKA, B.: Untersuchungen zur Beteiligung von Hefen am Äpfelsäurabbau bei der Weinbereitung. Wein-Wiss. 37 (1982) 133-138

(52) WIESENBERGER, A. et al.: Die Lactofermentation natürlicher Substrate mit niedrigen pH-Werten. Chem. Mikrobiol. Technol. Lebensm. 10 (1986) 32-36

(53) WOLLER, R.: Häufigkeit des Vorkommens von Mykotoxinen in der BRD. In: REISS, J.: Mycotoxine in Lebensmitteln. G. Fischer Verlag, Stuttgart 1981

(54) WOLLER, R., MAJERUS, P.: Patulin in Obst- und Obsterzeugnissen — Eigenschaften, Bildung u. Vorkommen. Flüss. Obst 49 (1982) 564-570

(55) WUCHERPFENNIG, K.: Ameisensäure als Indikator. Lebensm.-Technol. 15 (1983) 92-94

(56) WUCHERPFENNIG, K., FRANKE, I.: Über die Zu- und Abnahme der Keimzahlen bei der Bearbeitung und Abfüllung von Fruchtsaft, Süßmost und Fruchtsaftgetränken. Flüss. Obst 31 (1964) 285-300, 339-346

4 Mikrobiologie der Fruchtsaft- und Erfrischungsgetränke

W. BACK

4 Mikrobiologie der Fruchtsaft- und Erfrischungsgetränke

Die **Fruchtsaft-** und **Erfrischungsgetränke** gehören zusammen mit den **Limonaden**, **Brausen**, **Light-Getränken** und entsprechenden **Diätgetränken** zu der Gruppe der **Süßgetränke** (süße, alkoholfreie Erfrischungsgetränke). Die Definition der Fruchtsaft- und Erfrischungsgetränke erfolgt nach den Richtlinien für Erfrischungsgetränke vom 28. Oktober 1987 (Bund für Lebensmittelrecht und Lebensmittelkunde e.V., Godesberger Allee 157, 53175 Bonn).

Neben den **hochsafthaltigen Getränken** (Säfte, Nektare) und den **Wässern** (Mineralwasser, Quellwasser, Tafelwasser, Heilwasser) werden die **Süßgetränke** den **Alkoholfreien Getränken (AfG)** zugeordnet (vgl. Tab. 4.1).

Tab. 4.1: Alkoholfreie Getränke. Getränkegattungen und wichtige mikrobiologische Kriterien (1, 5)

	vorgeschriebener (üblicher) Saftgehalt (%)		leicht verwertbare Zucker (Glucose, Fructose, Sacch.) (g/l)
	ohne CO_2	mit CO_2	
I. Fruchtsäfte			
Orange, Apfel, Grapefruit			
Ananas usw.	100	—	50-130
II. Nektare			100-150
Orange	50	—	
Mehrfrucht	40-50	—	
Kirsch	40	—	
Pfirsich	45	—	
Aprikose	40	—	
Johannisbeeren, Passionsfrucht	25	—	
Apfel, Birne	50	—	
III. Süße alkoholfreie Erfrischungsgetränke (Süßgetränke/Erfrischungsgetränke)			
1. Saftgetränke			100-120
Orange	30	—	
Grapefruit	30	—	
sonstige X-Saftgetränke	doppelter Saftanteil wie bei entsprechenden Fruchtsaftgetränken	—	

Tab. 4.1 (Fortsetzung)

	vorgeschriebener (üblicher) Saftgehalt (%) ohne CO_2	mit CO_2	leicht verwertbare Zucker (Glucose, Fructose, Sacch.) (g/l)
2. Fruchtsaftgetränke			90-110
Orange, Zitrone, Grapefruit	6 (10-25)	6 (7-12)	
„Rote" Fruchtsaftgetränke, exotische Fruchtsaftgetränke	10 (15-45)	10	
Apfel, Traube	30 (30-50)	30	
3. Limonaden (ohne CO_2 auch: Kalt- und Heißgetränke)			
a) Trübe Limonaden (fruchthaltig)			70-100
Orange, (Zitrone), (Mandarine), Cola-Mix	3 (4-6)	3 (4- 5)	
Bitter Lemon	—	3 (5-10)	
Apfel	15	15	
b) Klare Limonaden (hergestellt mit Essenzen)			70-100
Zitrone	—	ohne Saft	
Apfel	ohne Saft	ohne Saft	
Cola	—	ohne Saft	
Tonic, Ginger	—	ohne Saft	
Kräuter	—	ohne Saft	
Malz	—	mit Malzextrakt	
4. Brausen (ohne CO_2: Künstliche Kalt- und Heißgetränke)			0-90
Zitrone, Himbeere, Waldmeister	gewöhnlich ohne Saft	gewöhnlich ohne Saft	
IV. Diätetische Erfrischungsgetränke			0-20 (Fructose)
Orange, Grapefruit trübe Zitrone	III 1, 2, 3 a (20-40), bei Diätnektaren wie unter II	III 2, 3 a (3-15)	
klare Zitrone (Essenz)	ohne Saft	ohne Saft	

4.1 Mikrobiologische Anfälligkeit

Die Fruchtsaft- und Erfrischungsgetränke werden im Gegensatz zu Wein oder Bier nicht auf der Basis mikrobieller Prozesse hergestellt. Das Auftreten von Mikroorganismen muß daher gewöhnlich als **Kontamination** angesehen werden. Die meisten Süßgetränke verfügen wegen ihrer Inhaltsstoffe über einen hohen **Eigenschutz** gegenüber Schadorganismen. Zu den wichtigsten selektiv wirkenden Inhaltsstoffen gehören die relativ hohen Konzentrationen an **Fruchtsäuren** bzw. **Genußsäuren**. Infolge der dadurch bedingten niedrigen pH-Werte im Bereich von 2,5 bis 4,5 kommen prinzipiell nur **acidophile** oder **acidotolerante Mikroorganismen** als ernstzunehmende **Schädlinge** in Frage. Hierbei handelt es sich in erster Linie um **Essigsäurebakterien**, **Milchsäurebakterien**, **Hefen** und **Schimmelpilze**. Insbesondere wegen dem häufigen Auftreten von Schimmelpilzkonidien in der Luft, im Wasser oder in Anlagen müssen **stille Getränke** auf alle Fälle einer **Hitzebehandlung** unterzogen werden (vgl. Kap. 4.5).

Bei den **karbonisierten Getränken** wirkt sich zusätzlich der CO_2-Gehalt wachstumshemmend auf die meisten ubiquitär verbreiteten Mikroorganismen aus, so daß sich hier das Spektrum der Getränkeschädlinge fast ausschließlich auf **gärfähige Hefen** und **Milchsäurebakterien** eingrenzt. Wegen dieser stark reduzierten Kontaminationsanfälligkeit werden karbonisierte Getränke normalerweise ohne weitere Entkeimungsmaßnahmen kalt abgefüllt. Voraussetzung für eine hohe mikrobiologische Sicherheit sind aber einwandfreie Ausmisch- und Abfüllanlagen.

Weitere selektiv wirkende Merkmale in Süßgetränken sind das Vorliegen **ätherischer Öle** (besonders bei Citrus-Limonaden) und eventuell der **Mangel an Nähr- und Wuchsstoffen** (besonders bei klaren Limonaden und Brausen sowie bei künstlichen Kalt- und Heißgetränken).

Insbesondere wegen der niedrigen pH-Werte sind die Getränke gegenüber **pathogenen** und **hitzeresistenten Mikroorganismen** gut geschützt. So können sich weder Infektionskeime (Krankheitserreger), z.B. Salmonellen, Shigellen, A-Streptokokken, Listerien, Clostridien, Staphylokokken, *Campylobacter* oder *Yersinia*, noch Fäkalindikatoren, z.B. *Escherichia coli*, coliforme Bakterien oder Fäkalstreptokokken, in diesem Milieu am Leben halten, geschweige denn vermehren.

Auch die in der Lebensmittelindustrie sehr gefürchteten **hitzeresistenten Endosporen** von Bazillen und Clostridien, die oft Temperaturen von über 110 °C aushalten, können hier nicht auskeimen und somit auch keinen Schaden anrichten.

Infolgedessen können die Getränke auch bei schonenden Bedingungen pasteurisiert werden (vgl. Kap. 4.5), so daß die Qualität (Geschmack, Farbe, wichtige Inhaltsstoffe, z.B. Vitamine) weitgehend erhalten bleibt (3).

Die **Rohstoffe für die Süßgetränke** sind ebenfalls nicht sehr anfällig für mikrobiellen Verderb. So hat das **Produktionswasser** gewöhnlich lediglich eine Keimträgerfunktion. **Zuckersirup** und andere **Süßungsmittel** sind meist hoch konzentriert (65-72 ° Brix), so daß lediglich einzelne osmophile Hefearten zur Entwicklung kommen können. **Grundstoffe** und **Fruchtkonzentrate** weisen ebenfalls höhere Konzentrationen auf und außerdem extrem niedrige pH-Werte. Zur Herstellung von niedrigsafthaltigen Getränken (Brausen, Limonaden, Fruchtsaftgetränke) sind sie außerdem mit **Benzoesäure** oder **Sorbinsäure** (Vollkonservierung 1 g/kg Grundstoff) konserviert (15).

Diese Konservierungsstoffe haben allerdings nach der Ausmischung zu Fertiggetränken keine Schutzfunktion mehr, da dann gewöhnlich weniger als 20 mg pro Liter Fertiggetränk vorliegen. Dieser Wert stellt gleichzeitig die Höchstgrenze dar, unterhalb der die Konservierungsstoffe nicht deklariert werden müssen. Weitere wichtige Rohstoffe, wie **Genußsäuren** und **Essenzen**, sind wegen extrem niedriger pH-Werte bzw. wegen hoher Alkoholgehalte (> 25 %) mikrobiologisch unanfällig.

Die meisten Probleme treten in unkonservierten Grundstoffen oder Fruchtkonzentraten mit der osmophilen, säure- und konservierungsstofftoleranten Hefe *Zygosaccharomyces bailii* auf, wenn Ascosporen verschleppt werden oder wenn Rekontaminationen bei der Produktion und Abfüllung erfolgen. Auch können auf der Oberfläche dieser Produkte (vor allem wenn durch Kondenswasser eine Verdünnung eintritt) Schimmelpilzkonidien (besonders *Penicillium*- und *Aspergillus*-Arten) auskeimen, sofern keine anaerobe Atmosphäre (CO_2- oder N_2-Begasung im Kopfraum von Behältnissen und Tanks) vorhanden ist.

4.2 Getränkeschädliche Hefen (1, 2, 6, 18)

In der Getränketechnologie werden die Hefen entsprechend ihrer **Gärfähigkeit** eingestuft. Prinzipiell werden die 4 Typen **gärkräftig**, **gärfähig, gärschwach** und **nicht gärfähig (Atmungshefe)** unterschieden. Am gefährlichsten sind die **gärkräftigen Arten**, weil sie auch in stark karbonisierten Getränken wachsen und unerwünschte sensorische Veränderungen verursachen. Meist entstehen gäriger Geruch, unerwünschter Fremdgeschmack, Trübungen und Bodensätze bei klaren Getränken sowie Ausklarungen und massive Sedimente bei fruchttrüben Getränken (pektolytische Aktivität). Außerdem produzieren diese Hefen höhere Konzentrationen an Alkohol, so daß die Getränke definitionsgemäß nicht verkehrsfähig sind. Durch die Bildung von Kohlensäure können extrem hohe Flaschendrücke und gefährliche Bombagen auftreten. Die wichtigsten gärkräftigen Hefen sind *Saccharomyces cerevisiae*, *Saccharomyces cerevisiae* var. *uvarum*, *Zygosaccharomyces bailii* sowie *Zygosaccharomyces florentinus*.

Die **gärfähigen Hefen** können zwar ebenfalls die oben geschilderten Getränkeschäden verursachen, die Auswirkungen sind aber meist nicht so gravierend. Außerdem wachsen sie wesentlich langsamer. Sie sind nur bei hohen Ausgangskeimzahlen problematisch. Als Vertreter dieser Gruppe sind vor allem *Saccharomyces kluyveri*, *Torulaspora delbrueckii*, *Torulaspora delbrueckii* var. *rosei*, *Zygosaccharomyces microellipsoides* und *Zygosaccharomyces rouxii* zu nennen.

Die **gärschwachen Hefen** können nur in stillen Getränken wachsen und verursachen bei stärkeren Kontaminationen und längeren Inkubationszeiten Geruchs- und Geschmacksfehler, gelegentlich auch Ausklarungen infolge von pektolytischer Aktivität. Bombagen sind hier nicht zu befürchten. In karbonisierten Getränken findet auch bei hohen Ausgangskeimzahlen kein Wachstum statt. Die Keime liegen in diesen Getränken also lediglich latent vor. Die wichtigsten Arten sind *Brettanomyces claussenii*, *Brettanomyces naardenensis*, *Candida boidinii*, *Candida intermedia*, *Candida parapsilosis* und *Hansenula anomala (Pichia anomala)*.

Die **nichtgärfähigen Atmungshefen** spielen als Getränkeschädlinge nur eine untergeordnete Rolle. Sie können selbst in stillen Getränken kaum wachsen, da infolge der Heißabfüllung oder Pasteurisation sehr wenig Luft in den abgefüllten Flaschen vorhanden ist. Nur bei undichten Verschlüssen oder Getränken, die längere Zeit offen stehen, bilden diese luftliebenden Arten auf der Oberfläche Kahmhäute, Inseln oder Ringe am Flaschenhals. In solchen Fällen werden unerwünschte Geruchs- und Geschmacksstoffe produziert. Bei längeren Standzeiten mit Luftkontakt klaren die Getränke auch aus. Typische und häufig auftretende Atmungshefen sind *Pichia membranaefaciens*, *Debaryomyces hansenii*, *Rhodotorula glutinis*, *Cryptococcus albidus* sowie die meisten Kahmhefen (vorwiegend *Candida*-Arten).

Die Unterscheidung dieser verschiedenen Typen erfolgt in der Praxis durch **parallele aerobe und anaerobe Bebrütung** oder noch einfacher durch das **Gußplattenverfahren** mit **Orangenfruchtsaftagar** (OFS-Agar; vgl. Kap. 10.3).

Beim Gußplattenverfahren können die entsprechenden Einstufungen bei nicht zu hoher Koloniendichte durch das Größenverhältnis der Kolonien im Nähragar und auf der Agaroberfläche vorgenommen werden. Während gärfähige Hefen im Agar und auf der Oberfläche gleichermaßen kräftige Kolonien bilden und im Agar ein typisches kreuz- oder sternförmiges Wachstum aufweisen, zeigen die Atmungshefen nur auf der Oberfläche kräftiges Wachstum, während im Nährboden lediglich punkt- oder strichförmige Mikrokolonien entstehen. Zur Erhöhung der Selektivität des OFS-Agars und zur Unterdrückung von Bakterienwachstum werden pH-Werte von 4,0-4,5 eingestellt. Dadurch kann bei der Auswertung direkt beurteilt werden, ob Getränkeschädlinge in der Probe vorhanden sind.

Probleme mit Hefen haben ihren Ursprung häufig in verkeimten Rohstoffen (Grundstoffe, Zuckersirup, Wasser) und in unzureichend gereinigten Produktionsanlagen (Ausmischanlagen, Pumpen, Meßeinrichtungen, Blindstutzen, Füllstandsanzeiger u.a.). Neben solchen Primärkontaminationen (meistens *Saccharomyces*- und *Zygosaccharomyces*-Arten) kommen nicht selten auch Sekundärkontaminationen im Abfüllbereich, vor allem am Füller und Verschließer, vor. Hierbei handelt es sich aber meist um gärschwache Arten oder um Atmungshefen, gelegentlich aber auch um verschleppte gärfähige *Saccharomyces*- und *Zygosaccharomyces*-Arten.

4.2.1 Gattung *Saccharomyces*

Die Vertreter der Gattung *Saccharomyces (S.)*, insbesondere *Saccharomyces cerevisiae*, gehören zu den häufigsten und gefährlichsten Getränkeschädlingen in der AfG-Branche. Diese gärkräftigen Hefen können praktisch in allen AfG wachsen und verursachen selbst in klaren Zitronenlimonaden, Brausen oder Cola-Limonaden (pH-Werte teilweise unter 3,0) Geruchs- und Geschmacksfehler. In fruchthaltigen Getränken kann es zu massiven Gärungen und Bombagen kommen, so daß durch Glasbruch nicht selten gravierende Verletzungen auftreten (12).

Saccharomyces cerevisiae verwertet die in AfG vorhandenen Zucker, insbesondere Saccharose, Glucose und Fructose. Dabei wird ein typisches, fruchtesterartiges Gäraroma hervorgerufen, wobei Diacetyl, Pentandion-(2,3), Acetaldehyd, verschiedene Ester, Schwefelverbindungen und höhere Alkohole gebildet werden. Wegen der starken Ethanolproduktion sind die Getränke nicht verkehrsfähig. Viele Stämme von *S. cerevisiae* zeigen außerdem eine starke pektolytische Aktivität, wodurch es in fruchttrüben Getränken zunächst zu Wasserkragen-Bildung, später zu Ausklarungen, Flockenbildung und starker Bodensatzbildung kommen kann.

Die Morphologie der einzelnen Stämme ist oft sehr unterschiedlich (vgl. Kap. 1 Abb. 1.3). Die Zellen haben durchschnittliche Größen von (5-8) x (5-12) μm. Am häufigsten sind sie oval oder elliptisch und liegen einzeln oder in Paaren vor; Sproßverbände werden gewöhnlich nicht gebildet. Gelegentlich treten auch Stämme mit langgestreckten, zylindrischen Zellen auf und vereinzelt werden auch ausgeprägte Sproßverbände oder Pseudomyzelien gebildet. Einzelne Stämme weisen auch nahezu runde Zellen auf, die vorwiegend als Einzelzellen oder in Paaren vorkommen. *Saccharomyces cerevisiae* bildet besonders unter Mangelbedingungen (Natriumacetat-Agar) runde oder ovale Ascosporen aus, von denen meist 1-4, selten bis zu 12 in den Asci vorliegen.

Die Kolonien sind weißlich bis cremefarben, bei älteren Kulturen auch bräunlich, erhoben, gewölbt oder konvex, undurchsichtig, leicht glänzend, weich, glatt oder mit feinen Furchen. Der Kolonienrand ist rund, gelegentlich auch wellig. Im flüssigen Medium werden meist ein kompaktes Sediment und nach längeren Inkubationszeiten ein Ring gebildet.

Wichtige physiologisch-biochemische Merkmale sind neben der Vergärung von Glucose, Fructose und Saccharose die meist vorhandene Vergärung von D(+)-Galaktose, Maltose, Melezitose, Raffinose und Trehalose, während Cellobiose und Lactose nicht fermentiert werden. *S. cerevisiae* wächst nicht in Gegenwart von L(-)-Sorbose, Pentosen, Salicin oder Citronensäure als einzige C-Quellen. Nitrat wird nicht verwertet und 100 ppm Cycloheximid (Actidion) werden nicht toleriert. Viele Stämme wachsen bereits bei 37 °C nicht mehr. Das Temperaturoptimum liegt bei 20-25 °C .

Morphologisch und physiologisch sehr ähnlich ist *S. cerevisiae* var. *uvarum*. Diese Hefe ist nicht so häufig wie die Stammform und unterscheidet sich vor allem durch die immer positive Vergärung von Melibiose. Vereinzelt kommt auch *Saccharomyces kluyveri* als Getränkeschädling vor. Diese Art hat ebenfalls große Ähnlichkeiten mit *S. cerevisiae*, unterscheidet sich aber durch die immer fehlende Melezitose- und Trehalose-Vergärung und das gute Wachstum bei 37 °C. Außerdem wächst diese Art im Gegensatz zu *S. cerevisiae* mit L-Lysin, Kadaverin und Ethylamin als einziger Stickstoffquelle. *S. kluyveri* wirkt sich in AfG nicht so gravierend aus wie die meisten Stämme von *S. cerevisiae*.

Die in alkoholfreien Getränken auftretenden *Saccharomyces cerevisiae*-Stämme ähneln zwar in ihren genetischen und physiologisch-biochemischen Merkmalen sehr den Back-, Brennerei-, Wein- und Bierhefen, mit denen sie auch artgleich eingestuft werden. Sie unterscheiden sich aber in ihren technologisch wichtigen Eigenschaften (Gärverhalten, Geruchs- und Geschmacksbild) erheblich von den sogenannten

Kulturhefen und sind meist auch wesentlich widerstandsfähiger gegenüber ungünstigen Kulturbedingungen. So findet z.B. im Gegensatz zu Brauereihefen noch Wachstum bei extrem niedrigen pH-Werten (pH 3,0) statt. Viele AfG-Stämme weisen außerdem eine höhere Osmotoleranz auf und sind wesentlich resistenter gegenüber Konservierungsstoffen, Desinfektionsmitteln und Pasteurisationsbedingungen. Gelegentlich werden aber auch Brauereihefen in AfG verschleppt und können dann ebenfalls massive Gärerscheinungen und Bombagen hervorrufen. Besonders problematisch ist die Abfüllung von Limonaden und Hefeweißbier in Brauereien, da sich diese Bierhefen in Nischen am Füller und Verschließer festsetzen und dann zu Sekundärkontaminationen führen können.

4.2.2 Gattung *Zygosaccharomyces*

Die *Zygosaccharomyces(Z.)*-Hefen sind morphologisch und physiologisch den *Saccharomyces*-Hefen sehr ähnlich. Sie unterscheiden sich durch eine meist negative Maltose-Vergärung sowie durch eine sehr ausgeprägte Säuretoleranz, Osmotoleranz und Konservierungsstofftoleranz. Viele Stämme sind sogar osmophil und wachsen bevorzugt in sehr sauren Fruchtkonzentraten, wobei eventuell vorhandene Konservierungsstoffe das Wachstum nicht beeinträchtigen oder sogar von den Hefen abgebaut werden. Die *Zygosaccharomyces*-Arten sind meist auch sehr resistent gegenüber Desinfektionsmitteln (besonders saure) und überleben durch die Bildung von Ascosporen über lange Zeit ungünstige Bedingungen (Trockenheit, Hitze, Kälte). In Fruchtsaft- und Erfrischungsgetränken werden meist ähnliche Probleme hervorgerufen wie bei *Saccharomyces*-Hefen, wobei aber das Wachstum oft deutlich langsamer ist.

Die häufigste und gefährlichste Art ist *Z. bailii*. Diese osmophile Hefe kann bei Zuckerkonzentrationen von über 60 % wachsen und wird nicht selten in Citrus-Konzentraten sowie in konzentriertem Apfelsaft (bis 73° Brix) nachgewiesen. Dabei werden nicht nur niedrige Wasseraktivitäten (a_W-Werte 0,6-0,8) toleriert, sondern auch sehr hohe Konzentrationen an Fruchtsäure (pH-Werte meist unter 3,5) und weitgehende Sauerstofffreiheit. Selbst in vollkonservierten Grundstoffen mit Benzoesäuregehalten von 1,2 g/kg findet Wachstum statt, das zwar sehr langsam ist, aber dennoch z.B. bei Dosenware infolge starker CO_2-Produktion zu Bombagen führen kann. Manche Stämme sind extrem osmophil und wachsen nach der Rückverdünnung der Fruchtkonzentrate zu Fertiggetränken nicht mehr, so daß diese Hefen oft mehr als Schädlinge in der Rohware in Erscheinung treten.

Morphologisch bestehen meist große Ähnlichkeiten mit *Saccharomyces cerevisiae*. Die Zellen sind eiförmig, elliptisch oder zylindrisch, (3-7) x (5-14) μm und liegen einzeln, in Paaren, in kurzen Ketten oder Agglomeraten vor. Beim Wachstum in Fruchtkonzentraten sind die Zellen oft deutlich kleiner als in Kulturmedien. Die Sprossung ist multilateral, bei manchen Stämmen werden vorzugsweise monopolare, kegelförmige Sproßzellen gebildet. Einfache Pseudohyphen, bestehend aus Ketten elliptischer oder zylindrischer Zellen, können gelegentlich vorkommen. Die meist sehr unregelmäßig geformten Asci enthalten 1 bis 4 runde, glatte Ascosporen.

Die Kolonien ähneln zwar ebenfalls denen von *S. cerevisiae*, sind aber häufig mehr grauweiß und stärker glänzend. Oft sind sie opak und am Kolonienrand transparent. Im flüssigen Medium werden ein kräftiges Sediment und bei längeren Inkubationszeiten auf der Oberfläche ein Ring, manchmal auch ein Film oder Inseln gebildet.

Z. bailii vergärt außer Glucose und Fructose meist nur noch Saccharose und Raffinose. Assimiliert werden ebenfalls nur wenig C-Quellen. Nitrat wird nicht verwertet und in Gegenwart von 100 ppm Cycloheximid findet gewöhnlich kein Wachstum statt. Bei 37 °C ist die Vermehrung variabel, das Temperaturoptimum liegt bei 20-25 °C.

Sehr ähnlich ist auch *Z. rouxii.* Diese Hefe kommt nicht selten in Honig und Marzipan vor, tritt aber auch in Fruchtkonzentraten als Schädling auf. Physiologisch-biochemische Unterschiede zu *Z. bailii* sind kaum vorhanden. Auffällige Unterschiede bestehen lediglich in der Konservierungsstofftoleranz. So wächst *Z. bailii* im Gegensatz zu *Z. rouxii* in Gegenwart von 400 mg/l (pH 3,5) Benzoesäure, 300 mg/l (pH 3,5) Sorbinsäure und 1 % Essigsäure (13). Die Zellen von *Z. rouixii* sind auch häufig kleiner und runder mit multilateraler Sprossung. Die Kolonien sind erhoben, glatt, leicht glänzend, cremefarben bis bräunlich und weisen oft konzentrische Ringe oder Falten-, Runzel- und Kraterbildung auf. Der Kolonienrand ist rund, gelappt oder ausgefranst.

Als weitere Vertreter dieser Gattung treten gelegentlich in diesen Getränken noch *Z. florentinus* und *Z. microellipsoides* als Schädlinge in Erscheinung. Beide Arten wachsen langsam und haben nicht so gravierende Auswirkungen in den Getränken wie *Z. bailii* oder *S. cerevisiae.* Sie bilden etwas kleinere, runde bis elliptische Zellen (Durchmesser 3-7 μm), die meist einzeln oder in Paaren vorliegen. Die Kolonien ähneln denen von *S. cerevisiae. Z. florentinus* unterscheidet sich von den anderen Arten durch die Toleranz von 1000 ppm Cycloheximid und von *Z. microellipsoides* durch Assimilation von α-Methyl-D-Glucosid und Trehalose sowie durch die fehlende Assimilation von Milchsäure. Beide Arten wachsen nicht bei 37 °C und verwerten kein Nitrat.

Tab. 4.2: Beeinträchtigung verschiedener Limonadentypen (5)

Limonaden-Typ	gärkräftige Hefen *S. cerevisiae, S. cerevisiae var. uvarum, Z. bailii, Z. florentinus*					gärschwache Hefen (z.B. *Pichia anomala*)				
	Organismen-trübung bzw. Bodensatz	Gäriger Geschmack	Fremd-geschmack	Ausklarung (pektolytische) Aktivität)	Bombagen	Organismen-trübung bzw. Bodensatz	Gäriger Geschmack	Fremd-geschmack	Ausklarung (pektolytische) Aktivität)	Bombagen
fruchttrübe Limonade	+ / s	+	+ / s	+ / —	+	—	s / —	+ / —	s / —	—
klare Limonade (aus Essenz)	+ / s	s	s / —	—	—	s / —	—	+ / —	—	—
Cola	s / —	s	+ / —	—	—	s / —	—	+ / —	—	—
fruchttrübe Diätlimonade	+ / s	+ / s	+ / —	+ / —	+ / —	—	—	+ / —	s / —	—

\+ starke Beeinträchtigung der Limonaden
s schwache Beeinträchtigung
— keine Beeinträchtigung

4.2.3 Gattung *Torulaspora*

Torulaspora (T.)-Hefen kommen nicht selten in Süßgetränken vor. Sie sind nicht sehr gärkräftig, daher treten sie als Schädlinge kaum in Erscheinung. Nur bei stärkeren Kontaminationen werden Gärerscheinungen und Fremdgeschmack hervorgerufen.

Die Art *Torulaspora delbrueckii* hat kleinere, runde Zellen (Durchmesser 2,5-7,0 μm), die einzeln oder in Paaren vorliegen. Die Sprossung ist allseitig. Die Asci enthalten 1-4 runde Ascosporen mit rauher Oberfläche. Die Kolonien ähneln denen von *S. cerevisiae*. Die Hefe vergärt außer Glucose und Fructose oft noch Galaktose, Maltose, Melibiose, Raffinose, Saccharose und Trehalose. Pentosen, Lactose, Salicin, Citronensäure und Nitrat werden nicht verwertet. Bei 37 °C und in Gegenwart von 100 ppm Cycloheximid erfolgt kein Wachstum.

Sehr ähnliche Eigenschaften hat auch *T. delbrueckii* subsp. *rosei* (früher *Saccharomyces rosei*). Diese Unterart ist in der Getränkeindustrie ebenso verbreitet wie die Stammform und kann in Limonaden und Fruchtsaftgetränken ebenfalls leichte Gärerscheinungen oder Fremdgeschmack verursachen.

4.2.4 Gattung *Brettanomyces*

Brettanomyces-Hefen sind langsame Gärer, die stark Essigsäure produzieren und häufig durch die Bildung eines typischen Aromas (verschiedene Essigester) auffallen. Sie sind in der gesamten Getränkeindustrie weit verbreitet, treten aber wegen ihres langsamen Wachstums nur selten als Schädlinge in Erscheinung. Technologisch haben sie nur bei der Herstellung selbstgäriger Biere (Lambic, Geuze, Deuvel in Belgien) und auch bei Ale und Porter (Stout) in England eine gewisse Bedeutung für die Aromabildung.

In der AfG-Industrie kommen als Kontaminanten vor allem die beiden gärschwachen Arten *Brettanomyces claussenii* und *Brettanomyces naardenensis* vor. *Brettanomyces claussenii* ist in Bier, Wein, Apfelwein, Fruchtsäften und Fruchtsaftgetränken, aber auch in Milchprodukten, nicht selten, weist eine hohe Alkoholtoleranz (ca. 15 %) auf und produziert größere Mengen an Essigsäure aus Glucose und anderen vergärbaren Kohlenstoffquellen.

Die Zellen sind meist elliptisch, häufig ogival, zylindrisch oder langgestreckt, (2-7) x (3-20) μm; sie liegen einzeln, in Paaren, kurzen Ketten oder kleinen Haufen vor. Gelegentlich treten auch fadenförmige Zellen auf. Die Sprossung ist ogival an den Schultern oder apikal an den Polen. Besonders unter anaeroben Bedingungen werden Pseudohyphen (Ketten langgestreckter Zellen) gebildet. Eine Ascosporenbildung findet bei dieser imperfekten Hefe nicht statt. Die Hefe vergärt Glucose, Fructose, Cellobiose, Galaktose, Lactose, Maltose, Melezitose, Saccharose, Trehalose und meist auch Raffinose. Die Assimilation von Pentosen, Melibiose und Zuckeralkoholen ist gewöhnlich negativ. *Brettanomyces claussenii* verwertet aber Nitrat, wächst bei 37 °C und toleriert 1000 ppm Cycloheximid.

Brettanomyces naardenensis ist ebenfalls eine gärschwache Hefe, die vorwiegend in stillen Getränken vorkommt. Die Art bildet zylindrische bis langgestreckte, seltener elliptische oder ogivale Zellen mit Durchmessern von (1,5-4,5) x (4-20) μm. Einfache Pseudohyphen, bestehend aus Ketten langgestreckter Zellen, kommen ebenfalls vor. Ascosporenbildung findet nicht statt. Die Art vergärt meist nur Glucose und Fructose. Von *Brettanomyces claussenii* unterscheidet sie sich vor allem durch die fehlende Lactose- und Saccharose-Verwertung. Nitrat wird nicht verwertet und bei 37 °C findet kein Wachstum statt. Xylose wird assimiliert. *Brettanomyces naardenensis* toleriert wie *Brettanomyces claussenii* 1 000 ppm Actidion.

4.2.5 Gattung *Pichia*

Zur Gattung *Pichia* gehören 2 häufige Vertreter in der Getränkeindustrie, nämlich *Pichia membranaefaciens* und *Pichia anomala* (= *Hansenula anomala*). Erstere ist eine typische Atmungshefe und hat daher als Schädling keine große Bedeutung. *Pichia* (*Hansenula*) *anomala* gehört zu den gärschwachen Hefen und kann sich in stillen Getränken vermehren. Dabei werden unerwünschte Geschmacksstoffe (Amylacetat, Polyphenole) gebildet.

Bei *Pichia membranaefaciens* sind die Zellen eiförmig bis langgestreckt, mit Längen von 3-15 μm und Breiten von 2-4 μm. Sie kommen einzeln, in Paaren, in Ketten und Haufen vor. Bei DALMEAU-plate-Kulturen werden einfache oder leicht verzweigte Pseudohyphen gebildet. Die Asci enthalten 1-4 runde oder hutförmige Ascosporen. Die Kolonien sind weißlich, cremefarben oder bräunlich, unregelmäßig, matt und meist fein gekräuselt. Die Hefe vergärt nur schwach Glucose und Fructose und assimiliert außer diesen Zuckern gelegentlich noch L(-)-Sorbose, D(+)-Xylose, Bernsteinsäure, Citronensäure und Milchsäure. Nitrat wird nicht verwertet. Das Wachstum bei höheren Zuckerkonzentrationen (50 % Glucose-Agar) sowie bei 37 °C ist variabel und in Gegenwart von 100 ppm Cycloheximid negativ.

Pichia (*Hansenula*) *anomala* (7) ist eine in der Lebensmittel- und Getränkeindustrie weit verbreitete Art. Sie kommt auch häufig in Fruchtsäften, Fruchtsaftkonzentraten, Pürees, Fruchtmark und Fruchtzubereitungen vor und verursacht meist einen intensiven, an Lösungsmittel erinnernden Geruch (Ethylacetat, Amylacetat). Diese gärschwache Art kann sich in karbonisierten Getränken nicht oder nur geringfügig vermehren. In stillen Getränken (Säfte, Nektare, Fruchtsaftgetränke) findet dagegen gutes Wachstum statt, wobei nicht selten gravierende Geruchs- und Geschmacksfehler verursacht werden.

Pichia anomala ist osmotolerant und wächst auf 50 %-Glucose-Agar, teilweise auch auf 60 %-Glucose-Agar. Vergoren werden Glucose, Fructose und Saccharose, manchmal auch Cellobiose, D(+)-Galactose, Maltose, Raffinose und Trehalose.

Neben zahlreichen Zuckern werden auch verschiedene Zuckeralkohole und organische Säuren (Citronensäure, Milchsäure) sowie Stärke und Nitrat verwertet. Das Wachstum bei 37 °C ist variabel und bei 100 ppm Cycloheximid negativ.

Die Zellen sind rundlich, häufig auch oval bis langgestreckt und enthalten oftmals 1 oder 2 große, stark lichtbrechende Fetttröpfchen. Die Größen sind sehr unterschiedlich und betragen durchschnittlich (2-4) x (2-6) μm. Die Zellen liegen einzeln, in Paaren und in kleinen Haufen vor. Die Sprossung ist multilateral. Einige Stämme bilden einfache oder ausgedehnte, verzweigte Pseudohyphen. Die Asci enthalten 1-4 rundliche, abgeflachte oder hutförmige Ascosporen.

4.2.6 Gattungen *Candida* und *Debaryomyces*

Candida (C.) - und *Debaryomyces (D.)* -Hefen sind meist reine Atmungshefen oder manchmal auch schwache Gärer. Da diese luftliebenden Arten auf flüssigen Medien, ähnlich wie *Pichia membranaefaciens*, innerhalb von 3 Tagen bei 25-30 °C trockene, meist mehrschichtige und gerunzelte Häute bilden, werden sie als Kahmhefen bezeichnet. Wegen ihrer Sauerstoffbedürftigkeit können sie in karbonisierten und gewöhnlich auch in stillen Getränken nicht wachsen. Sie liegen lediglich als Latenzkeime vor. Weitverbreitete Arten in der Getränkeindustrie sind z.B. *Candida boidinii, C. intermedia* und *C. parapsilosis*.

Die Zellen dieser Hefen sind meist rundlich, oval, zylindrisch oder langgestreckt, durchschnittlich 3 x 6 μm groß und liegen einzeln, in Paaren oder in Ketten vor. Nicht selten werden einfache oder baumähnlich verzweigte Pseudohyphen mit teilweise zahlreichen runden oder eiförmigen Blastokonidien gebildet. Besonders bei DALMEAU-plate-Kulturen treten auch sehr ausgeprägte Pseudomyzelien, die aus verzweigten Ketten langgestreckter Zellen bestehen, auf. Ascosporen werden von diesen imperfekten Hefen nicht gebildet.

Die Kolonien ähneln im jungen Zustand den *Saccharomyces*-Kolonien (weiß bis cremefarben, rund oder etwas unregelmäßig, leicht erhoben bis konvex, schwach glänzend, weich mit glatter Oberfläche). Ältere Kolonien sind meist beigefarben bis bräunlich, matt, runzelig, gefaltet oder gekräuselt und infolge von Pseudohyphenbildung am Kolonienrand rhizoid.

Bei Gußplatten-Kulturen werden im Nährboden wegen Sauerstoffmangel nur kleine punkt- oder linsenförmige Kolonien gebildet.

Candida boidinii und *C. parapsilosis* vergären meist nur Glucose und Fructose, *C. intermedia* vergärt zusätzlich noch Galaktose und Saccharose sowie teilweise noch weitere Zucker. *C. boidinii* verwertet Nitrat und toleriert im Gegensatz zu den beiden anderen Arten 1000 ppm Cycloheximid.

Nicht selten kommen in AfG auch *Candida famata* (= *Torulopsis candida*) und *Debaryomyces hansenii* vor. Letztere ist die sexuelle Form von *C. famata* und bildet meist einzeln im Ascus vorliegende Ascosporen mit rauhen, warzigen Zellwänden.

Die Zellen sind meist rund mit multilateraler oder allseitiger Sprossung und liegen gewöhnlich einzeln oder in Paaren, selten in kurzen Ketten vor. Der Durchmesser beträgt meist 3-5 µm, einzelne Stämme haben auch größere Zellen mit Durchmessern von 6-10 µm. Pseudomyzel wird nicht gebildet. Bezüglich der Kolonienmorphologie besteht eine große Ähnlichkeit mit den vorigen Arten. *C. famata* bzw. *D. hansenii* sind gärschwache Hefen, die teilweise nicht einmal Glucose fermentieren können, teilweise werden aber auch Glucose, Fructose, Raffinose, Saccharose und Trehalose schwach vergoren. Assimiliert werden alle möglichen Zucker, Zuckeralkohole und organische Säuren, jedoch nicht Nitrat.

4.2.7 Gattungen *Cryptococcus* und *Rhodotorula*

Bei den *Cryptococcus*- und *Rhodotorula*-Arten handelt es sich um reine Atmungshefen. Es wird also kein einziger Zucker vergoren, jedoch werden zahlreiche Zucker, Zuckeralkohole, organische Säuren sowie Nitrat assimiliert. Infolge der hohen Sauerstoffbedürftigkeit können sich diese Hefen in karbonisierten Getränken überhaupt nicht vermehren. Auch in stillen Getränken reicht der Sauerstoffgehalt für ein auffälliges Wachstum meist nicht aus. Dennoch kommen diese Hefen, besonders *Rhodotorula glutinis*, sehr häufig als Latenzkeime in AfG vor.

Cryptococcus albidus hat meist sehr große (Durchmesser 7-12 µm), runde Zellen, die vorwiegend einzeln, manchmal auch in Paaren vorliegen und im mikroskopischen Bild wegen Schleimkapselbildung gewöhnlich deutliche Abstände zueinander aufweisen. Die Kolonien sind schleimig, feucht glänzend, rund oder zerlaufen, glasig, flach oder konvex mit rundem oder unregelmäßigem Rand.

Die Zellen von *Rhodotorula glutinis* sind rund oder eiförmig, (2-5) x (4-7) µm und enthalten 1-2 stark lichtbrechende Fetttröpfchen. Sie liegen vorwiegend einzeln oder in Paaren vor und weisen ebenfalls oft mikroskopisch deutlich sichtbare Schleimhüllen auf. Infolgedessen zeigen sie zueinander ebenfalls meist keine Berührungspunkte. Sproßverbände, Pseudohyphen und Ascosporen werden nicht gebildet.

Die Kolonien von *Rhodotorula glutinis* sind gewöhnlich rot, rosa oder lachsfarben pigmentiert. Sie sind meist rund, glatt, manchmal fein gefurcht oder selten gerunzelt, stark glänzend, erhoben oder konvex, weich oder viskos bis zäh und ganzrandig. Im flüssigen Medium werden ein kompakter rötlicher Bodensatz, ein kräftiger roter oder lachsfarbener Ring sowie Inseln oder eine rötliche, feucht erscheinende Haut gebildet.

Rhodotorula glutinis tritt häufig als Schmutzindikator in den Betrieben auf und weist auf mangelhafte Reinigungs- und Desinfektionsmaßnahmen hin. Meist liegen diese rot oder lachsfarben pigmentierten Hefen im Gemisch mit anderen ubiquitären, aerophilen Organismen vor, besonders mit Essigsäurebakterien, Bazillen, Kahmhefen oder Schimmelpilzen. Bei Spülwasserproben aus Rohrleitungen, Zucker- und Sirupbehältern sowie aus Pumpen und Blindkappen treten nicht selten auch Mischkulturen mit gärfähigen Hefen (z.B. mit *S. cerevisiae*) auf.

4.3 Getränkeschädliche Schimmelpilze (17)

Schimmelpilze spielen in Fruchtsaft- und Erfrischungsgetränken nur eine untergeordnete Rolle, weil diese Organismen zum Wachstum unbedingt Sauerstoff benötigen. Lediglich in stillen Getränken kann auf der Flüssigkeitsoberfläche — sofern sich genügend Luft im Flaschenhals befindet — Myzelbildung stattfinden.

Es entstehen dann zunächst an der Flaschenwandung weiße ring- oder flöckchenartige Myzelien, die später infolge von Konidienbildung eine grünliche oder schwarze Färbung annehmen. Außerdem verursachen Schimmelpilze auch einen unangenehmen Muffton und meist einen deutlichen Bittergeschmack.

Von einigen Arten (z.B. *Penicillium roqueforti*) werden Konservierungsmittel, wie Ameisensäure und Sorbinsäure, abgebaut, wobei aus Sorbinsäure Pentadien-1,3 entsteht (15). Verschiedene Pilze bilden Mycotoxine (z.B. Patulin, Grenzwert $< 50\ \mu g/l$, vgl. Abb. 1.6, S. 40), die gewöhnlich als gesundheitsschädlich eingestuft werden (11). Als sehr unerwünschte Eigenschaft der Schimmelpilze ist noch die pektolytische Aktivität zu erwähnen. Durch die Abgabe von pektinabbauenden Enzymen wird bei fruchttrüben Getränken das Pektin abgebaut, so daß die Trübungsstabilität irreversibel verloren geht. Die Getränke zeigen zunächst einen Wasserkragen; anschließend erfolgt eine Ausklarung des gesamten Getränkes, wobei gleichzeitig ein voluminöser, unansehnlicher Bodensatz entsteht. Häufig agglomerieren auch die denaturierten Pektinteilchen zu feinen Flöckchen, die sich an die Flaschenwandungen anlagern. Durch Aufschütteln kann die Trübung zwar wiederhergestellt werden, die Ausklarung beginnt aber bereits nach wenigen Stunden erneut.

Probleme mit Schimmelpilzen entstehen meist sekundär durch Kontamination von gereinigten Flaschen oder Verschlüssen mit Konidien. Diese vegetativen Sporen gehören, besonders in den Sommermonaten, zu den häufigsten Luftkeimen, so daß ein Befall einzelner Leerflaschen fast unvermeidlich ist. Bei der Heißabfüllung muß daher gewährleistet sein, daß die Flasche im heißen Zustand randvoll gefüllt ist und daß das Getränk in der Flasche mindestens 78 °C aufweist. Dadurch wird auch eine Nachpasteurisation der Flaschenmündung und der Verschlüsse erreicht. Aufgrund der Erhitzung wird auch bei stillen Getränken der Sauerstoff weitgehend entfernt, so daß normalerweise ein Auskeimen der Konidien verhindert wird. Nur bei fehlerhaften Abfüllungen (zu niedrige Temperaturen, undichte Verschlüsse) oder längeren Störungen an der Abfüllanlage (Abkühlung der Getränkeoberfläche vor dem Verschließen) können Schimmelpilze unangenehm in Erscheinung treten.

Gelegentlich bewirken diese Pilze auch Vorschädigungen von Fruchtkonzentraten und Grundstoffen, wenn z.B. bei länger gelagerten Tanks an der Produktoberfläche zunächst inselartiges und mit der Zeit großflächiges Myzelwachstum stattfindet. Durch Bildung von pektinabbauenden Enzymen wird das Pektin der oberen Schicht irreversibel geschädigt, so daß die daraus hergestellten Getränke trotz nachträglicher Erhitzung keine gute Trübungsstabilität mehr aufweisen und zur Ausklarung bzw. zur verstärkten Bodensatzbildung neigen. Solche Schäden können auch bei konservierten Grundstoffen auftreten, da durch abtropfendes Kondenswasser die Oberfläche und damit auch die Konservierungsstoffe so stark verdünnt werden, daß keine ausreichende Schutzwirkung mehr besteht.

Bei derartigen Kontaminationen spielen vor allem *Penicillium*- und *Aspergillus*-Arten eine dominierende Rolle, wobei es sich bei grünen Myzelien gewöhnlich um *Penicillium expansum* und bei schwarzen um *Aspergillus niger* handelt.

4.3.1 Gattung *Penicillium*

Die Penicillien (P.) („Pinselschimmel") gehören zu den wichtigsten getränkeschädlichen Schimmelpilzen. Die größte Verbreitung hat wohl *Penicillium expansum*. Diese Art wächst schnell auf allen möglichen Substraten, wobei die Kolonien nach 10 Tagen Durchmesser von 4-5 cm erreichen. Sie sind nach erfolgter Konidienbildung gelbgrün, graugrün oder blaugrün. Die Unterseite ist farblos, gelblich oder gelbbraun. Die meist dicht gewachsenen Konidienträger (Abb. 1.4) sind glatt oder etwas rauh und bilden Büschel mit 2-4 Ästen, die oft eng aneinander gepreßt stehen. Die Metulae sind meist zylindrisch, 2-3 µm breit und erreichen Längen von 15 µm. Sie tragen bis zu 8 zylindrische Phialiden, die einen kurzen, aber deutlichen Hals und Abmessungen von durchschnittlich 10 x 3 µm aufweisen. Die grünlichen, glatten Konidien sind rundlich bis elliptisch und haben Durchmesser von 2,5-3,5 µm.

Neben *P. expansum* treten noch weitere Penicillien in den Getränken auf, z.B. *P. citrinum*, ein etwas langsam wachsender Pilz mit einem auffälligen, fruchtig-aromatischen Geruch nach faulen Äpfeln. Die Kolonien sind dicht mit Konidienträgern durchsetzt und zeigen zunächst eine blaß blaugrüne, später eine olivgrüne bis mausgraue Färbung. Die Unterseite ist kräftig gelb bis orange.

Bei der Art *P. italicum*, die gelegentlich in Fruchtsaftgetränken vorkommt, ist das Wachstum ebenfalls etwas langsamer. Die Kolonien haben einen aromatischen Geruch und sind im Bereich der Konidienbildung bräunlich, zimtfarben, blaßpurpur oder graugrün bis bräunlicholivgrün gefärbt. Die Unterseite ist farblos bis gelblichbraun.

P. purpurogenum ist nur ein gelegentlicher Kontaminant und hat gelbgrüne bis dunkelolivgrüne, auf manchen Medien auch blaß purpur bis intensiv rote Kolonien. Die Unterseite ist gelb, tiefrot oder rotpurpur. Die Art wächst sehr langsam und bildet einen apfelesterartigen Geruch.

Nicht selten tritt auch *Penicillium funiculosum* als Getränkeschädling auf. Die Kolonien wachsen schnell und erreichen nach einer Woche einen Durchmesser von 4 cm. Sie haben einen erdigen Geruch. Das Myzel ist wollig bis filzig, weißlich, gelblich oder lachsfarben und in Bereichen mit Sporulation grau, graugrün oder gelbgrün. Die Unterseite ist pinkfarben bis tiefrot oder orange bis bräunlich. Die zweifach verzweigten Konidienträger wachsen entweder im rechten Winkel aus Hyphensträngen und sind oft sehr kurz oder sie erheben sich direkt aus dem Substrat und erreichen Längen von 100-500 µm. Sie haben einen glattwandigen Stiel, der in 5-8 symmetrisch angeordnete Metulae mündet. Die Metulae enden in einem Quirl von 3-6 lanzettförmigen Phialiden (durchschnitlich 11x2 µm). Konidien rundlich bis elliptisch, glatt bis leicht rauh, dickwandig, Durchmesser 2-3 µm.

4.3.2 Gattung *Aspergillus*

Ein häufiger Kontaminant ist auch der weitverbreitete schwarze „Gießkannenschimmel" *Aspergillus niger.* Er ist sehr schnellwüchsig und bildet erst ein weißes oder gelbliches Myzel, später entstehen dicht gewachsene dunkelbraune bis schwarze Konidien. Die Unterseite der Kolonien ist gewöhnlich gelblich. Die Konidienträger sind glattwandig, transparent oder leicht bräunlich und bis 3 mm lang (Abb. 1.4). Das Vesikulum ist rund und hat einen Durchmesser von 50-100 µm.
Die Metulae sind zylinderförmig, durchsichtig oder bräunlich, durchschnittlich 20x5 µm. Die Phialiden sind flaschenförmig, bräunlich und in 2 Reihen angeordnet. Die Konidien sind rund, 4-5 µm im Durchmesser, dickwandig, rauh mit unregelmäßigen, warzenähnlichen Ausstülpungen und braun bis schwarz gefärbt.

4.3.3 Gattung *Mucor*

Die weitverbreiteten Mucoraceen sind nicht selten mit den beiden Arten *Mucor plumbeus* und *M. racemosus* in der Getränkeindustrie vertreten. Die Kolonien sind grau und maximal 20 mm hoch. Die Sporangienträger (Abb. 1.4) erreichen Dicken von 20 µm und verjüngen sich am Übergang zur Kolumella. Die Sporangien sind zunächst durchsichtig, später dunkelbraun oder graubraun und bis zu 90 µm im Durchmesser. Die Kolumella ist eiförmig mit abgeflachter Basis oder elliptisch bis zylindrisch, transparent oder bräunlich bis graubraun gefärbt und glatt oder rauh mit etlichen Ausstülpungen. Ein Kragen ist vorhanden. Die Sporangiosporen sind rund bis elliptisch (Durchmesser ca. 7-8 µm), gelblichbraun und haben eine etwas rauhe Oberfläche. Häufig werden auch Chlamydosporen ausgebildet.

Außer den genannten häufigeren Arten können gelegentlich noch zahlreiche weitere Vertreter dieser Gattungen, aber auch Arten anderer Gattungen in Fruchtsaft- und Erfrischungsgetränken vorkommen. Die weite, ubiquitäre Verbreitung der Schimmelpilze hängt in erster Linie mit der Ausbildung unzähliger, sehr beständiger Konidien und dem sehr anspruchslosen Wachstum auf allen möglichen, einfachen organischen Substraten zusammen. Infolgedessen sind diese Keime auch in großer Zahl in den Getränkebetrieben vorhanden.

4.4 Getränkeschädliche Bakterien

Die Bedeutung von getränkeschädlichen Bakterien ist im Vergleich zu den Hefen sehr gering, weil wegen der meist sehr niedrigen pH-Werte in Fruchtsaft- und Erfrischungsgetränken nur ausnahmsweise bakterielles Wachstum stattfinden kann. Zu den wenigen acidotoleranten oder gar acidophilen getränkeschädlichen Arten gehören in erster Linie verschiedene Milchsäurebakterien und bei stillen Getränken zusätzlich noch Essigsäurebakterien sowie ganz vereinzelt bestimmte Bazillen und Enterobacteriaceen.

Die Auswirkungen dieser Bakterien sind im Gegensatz zu Hefekontaminationen meist wesentlich harmloser. So werden in befallenen Getränken nicht selten hohe Keimzahlen festgestellt, ohne daß irgendwelche Getränkeschäden erkennbar sind. Gelegentlich werden aber auch Geruchs- und Geschmacksfehler, z.B. durch starke Diacetyl-Produktion, sowie Farbveränderungen hervorgerufen. Milchsäurebakterien und Enterobacteriaceen können durch reduzierende Eigenschaften die Getränkefarbstoffe aufhellen und Essigsäurebakterien geben nicht selten bräunliche Pigmente ab, so daß vor allem Citrusgetränke ihre leuchtend gelben Farben und ihren frischen Charakter verlieren.

Die meisten Bakterienkontaminationen kommen sekundär am Füller oder Verschließer zustande, wenn die direkten und indirekten Kontaktstellen an diesen Maschinen (Füllröhrchen, Steuerventile, Tulpen, Verschließerstempel, Einlaufschnecke, Transportband, Sterne, Schutzverkleidungen) stärker verkeimt sind (Schleimbeläge, Schmutznischen) und wenn durch Verspritzungen und Aerosole die Keime in die noch nicht verschlossenen Flaschen gelangen. Auch können durch verkeimtes Schwitz- und Tropfwasser bei der Waschmaschine-Flaschenabgabe oder bei Übertunnelungen an Förderbändern sekundäre Streukontaminationen, bei denen nur einzelne Flaschen befallen sind, auftreten (5).

Diese Keime können gelegentlich auch bei Heißabfüllungen überleben, wenn infolge von Störungen an der Abfüllanlage gefüllte Flaschen vor dem Verschließer stehenbleiben, die Getränkeoberfläche abkühlt, und keine Nachpasteurisation der Verschlüsse und der Flaschenmündung mehr gewährleistet ist.

Die ganz seltenen Probleme mit Bazillen sind gewöhnlich auf Primärkontaminationen der Rohstoffe (z.B. Sporen in Fruchtkonzentraten und Grundstoffen) zurückzuführen (3).

4.4.1 Gattung *Leuconostoc* (1)

Die Milchsäurebakterien der Gattung *Leuconostoc* sind Gram-positiv, Katalase- und Oxidase-negativ, fakultativ anaerob und heterofermentativ (Gasbildung positiv) (Kap. 1, S. 28f, Abb. 6.8, Tab. 1.5). Sie bilden D(-)-Milchsäure sowie Kohlensäure, Ethanol und Essigsäure. In Fruchtsaft- und Erfrischungsgetränken treten nicht selten säuretolerantere Stämme von *Leuconostoc mesenteroides* und *Leuconostoc mesenteroides* subsp. *dextranicum* als Getränkeschädlinge auf.

Dabei werden neben den unerwünschten Stoffwechselprodukten Ethanol, CO_2 und Essigsäure meist noch deutlich Diacetyl sowie säuerliche, kratzige Bitternoten gebildet. Die Bakterien produzieren auch Schleim (Dextran) aus Zuckern und verursachen in den Getränken Viskositätsveränderungen bis hin zur Zähflüssigkeit. Wachstum findet in allen möglichen stillen und karbonisierten Getränken statt, besonders wenn die pH-Werte über 4,0 liegen. Selbst in den wuchsstoffarmen klaren Limonaden oder in gezuckerten Brausen können deutliche Getränkeschäden hervorgerufen werden.

L. mesenteroides vergärt alle möglichen Zucker, jedoch nicht Melezitose und Sorbit. Die Argininspaltung ist negativ. *L. mesenteroides* subsp. *dextranicum* unterscheidet sich von der Stammform vor allem durch die fehlende Arabinose-Vergärung. Das Wachstum bei 37 °C ist variabel. Das Temperaturoptimum befindet sich bei 25-28 °C.

Morphologisch bestehen gewisse Ähnlichkeiten mit den Lacto- oder Streptokokken. Die Zellen sind aber etwas kleiner (Durchmesser 0,5-0,9 μm) und mehr elliptisch bis kurzstäbchenförmig. Meist liegen kürzere Ketten mit 4-6 Gliedern vor, manche Stämme, vor allem auch bei der Unterart *dextranicum*, neigen zur Ausbildung von sehr langen, perlschnurartigen Ketten. Die Kolonien sind auf der Agaroberfläche meist klein (Durchmesser 0,5-1 mm), rund, konvex, weißlich, undurchsichtig oder durchschimmernd, weich oder viskos, glatt, leicht glänzend bis feucht glänzend und im Agar punkt- oder linsenförmig.

4.4.2 Gattung *Lactobacillus* (19)

Lactobazillen kommen als Getränkeschädlinge ebenfalls nicht selten vor. Sie sind wie die *Leuconostoc*-Arten Gram-positiv, Katalase- und Oxidase-negativ und fakultativ anaerob, bilden aber L(+)-Lactat oder DL-Lactat. Es kommen sowohl fakultativ heterofermentative (Gasbildung aus Gluconat, aber nicht aus Glucose), als auch obligat heterofermentative Arten (Gasbildung aus Gluconat und Glucose) vor (siehe Tab. 1.5).

Zur ersten Gruppe gehören vor allem *Lactobacillus casei, L. paracasei* und *L. „perolens"*. Alle 3 Arten produzieren L(+)-Lactat und Diacetyl, wobei die Stämme von *L. „perolens"* die wohl stärksten Geruchs- und Geschmacksfehler in Fruchtsaftgetränken oder Limonaden hervorrufen. In klaren Getränken entstehen Trübungen und Bodensätze. Schleimbildung findet nicht statt. Besonders gefährdet sind Getränke mit pH-Werten über 4,0.

Bei *Lactobacillus casei* kommen vorwiegend regelmäßige Kurzstäbchen mit runden Enden und durchschnittlichen Größen von 0,9x2,0 μm vor. Die limonadenschädlichen Stämme liegen meist einzeln, in Paaren, seltener in kurzen Ketten vor. Die Kolonien sind meist klein (1-2 mm im Durchmesser), rund, weich, leicht konvex, weiß oder beigefarben, mit glatter, leicht glänzender Oberfläche.

Charakteristische Merkmale sind die Vergärung von Mannit, Melezitose und zahlreicher weiterer Zucker, jedoch nicht von Melibiose und Xylose, die L(+)-Lactat-Bildung sowie die Produktion von Gas aus Gluconat, nicht aber aus Glucose oder anderen Zuckern. Die Arginin-Spaltung ist negativ. Die Art wächst bei 37 °C und hat ein Temperaturoptimum von ca. 28 °C .

Sehr ähnlich ist auch die kürzlich von *L. casei* abgetrennte Art *L. paracasei* (9), für die die Vergärung von Lactose und Ribose häufig charakteristisch ist. Eine Unterscheidung der beiden Arten ist sehr schwierig. Von *L. paracasei* wurden ebenfalls limonadenschädliche Stämme nachgewiesen.

Einige weitere fakultativ heterofermentative Stämme, die Limonaden durch Wachstum und starke Diacetylbildung schädigen, werden wegen ihrer Unterschiede im Zuckerspektrum und in anderen wesentlichen Merkmalen von *L. casei* abgetrennt und als eigene Art *Lactobacillus „perolens"* bezeichnet (Beschreibung in Vorbereitung). Charakteristische Merkmale sind vor allem die Vergärung von Melibiose und Melezitose, meist auch von Arabinose und gelegentlich von Xylose, nicht aber von Ribose und Mannit sowie die Kolonienmorphologie (unregelmäßige, wellige oder gezähnte, flache bis leicht erhobene, weißliche bis beigefarbene Kolonien mit rauher, matter Oberfläche). Die Stäbchen sind gewöhnlich schlanker und länger als bei *L. casei* und liegen einzeln, in Paaren und kurzen Ketten vor.

Ein ebenfalls fakultativ heterofermentativer Getränkeschädling ist noch *L. plantarum.* Die Art bildet Diacetyl und hat deshalb ähnliche Auswirkungen wie die vorigen Arten. Sie unterscheidet sich aber durch die Bildung von DL-Lactat und die Vergärung von Melibiose, jedoch nicht von Melezitose. Bezüglich der Zell- und Kolonienmorphologie bestehen große Ähnlichkeiten mit *L. casei.*

Die obligat heterofermentativen Arten, *Lactobacillus brevis* (Abb. 6.9) und *L. buchneri*, kommen gelegentlich als Kontaminanten in Limonaden und ähnlichen Getränken vor. Sie verursachen aber keine sensorischen Beeinträchtigungen (Diacetyl-negativ). In klaren Getränken können sie leichte Trübungen und Bodensätze hervorrufen, während sie in fruchttrüben Getränken praktisch nicht in Erscheinung treten. Es werden meist Langstäbchen (0,7 x 4 μm) ausgebildet, die einzeln oder in Paaren („Wegweiserformen") vorliegen. Die Kolonien sind gewöhnlich größer als die von *L. casei* (Durchmesser bis 5 mm), undurchsichtig, weißlich, rund oder fein gezähnt, leicht konvex oder flach, leicht glänzend oder matt mit rauher, marmorierter Oberfläche.

Charakteristische physiologisch-biochemische Merkmale sind die Pentosenvergärung (außer Rhamnose), die fehlende Vergärung von Amygdalin, Cellobiose, Salicin und Trehalose sowie die Arginin-Spaltung und die Bildung von DL-Lactat. Bei 37 °C findet Wachstum statt, das Temperaturoptimum liegt bei 28-30 °C.

4.4.3 Gattungen *Acetobacter* und *Gluconobacter* (14)

Die ubiquitär verbreiteten Essigsäurebakterien *(Acetobacteraceae)* treten ausschließlich in stillen Getränken (z.B. Fruchtsaftgetränke) in Erscheinung. Bei höherem Sauerstoffgehalt können sie sich gut vermehren und verursachen insbesondere durch

Bildung von Essigsäure, Essigsäureethylester und Gluconsäure einen unangenehmen „Essigstich" und außerdem oft eine schmutzig bräunliche Verfärbung. Sie sind gerade im Abfüllbereich sehr häufig in der Raumluft, in Getränkeresten sowie an allen möglichen feuchten Standorten vorhanden, so daß vorwiegend Sekundärkontaminationen hervorgerufen werden.

Diese Bakterien sind bezüglich des Nähr- und Wuchsstoffangebotes anspruchsloser als die Milchsäurebakterien. Sie wachsen vorzugsweise auf leicht sauren Nährböden (z.B. Würzeagar, Orangenfruchtsaftagar). Bei Gußplatten sind die Kolonien auf der Oberfläche mehr flach und oft unregelmäßig gebuchtet; im Nähragar werden nur sehr kleine, punkt- oder strichförmige Kolonien gebildet.

Die Essigsäurebakterien sind Gram-negative, Katalase-positive, Oxidase-negative, asporogene, bewegliche oder unbewegliche Kurzstäbchen oder kokkoide Stäbchen, die einzeln, in Paaren oder kurzen bis sehr langen Ketten vorliegen. Häufig werden auch schlauch-, wurst- oder blasenförmige Involutionsformen und Riesenzellen gebildet. Charakteristische Familienmerkmale sind der strikte Atmungstoffwechsel sowie die Oxidation von Ethanol zu Essigsäure. Weitere wichtige Merkmale sind die Assimilation verschiedener Zucker und Zuckeralkohole, jedoch keine Verwertung von Lactose und Stärke, und die Säurebildung aus Glucose und 1-Propanol. Die Nitratreduktion ist negativ. Das Temperaturoptimum bewegt sich zwischen 25-30 °C , das pH-Optimum bei pH 5-6. Die meisten Stämme wachsen noch bei pH 3,7. Das Temperaturmaximum liegt gewöhnlich unter 37 °C.

Die Familie enthält zwei Gattungen: *Acetobacter(A.)*-Arten oxidieren Essigsäure und Milchsäure zu CO_2 und H_2O. Die beweglichen Stämme sind peritrich oder lateral begeißelt. *Gluconobacter (G.)* zeigt keine derartige „Überoxidation" und hat polar inserierte Geißeln (14).

In Fruchtsaft- und Erfrischungsgetränken kommen Vertreter beider Gattungen vor. Häufigste Arten sind *Gluconobacter oxydans* und *Acetobacter liquefaciens*, gelegentlich auch *A. aceti* und *A. pasteurianus*.

G. oxydans bildet meist kurze, plumpe oder kokkoide, etwas unregelmäßige Stäbchen, die einzeln, in Paaren, in Aggregaten, seltener in Ketten vorliegen. Die beweglichen Stämme weisen gewöhnlich 3-8 polare Geißeln auf. Die Kolonien sind rundlich, flach bis leicht erhoben, weich, glatt, leicht glänzend, gelblich und erreichen Durchmesser von 3 mm.

Bei *A. liquefaciens* sind die Zellen meist kokkoid mit etwas unregelmäßigen Zellwänden. Sie liegen häufig in sehr langen Ketten vor. Die meisten Stämme sind unbeweglich. Die oft gebuchteten oder gelappten, bräunlichen, stark glänzenden, flachen Kolonien erreichen teilweise Durchmesser von über 1 cm.

A. aceti und *A. pasteurianus* haben eine ähnliche Zellmorphologie wie *A. liquefaciens*, es werden aber mehr Einzel- oder Doppelzellen und nur selten kürzere Ketten gebildet. Die Kolonien dieser beiden Arten sind meist klein, flach oder etwas erhoben, weißlich oder beigefarben, weich, schwach glänzend, rund oder leicht gelappt.

4.4.4 Bazillen und Enterobacteriaceen

Bazillen und Enterobacteriaceen sind normalerweise wegen der niedrigen pH-Werte keine Getränkeschädlinge. In seltenen Fällen können jedoch einzelne Arten unangenehm in Erscheinung treten.

So wurde die acidophile *Bacillus*-Art *B. acidocaldarius* vereinzelt als Verursacher von Geschmacksfehlern in stillen fruchthaltigen Getränken (z.B. Apfelfruchtsaftgetränk) identifiziert (4, 8, 10, 16). Diese Art wächst selbst in extrem sauren Getränken mit pH-Werten um 3, benötigt aber als thermophiler Keim Inkubationstemperaturen von über 30 °C . Sie hat normalerweise nur in tropischen Ländern eine Bedeutung, kann aber auch bei uns Probleme hervorrufen, wenn die Getränke beispielsweise nach der Heißabfüllung längere Zeit bei höheren Temperaturen (30-70 °C) verweilen (Hitzestau bei eingeschweißten Paletten).

B. acidocaldarius bildet kürzere, manchmal auch längere Stäbchen (durchschnittlich 1,0x2,5 μm) mit geschwollenen Sporangien und terminaler oder subterminaler Sporenposition. Die Sporen sind elliptisch. Wachstum findet ausschließlich unter aeroben Bedingungen und im sauren Milieu statt. Weitere wichtige Merkmale: Gram-positiv, Katalase-positiv, Säure, jedoch kein Gas aus D-Glucose, Citrat- und Nitrat-Verwertung negativ, Acetoin-Bildung negativ.

Von den Enterobacteriaceen kommen vereinzelt die säuretoleranteren Arten der Gattung *Enterobacter* (besonders *Enterobacter cloacae*) sowie *Zymomonas mobilis* als potentielle Getränkeschädlinge vor.

Enterobacter cloacae kann vor allem in stillen Getränken mit höheren pH-Werten ($>$ 4,7) wachsen und verursacht Geruchs- und Geschmacksfehler (Milchsäure, Essigsäure, Ameisensäure, 2,3-Butandiol, Ethanol, CO_2 und H_2).

Meist werden plumpe Kurzstäbchen (durchschnittlich 0,8 x 2,0 μm) gebildet, die in der jungen Kultur beweglich (peritriche Begeißelung) sind und einzeln, in Paaren, seltener in kurzen Ketten vorliegen. Die meisten Stämme bilden Schleimkapseln und sind infolgedessen sehr widerstandsfähig gegenüber Desinfektionsmaßnahmen. Die Kolonien sind meist weißlich bis beigefarben, rund, konvex, opak bis transparent, schleimig, feucht glänzend und erreichen Durchmesser von über 1 cm. Weitere Merkmale: Gram-negativ, Katalase-positiv, Oxidase-negativ, fakultativ anaerob, Säure- und Gasbildung aus zahlreichen Zuckern und Zuckeralkoholen; Acetoin-Bildung, Citrat-Verwertung, Arginin-Dihydrolase und Ornithin-Dekarboxylase positiv; Indol-Bildung, Methylrottest und Lysin-Dekarboxylase negativ. Wegen der Gas- und Säurebildung aus Lactose wird diese Art auch als coliformer Keim eingestuft und ist somit auch für die Beurteilung der Betriebshygiene von Bedeutung.

Zymomonas mobilis kann sowohl in stillen als auch in karbonisierten Getränken wachsen, sofern Glucose und Fructose vorhanden sind. Manche Stämme können auch Saccharose vergären. Aus diesen Zuckern werden nach dem **Entner-Doudoroff**-Abbauweg Ethanol und CO_2 produziert.

Daneben entstehen noch Acetaldehyd, höhere Alkohole, H_2S, Dimethyldisulfid und Essigester, die den Getränken eine atypische Note verleihen. Wachstum findet im Temperaturbereich von 8-35 °C und im pH-Bereich von 3,8-7,5 statt. Die Bakterien sind Gram-negativ, Katalase-positiv, Oxidase-negativ, asporogen und gewöhnlich unbeweglich, fakultativ anaerob oder obligat anaerob. Es werden Kurz- oder Langstäbchen (durchschnittlich 1,2 x 4 μm) mit runden Enden ausgebildet. Meist liegen Einzel- oder Doppelstäbchen vor, gelegentlich auch größere Agglomerate und Rosetten. Die Kolonien sind weißlich, opak, rund, weich, glatt, glänzend, leicht konvex und erreichen Durchmesser bis 4 mm.

4.5 Maßnahmen zur Vermeidung von Kontaminationen

Prinzipiell müssen in Fruchtsaft- und Erfrischungsgetränke-Betrieben durch regelmäßige Reinigungs- und Desinfektionsmaßnahmen sowie durch Heißbehandlung der Produktions- und Abfüllanlagen, der Tanks, Behälter und Rohrleitungen möglichst keimarme Verhältnisse geschaffen werden. Die mikrobiologischen Verhältnisse im Betrieb (Rohstoffe und Anlagen) müssen außerdem ständig durch systematische **Stufenkontrollen** überprüft werden (siehe Kap. 10.3).

Bei den besonders für Sekundärkontaminationen kritischen Bereichen am Füller und Verschließer ist die **Heißwasserüberschwallung** besonders wirkungsvoll. Dabei werden mehrere Schwallventile mit breiten Öffnungen (Durchmesser ca. 0,5-1 cm) zur Heißwasserabspülung der Füllröhrchen (einschließlich Steuerventile, Tulpen und Hubelemente), der Verschließerorgane (einschließlich des direkten Umfeldes, besonders die Einleitung der Verschlüsse) und der Sterne installiert. Voraussetzung für eine gute Wirkung ist eine Wassertemperatur von mindestens 80 °C . Um dies zu gewährleisten, ist meist ein kleiner Boiler (2-5 hl) hinter dem Füller oder eine Ringleitung mit Nacherhitzer oder eine thermostatisch geregelte Ventilsteuerung erforderlich. Die Heißwasserüberschwallung sollte alle 2-5 Stunden (im Sommer häufiger) für 2-4 Füllerrunden bei langsamer Geschwindigkeit automatisch bzw. gekoppelt mit Störungen eingeschaltet werden. Sie ist wesentlich effizienter als eine Desinfektionsmittelbesprühung, zumal die Desinfektionsmittel zu kurze Einwirkungszeiten haben und durch Getränkereste und Wasserspritzer schnell verdünnt werden (weitere Nachteile bei Desinfektionsbesprühung: lebensmittelrechtliche Bedenken, hohe Kosten, schnellerer Materialverschleiß, belastend für das Bedienungspersonal).

Die überwiegende Verarbeitung von **konservierten Grundstoffen** bei diesen Getränken bewirkt eine starke Verringerung von Primärkontaminationen besonders mit gefährlichen gärfähigen Hefen. Bei Limonaden (ausgenommen Diätlimonaden) und Brausen werden meist vollkonservierte Grundstoffe (= 1 g Benzoesäure oder 1 g Sorbinsäure oder 4 g Ameisensäure pro 1 kg Grundstoff) eingesetzt; bei Fruchtsaftgetränken, bei denen mehr als 20 g Grundstoff ($\triangleq$ 20 mg Konservierungsstoff) pro Liter Fertiggetränk enthalten sind, ist nur eine Teilkonservierung möglich.

Anderenfalls muß die Konservierung deklariert werden. Aber auch teilkonservierte Grundstoffe sind meist gut geschützt, so daß über diesen sonst sehr empfindlichen, fruchthaltigen Rohstoff normalerweise keine Einschleppung von Getränkeschädlingen zu befürchten ist. Wasser und Zuckersirup sind meist frei von Getränkeschädlingen, kommen aber gelegentlich als Keimträger in Frage. Die Rohstoffe Genußsäure (z.B. Citronensäure) und Essenz sind mikrobiologisch absolut unanfällig.

Bei **karbonisierten Getränken** ist bei einwandfrei gereinigten Ausmisch- und Abfüllanlagen sowie Produktionswegen und Behältnissen eine Abfüllung ohne Hitzebehandlung möglich und auch üblich, weil sonst wegen der hohen CO_2-Gehalte bis 8 g/l auch technische Probleme und hoher Flaschenbruch entstehen würden. Hier spielen lediglich gärfähige Hefen und vereinzelt Milchsäurebakterien als Getränkeschädlinge eine Rolle.

Nur bei sehr empfindlichen, fruchthaltigen Erfrischungsgetränken und Limonaden wird aus Sicherheitsgründen nicht selten eine **„Kaltsterilisation"** mittels Dimethyldicarbonat (DMDC, siehe Kap. 8) durchgeführt, um die hier besonders gefährlichen gärfähigen Hefen abzutöten. Dabei wird DMDC (Velcorin®) unmittelbar vor der Abfüllung in das Getränk dosiert. Nach der Zusatzstoff-Zulassungs-Verordnung § 3, Satz 1 ist DMDC als Zusatzstoff bei fruchthaltigen Erfrischungsgetränken, Limonaden und Brausen, ausgenommen bei Erzeugnissen, die klar und kohlensäurehaltig sind, zugelassen (max. 250 mg/l), wobei bei der Abgabe an den Verbraucher diese Substanz aber nicht mehr nachweisbar sein darf. Bei Fruchtsäften, Nektaren und Diätgetränken ist ein Zusatz von Velcorin® nicht zulässig.

Da bei **stillen Getränken** zusätzlich noch Schimmelpilze, Atmungshefen (Kahmhefen) und Essigsäurebakterien als häufige Kontaminanten vorkommen, ist hier eine Heißbehandlung erforderlich. Am sichersten ist die **Flaschenpasteurisation** bzw. das **Überflutungs-Verfahren** (Schrank- oder Tunnelpasteur), wo Kerntemperaturen in den Flaschen von 72-80 °C angestrebt werden. Das verbreitetste Verfahren ist allerdings die **Heißabfüllung** mit Temperaturen im Plattenapparat oder Röhrenerhitzer von 83-88 °C. In der Flasche sollten 78 °C nicht unterschritten werden, da sonst eine Nachpasteurisation der Flaschenmündung und der Verschlüsse nicht gewährleistet ist. Bei diesem Verfahren treten gelegentlich, besonders bei Störungen an der Abfüllanlage, Sekundärkontaminationen vor allem mit Hefen und Schimmelpilzen (Konidiosporen) auf, so daß im Umfeld von Füller und Verschließer auf möglichst geringe Verschmutzungen und niedrige Keimgehalte geachtet werden sollte. Schließlich wird in einzelnen Betrieben auch eine **„aseptische Kaltabfüllung"** bzw. **„Kaltsterilisation"** (200-250 mg Velcorin® pro Liter) nach vorausgegangener **Kurzzeiterhitzung** (75-85 °C) durchgeführt. Hier besteht allerdings nur bei sehr sauberen Abfüllanlagen und insgesamt sehr geringen Keimzahlen im Getränk (möglichst weniger als 200 Hefen pro ml) eine ausreichende biologische Sicherheit.

Literatur

(1) BACK, W.: Schädliche Mikroorganismen in Fruchtsäften, Fruchtnektaren und süßen alkoholfreien Erfrischungsgetränken. Brauwelt 121, Nr. 3 (1981) 43-48

(2) BACK, W.: Schädliche Mikroorganismen in AfG-Betrieben. Nachweis und Kultivierungsmethoden. Brauwelt 121, Nr. 10 (1981) 314-318

(3) BACK, W.: Vermeidung von Infektionen. Pasteurisationsbedingungen zur Abtötung von schädlichen Mikroorganismen in der Getränkeindustrie (Bier, AfG). Getränkeindustrie 44 (1990) 84-87

(4) BACK, W.: Thermoresistente, getränkeschädliche Bakterien. Der Weihenstephaner 58 (1990) 191-194

(5) BACK, W.: Handbuch und Farbatlas der Getränkebiologie. Band 2, Verlag Hans Carl Nürnberg, Brauwelt-Verlag 1993 (im Druck)

(6) BACK, W., ANTHES, S.: Taxonomische Untersuchungen an limonadenschädlichen Hefen. Brauwissenschaft 32 (1979) 145-154

(7) BARNETT, J.A., PAYNE, R.W., YARROW, D.: Yeasts: Characteristics and identification. 2. Auflage 1990. Cambridge University Press, Cambridge, New York, Port Chester, Melbourne, Sydney

(8) CERNY, G., HENNLICH, W., POROLLA, K.: Fruchtsaftverderb durch Bacillen: Isolierung und Charakterisierung des Verderbserregers. Z. Lebens. Unters. Forsch. 179 (1984) 224-227

(9) COLLINS, M.D., PHILLIPS, B.A., ZANONI, P.: Deoxyribonucleic acid homology studies of Lactobacillus casei, Lactobacillus paracasei sp. nov., subsp. paracasei and subsp. tolerans, and Lactobacillus rhamnosus sp. nov., comb. nov. Int. J. Syst. Bacteriol. 39 (1989) 105-108

(10) DARLAND, G., BROCK, T.D.: Bacillus acidocaldarius sp. nov., an acidophilic, thermophilic spore-forming bacterium. J. Gen. Microbiol. 67 (1971) 9-15

(11) DITTRICH, H.H.: Mögliche Veränderungen von Frucht- und Gemüsesäften durch Mikroorganismen. Flüssiges Obst, 6 (1986) 320-323

(12) KRÄMER, J.: Lebensmittelmikrobiologie. 2. Aufl., Ulmer Verlag, Stuttgart 1992

(13) KREGER-VAN RIJ, N.J.W.: The yeasts, a taxonomic study. Elsevier Science Publishers B.V., Amsterdam 1984

(14) KRIEG, N.R., HOLT, J.G.: Bergey's manual of systematic bacteriology. Vol. 1, 1984. William & Wilkins, Baltimore, USA

(15) LÜCK, E.: Chemische Lebensmittelkonservierung. Stoffe-Wirkungen-Methoden. 2. Auflage. Springer-Verlag, Berlin, Heidelberg, New York, Tokyo 1985

(16) REHM, H.-J.: Industrielle Mikrobiologie. 2. Aufl. (1980), Springer Verlag, Berlin, Heidelberg, New York

(17) SAMSON, R.A., VAN REENEN-HOEKSTRA, E.S.: Introduction to food-borne fungi. 3. Aufl. 1988. Centraalbureau voor Schimmelcultures, Baarn, Delft

(18) SEILER, H., WENDT, A.: Hefen in Fruchtzubereitungen und Sauermilchprodukten, Störfallanalysen. Lebensmittelindustrie und Milchwissenschaft 49 (1991) 1517-1522

(19) SNEATH, P.H.A. (Hrsg.): Bergey's manual of systematic bacteriology. Volume 2, 9. Aufl. 1986. Williams & Wilkins, Baltimore, London, Los Angeles, Sydney

5 Mikrobiologie des Bieres

S. DONHAUSER

5 Mikrobiologie des Bieres

5.1 Einleitung

Die Gärung ist der Prozeßabschnitt in der Brauerei, in dem die Würze durch die Aktivität von Hefen in Bier umgewandelt wird. Da die Gärung einer der letzten Produktionsschritte in der Brauerei ist, hat sie einen sehr großen Einfluß auf die Qualität des fertigen Bieres. Grundvoraussetzungen für die Aufrechterhaltung einer gleichbleibend hohen Bierqualität sind reproduzierbare Gärbedingungen und die Beachtung aller Faktoren, die das Aroma und die anderen wertgebenden Eigenschaften des Bieres beeinflussen können.

5.2 Taxonomie der Hefen

5.2.1 Taxonomische Stellung von Saccharomyces cerevisiae

Die ascogenen *Saccharomyces cerevisiae* Hefen sind eukaryontische Einzeller der Gattung *Saccharomyces Meyen ex Reess.* Diese Gattung ist der Familie *Saccharomycetaceae,* Ordnung *Endomycetales,* Klasse *Ascomycetes* zugeordnet, gehört somit also zu den höheren Pilzen, den *Eumycotina.* Nach der z.Z. gültigen Hefenomenklatur nach KREGER-VAN RIJ (1984) (1), (2) umfaßt die Gattung *Saccharomyces* 7 verschiedene Arten, darunter auch *Saccharomyces cerevisiae Meyen ex Hansen* (1883). Insgesamt werden in dieser Art etwa 81, nach der alten Systematik (1952, 1970) als selbständig eingestufte *Saccharomyces*-Arten, Rassen und Varietäten zusammengefaßt (Tab. 5.1) (3). Sie werden entweder als Synonyme oder als Unterarten von *Saccharomyces cerevisiae* weitergeführt. Grundlage dieser Klassifizierung sind Merkmale, die durch Standardtests ermittelt werden.

Tab. 5.1: Wichtige Hefearten der Brauindustrie und anderer industrieller Anwendungsgebiete

1952 Lodder & Kreger-van Rij	1970 Lodder	1984 Kreger-van Rij
S. bayanus *S. oviformis* *S. pastorianus*	*S. bayanus*	*S. cerevisiae*
S. cerevisiae *S. cerevisiae var. ellipsoideus* *S. willianus*	*S. cerevisiae*	
S. carlsbergensis *S. logos* *S. uvarum*	*S. uvarum*	
S. chevalieri	*S. chevalieri*	
S. italicus	*S. italicus*	
	S. aceti[1]	
	S. diastaticus[1]	

1) Neue Arten

5.2.2 Probleme der taxonomischen Zuordnung von Industriehefen

Von den Taxonomen werden auch die Bierhefen als Synonyme oder Unterarten und als Varietäten der Art *Saccharomyces cerevisiae* eingeordnet (4). Allgemein eingeführte Namen mit Bezug zur industriellen Nutzung sind somit taxonomisch ungebräuchlich geworden. Die Bierhefen waren zunächst nur in einem relativ engen Rahmen charakterisiert worden, da viele der Autoren, die sich früher mit der Hefetaxonomie beschäftigten, in der Brauindustrie tätig waren. Für die Brauer, die mit relativ wenigen Hefen umgehen, sind die Namen *S. cerevisiae, S. bayanus, S. carlsbergensis, S. diastaticus* und *S. uvarum* mit speziellen Fermentationsprozessen assoziiert. Für die Taxonomen sind es dagegen nur phänotypisch verschiedene, interfertile Stämme der einzigen Art *S. cerevisiae*. Obwohl diese viele physiologische Eigenschaften gemeinsam besitzen und miteinander gekreuzt werden können, gibt es aber auch ihre Unabhängigkeit stützende Ergebnisse aus molekularbiologischen Untersuchungen.

Eine Einteilung in verschiedene Arten unter zusätzlicher Berücksichtigung der industriell bedeutenden Eigenschaften wäre daher auch gerechtfertigt, soweit diese spezielle Taxonomie nur eine begrenzte Anwendung im Brauereiwesen findet. Im folgenden wird zur Vereinfachung die Artbezeichnung weggelassen. Beispielsweise wird *S. cerevisiae ssp. diastaticus* nur als *S. diastaticus* bezeichnet.

5.2.3 Taxonomische Stellung der Saccharomyces cerevisiae Bierhefen

Die Bierhefen werden aufgrund morphologischer, physiologischer und gärungstechnologischer Unterschiede in 2 Hauptgruppen eingeteilt, in die obergärigen und die untergärigen.

5.2.3.1 Obergärige Bierhefen

Die obergärigen Bierhefen werden als *Saccharomyces cerevisiae Meyen ex Hansen syn. Saccharomyces cerevisiae Hansen* (1883) oder einfacher als Subspezies *Saccharomyces cerevisiae ssp. cerevisiae* bezeichnet.

Der Name *S. cerevisiae* wurde 1838 von MEYEN zur Unterscheidung von apfel- und traubensaftvergärenden Hefen eingeführt. Erst HANSEN beschrieb zwischen 1883 und 1888 die Hefearten aufgrund von Reinkulturen und physiologischen Eigenschaften. Er ist daher der eigentliche Urheber der Art-Bezeichnung *S. cerevisiae.* Sie wurde damals einer obergärigen Bierhefe zugeordnet und umfaßt Altbierhefen, Weizenbier- und Alehefen.

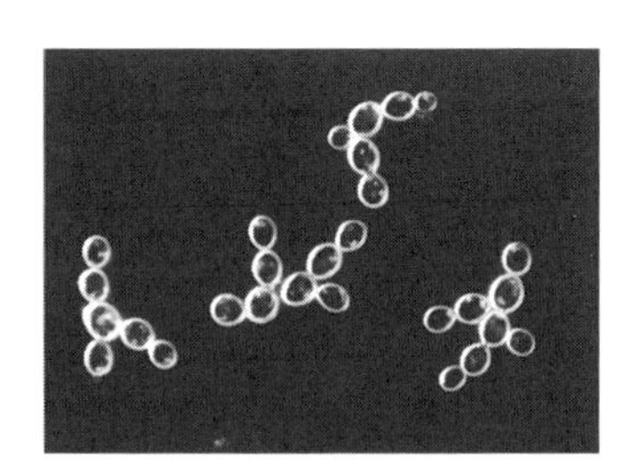

Abb. 5.1: Mikroskopische Aufnahme von Saccharomyces cerevisiae (obergärige Bierhefe) im Dunkelfeld (Quelle: Dr. H. VOGEL, Staatliche Brautechnische Prüf- und Versuchsanstalt TU München-Weihenstephan)

5.2.3.2 Untergärige Bierhefen

Die untergärigen Bierhefen werden als Varietäten von *Saccharomyces cerevisiae syn. uvarum* betrachtet und daher als *Saccharomyces cerevisiae Meyen ex Hansen syn. Saccharomyces uvarum Beijerinck var. carlsbergensis Kudriavzev* bzw. als Subspezies *Saccharomyces cerev. ssp. uvarum var. carlsbergensis* eingestuft. Die ursprüngliche Artbezeichnung *S. uvarum* wurde von BEIJERINCK für eine aus Johannisbeersaft isolierte Hefe verwendet. KUDRIAVZEV führte schließlich 2 Varietäten ein, eine davon *S. uvarum var. carlsbergensis* für die untergärige Bierhefe. Diese bis heute übliche Einstufung der untergärigen Bierhefen als Varietät der industriell nicht eingesetzten Wildtyphefe *S. cerevisiae ssp. uvarum* findet seitens der Brauer wenig Zustimmung.

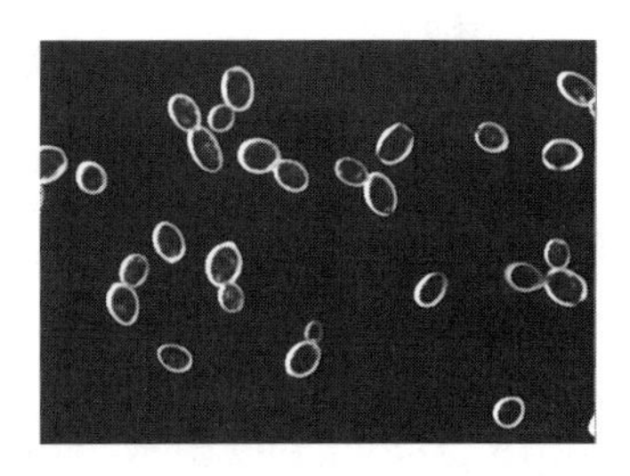

Abb. 5.2: Mikroskopische Aufnahme von Saccharomyces carlsbergensis (untergärige Bierhefe) im Dunkelfeld (Quelle: siehe Abb. 5.1)

5.2.4 Methoden zur Klassifizierung von Saccharomyces cerevisiae Hefen

Für die Klassifizierung der *S. cerevisiae* Hefen wurden ursprünglich neben der Morphologie der vegetativen und sexuellen Reproduktionsformen und dem Wachstumsverhalten in Malzextrakt bzw. auf Malzagar vor allem stoffwechselphysiologische Eigenschaften herangezogen:

- Vergärung bestimmter Zucker wie Glucose, Galactose, Saccharose, Maltose, Melibiose, Lactose, Raffinose und Bestimmung der Vergärungsrate,
- Assimilierungsvermögen eines Spektrums von 18-30 verschiedenen Kohlenstoffverbindungen,
- Assimilation von Nitrat, Ethylamin und Cadaverin,
- Wachstum in vitaminfreiem Medium, auf 50 %igem Glucose-Hefeextraktagar, bei 37 °C und bei Anwesenheit von 100 ppm Cycloheximid.

Für eine eindeutige Klassifizierung reichen die mikroskopischen und stoffwechselphysiologischen Bestimmungen jedoch nicht aus, da die Gene, die an den o.a. Stoffwechselwegen beteiligt sind, nur einen Bruchteil der gesamten genetischen Information der Hefezelle betreffen. Deswegen werden auch eine Reihe von biochemischen, molekularbiologischen und genetischen Methoden angewendet (5-13):

- Bestimmung des Enzympolymorphismus,
- Musterbestimmung löslicher Proteinfraktionen,
- Coenzym Q-Bestimmungen,
- Fettsäureanalysen,
- Bestimmung des GC-Gehaltes der DNA,
- DNA-Homologiestudien,
- DNA-Restriktionsanalysen,
- Chromosomenanalysen mit der Pulsfeldgelelektrophorese,
- Bestimmung des DNA-Sequenzpolymorphismus.

Diese Methoden wurden bisher noch sehr lückenhaft zur taxonomischen Einordnung der Bierhefen eingesetzt. Insbesondere die Chromosomenanalysen mit der Pulsfeld-Gelelektrophorese und die Bestimmungen des Sequenzpolymorphismus haben wichtige Erkenntnisse für die Klassifizierung und für den Nachweis einer höheren Komplexität der Bierhefegenome erbracht.

5.3 Entwicklungszyklus und Genom von Saccharomyces cerevisiae

5.3.1 Entwicklungszyklus

Die **vegetative Vermehrung** wird als Knospung oder **Sprossung** bezeichnet (14). Von der Mutterzelle werden Ausstülpungen gebildet, die an Größe zunehmen und als Tochterzellen abgeschnürt werden. Die Chromosomen der Mutterzelle werden dabei verdoppelt, wobei die eine Hälfte auf die Tochterzelle übertragen wird, so daß beide Zellen den gleichen diploiden Chromosomensatz besitzen. Die Tochterzellen vermehren sich durch Sprossung weiter, wobei sie sich von ihren Mutterzellen ablösen oder mit ihnen verbunden bleiben. Im ersteren Fall besteht die Population nur aus Einzelzellen und knospenden Mutterzellen, im zweiten Fall auch aus Sproßverbänden, die immer wieder in kleinere Untereinheiten zerfallen.

Unter bestimmten Voraussetzungen erfolgt eine **geschlechtliche Vermehrung** durch **Sporulation**. Sie kann unter natürlichen Bedingungen durch Mangel an niedermolekularem Stickstoff oder unter experimentellen Bedingungen durch Zusatz von Natriumazetat in das Medium induziert werden. Aus einer vegetativen Zelle entwickelt sich ein Ascus, in dem sich nach einer Reduktionsteilung 4 haploide Ascosporen bilden, von denen je 2 dem a- oder α-Paarungstyp angehören. Diese Sporen können zu haploiden vegetativen Zellen vom a- oder α-Typ auskeimen, die sich wieder vegetativ vermehren. Bei der Paarung (Konjugation) zweier verschiedengeschlechtlicher Ascosporen oder Zellen entsteht eine diploide a/α-Zygote, mit der ein neuer diploider, vegetativer Vermehrungszyklus beginnt.

Bei den *Saccharomyces Wildtyphefen* ist die Phase der haploiden vegetativen Vermehrung meist sehr kurz oder fehlt ganz. Häufig verschmelzen die verschiedengeschlechtlichen Ascosporen sofort zur Zygote. Gelingt jedoch unter Laborbedingungen eine langfristige Vermehrung haploider Zellen, so werden diese Stämme als *Laborhefen* bezeichnet. Aufgrund ihres einfachen Chromosomensatzes werden einige dieser Laborhefen (AB 972, YNN 295) als international einheitliche Standardstämme verwendet, auf deren Basis alle Kulturhefen genotypisch beurteilt werden.

Bei den Bierhefen, insbesondere den untergärigen, ist der geschlechtliche Teil des Entwicklungszyklus wegen mangelnder Neigung zur Sporulation und reduzierter Paarungs- und Überlebensfähigkeit der Ascosporen weitgehend unterdrückt. Dies ist offenbar eine Folge des komplexeren Genomaufbaus.

5.3.2 Genom von Saccharomyces cerevisiae

5.3.2.1 Das Genom des Saccharomyces cerevisiae Wildtyps

Wildtypstämme von *S. cerevisiae* sind in der Regel diploid. Sie besitzen 2 Chromosomensätze, die als homolog bezeichnet werden, da sie in Funktion und Sequenz der Gene übereinstimmen. Der einfache (haploide) Satz besteht aus 16 verschiedenen Chro-

mosomen mit Größen zwischen 190 und 2 200 Kilobasen (15). Die Gesamtgenomgröße beläuft sich auf 14 000 Kilobasen. Bisher sind die Positionen von etwa 900 Genen auf den Chromosomen bekannt.
Zusätzlich enthält die Hefezelle extrachromosomale genetische Elemente. Das **2 μm Plasmid** ist im Zellkern lokalisiert und kommt in fast allen *Saccharomyces cerevisiae* Stämmen mit 50 bis 100 Kopien pro Zelle vor (16). Seine Funktion ist noch unbekannt.
Die **mitochondriale DNA** ist ein in den Mitochondrien lokalisiertes, ringförmiges Molekül mit einer stammabhängigen Größe von 78-85 Kilobasenpaaren (17). Pro Zelle sind 20-30 Kopien vorhanden. Das mitochondriale Genom beeinflußt die Energiegewinnung, indirekt auch die Flockulation, die Geschmackskomponenten, sowie die Vergärung von Zuckern.

5.3.2.2 Genome der Bierhefen u.a. Hefestämme der Art Saccharomyces cerevisiae

Im Gegensatz zu Labor- und Wildtyphefen besitzen Bierhefen komplexer aufgebaute Genome. Der Chromosomensatz ist häufig polyploid oder aneuploid. Bei der Polyploidie enthält die Zelle mehrere vollständige homologe Chromosomensätze. Triploidie und Tetraploidie, in Ausnahmen bis zu Heptaploidie wurden beobachtet. Bei der Aneuploidie ist die Anzahl einzelner homologer Chromosomen um eine oder mehrere Kopien vermindert oder vermehrt, wobei Intermediate zwischen Tri- und Tetraploidie bevorzugt auftreten. Zusätzlich können homologe Chromosomen durch Deletionen, Translokationen und Inversionen bezüglich Sequenz der Gene und Größe erheblich voneinander abweichen. Auch homeologe Chromosomen, die unterschiedlicher Herkunft sind und deren Gene bei gleicher Funktion unterschiedliche Nukleotidsequenzen aufweisen, sind in einer einzigen Zelle nachgewiesen worden. Diese amphidiploide Genomstruktur könnte bei der Kreuzung zweier verschiedener *Saccharomyces* Stämme entstanden sein.

Die hohe Komplexität der Genome industriell genutzter Hefen ist die Folge einer über Jahrhunderte andauernden Selektion auf spezielle Leistungen. Die Vorteile des erhöhten Ploidiegrades sind eine verstärkte Genproduktsynthese und eine reduzierte phänotypische Ausprägung von Mutationen.

▶ **Genom der untergärigen Bierhefen der Subspezies *Saccharomyces cerev. uvarum var. carlsbergensis:***

Alle untergärigen Bierhefen dieser Subspezies — gleich welcher Herkunft — zeigen eine auffallende Uniformität ihrer Chromosomenausstattung, wobei geringfügige stammspezifische Abweichungen auftreten (Abb. 5.3). Eine Unterscheidung von Bruch- und Staubhefen ist jedoch nicht möglich. Molekularbiologische Untersuchungen lassen vermuten, daß *S. uvarum var. carlsbergensis* ein natürlicher Hybride von *S. cerevisiae* mit *S. bayanus* oder *S. monacensis* (18) ist. Die Genomkomplexität untergäriger Bierhefen wird auch durch die Existenz von drei homeologen Versionen des Chromosoms III innerhalb eines Genoms deutlich.

Eine Übereinstimmung der Chromosomenausstattung des *S. uvarum* Wildtypstammes mit der Bierhefevarietät *S. uvarum var. carlsbergensis* kann nicht nachgewiesen werden.

Abb. 5.3: Schematische Darstellung der Chromosomenausstattung einer Auswahl von Saccharomyces cerevisiae Hefen der Hefebank Weihenstephan, erstellt mit der Pulsfeld-Gelelektrophorese (nach (6))

Zeichenerklärung: A: Haploider Laborstamm YNN 295; B: Saccharomyces cerevisiae uvarum Beijerinck Wildtyp; C: Untergärige Bierhefe der Subspezies S. cerevisiae uvarum var. carlsbergensis, Standardtyp. D-H.: Einige Vertreter obergäriger Bierhefen der Subspezies Saccharomyces cerevisiae cerevisiae: D+E: Altbierhefen; F: Kölschbierhefe; G: Weizenbierhefe; H. Ale-Hefe. Die Größe der Chromosomen nimmt von oben nach unten ab. Nicht ausgefüllte Balken stellen Chromosomen mit niedrigerem Ploidiegrad dar.

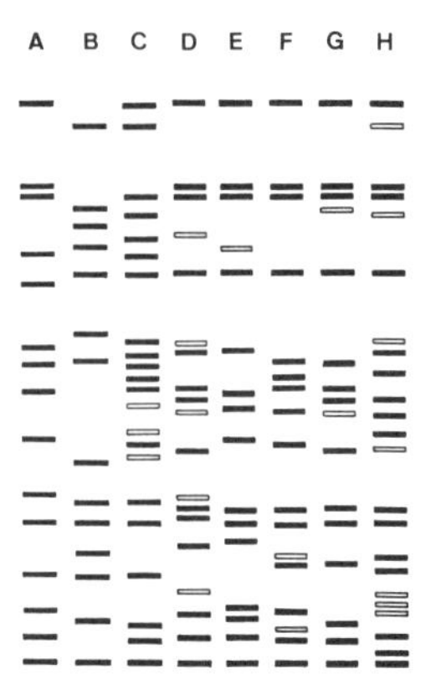

▶ Genom der obergärigen Bierhefen der Subspezies *Saccharomyces cerevisiae cerevisiae*

Die obergärigen Bierhefen, zu denen Altbier-, Weizenbier- und Alehefen gehören, sind eine sehr heterogene Gruppe mit unterschiedlicher Chromosomenausstattung. Eine Ausnahme bilden nur die Weizenbierhefen, deren Karyotypen — abgesehen von geringen stammspezifischen Variationen — untereinander identisch sind, sich aber von den übrigen obergärigen Stämmen vollkommen unterscheiden (Abb. 5.3).

▶ Genomausstattung weiterer Industrie-, Wildtyp- und Laborhefen der Art *Saccharomyces cerevisiae*

Die Karyotypen von haploiden *S. cerevisiae* Laborhefen (Abb. 5.3), von *S. bayanus, S. diastaticus, S.monacensis, S. pastorianus, S. uvarum* u.a., sowie von den als obergärig eingestuften *S. cerevisiae* Wein-, Brennerei- und Backhefen sind untereinander und zu den Bierhefen vollkommen verschieden.

5.3.2.3 Zusammenfassung

Stoffwechselphysiologische und molekularbiologische Untersuchungen ergaben, daß alle Hefen der Art *S. cerevisiae* gewisse Übereinstimmungen, aber auch Unterschiede zeigen. Sie können zwar nicht als vollkommen, aber doch als nahe verwandt betrachtet werden. Genetisch von der untergärigen Bierhefe *S. carlsbergensis* am weitesten entfernt ist *S. uvarum.* Trotzdem wurde *S. carlsbergensis* — bis 1970 als eigene Art geführt — der Art *S. uvarum* zugeordnet.

5.4 Stoffwechsel der Bierhefen

5.4.1 Unterschiede zwischen unter- und obergäriger Hefe

Tab. 5.2: Unterschiede zwischen unter- und obergäriger Hefe

	Untergärig	Obergärig
Morphologie		
Größe	7-9 μm	7-9 μm
Sproßverbände	nein nur Mutter- und Tochterzelle	ja sparrige Sproßverbände
Physiologie		
Raffinosevergärung	100 %	33¹/₃ %
Sporulation	72 h	48 h
Atmungsstoffwechsel		40-75 % höher
Cytochromspektrum (Cytochromenzyme sind H_2-Donatoren und -Acceptoren)	2 Banden	4 Banden
Vermehrungsoptimum	28 °C	25 °C
Katalaseoptimum	24 °C pH 6,2-6,4	15 °C pH 6,5-6,8
Gärungstechnologie		
Hauptgärung	5-10 °C Bruchhefe setzt sich ab Vorzeug, Kernhefe, Nachzeug 7 Tage 5-9 Führungen Hefewaschen	15-25 °C Staubhefe steigt nach oben Hopfentrieb Hefetrieb 3 Tage unbegrenzt kein Hefewaschen
Nachgärung	Tankgärung 0 °C 4-6 Wochen	meist Flaschengärung 8-20 °C 2-3 Wochen

Hinsichtlich der Größe der Zellen bestehen keine Unterschiede zwischen obergärigen und untergärigen Hefen. Sie sind etwa 7-9 μm groß und rund bis leicht oval. Bei der obergärigen Hefe findet man insbesondere im Verlauf der Hauptgärung längliche Sproßverbände, während bei der untergärigen Hefe nur Einzelzellen oder Mutter- mit Tochterzellen vorhanden sind. Bei einiger Übung lassen sich die Hefen daran unterscheiden. Die obergärige Hefe kann vom Trisaccharid Raffinose nur den Fructoseanteil vergären, nicht aber die verbleibende Melibiose, da sie zwar wie die untergärige Hefe das Enzym β-h-Fructosidase besitzt, nicht aber das Enzym Melibiase, das die Melibiose in Glucose und Galactose spaltet. Die obergärige Hefe bildet daher aus Raffinose nur $^1/_3$ so viel CO_2 wie die untergärige.

Die untergärige Hefe sporuliert, wenn überhaupt, erst nach 3 Tagen, während die obergärige bereits nach zwei Tagen sporuliert. Der Atmungsstoffwechsel ist bei der obergärigen Hefe um 40-75 % höher als bei der untergärigen und ebenso weist ihr Cytochromspektrum 4 Banden gegenüber 2 der untergärigen auf. Das Vermehrungsoptimum ist mit 25 °C etwas niedriger als bei der untergärigen Hefe, welche sich bei 28 °C am besten vermehrt. Beide Hefen sind katalasepositiv, die beste Katalasewirkung stellt sich bei der obergärigen Hefe bei vergleichsweise niedriger Temperatur, aber bei etwas höherem pH-Wert ein.

Die gärungstechnologischen Unterschiede sind gravierend. Die Hauptgärtemperaturen liegen bei der Obergärung zwischen 15 und 25 °C, während bei der Untergärung im Normalfall zwischen 5 und 10 °C vergoren wird. Die Temperaturdifferenzen beeinflussen die Hauptgärdauer, die bei der Obergärung drei Tage und bei der Untergärung sieben Tage beträgt. Die obergärige Hefe besitzt einen Staubhefecharakter: Sie setzt sich im Gegensatz zu den untergärigen Bruchhefen nur langsam ab. Wegen der geringen Neigung sich abzusetzen, läßt sich die obergärige Hefe schlecht waschen. Die Zahl der Führungen ist bei der Obergärung wesentlich höher, da die Hefe bei einer Bottichgärung nach oben steigt und dort eine bessere Sauerstoffversorgung erfährt als die untergärige Hefe, die sich am Boden absetzt. Bis zu 150 Führungen sind hier bei entsprechenden Kontrollmaßnahmen möglich. Bei der Untergärung sind 7-9 Führungen normal, wobei aus Gründen der biologischen Sicherheit oft nach fünf Führungen die Hefe gewechselt wird.

Die Nachgärung verläuft bei der Obergärung wärmer und rascher als bei der Untergärung. Bei einer Flaschengärung wird ca. 1 Woche bei einer Temperatur von 14-20 °C und danach 2 Wochen bei 6-8 °C nachvergoren, während dies bei der Untergärung in 4 bis 6 Wochen bei Temperaturen um 0 °C geschieht.

5.4.2 Kohlenhydratstoffwechsel

Die Kohlenhydrate stellen mengenmäßig das Hauptgewicht der Würzeinhaltsstoffe dar. In niedermolekularer Form sind es leicht erschließbare Energiequellen. Aus dem Kohlenhydratstoffwechsel resultieren Alkohol, Kohlensäure und Gärungsnebenprodukte, die wesentlich die Eigenschaften des Endproduktes Bier mitbestimmen.

Die mit Abstand größte Menge an vergärbaren Kohlenhydraten besteht aus Maltose, einem α-1,4 glycosidisch gebundenen Disaccharid aus zwei Glucosemolekülen. Der Gehalt an Maltotriose ist in der Würze deutlich niedriger, ebenso der an Glucose. In noch geringerem Maße finden wir Fructose und Saccharose.

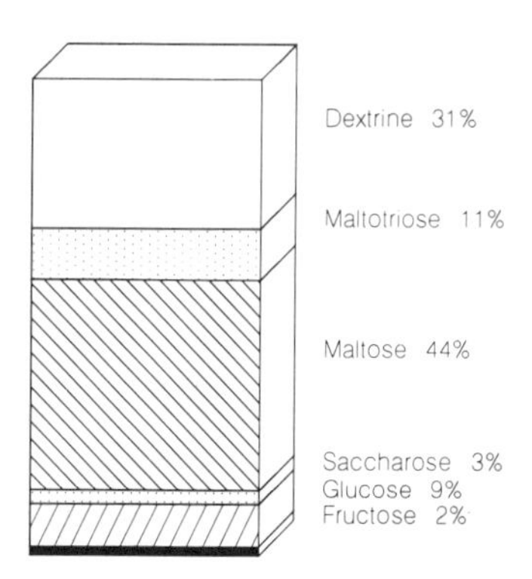

Abb. 5.4: Kohlenhydrate der Bierwürze (nach (21))

Damit die Nährstoffe der Würze von der Hefe verarbeitet werden, müssen sie durch die Zellmembran ins Zellinnere gelangen. Andererseits müssen Stoffwechselprodukte, z.B. Alkohol, durch die Zellmembran wieder in das Substrat abgegeben werden.

Die Hefezellwand wirkt bei diesen Prozessen z.T. als Barriere, indem sie bestimmten Substanzen den Durchtritt erschwert oder unmöglich macht, wie z.B. den Dextrinen der Würze.

Die eigentliche Zellschicht, die den Stofftransport in die Zelle begrenzt, ist die Cytoplasmamembran. Die beiden Hexosen Glucose und Fructose treten bei der Gärung unter **erleichterter Diffusion** durch die Zellmembran in das Innere der Zelle und werden direkt nach dem Fructose-bisphosphat-Weg vergoren. Das Disaccharid Saccharose wird im Bereich der Zellwand, aber noch außerhalb der Zelle, durch die Invertase zu Glucose und Fructose abgebaut. Die Aufnahme in das Zellinnere und die Vergärung erfolgen äquivalent den schon im Substrat vorhandenen Monosacchariden. Maltose und Maltotriose müssen mit Hilfe besonderer Transportmechanismen in das Innere der Zelle gebracht werden. Zwischen der äußeren und inneren Grenzschicht der Cytoplasmamembran zirkuliert ein **Träger**, ein sogenannter **Carrier**, in diesem Falle die Maltosepermease. Sie wird im Bedarfsfall durch die Hefe induktiv gebildet, d.h. wenn der Hefezelle Maltose angeboten wird, wird die Synthese der Maltosepermease induziert.

Die Maltose lagert sich an das Enzym an, dann erfolgt der Transport durch die Zellwand und auf deren Innenseite die Abgabe des Maltosemoleküls. Auf dem Rückweg zur Außenseite der Cytoplasmamembran wird das Enzym wieder aktiviert. Ähnliche Verhältnisse findet man beim Transport der Maltotriose mit Hilfe der Maltotriosepermease durch die Zellwand. Gleichzeitig zur Induktion der beiden Transportenzyme wird auch Maltase und Maltotriase synthetisiert, die dann das Di- und Trisaccharid in einzelne Glucoseeinheiten hydrolisieren.

Häufiger ist jedoch der aktive Transport von Zuckern und Aminosäuren. Unter Energieeinsatz erfolgt ein „Bergauftransport", entgegen dem Konzentrationsgefälle. Der Antrieb erfolgt dabei häufig durch die in Ionengradienten gespeicherte Energie. Auf diese Weise werden auch Maltose und Maltotriose durch spezifische Permeasen in das Zellinnere befördert und in Glucosemoleküle gespalten (19-21).

Die Brauer unterteilen in Angärzucker, Hauptgärzucker und Nachgärzucker. Angärzucker sind Monosaccharide und Saccharose, die nach dem Anstellen als erste vergoren werden und Mitte der Hauptgärung aus dem Substrat verschwunden sind. Maltose wird schon von der Menge her als Hauptgärzucker bezeichnet. Die Maltosevergärung setzt etwas verspätet ein, da zunächst leichter verwertbare Zucker zur Verfügung stehen. Das gleiche trifft auf die Maltotriose zu, die als Nachgärzucker bezeichnet wird, obwohl der größte Teil während der Hauptgärung vergoren wird. Beim Erreichen des Gärkellervergärungsgrades von ca. 70 % sind im Jungbier nur noch Maltose und Maltotriose zu finden, wobei der Maltosegehalt überwiegt. Der Maltotriosegehalt ist zu diesem Zeitpunkt auf ca. 1/3 des Würzewertes abgesunken (22, 23).

5.4.2.1 Alkoholische Gärung

In der Zelle werden die vergärbaren Zucker auf dem Glycolyseweg, auch EMBDEN-MEYERHOF-Weg genannt, vergoren (vgl. Kap. 1.3.2, Abb. 1.2).

Eine weitere Art der Kohlenhydratverwertung durch die Hefe ist der Pentosephosphatcyclus. Die Hauptbedeutung dieses aeroben Abbauweges liegt in der Bereitstellung einiger Intermediärprodukte, wie z.B. Ribulose, Ribose, Xylulose und Seduheptulose. Die Pentosephosphate dienen als Vorstufen bei der Nucleinsäuresynthese.

Die Hefe verbraucht nach dem Anstellen der belüfteten Würze die vergärbaren Zucker nicht nur zur Alkohol- und CO_2-Bildung, sondern es muß auch zur Bereitstellung einer ausreichenden Hefemenge für die Gärung eine gewisse **Hefevermehrung** stattfinden. Dazu wird ein Teil der angebotenen Kohlenhydrate zum Aufbau neuer Hefezellen (Baustoffwechsel) verwendet. Diese für den Gärverlauf sehr wichtige Wachstumsphase ist durch eine Unterdrückung der Gärung zugunsten einer mehr oder weniger ausgeprägten Atmung gekennzeichnet.

5.4.3 Aminosäurestoffwechsel

Etwa 40-45 % der von Hefe bei der Untergärung aufgenommenen Stickstoffverbindungen sind Aminosäuren (24, 25). Bei der Obergärung ist diese Rate noch höher (26, 27). Die Aminosäurezusammensetzung der Würze wird vom Maischverfahren und von der proteolytischen Lösung des Malzes beeinflußt. Als Normwerte gelten 170 bis 190 mg Aminosäuren/100 ml bei 12 %igen Würzen. Das entspricht einem freien α-Aminostickstoff (FAN) von 22-24 mg/100 ml. Hochgelöste Malze bringen in die Würze mehr Aminosäuren ein, nämlich bis zu 250 mg/100 ml. Unterlöste Malze können dagegen zu einem Aminosäuredefizit der Würze führen, wobei oft nur 130 bis 140 mg/100 ml Würze gefunden werden.

Tab. 5.3: Aminosäuregehalt, Hell Lager Würze und Bier (12 %). Ergebnisse in mg/100 ml (nach (21))

	Würze	Bier
Asparaginsäure	7,8	5,4
Glutaminsäure	7,1	4,3
Asparagin	11,2	2,0
Serin	11,2	1,6
Glutamin	1,0	0,5
Histidin	6,4	2,8
Glycin	6,0	3,7
Threonin	8,6	1,3
Alanin	14,9	11,7

Tab. 5.3 (Fortsetzung)

	Würze	Bier
Arginin	8,7	7,7
γ-Aminobuttersäure	9,1	7,4
Tyrosin	12,4	4,7
Valin	15,0	8,7
Methionin	4,3	0,8
Tryptophan	9,0	0,4
Isoleucin	5,6	4,4
Phenylalanin	17,1	9,2
Leucin	21,3	7,1
Lysin	10,2	3,8
Σ Aminosäuren	187	88
α-Amino-Stickstoff	23,0	10,8

Bei der intracellulären Proteolyse kennt man 2 Vorgänge, den

- Protein-Turnover und die
- Autolyse.

Der Protein-Turnover ist die ständige Regeneration von Zellprotein, also deren Ab- und Aufbau. Die Autolyse ist die „Selbstverdauung" der Zellen, die in der stationären Phase beginnt. Sie tritt in der Regel bei überlagerten Bieren auf und ist mit einer erheblichen Qualitätseinbuße verbunden. Der Aminosäurepool der Zelle ist zu diesem Zeitpunkt stark abgesunken, so daß die Biosynthese von Aminosäuren und die Aktivierung vorhandener proteolytischer Enzyme angeregt werden. Es kommt zu einem irreversiblen Einschmelzen der Zellproteine und zu einem Auflösen der Zelle.

Sowohl der Abbau als auch der Aufbau von Aminosäuren ist mit der Bildung höherer aliphatischer und aromatischer Alkohole und speziell die Valinsynthese mit dem Entstehen von Diacetyl gekoppelt. Aus dieser Sicht ist ein Überschuß an Aminosäuren ebensowenig vorteilhaft, wie andererseits ein Mangel. Lysin, Histidin und Arginin sind für die Hefe essentiell.

5.4.4 Purine und Pyrimidine

Ein Mangel an verschiedenen Nucleinsäurebausteinen verzögert trotz sonst guter Würzezusammensetzung die Gärung und mindert die Bierqualität. Umgekehrt führt ein hoher Nucleobasengehalt zu einer zügigen Gärung, wie sie im Sinne einer guten Bierqualität erwünscht ist, ohne daß die Gärungsnebenprodukte erhöht werden. So wirkt beispielsweise die Nucleobase **Adenin** sehr fördernd auf den Gärablauf.

Liegt ein absoluter Mangel an Nucleinsäurebausteinen in der Würze vor, so ist die Hefe gezwungen, sie zu synthetisieren. Die Biosynthese ist für die Hefe schwierig und energieabhängig. Die Versorgung der Hefe wird daher in erster Linie durch die Verwertung der Nucleobasen und Nucleoside der Würze abgesichert.

Es ist deshalb eine Notwendigkeit für eine ausreichende Versorgung der Hefe mit Nucleinsäurebausteinen über die Würze zu sorgen. Ein optimaler Wert ist bei 12 %igen Würzen ein Nucleobasen- und Nucleosidgehalt von 350 mg/l. Diese Menge kann bereits bei der Auswahl der Gerstensorte beeinflußt werden. Wintergersten weisen normalerweise mehr Nucleinsäurebausteine auf als Sommergersten. Weiterhin lassen sich die Nucleinsäurebausteine durch die Mälzung beeinflussen. So forcieren hohe Weichgrade von 45 % und darüber vor allem die für die Hefe wertvolle Purinbase Adenin. Aber auch die meisten anderen Nucleinsäurebausteine nehmen bei höherem Weichgrad zu.

5.4.5 Spurenelemente

Gärstörungen, die auch bei normaler Kohlenhydrat- und Aminosäurezusammensetzung der Würzen auftraten, konnten meist durch Erhöhung des Zinkgehaltes der Würze behoben werden. **Zink** wird von der Hefe schnell, vollständig und auch im Überschuß aufgenommen. Bereits 8-12 Stunden nach dem Anstellen kann es im Substrat nur noch in Spuren festgestellt werden.

Die Zinkaufnahme der Hefezelle wird von deren physikochemischen Zustand beeinflußt und kann durch Adsorption an die Zelloberfläche oder durch spezifischen aktiven Transport erfolgen. Während die Adsorption pH-abhängig und reversibel ist, sind beim aktiven Transport Temperatur und Energie maßgebende Faktoren. Das Zink, das in der Zellwand lokalisiert ist, ist möglicherweise für die Stabilität der Zellwand mitverantwortlich und dient einigen Zellwandenzymen als Co-Faktor. Es kann auch die Bruchbildung beeinflussen, die bei einem ausreichenden Zinkangebot gefördert wird.

Das Zink aus dem Hefepool stimuliert die Eiweißsynthese, den Nucleinsäure- und Kohlenhydratstoffwechsel sowie die Phosphatumsetzungen und die Zellvermehrung.

Zinkionen bewirken eine rasche Aufnahme von Maltose und Maltotriose und damit eine zügige Gärung. Weiterhin wirken sie als Schutzfaktor gegen Proteinasen, die andere Enzyme angreifen können. Es sind zahlreiche Zink-Metallo-Enzyme bekannt. Die Aufgabe des Zinkpools der Hefe besteht darin, einen Zinkmangel der Würze auszugleichen. Bei unzureichendem Zinkangebot verringert sich das Hefezinkniveau, es kann zu Gärstörungen kommen. Der Zinkgehalt der Anstellwürze schwankt zwischen 0,04 und 0,15 mg/l, während die Hefe zwischen 3 und 15 mg Zink/100 g Trockensubstanz (TS) enthält. In einer 12 %igen Würze ist ein Gehalt von 0,10-0,12 mg/l erforderlich, um den Zinkgehalt der Hefe bei etwa 6 mg/100 g Hefe TS halten zu können. Ein höherer Wert ist sehr vorteilhaft, da sich dann das Zink in der Hefe anreichert.

Mangan wird verschiedentlich als Ersatzmineralstoff für Zink bezeichnet. Alternativ für Mangan können auch andere Metalle wie Magnesium und Calcium als Enzym-Co-Faktoren auftreten.

So wird Mangan als Magnesiumersatz z.B. an die Phosphofructokinase gebunden. Es ist bekannt, daß Mangan eine Reihe von Enzymen wie Decarboxylasen, Dehydrogenasen, Kinasen, Oxidasen, Peroxidasen und Peptidasen ähnlich wie Magnesium aktiviert, daß es aber auch viele Enzyme hemmt. Mangan kann im Verein mit Eisen, Zink und Molybdän den hemmenden Einfluß von Kupfer ausschalten. Es fördert ebenso wie Magnesium und Calcium die Bruchbildung der Hefe. Der Mangangehalt der Würze schwankt zwischen 0,10 und 0,20 mg/l. Gleiche Mengen sind im Bier zu finden. Die Hefe beinhaltet 1-5 mg/100 g Trockensubstanz (28-33).

Kalium, Natrium, Magnesium und Calcium haben in der Zelle einen Anteil von unter 1 %. Man findet sie meist ionisiert. Sie sind für das Zustandekommen physikalischer Vorgänge in der Zelle, wie die Membranpermeabilität, verantwortlich.

5.4.6 B-Vitamine (34)

Die Vitamine haben für die Stoffwechselvorgänge der Mälzung, des Hefewachstums und der Gärung eine überragende Bedeutung. Der Hauptanteil der B-Vitamine des Bieres wird durch das Malz eingebracht. Die Bierwürze ist mit den für die Hefe notwendigen Vitaminen teilweise so reich ausgestattet, daß Mangelerscheinungen in der Regel nicht auftreten (35). Der Hopfen und die Hefe spielen im Vergleich dazu nur eine untergeordnete Rolle. Die enorme Bedeutung der Vitamine des B-Komplexes für den Zellhaushalt liegt in ihrer Funktion als Coenzyme bei zahlreichen Stoffwechselvorgängen wie z.B. der Nucleinsäuresynthese, dem Energiestoffwechsel und dem Auf-, Ab- und Umbau der Fette und Aminosäuren.

Da die Hefe nicht alle Vitamine synthetisieren kann, sind verschiedene Vitamine essentielle Wuchsstoffe. Ein entsprechendes Angebot im Nährmedium ist daher eine Voraussetzung für ein normales Hefewachstum.

Während dem **Thiamin** eine positive Wirkung auf die Gärgeschwindigkeit und das Hefewachstum zugeschrieben wird, hat das Fehlen von Riboflavin in der Würze keinen Einfluß, da alle Hefen dieses Vitamin sowohl unter aeroben als auch unter anaeroben Bedingungen gleich gut synthetisieren. Durch die starke Synthese kann es zu einer Ausscheidung in das Substrat kommen, so daß im fertigen Bier verschiedentlich höhere Werte als in der Anstellwürze zu finden sind. Der Riboflavingehalt ist aber normalerweise in Würze und Bier ziemlich konstant.

Pyridoxin und **Nikotinsäure** werden der Würze mehr oder weniger stark entnommen. Im Gegensatz zum Pyridoxin wird der Nikotinsäure eine positive Wirkung auf die Gärung zugeschrieben. Während die Synthese nur im aeroben Milieu optimal verläuft, fördern anaerobe Verhältnisse die Absorption.

Dem **Biotin** scheint nebst der **Pantothensäure** der größte Einfluß zuzukommen (36). Bei der Gärung sollte daher eine Aufnahme aus dem Substrat stattfinden. Da die Hefen sich aber unterschiedlich verhalten, kann der Pantothensäuregehalt im Bier zu- oder abnehmen, bleibt aber gewöhnlich gleich. Biotin kann von der Hefe nicht synthetisiert werden. Dieses Vitamin hat keinen Einfluß auf die Gärung, bewirkt aber schon in geringer Konzentration im Substrat eine erhöhte Zellvermehrung.

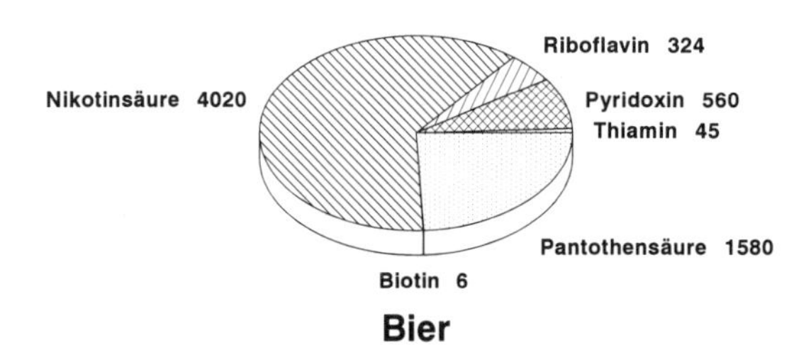

Abb. 5.5: Vitamingehalt des Bieres in μg/l (nach (34))

5.4.7 Organische Säuren und Glycerin

Organische Säuren und Glycerin sind wichtige Faktoren für Aroma und Vollmundigkeit des Bieres. Die Bildung der organischen Säuren während der Gärung ist die Hauptursache für den pH-Abfall von 5,5 bis 5,7 in der Würze und auf 4,3 bis 4,5 im Bier. Diese pH-Veränderung bewirkt die Ausscheidung insbesondere von Eiweiß-Gerbstoffverbindungen, sowie Hopfenharzen. Sie fördern somit auch die Stabilität des Bieres. Die organischen Säuren sind zum Teil schon im Malz vorhanden, insbesondere das **Citrat**. Gleiches gilt für das **L-Lactat**. Erhöhte Lactatgehalte im Bier

(1000 mg/l und mehr) zeigen eine Infektion mit Pediococcen oder Laktobacillen an, da Lactat das Hauptstoffwechselprodukt dieser Mikroorganismen ist.

Im Laufe der Bierherstellung kann die Menge an organischen Säuren durch die Beschaffenheit der Rohstoffe und durch technologische Faktoren in Mälzerei, Sudhaus und in Gär- und Lagerkeller beeinflußt werden.

In manchen Fällen können auch unerwünschte Infektionen mit bierschädlichen Mikroorganismen durch ihre Stoffwechselprodukte den Gehalt an organischen Säuren erhöhen.

Tab. 5.4: Mittelwerte von organischen Säuren und Glycerin in Würze und Bier (12 %), (nach eigenen Untersuchungen und (47))

mg/l	Glycerin	Pyruvat	D-Lactat	L-Lactat	Citrat	Malat	Acetat
Würze	100	13	6	7	215	80	
Bier	1567	57	37	16	210	94	200

5.5 Technologie der Untergärung

5.5.1 Die Auswahl des Hefestammes

Die Qualität eines Bieres wird maßgeblich von der Qualität seiner Rohstoffe beeinflußt. Der Charakter eines Bieres wird aber nicht nur von der Beschaffenheit des Malzes, des Hopfens und des Brauwassers, sondern in hohem Maße auch vom Hefestamm geprägt. Die Auswahl des Hefestammes muß deshalb mit der gleichen Sorgfalt erfolgen wie die der übrigen Rohstoffe. Die Kenntnis der Eigenschaften der einzelnen Hefestämme ist von großer Bedeutung und eine wesentliche Voraussetzung für die Wahl der Hefe, sowie die technologischen Maßnahmen bei der Gärung.

Bei der Auswahl des Hefestammes müssen auch die genetisch determinierten Merkmale der Hefe berücksichtigt werden. So bestehen z.B. deutliche Unterschiede zwischen den einzelnen Hefestämmen in der Verwertbarkeit der vergärbaren Kohlenhydrate der Würze. *Saccharomyces carlsbergensis* kann Maltotriose vergären, *Saccharomyces uvarum* dagegen nicht.

Da die Hefe nicht nur die Gärdauer, sondern auch die Bildung von Gärungsnebenprodukten, wie höhere Alkohole, Ester, Säuren, flüchtige Schwefelverbindungen u.a. beeinflußt, übt sie einen maßgeblichen Einfluß auf Geruch und Geschmack eines Bieres aus. Die Anforderungen, die an eine gute Hefe gestellt werden, sind deshalb sehr differenziert. Sie beziehen sich im wesentlichen auf:

- Vermehrungsintensität und Angärgeschwindigkeit,
- Gärleistung und Extraktabnahme,
- Bruchbildung und Klärung,
- Wasserstoffionenkonzentration,
- Redoxpotential,
- Kohlenhydrat- und Stickstoffverwertung,
- Spektrum der Gärungsnebenprodukte,
- Geschmack,
- biologische Kontrolle.

Der Erhalt der Eigenschaften von Kulturhefestämmen ist von großer Bedeutung. Daher sind sie während der Kultivierung auf eine Reihe von Merkmalen zu überprüfen, ob unerwünschte Veränderungen aufgetreten sind. Derartige Kontrollen sind auch eine wichtige Voraussetzung für die Reisolierung von Reinkulturen und die Pflege von Stammsammlungen, aus denen die Bierhefen nach mehreren Gärführungen immer wieder entnommen werden.

5.5.1.1 Vermehrungsintensität

Die Vermehrungsintensität der Hefe ist in der Praxis sowohl für die schnelle Angärung als auch in biologischer Hinsicht von Bedeutung. Eine rasche Angärung erschwert das Aufkommen von Bierschädlingen.

Man differenziert zwischen der Generationszeit und dem Vermehrungskoeffizienten. Die Generationszeit bezeichnet die Zeit, die zur Bildung einer Tochterzelle benötigt wird, der Vermehrungskoeffizient die Anzahl der in einer bestimmten Zeit entstehenden neuen Zellen. Beide Parameter werden von der Gärtemperatur, der Würzezusammensetzung und vom Sauerstoffgehalt der Würze beeinflußt.

Die aerobe Phase nach dem Anstellen ist für die Hefevermehrung, die Vitalität und die Gesunderhaltung der Hefe sehr wichtig. Die aerobe und die anaerobe Phase müssen gut aufeinander abgestimmt sein, wenn die Bildung von Gärungsnebenprodukten optimal verlaufen soll.

5.5.1.2 Gärleistung und Extraktabnahme

Die Fähigkeit einer Hefe, den Extrakt schnell vergären zu können, ist eine ihrer wichtigsten technologischen Werteigenschaften. Die einzelnen Hefestämme verhalten sich unterschiedlich in bezug auf die **Gärleistung**, die in ml CO_2 pro Gramm Hefegabe und Stunde angegeben wird. Die Gärleistung unterscheidet sich bei den verschiedenen Hefestämmen; sie wird von der speziellen Gärleistung der Einzelzelle, von der Populationsdichte und der Aktivität der Maltose- und Maltotriosepermease beeinflußt. Die Gärdauer ist umso kürzer, je schneller die Enzyminduktion und die Proteinsynthese erfolgen. Die Extraktabnahme dient als unmittelbare Kontrolle für den Gärverlauf. In Abb. 5.6 ist dies am Beispiel von vier praxisbewährten Hefestämmen aus der Hefebank Weihenstephan dargestellt.

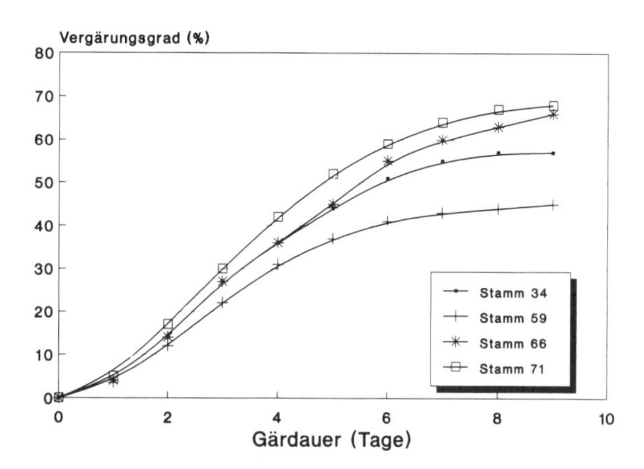

Abb. 5.6: Vergärungsgrade untergäriger Hefen (nach (22, 23))

Die unterschiedliche Gärgeschwindigkeit macht man sich bei der Herstellung diverser Biertypen zunutze. Hochvergärende Bruch- und zum Teil höchstvergärende Staubhefen werden in der Regel für helle Lager-, Spezial-, Diät- und Starkbiere eingesetzt, weil eine rasch verlaufende Haupt- und Nachgärung Geruch, Geschmack, Aroma, Rezenz und Schaumhaltigkeit des Bieres positiv beeinflussen. Durch eine lebhafte Nachgärung findet eine intensive Kohlensäurewäsche statt, wobei flüchtige, für Geschmack und Biercharakter nachteilige Gärungsnebenprodukte ausgewaschen werden. Für dunkle Lager-, Export-, Märzen- und zum Teil auch dunkle Starkbiere werden gewöhnlich mittelvergärende Hefen eingesetzt, da aufgrund des niedrigen Anteils an vergärbarem Extrakt die Hauptgärung relativ langsam verlaufen und die Klärung des jungen Bieres so früh erfolgen soll, daß noch genügend Extrakt für die Nachgärung zur Verfügung steht.

5.5.1.3 Bruchbildung

Die Art des Hefecharakters — ob **Bruch-** oder **Staubhefe** — beeinflußt in starkem Maße die Klärungsvorgänge. Die eingesetzte Hefe soll sich im Gärkeller und nach beendeter Nachgärung gut absetzen. Eine zu frühe Bruchbildung führt zu einer vorzeitigen Beendigung der Hauptgärung; als Folge davon käme beim Schlauchen zuviel Extrakt in den Lagerkeller. Dies führt zu einer unzureichenden Vergärung bis zum Ausstoß, einer mangelhaften Auswaschung von unfeinen Gärungsnebenprodukten und einer biologischen Gefährdung des Ausstoßbieres. Ein mangelhaftes Bruchbildungsvermögen kann dagegen dazu führen, daß zuviel Hefe in den Lagerkeller verbracht wird. Die Biere können dann einen hefeartigen Geschmack und Geruch annehmen.

5.5.1.4 Wasserstoffionenkonzentration

Der Säuregehalt eines Bieres ist nicht nur für Geschmack und Rezenz, sondern auch für die Ausscheidung von Eiweißkörpern und Hopfenbitterstoffen von Bedeutung. Die einzelnen Hefestämme unterscheiden sich in ihren säurebildenden Eigenschaften erheblich. In der nächsten Abbildung sind die vier Hefestämme in Abhängigkeit ihrer Säurebildungseigenschaften dargestellt. Die mittelvergärende Bruchhefe 59 bildet am wenigsten Säure. Die hochvergärende Bruchhefe 34 und die Staubhefe 66 besitzen demgegenüber ein besseres **Säurebildungsvermögen**, werden aber von der sehr hochvergärenden Staubhefe 71 noch übertroffen.

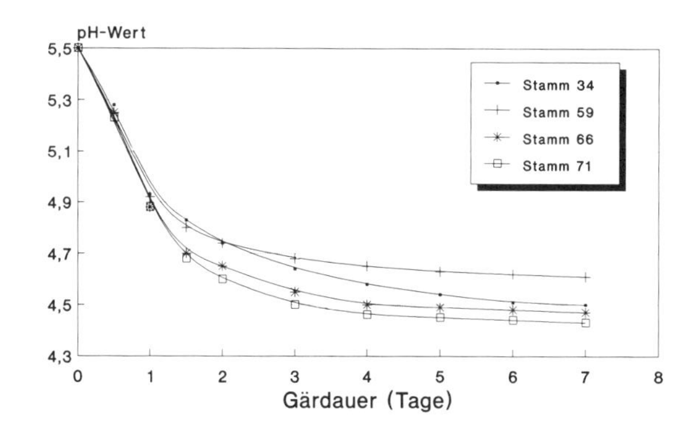

Abb. 5.7: pH-Verlauf Hauptgärung mit verschiedenen Hefestämmen (nach (22, 23))

Bei der alkoholischen Gärung entstehen eine Reihe von Nebenprodukten, darunter organische Säuren, wie Citronensäure, Bernsteinsäure, Äpfelsäure, Milchsäure, Oxalsäure und andere mehr. Die Bildung dieser Säuren erhöht die Wasserstoffionenkonzentration beträchtlich. Wenn auch der absolute pH-Wert des fertigen Bieres von der Zusammensetzung des Brauwassers und der Würze beeinflußt wird, kommt dem Gärprozeß in bezug auf den pH-Wert eine entscheidende Bedeutung zu. Je höher die Gärintensität eines Hefestammes und je günstiger die Bierwürze zusammengesetzt ist, desto größer ist der Stoffumsatz und der Verbrauch an Puffersubstanzen. Die Wasserstoffionenkonzentration nimmt zu.

5.5.1.5 Redoxpotential

Das Redoxpotential während der Gärung und im fertigen Bier ist für seine physikalisch-chemische Stabilität von Bedeutung. Die verschiedenen Hefestämme zeigen beträchtliche Unterschiede. Die einzelnen Redoxträger der Würze, wie Zuckerreduktone, Melanoidine, Gerbstoffe, Sulphhydrylgruppen u.a. werden bei der Haupt- und Nachgärung umgewandelt, so daß sich das Ausgangsredoxpotential verändert. Hochvergärende Hefestämme führen bei Vorliegen einer günstigen Würzezusammensetzung zu säurereichen und rH-tiefen Bieren.

5.5.1.6 Gärungsnebenprodukte

Die Gärungsnebenprodukte üben oft schon in geringen Mengen einen sehr deutlichen Einfluß auf den Biercharakter aus. Dieser kann sowohl positiv als auch negativ sein. Durch technologisch beeinflußbare Faktoren können darüber hinaus bestimmte Hefeeigenschaften beeinflußt werden. **Diacetyl** und **Acetoin** besitzen einen sehr niedrigen Geschmacksschwellenwert, so daß sich schon geringe Mengen geschmacksschädigend auswirken. Bestimmte Hefestämme neigen zu stärkerer Diacetylbildung und nicht alle Stämme können das Diacetyl gleich gut abbauen. Die **Ester** mit durchschnittlich 30 mg/l zählen zu den wichtigsten, in bestimmtem Umfang erwünschten Aromakomponenten. Neben Ethylacetat und sonstigen Ethylestern einiger höherer Homologen der Essigsäure, sind die **Essigsäureester** fast aller höheren Alkohole vertreten. **Ethylacetat** stellt mit 50 % den Hauptanteil. Die Hefestämme unterscheiden sich ebenfalls in der Esterbildung, so daß durch entsprechende Auswahl des Hefestammes bei sonst gleicher Arbeitsweise auch die Esterbildung beeinflußt werden kann.

Neben dem Ethanol als Hauptprodukt der alkoholischen Gärung entstehen noch eine Reihe aliphatischer und aromatischer Alkohole. Bei Überschreitung des Schwellenwertes verursachen die „Fuselöle" im Bier einen harten Trunk und eine schlechte Schaumhaltigkeit. Ein erhöhter **Isoamylalkoholgehalt** beeinträchtigt auch die Bekömmlichkeit und kann bei entsprechendem Konsum Kopfschmerzen hervorrufen. Auch ein erhöhter Gehalt an aromatischen Alkoholen, wie Tyrosol, Tryptophol und Phenylethanol macht sich geschmacklich negativ bemerkbar.

Tab. 5.5: Gärungsnebenprodukte (nach eigenen Untersuchungen und (47))

Gärungsnebenprodukte mg/l	
Fettsäureester	
Essigsäureethylester	10 - 40
Essigsäureisobutylester	0,01 - 0,2
Essigsäureisopentylester	0,3 - 4,0
Essigsäure-2-phenylethylester	0,05 - 2,0
Essigsäurefurfurylester	< 0,01
Buttersäureethylester	0,01 - 0,9
Hexansäureethylester	0,1 - 0,3
Octansäureethylester	0,1 - 0,5
Decansäureethylester	< 0,05
Milchsäureethylester	< 1,0
Höhere Alkohole	
1-Propanol	7 - 16
i-Butanol	5 - 20
Amylalkohole	38 - 100
Octanol	Spuren
2-Phenylethanol	8 - 25
Fettsäuren	
Ameisensäure	10 - 40
Essigsäure	< 100
Propionsäure	< 5,0
Buttersäure	< 1,0
Valeriansäure	0,03 - 0,1
i-Valeriansäure	0,12 - 0,45
Hexansäure	1 - 5
2-Ethylhexansäure	< 0,5
Octansäure	5 - 10
Decansäure	0,2 - 1,8
9-Decensäure	< 0,2
Dodecansäure	< 0,2
Sonstige Verbindungen	
Diacetyl	< 0,1
Pentandion	< 0,05
Acetoin	2 - 3
Acetaldehyd	2 - 10
Linalool	0 - 410
Dimethylsulfid	< 0,1

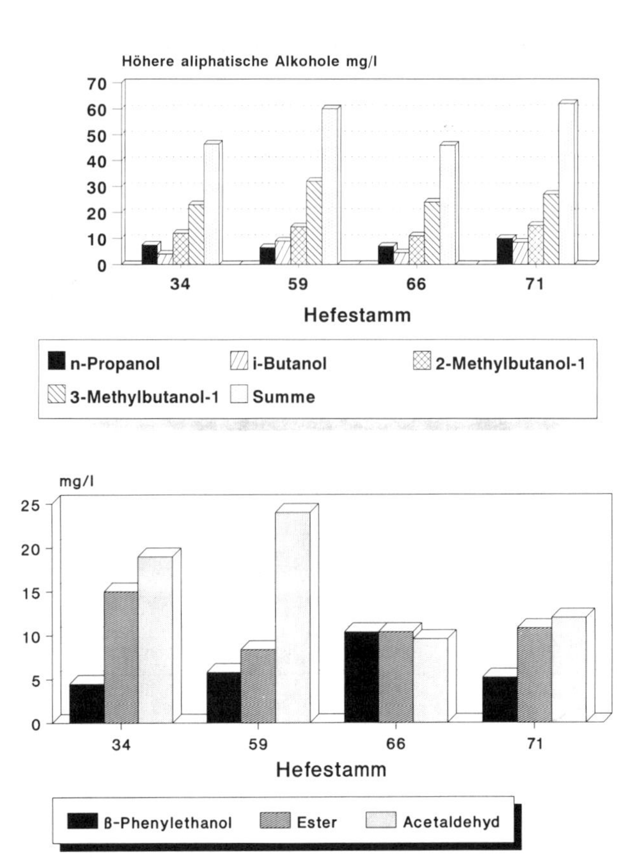

Abb. 5.8 a/b: Gärungsnebenproduktbildung durch verschiedene Hefestämme (nach (22, 23))

5.5.2 Würzebehandlung

Für eine normal ablaufende Gärung ist eine vollständige Ausscheidung des Heißtrubes (400-800 mg/l) und eine teilweise Entfernung des Kühltrubes eine wichtige Voraussetzung. Die Abtrennung des Heißtrubes aus der Würze kann auf verschiedene Weise erfolgen. Die Würzefiltration (Perlite, Kieselgur) ist zwar die sicherste, aber auch die teuerste Methode. Hinzu kommt, daß sie nicht umweltfreundlich ist.

Die einfachste Möglichkeit der Heißtrubausscheidung ist der Whirlpool. Es ist das billigste und das häufigste System der eingesetzten Heißtrubabscheidung. Moderne Whirlpool-Konstruktionen weisen ein Verhältnis von Würzehöhe zu Durchmesser von 1:3 auf. Um eine optimale Heißtrubabscheidung und Sedimentation nicht zu beeinträchtigen, sollte der Whirlpool nach Möglichkeit in der Nähe der Würzepfanne aufgestellt werden. Weite Ausschlagwege sowie Querschnittsveränderungen und Krümmer in der Leitungsführung verursachen Veränderungen der Dispersität des Heißtrubes, so daß ein kompaktes Absetzen nicht immer erreicht wird. Bei sehr gut funktionierenden Whirlpools kann 15 min (gewöhnlich 30 min) nach dem Ausschlagen mit dem Kühlen der Würze begonnen werden.

Zur Ausscheidung des Kühltrubes muß die vom Heißtrub befreite Würze auf Anstelltemperatur gekühlt werden. Der Plattenkühler ist von der Kühlleistung her so auszulegen, daß die heiße Würze in ca. 50 min. auf die Anstelltemperatur heruntergekühlt werden kann, um Oxidationsvorgänge möglichst gering zu halten. Die Kühltrubwerte bei untergäriger Würze nach Heißtrubabscheidung im Whirlpool oder in der Whirlpoolwürzepfanne liegen normal bei ca. 200-300 mg/l.

Für die Kühltrubausscheidung werden hauptsächlich die Kaltwürzefiltration und die Flotation eingesetzt. Ein Vorteil der Kaltwürzefiltration ist, daß die Würzeklärung flexibler als bei der Flotation gehandhabt werden kann. Je nach Biersorte und Rohstoffbeschaffenheit liegt die Menge der zu filtrierenden Würze zwischen 30 und 70 %. Als Filterhilfsmittel kommen grobe Kieselgur und Celite in Frage.

Die Flotation ist die kostengünstigere Methode und bei einer Temperatur von maximal 6 °C wird normalerweise eine zufriedenstellende Kühltrubabscheidung — sie liegt bei 50-65 % — erreicht.

Die **Hefezellzahl beim Anstellen** beträgt gewöhnlich 15-18 Mio. Zellen/ml. Zur Intensivierung der Gärung kann die Zellzahl ohne Beeinträchtigung der Bierqualität auf 22-24 Mio. Zellen/ml erhöht werden. Von Bedeutung für den Flotationseffekt ist insbesondere die Luftzuführung, wobei jeweils nur ein Sud flotiert werden sollte. Die erforderliche Luftmenge liegt je nach Bläschengröße bei 30-40 Liter/hl. Es muß auf eine Feinstverteilung der Luft geachtet werden, damit Luft- und Sauerstoffmenge ausreichen. Die Flotation hat den Vorteil, daß während der 4-8stündigen Standzeit nach dem Würzekühlen die Angärphase beginnt. Beim Umpumpen in den Gärtank ist eine Zweitbelüftung vorteilhaft. Bei der Kühltrubabscheidung durch Sedimentation (ohne Hefe), die nur noch wenig eingesetzt wird, ist eine längere Standzeit erforderlich.

Parameter zur Beeinflussung der Anstellarbeit:

- Würzezusammensetzung,
- Temperatur,
- Zustand der Hefe,
- Dosage der Hefe,
- Populationsdichte der Hefe (15-18 Mio/ml),
- Luftzufuhr, Menge und Zeit,
- Verteilung der Luft,
- Standzeiten bei der Kühltrubausscheidung.

5.5.3 Hauptgärung

Durch die Zugabe der Hefe zur gekühlten Würze wird der Gärprozeß eingeleitet. Dieser Vorgang wird als **Anstellen** bezeichnet. Die normale Hefemenge beträgt 0,5 l dickbreiige Hefe/hl 12 %iger Würze. Dies entspricht ca. 15 Mio. Zellen/ml. Die Menge der Anstellhefe schwankt in gewissen Grenzen. Sie sollte aber im allgemeinen so gewählt werden, daß unter den jeweiligen Gegebenheiten eine genügend rasche Angärung erreicht wird, d.h. daß bei einer Anstelltemperatur von 5-6 °C in 12-16 Stunden die ersten Gärerscheinungen zu beobachten sind.

Man unterscheidet bei der konventionellen Gärung zwischen kalter und warmer Gärführung. Bei der **kalten Gärführung** liegen die Anstelltemperaturen bei 5-6 °C und die Höchsttemperaturen bei 8-9 °C. Demgegenüber beträgt die Anstelltemperatur bei der **warmen Gärführung** 7-8 °C und die Höchsttemperatur 10-12 °C.

Die Höchsttemperatur ist meist nach 2-3 Tagen erreicht, wird dann 2-3 Tage gehalten, um anschließend im Verlauf von 2-3 Tagen kontinuierlich auf die Schlauchtemperatur abgesenkt zu werden. Im Interesse der Gesunderhaltung der Hefe soll das Herunterkühlen schonend erfolgen.

Die bei der Belüftung der Anstellwürze eingebrachte Sauerstoffmenge (7-8 mg/l) wird durch die Hefevermehrung normal nach 2 Stunden, längstens innerhalb von 24 Stunden, aufgebraucht.

Am dritten Gärtag beginnt das „Hochkräusenstadium", das zwei bis drei Tage dauert. Es ist das Stadium der intensivsten Hefetätigkeit und der Höhepunkt der Gärung. Die zulässige Höchsttemperatur, die gewöhnlich am 3. Tag erreicht wird, muß durch künstliche Kühlung reguliert werden. Die tägliche Extraktabnahme beträgt 1-3 % absolut und ist abhängig von der Heferasse, der Würzebelüftung und der Gärtemperatur.

Bei einem scheinbaren Gärkellervergärungsgrad von durchschnittlich 67-70 %, oder besser mit einem Vergärungsgrad, der 10 % unter dem Ausstoßvergärungsgrad (möglichst nahe am Endvergärungsgrad) liegt, ist das Bier schlauchreif.

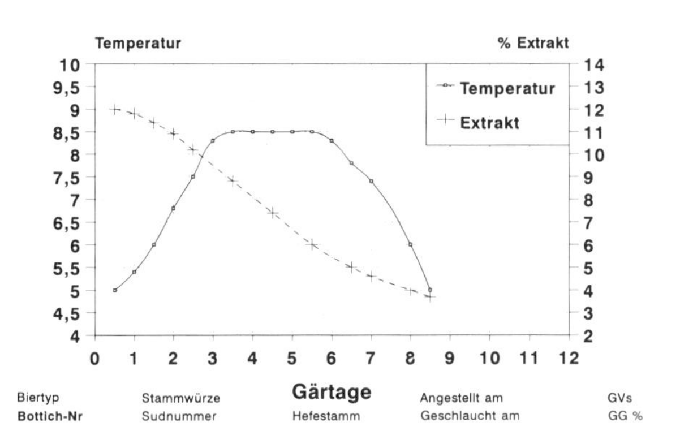

Abb.: 5.9: Gärdiagramm „Kalte Gärführung“ (nach (48))

Die klassische kalte Gärführung ist für die Bierqualität günstiger. Es ist vor allem auf eine schonende Angärung zu achten, da die Fuselölbildung sofort zu Gärbeginn einsetzt. Ein eventuell zu hoher Gehalt an aliphatischen Alkoholen und Estern kann während der Lagerung nicht mehr abgebaut werden. Auch die Bildung des Phenylethanols, die erst nach dem zweiten Gärtag einsetzt (zwischen 3. und 5. Gärtag werden ca. 80 % der Gesamtmenge gebildet) wird von der Gärtemperatur stark beeinflußt. Bei einer Temperaturerhöhung von 9 °C auf 12,5 °C erhöht sich z.B. der Phenylethanolgehalt von 6 auf 24 mg/l. Aus diesen Gründen empfiehlt sich bei der Herstellung von untergärigen Qualitätsbieren eine maximale Gärtemperatur von 9-9,5 °C nicht zu überschreiten. Höhere Gärtemperaturen wirken sich wie folgt aus:

- stärkere Hefevermehrung,
- erhöhte Gärintensität,
- pH-Abfall verstärkt,

- Bitterstoffverlust größer,
- Schaumhaltbarkeit wird geringer,
- Farbaufhellung deutlicher,
- 2-Acetolactatbildung und -abbau verstärkt,
- Acetaldehydbildung und -abbau verstärkt,
- höhere Estergehalte,
- erhöhte Gefahr der Hefeautolyse.

5.5.4 Nachgärung

Die Nachgärung im Lagerkeller hat das Ziel, das Bier in einen wohlschmeckenden, stabilen und bekömmlichen Zustand zu überführen. Im einzelnen soll im Lagerkeller erreicht werden:

- eine möglichst weitgehende Vergärung des vergärbaren Restextraktes bis zur Erreichung des Ausstoßvergärungsgrades.
- eine Anreicherung des Bieres mit CO_2, verbunden damit eine natürliche Kohlendioxid-Wäsche.
- eine natürliche Klärung durch Absetzen der Hefe und anderer trübender Teilchen.
- eine Geschmacksreifung, eine Geschmacksveredelung.

▶ Vergärung des Restextraktes

Die Menge des noch vergärbaren Extraktes, der vom Jungbier mitgebracht wird, ist durch den Gärkellervergärungsgrad festgelegt und zu regulieren. In der Regel soll bei Beendigung der Hauptgärung noch ca. $^1/_8$ der ursprünglichen Stammwürze für die Nachgärung zur Verfügung stehen, dies entspricht etwa 1,5 % vergärbarer Restextrakt. Der gespindelte Restextrakt liegt demnach im Jungbier bei ca. 3,8 GG % für ein 12 %iges Hell-Lagerbier.

Der Vergärungsgrad im Gärkeller soll demnach rund 10 % unter dem Außstoßvergärungsgrad liegen und dieser wiederum nahe am Endvergärungsgrad. Ist der Gärkellervergärungsgrad zu hoch, so kann die Nachgärung zu träge verlaufen. Die CO_2-Entwicklung wird zu gering für eine ausreichende CO_2-Bindung und CO_2-Wäsche. Hierbei ist es durchaus möglich, daß der Spundungsdruck noch erreicht wird. Die Ursache für eine zu geringe Nachgärung bei zu hohem Gärkellervergärungsgrad liegt auf der Extraktseite. Es wird zu wenig vergärbarer Extrakt eingebracht. Bei steigendem Vergärungsgrad setzt sich die Hefe stärker ab, so daß zu wenig Hefe in den Lagerkeller eingebracht wird.

Ein zu niedriger Gärkellervergärungsgrad hat nicht immer zur Folge, daß die Nachgärung um so zügiger verläuft. Denn die Ursachen für einen zu niedrigen Gärkellervergärungsgrad liegen meist in einer gärschwachen Hefe, einer schlechten Würzezusammensetzung oder einer nicht ausreichenden Belüftung beim Anstellen. Eine schleppende Nachgärung kann aber auch durch eine Verschmierung der Hefe bedingt sein oder durch alte vernarbte Hefezellen. Hier kann im Lagerkeller bei den tiefen Temperaturen keine Abhilfe geschaffen werden. Die Ursache muß dann im Gärkeller behoben werden, denn in diesen Fällen besteht im Zusammenhang mit einer stockenden Gärung die erhöhte Gefahr einer Hefeautolyse und einer unfeinen Hefebittere. Bei der Nachgärung steht in erster Linie noch Maltose und Maltotriose zur Verfügung, die die Bildung der entsprechenden Enzyme induzieren.

Wenn ein niedriger Gärkellervergärungsgrad kapazitätsbedingt, also beabsichtigt ist, dann ist es zweckmäßig, über einen sog. Bruchtank zu gehen, um die zuviel eingebrachte Hefemenge über diesen Weg abzuscheiden und eine normale Populationsdichte zu erreichen.

▶ CO_2-Anreicherung

Die Bekömmlichkeit und der Geschmack des Bieres hängen sehr stark mit dem CO_2-Gehalt zusammen. Die Kohlensäure regt die Funktion der Magenschleimhäute und damit die Abgabe der Verdauungssekrete an. Ein CO_2-armes Bier schmeckt schal, auch wenn die übrige Zusammensetzung optimal ist. Neben diesen für den Konsum wichtigen Gesichtspunkten wirkt die Kohlensäure auch hinsichtlich der Stabilität konservierend bzw. entwicklungshemmend gegenüber bierschädlichen Mikroorganismen.

Ab einer bestimmten Konzentration erstreckt sich diese Hemmwirkung auch auf die Hefetätigkeit. Die fortschreitende Anreicherung und Bindung des CO_2 im Bier verzögert bei den entsprechenden Lagertemperaturen in wünschenswertem Umfang die Nachgärung und ermöglicht eine allmähliche, gute Ausreifung. Außerdem ergibt das CO_2 durch das ständige Nachperlen im Glas die Voraussetzung für eine gute Schaumhaltbarkeit. Die Bindung des CO_2 im Bier hängt mit der Löslichkeit zusammen, aber auch mit der Viskosität des Bieres und seinem Kolloidgehalt. Für die Löslichkeit gelten die allgemeinen Gas-Gesetze. Dabei sind in erster Linie Temperatur und Druck maßgebend, d.h. die Aufnahmefähigkeit einer Flüssigkeit für Gase ist um so größer, je höher der Druck (Spundungsdruck) und je niedriger die Temperatur sind.

Durch das Spunden im Lagerkeller wird das Entweichen des CO_2 eingeschränkt. Man darf aber über ein bestimmtes Optimum und eine zu starke CO_2-Anreicherung nicht hinausgehen. Es könnte sonst die Gefahr bestehen, daß bei einer Druckentlastung (beim Abfüllen) das Faßgeläger emporgerissen wird (schlechte Flitrierbarkeit) oder beim Ausschenken eine spontane CO_2-Entbindung stattfindet, die zu einer schlechten Schaumhaltigkeit führt.

Aus diesen Gründen wird im Faßbier im allgemeinen ein CO_2-Gehalt von 0,42-0,45 % und im Flaschenbier ein CO_2-Gehalt von 0,45-0,50 % angestrebt. Knapp die Hälfte des im Bier vorliegenden CO_2-Gehaltes stammt aus der Hauptgärung. Wenn z.B. ein CO_2-Gehalt von 0,50 % angestrebt wird, stammen 0,20 %, also knapp die Hälfte aus der Hauptgärung. Die 0,30 %, die während der Lagerung noch gebunden werden sollen, entsprechen ca. 0,6 % Extrakt.

▶ Verlauf der Nachgärung

Durch die intensive Durchmischung der Hefe beim Schlauchen oder durch eventuelles Aufwirbeln setzt sich die während der Abkühlphase stattfindende Extraktabnahme im Lagertank zunächst fort. Man spricht in diesem Stadium von der „beschleunigten Nachgärung". Dieses intensive Anfangsstadium der Nachgärung sollte nicht zu lange andauern. Hier ist eine Regulierung durch die Lagerkellertemperatur erforderlich. Die Dauer dieser beschleunigten ersten Nachgärphase hängt in erster Linie von der Differenz Ausstoß-Endvergärungsgrad ab. Wird das Jungbier „grün" geschlaucht, wird noch eine große Menge an Extrakt mit eingeschlaucht. Der Gärkellervergärungsgrad liegt dann im allgemeinen zu niedrig. Nachdem die Bruchbildung, also das Absetzen der Hefe, auch vom Vergärungsgrad abhängt, wird in diesem Fall zusätzlich zur erhöhten Extraktmenge auch noch eine zu große Anzahl an Hefezellen in das Lagergefäß mit eingebracht. Die Folge ist dann eine stürmische Nachgärung, die sehr schwer in den Griff zu bekommen ist. Durch zu starkes Abkühlen ergibt sich die Gefahr des Abschreckens der Hefe. Die geschmackliche Ausreifung wird nur unvollkommen und die Autolysegefahr wird größer.

Wenn zu „lauter" geschlaucht wird, also mit einer zu geringen Differenz zwischen Ausstoß- und Gärkellervergärungsgad, wird weniger Extrakt und weniger Hefe zur Nachgärung eingebracht. Dabei kann es vorkommen, daß die Nachgärung nicht ausreichend verläuft, so daß ein Aufkräusen erforderlich wird.

Insgesamt soll diese lebhafte Anfangsphase der Nachgärung 2-5 Tage andauern, um dann in eine stille kontinuierliche Nachgärung überzugehen. Hierzu trägt wesentlich die Temperatur bei. Nachdem bei ca. 5 °C Jungbiertemperatur in eine Abteilung von 3-4 °C eingeschlaucht wird, hat sich in der Zwischenzeit auch die Temperatur abgesenkt, die eine Verzögerung der Extraktabnahme bewirkt.

Wenn sich eine langsame und gleichmäßige Nachgärung eingestellt hat, soll die Temperatur pro Woche um ca. 1 °C abgesenkt werden, bis eine Temperatur von -1 bis -2 °C erreicht ist.

Ausschlaggebend für die Beendigung der Lagerung ist im allgemeinen der erreichte und gewünschte Ausstoßvergärungsgrad. Der Ausstoßvergärungsgrad soll möglichst nahe am Endvergärungsgrad liegen. Das setzt voraus, daß letzterer bekannt sein muß. Während die Steuerung des Endvergärungsgrades im Sudhaus erfolgt, wird der Ausstoßvergärungsgrad im Gär- und Lagerkellerverfahren eingestellt.

Die normale Differenz zwischen Ausstoß- und Endvergärungsgrad soll zwischen 1 bis maximal 4 % liegen. Maßgebend für die Höhe des Ausstoßvergärungsgrades sind der gewünschte Biertyp und die Haltbarkeit des Bieres. Bei Bieren mit einem raschen Konsum genügt eine Vergärungsgrad-Differenz von 3-4 %, während bei Bieren mit langen Absatzwegen, also mit erhöhter Haltbarkeitsanforderung, eine Differenz von 1% anzustreben ist.

Allgemein soll der Endvergärungsgrad für aromatische, vollmundige Biertypen (Dunkel und Märzen) bei 78 % liegen. Für die anderen Biertypen (auch für die hellen Bockbiere) sind Endvergärungsgrade von 80-83 % anzustreben. Eine Ausnahme machen hier natürlich die Diätbiere, die durch Zusatz von Diastaseauszug auf Endvergärungsgrade von über 100 % kommen. Die Ansicht, daß Biere mit einer großen Differenz zwischen Ausstoß- und Endvergärungsgrad vollmundiger schmecken, ist falsch. Solche Biere können unangenehm mastig und nach Würze schmecken. Eine betonte Vollmundigkeit muß im Sudhaus mit Hilfe entsprechender Verzuckerungstemperaturen durch eine höhere Menge an unvergärbarem Extrakt erreicht werden.

Während früher die Lagerfässer randvoll gefüllt wurden, werden sie heute „hohl" gespundet (Abstand vom Bierspiegel bis Gefäßdecke etwa 15 cm). Das heißt, daß die Gefäße sofort nach Befüllen geschlossen werden.

Mit Hilfe von Spezialrechenschiebern oder Tabellen kann aus dem Spundungsdruck und der Temperatur der CO_2-Gehalt ermittelt werden. Als Faustregel gilt, daß eine Verschiebung der Kellertemperatur um $\pm$ 1 °C eine Änderung des CO_2-Gehaltes von $\pm$ 0,01 % zur Folge hat. Andererseits bedingt eine Steigerung des Spundungsdruckes um 0,1 bar eine Erhöhung des Kohlensäuregehaltes um rund 0,03 %.

Biere mit zu hohem Gärkellervergärungsgrad sollen etwas höher gespundet werden, um eine ausreichende CO_2-Anreicherung sicherzustellen. Hier bietet sich auch die sogenannte „fallende Spundung" an, mit der versucht wird, die CO_2 zu binden, die bei der beschleunigten Nachgärung gebildet wird. Danach wird durch stufenweise Absenkung der Ausstoßdruck eingestellt. Eine Überspundung ist zu vermeiden, da sich sonst Schwierigkeiten beim Einschenken ergeben. Aus diesem Grund wird das Faßbier niedriger gespundet als das Flaschenbier.

▶ Künstliche Klärung in den Lagergefäßen

Da heute allgemein eine künstliche Klärung des Bieres durch die Filtration stattfindet, tritt eine künstliche Klärung im Lagergefäß mehr und mehr in den Hintergrund. Meist nur in Fällen einer unzureichenden natürlichen Klärung muß auf Maßnahmen einer künstlichen Klärung zurückgegriffen werden, um die gewünschte Filtrationsleistung zu erreichen.

Man unterscheidet hierbei

- mechanische Klärmittel und
- chemische Klärmittel.

Am häufigsten erfolgt die mechanische Klärung im Lagergefäß durch Zusatz von Spänen. Diese bilden zusätzliche Absetzflächen und beschleunigen die Klärung. Außerdem wirken sie beschleunigend auf die Gärtätigkeit der Hefe, so daß der Ausstoßvergärungsgrad früher erreicht und somit die Lagerzeit verkürzt wird. In erster Linie werden die sogenannten Ultra- und Biospäne eingesetzt. Es handelt sich dabei um sterilisiertes Sägemehl aus Buchen- oder Haselnußholz. Die Zusatzmenge beträgt ca. 3-10 g/hl. Bei Bieren, die sich nicht in normaler Weise klären, helfen häufig auch die Späne nicht.

Bei den chemischen Klärmitteln, die im Ausland eingesetzt werden, handelt es sich in erster Linie um eiweißabbauende Enzympräparate. Außerdem wird Tannin zugesetzt, das eine Ausfällung der kolloiden Eiweißkörper über die Bildung von Eiweiß-Gerbstoffverbindungen bewirkt.

Für die Lagerdauer lassen sich nur grobe Richtwerte festlegen. In jedem Einzelfall und für jedes Bier wird es eine zu kurze, eine optimale und eine zu lange Lagerzeit geben. Je nach Biertyp, nach Art und Beschaffenheit der eingesetzten Rohstoffe, nach der Technologie der Würze- und Jungbiergewinnung und nicht zuletzt nach den Verbraucheransprüchen kann das Lagerzeitoptimum sehr unterschiedlich liegen. Insgesamt ist aber ein zügiger Nachgärverlauf bei insgesamt 4 bis 5 Wochen Lagerzeit sicher besser als eine 10- oder 12wöchige Lagerung, bei der die Nachgärungs- und Reifungsvorgänge unvollständig verlaufen, weil unter den gegebenen Umständen die Hefe vorzeitig ihre Tätigkeit eingestellt hat.

5.5.5 Moderne Gär- und Reifungsverfahren

Die Verkürzung der monatelangen Kaltlagerung, wie sie bei der herkömmlichen, klassischen Verfahrensweise üblich ist, hat im wesentlichen zwei Ursachen:

- neuere Erkenntnisse über die Reifung des Bieres,
- der steigende Kostendruck in der Produktion zwingt zur Beschleunigung und Rationalisierung der Bierherstellung.

Die Entwicklung hat dazu geführt, daß man die zwei ursprünglichen, technologischen Einheiten Hauptgärung und Nachgärung (Gärung und Lagerung) in drei Abschnitte einteilt:

- Gärung,
- Reifung (Warmreifung),
- Konditionierung (Kaltkonditionierung).

Aus diesen drei Abschnitten hat sich eine Vielzahl von technologischen Verfahren entwickelt. Bei der Optimierung des Brauprozesses im Hinblick auf eine Verkürzung der Produktionszeit soll keine merkliche Veränderung des Biercharakters erfolgen. Dazu ist aber eine genaue Kenntnis der verschiedenen Gärungsparameter und ihr Einfluß auf die Gärung, Reifung und Bierqualität unerläßlich.

Eine Grundforderung für eine genügende Ausreifung des Bieres ist der Acetolactat- und Diacetylabbau. Der **Diacetylabbau** ist zwar nicht als einziger **Reifungsparameter** anzusehen, doch scheinen verschiedene andere Vorgänge ziemlich synchron zu verlaufen, das heißt, daß im allgemeinen, bei sonst sachgemäßer Technologie, nach einem ausreichenden Diacetylabbau im Jungbier keine groben Geschmacksfehler mehr vorliegen. Somit kann der Abbau von Acetolactat und Diacetyl als Hauptindikator für die geschmackliche Ausreifung des Bieres angesehen werden. Auf dieser Erkenntnis beruhen im Grunde genommen sämtliche Varianten der forcierten Gär- und Reifungsverfahren.

Der Diketonabbau verläuft viel zügiger und in der Regel auch vollständiger, wenn das vergorene Jungbier noch einer Reifungsphase bei höheren Temperaturen unterzogen wird, bevor auf die Kaltlagertemperaturen und darunter abgekühlt wird. In der Kälte vollzieht sich dieser Abbau nur sehr schleppend und kommt leicht vorzeitig zum Stillstand.

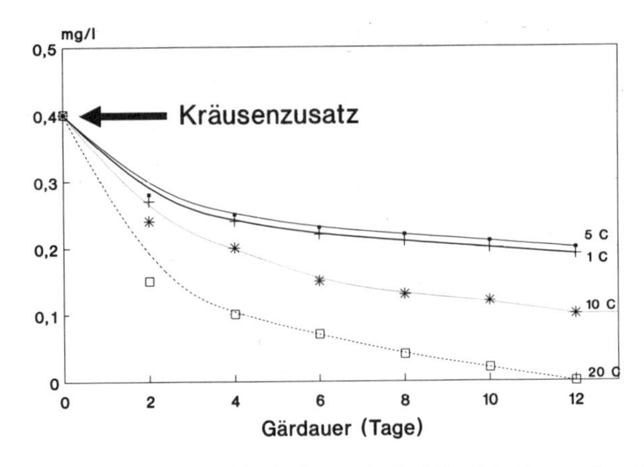

Abb. 5.10: Diacetylabbau bei der Nachgärung in Abhängigkeit von der Temperatur (nach (49))

Bei 20 °C wird die 0,1 mg/l-Grenze bereits nach 4 Tagen erreicht, bei 10 °C nach 12 Tagen. Der Abbau bei 5 °C und 1 °C verläuft nur sehr schleppend, wobei zwischen den beiden Temperaturen nahezu keine Unterschiede in der Abbaugeschwindigkeit festzustellen sind. Bei diesen niedrigen Temperaturen ist ein Zeitraum von ca. 30 Tagen erforderlich, um auf einen Wert von 0,1 mg/l zu kommen.

Hinsichtlich des Diketonabbaus ist es also eindeutig von Vorteil, wenn im Anschluß an die Bildungsphase, die mit dem Hauptgärstadium zusammenfällt, eine warme Reifungsphase dazwischengeschaltet wird. Höhere Gärtemperaturen verstärken aber die Bildung der höheren Alkohole und Ester.

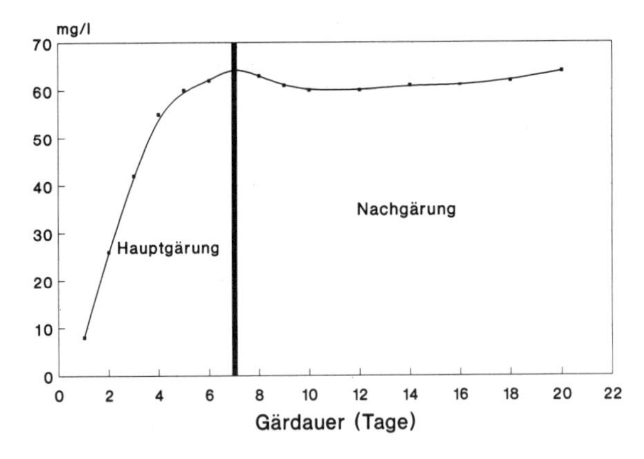

Abb. 5.11: Bildung höherer aliphatischer Alkohole in Abhängigkeit von der Gärdauer (nach (49))

Abb. 5.11 zeigt, daß die Bildung der höheren aliphatischen Alkohole zum Zeitpunkt des Schlauchens im wesentlichen abgeschlossen ist. Auf den Vergärungsgrad bezogen bedeutet dies, daß etwa ab 70 % scheinbarem Vergärungsgrad nur noch geringfügige Mengen an diesen Alkoholen gebildet werden.

Ein ähnliches Bild ergibt sich auch bei den aromatischen Alkoholen. Beim Phenylethanol, als Hauptvertreter dieser Gruppe, ist nach dem Schlauchen nur noch eine geringe Zunahme zu verzeichnen.

Auch die Ester zeigen nach dem Schlauchen keine wesentliche Zunahme mehr.

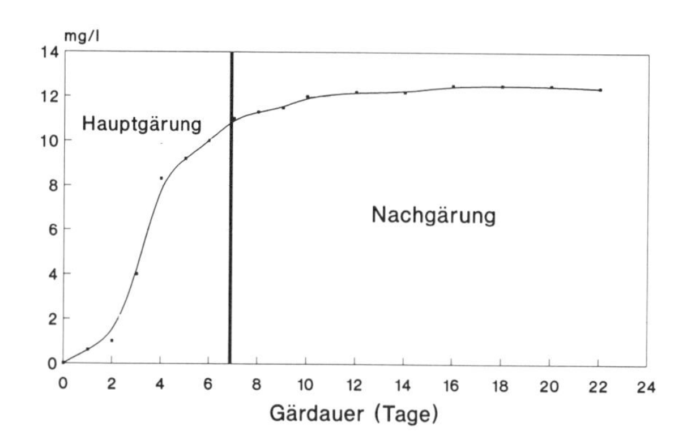

Abb. 5.12: 2-Phenylethanol und Gärdauer (nach (49))

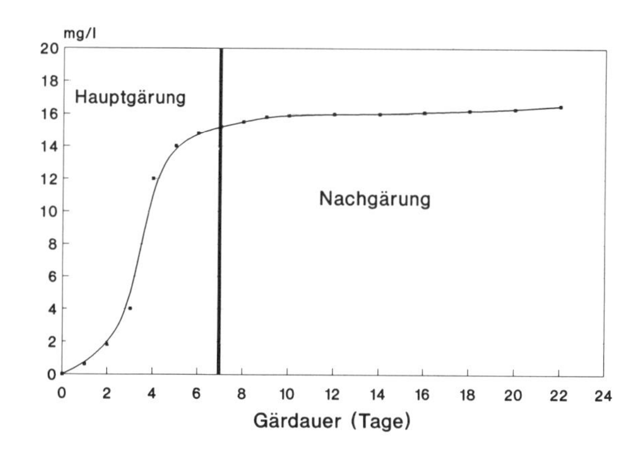

Abb. 5.13: Estergehalt und Gärdauer (nach (49))

Der Acetaldehyd, der auch zu den Jungbierbouquet-Stoffen zählt, nimmt durch eine anschließende Warmphase ab. Bei der oberen Linie wurde im Anschluß an die Hauptgärtemperatur von 9 °C auf 5 °C abgekühlt, während bei der unteren Kurve die 9 °C beibehalten wurden.

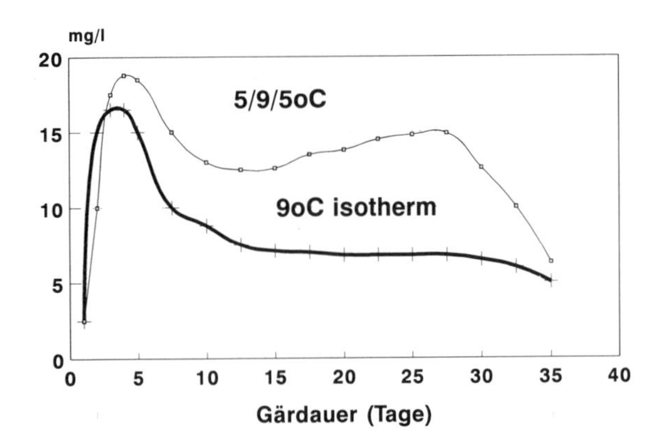

Abb. 5.14: Acetaldehyd und Gärdauer (nach (49))

Ein weiterer Gesichtspunkt, der berücksichtigt werden muß, ist das Sedimentationsverhalten der Hefe bei höheren Temperaturen. Die Hefesedimentation ist hinsichtlich der Hefeernte für die Klärung des Bieres sehr wichtig. Sie ist abhängig

- vom Charakter der Hefe,
- vom Vergärungsgrad,
- von der Gärdauer,
- von der Gesamthefemenge,

bei Tankgärungen

- vom Druck und
- von der Höhe der Flüssigkeitssäule.

Außerdem ist die Sedimentation durch die Kühltechnik beeinflußbar, die sich direkt auf die Gärleistung der Hefe auswirkt und auch die Strömung innerhalb der Gefäße beeinflußt.

Insbesonders bei Tankgärungen unterstützen die oberen Kühlzonen noch die durch das aufsteigende Kohlendioxid bedingte Strömung. Dagegen bewirkt die Kühlung im unteren Bereich ein rasches Absetzen der Hefe. Insgesamt verstärken tiefe Temperaturen die Bruchbildung.

Die Bottichprobe mit einem scheinbaren Vergärungsgrad von 72 % enthält 22 Mio. Zellen pro ml. Die getrennten Proben wurden sowohl bei 1 °C als auch bei 8,5 °C weitergeführt. Bei 1 °C ist die Sedimentation zunächst deutlich stärker. Nach 48 Stunden sind sowohl bei 8,5 °C- als auch bei 1 °C-Führung nur noch ca. 3 Mio. Zellen in Schwebe.

Eine gute Sedimentation der Hefe wird also auch ab einem bestimmten Vergärungsgrad bei höheren Temperaturen erreicht.

▶ Gärverfahren

Bei forcierten klassischen Verfahren sichert eine konventionelle Gärführung das gewohnte Verhalten der Hefe hinsichtlich Gärungsnebenproduktbildung und Vitalität. Nach der Hauptgärung schließt sich eine warme Nachgärphase an, bei der normalerweise die maximale Hauptgärtemperatur beibehalten wird, um die Umwandlung der Acetohydroxysäuren in die entsprechenden Diketone und deren Abbau zu beschleunigen. Diese Temperatur wird solange beibehalten, bis Diacetyl und 2-Acetolactat auf unter 0,1 mg/l abgesenkt sind. Hierbei wird im allgemeinen der Endvergärungsgrad erreicht. Bei zylindrokonischen oder auch flachkonischen Tanks ist es zweckmäßig, nach Erreichen des Endvergärungsgrades die Hefe auszutragen, ebenso bei Eintankverfahren nach Abschluß der Reifungsphase. Bei Gefäßen, in denen die Hefe nicht abgezogen werden kann, muß umgelagert werden.

Hierbei erfolgt die Kühlung mittels eines externen Wärmetauschers oder durch die Kühltaschen der Tanks. Im Kaltlagertank sollte eine Temperatur von 0 bis -1 °C erreicht werden. Das setzt eine entsprechende Kühlkapazität voraus. Während des Umlagerns oder im Kaltlagertank soll karbonisiert werden. Es können evtl. Stabilisierungsmittel zugegeben werden.

▶ Kalte Gärführung — integrierte Reifung

Die Anstelltemperatur sollte bei der klassischen kalten Gärung 6-7 °C nicht überschreiten. Wird nur ein Sud angestellt, werden gewöhnlich 15 bis 18 Mio. Zellen/ml zudosiert. Die maximale Gärtemperatur beträgt 9 °C. Am Ende der Hauptgärung wird aber nicht abgekühlt, sondern die Temperatur von 9 °C wird im ZKG solange beibehalten, bis der Vergärungsgrad ca. 5-6 % unter dem Endvergärungsgrad liegt. Der Hauptgärung schließt sich eine warme Nachgärphase an, bei der normalerweise die maximale Hauptgärtemperatur beibehalten wird, um die Umwandlung der Acetohydroxysäuren in die entsprechenden Diketone und deren Abbau zu beschleunigen. Diese Temperatur wird solange beibehalten, bis 2-Acetolactat und Diacetyl auf unter 0,1 mg/l abgesenkt sind. Hierbei wird im allgemeinen der Endvergärungsgrad erreicht. Das Abziehen der Hefe erfolgt, sobald der Endvergärungsgrad erreicht ist. Die Hefezellzahl beim Schlauchen sollte bei der Arbeitsweise des Kräusenzusatzes bei 3 bis 4 Mio./ml liegen. Zur Reifung pumpt man unter Zusatz von ca. 12 % Kräusen in den Lagertank um. Der Vergärungsgrad der Kräusen soll 25-30 % (ca. 45-50 Mio. Zellen/ml) betragen. Anschließend wird in 3-4 Tagen auf 1 °C heruntergekühlt und diese Temperatur 7-10 Tage gehalten. Während der einwöchigen Reifungsphase sollte 3 mal und während der Kaltlagerung alle 4-5 Tage Hefe gezogen werden. Im Verlauf der Kaltlagerung sollte eine 6-8 stündige Kohlensäurewäsche erfolgen (CO_2-Verbrauch 20-25 g/hl) um die Konvektion, die bei 2-3 °C zum Stillstand kommt, auszugleichen und um Temperaturunterschiede in den unteren und oberen Flüssigkeitsbereichen zu vermeiden. Zur Vergröberung von trübenden Bestandteilen kann auch während der Kaltlagerung 2-3 mal begast werden. Alternativ kann nach der Gärung die Reifungstemperatur auf 7 °C gesenkt werden.

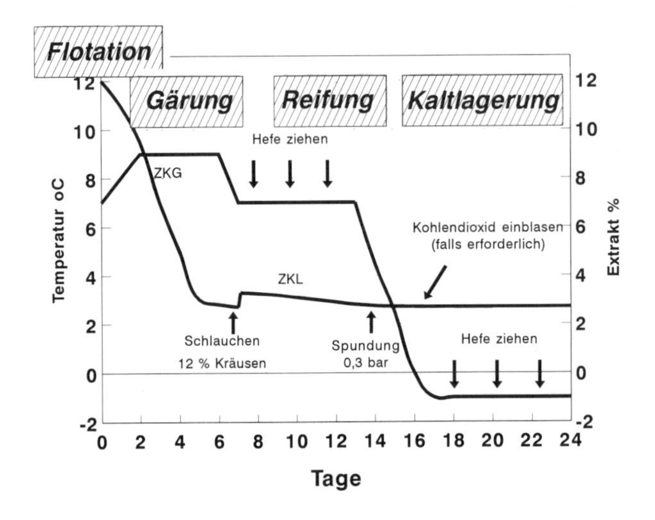

Abb. 5.15: Gärung, Reifung und Kaltlagerung (nach (48))

Die Gesamtdauer für Gärung, Reifung und Kaltlagerung beträgt bei einem 11 %igen Bier ca. 4 Wochen. Bei Exportbieren (12-13 % Stammwürzegehalt) ist eine Woche mehr zu empfehlen. Diese Zeiten sollten, um die Ausreifung des Bieres zu gewährleisten, nicht unterschritten werden. Der Spundungsdruck hängt vom gewünschten Kohlensäuregehalt ab, ist aber gewöhnlich im zylindrokonischen Lagertank (ZKL) mit 0,15 bar Überdruck ausreichend. Es hat sich als zweckmäßig erwiesen, vor dem Filtrieren nochmals die Hefe abzuschießen.

Bei guter Würzezusammensetzung treten mit dieser Arbeitsweise (biologische Säuerung und Aufkräusen) keine Probleme auf. Die Biere genügen, wenn alle notwendigen Kriterien (Rohstoffbeschaffenheit, biologisch gesäuerte Würzen, entsprechende Gärführung und Reifung) beachtet werden, höchsten Qualitätsanforderungen.

▶ Kalte Gärung — warme Reifung

Die Hauptgärung verläuft genauso, wie beim Verfahren „kalte Gärung — integrierte Reifung". Die Hefezellzahl darf beim Umsetzen von gärenden Reifungstanks nicht mehr als 2-3 Mio. Zellen/ml betragen, da die Reifung bei 18-20 °C mit Zusatz von 10 bis 12 % Kräusen (Vergärungsgrad 25-35 %) erfolgt. Die Kräusen werden am besten vor dem Wärmeaustauscher beim Umpumpen laufend zudosiert. Die Reifung ist bei 20 °C in 2 Tagen beendet. Die anschließende Kaltlagerung (ca. 7 Tage) läuft bei -1 °C ab. Die Produktionszeit liegt bei ca. 16 Tagen (7 + 2 + 7). Die Zusammensetzung der Gärungsnebenprodukte ist normal.

▶ Uni-Tank-Verfahren

Beim Uni-Tank-Verfahren wird gewöhnlich zwischen 12-14 °C vergoren, um zu kürzeren Herstellungszeiten zu kommen. Der Endvergärungsgrad wird bei diesem Verfahren nach ca. 5 Tagen erreicht. Anschließend wird die Hefe entfernt und auf 0 °C abgekühlt. Während des Abkühlens wird über einen Verteilerkranz, der sich im Gefäß befindet, CO_2 eingeblasen, um eine stärkere Konvektion zu erreichen, die eine gleichmäßige Abkühlung sichert. Damit wird der gewünschte CO_2-Gehalt und eine Kohlensäurewäsche zur Entfernung der Jungbouquetstoffe erreicht. Insgesamt nimmt das Verfahren ca. 14 Tage in Anspruch.

Die geforderten Qualitätsparameter, wie sie mit konventionellen Gärverfahren erhalten werden, werden mit dem Unitankverfahren nicht ganz erreicht, da bei den höheren Gärtemperaturen mehr Gärungsnebenprodukte gebildet werden.

▶ Druckgärverfahren

Die Druckgärung ist das häufigste anzutreffende Verfahren zur verkürzten Bierherstellung. Eine Erhöhung der Gärtemperatur bringt den unvermeidlichen Anstieg einzelner Gärungsnebenprodukte mit sich. Dieser Anstieg kann durch die Anwendung von Druck teilweise abgefangen werden. Darauf beruhen die sog. Druckgärverfahren.

So bremst z.B. die Druckanwendung bei der Hauptgärung neben der der höheren Alkohole auch die Synthese von Estern, insbesondere von Essigsäureisopentylester und Essigsäure-2-Phenylethylester. Bei der Druckanwendung wird die Esterbildung aber nicht immer im gewünschten Ausmaß reprimiert. Aus Qualitätsgründen ist eine Temperaturerhöhung bei der Hauptgärung zur Verkürzung der Bierherstellung abzulehnen, da der Anstieg der Estergehalte die organoleptischen Eigenschaften des Bieres verändert.

Bei der Druckgärung wird mit Temperaturen von 10-14 °C angestellt. Die maximale Gärtemperatur liegt bei 14-20 °C und wird solange beibehalten, bis die vicinalen Diketonvorstufen entsprechend reduziert sind. Um eine übermäßige Bildung von Gärungsnebenprodukten zu unterdrücken, wird ein der Gärtemperatur angepaßter Gegendruck angewandt, der entweder stufenweise über einen Druckgradienten oder aber direkt im vollen Umfang zu einem empirisch ermittelten Zeitpunkt aufgebaut wird. In der Praxis wird ab einem scheinbaren Vergärungsgrad von 50-55 % ein Druckanstieg auf 1,3-1,4 bar bei 14 °C oder 1,8 bar bei 18-20 °C herbeigeführt. Dadurch wird eine CO_2-Anreicherung erzielt, die je nach Höhe der Flüssigkeitssäule bei 0,50-0,55 % liegt.

Mit der Druckgärung wird zwar der Gesamtkomplex Hauptgärung und Reifung beschleunigt, bringt aber in puncto Bierqualität einige Nachteile mit sich. Die Druckgärung wirkt sich ungünstig auf den pH-Wert aus. Dieser liegt deutlich über dem konventionell hergestellter Biere. Die Ursache ist vor allem ein Wiederanstieg des pH-Wertes bei der Reifung und Lagerung durch die Exkretion von Hefeinhaltsstoffen. Im Gegensatz zur Druckgärung erlaubt eine kombinierte Warm-Kaltlagerung bzw. integrierte Reifung im Anschluß an eine „normale" Hauptgärung eine gezielte Reifung des Bieres.

Die Erhöhung der Reifungstemperatur nach einer konventionellen kalten Hauptgärung ist die wirkungsvollste Maßnahme zur Abkürzung der Produktionszeit bei der Bierherstellung, ohne daß sonstige qualitative und organoleptische Kriterien des zum Ausstoß kommenden Bieres wesentlich beeinflußt werden. Wenn also verkürzte Gär- und Reifungsverfahren angewandt werden, kann es nur mit der Zielsetzung sein, daß diese Biere den konventionell hergestellten gleichwertig sind.

5.5.6 Maßnahmen zur Verbesserung des Bierstabilität

Abgefülltes Bier verliert bei längerer Aufbewahrung seine ursprüngliche Glanzfeinheit. Bier ist eine sehr komplexe Flüssigkeit und seine Moleküle unterliegen der BROWN'SCHEN Molekularbewegung, die ein Zusammenstoßen der Teilchen bewirkt. Dadurch kommt es zu einer Vergröberung des Dispersitätsgrades und einer allmählichen Trübung und Bodensatzbildung. Die größte Bedeutung kommt hierbei den

Polyphenolen und Proteinen zu, wenngleich Biertrübungen auch durch andere Stoffe verursacht werden können.

Bei normalen Haltbarkeitsanforderungen — bis zu 6 Wochen und kurze Transportwege — kann eine ausreichende kolloidale Stabilität durch technologische Maßnahmen erreicht werden. Bei einer Mindesthaltbarkeitsgarantie, die über diesen Zeitraum hinausgeht und bis zu einem Jahr betragen kann, ist eine Stabilisierung notwendig.

5.5.6.1 Maßnahmen zur Verbesserung der chemisch-physikalischen Stabilität

Aufgabe der Bierstabilisierung ist es, die chemisch-physikalische Stabilität zu erhöhen und Biertrübungen zu verhindern, die sich aus Kolloiden zusammensetzen.

Kolloide sind sehr fein verteilte, dispergierte Stoffe; ihre Größe bewegt sich zwischen 10^{-3} und 10^{-6} mm. Sie stellen einerseits Materieteilchen mit einem Verhalten wie Moleküle dar, andererseits sind es Moleküle mit Eigenschaften von Partikeln mit eigenen Grenzflächen. In der Regel sind sie mit einem normalen Lichtmikroskop nicht erkennbar, bewirken allerdings eine Lichtstreuung, den sog. Tyndalleffekt. In wässrigen Lösungen sind Kolloide oft Träger elektrischer Ladungen und wandern im elektrischen Feld. Gleichartig geladene Teilchen stoßen sich gegenseitig ab und bleiben im Dispersionsmittel (Bier) fein verteilt; elektrisch neutrale Partikel, z.B. Eiweißstoffe an ihrem isoelektrischen Punkt oder α- und β-Glucane, lagern sich durch Anziehungskräfte zu großen Gebilden zusammen, wodurch sie ausfallen können. Ferner unterscheidet man zwischen hydrophilen und hydrophoben Komplexen. Bei den hydrophilen Kolloiden handelt es sich im Bier vor allem um polyphenolartige Komplexe, die durch hydrophile Kolloide, z.B. Kohlenhydrate in Lösung gehalten werden. Im Kolloidsystem Bier kann man desweiteren zwischen Solen und Gelen unterscheiden. Sole sind Kolloide, bei denen die Teilchen im Dispersionsmittel frei beweglich sind, während bei den Gelen ein Zusammenhängen ähnlich der Struktur eines Stärkegels vorliegt.

Von der Zusammensetzung her unterscheidet man drei Gruppen an Polymeren. Jede dieser Gruppen kann mengenmäßig bis zu $^3/_4$ der Trübungszusammensetzung ausmachen. Die erste Gruppe bilden die Eiweißstoffe, die meist in Form von Polypeptiden vorliegen und sich in nieder-, mittel- und hochmolekulare Verbindungen einteilen lassen. Bei der zweiten Gruppe handelt es sich um Polyphenole; auch diese treten in nieder-, mittel- und hochmolekularen Verbindungen auf. Die dritte Gruppe bilden die Polysaccharide, die unter sich größere Komplexe bilden können. Daneben können Biertrübungen verschiedene Mineralstoffe enthalten.

Basierend auf der Zusammensetzung einer möglichen Biertrübung bieten sich fünf verschiedene Methoden zur künstlichen Verbesserung der kolloidalen Stabilität an, die in Kombination angewendet werden können:

- Reduzierung der problematischen Eiweißfraktion,
- Verringerung der Polyphenole,

- Abbau der Polysaccharide zur Verringerung einer möglichen Komplexierung,
- Komplexierung der Schwermetalle,
- Ausschalten einer nennenswerten Aufnahme an Sauerstoff, der alle anderen vier Verfahren gefährden kann.

Für die eiweißseitige Stabilisierung stehen drei Verfahren zur Verfügung. In Deutschland sind nach dem Reinheitsgebot adsorptiv wirkende Bentonite und Kieselsäurepräparate erlaubt. Bentonite sind wasserunlösliche, aber sehr quellfähige Aluminiumsilikate. Der Zusatz erfolgt etwa eine Woche vor dem Abfüllen; nach ca. sechs Tagen ist der Adsorptionsvorgang beendet. Kieselsäurepräparate besitzen ebenfalls eine hohe Adsorptionskraft. Da sie nicht quellen, vermögen sie in kurzer Zeit ihre Wirkung zu entfalten, so daß sie sich besonders als Zusatz zur laufenden Dosage bei der Kieselgurfiltration eignen. Eine dritte Möglichkeit zur Verringerung von störenden Proteinen besteht im Ausland in der Ausfällung durch Tannin oder deren Abbau durch Zusatz von proteolytischen Enzymen (z.B. Papain, Bromelin, Ficin, Pepsin).

Die Verringerung des Gerbstoffgehaltes als Stabilisierungsmöglichkeit kann nach dem Reinheitsgebot durch Adsorption an PVPP (Polyvinylpolypyrrolidon) erfolgen, welches ebenfalls bei der Kieselgurfiltration angewendet wird. Im Ausland kann die Fällung von Anthocyanogenen mit Formaldehyd vorgenommen werden, welcher bereits beim Schroten bzw. Einmaischen zudosiert wird.

Zur Verbesserung der Stabilität bietet sich auch eine kombinierte Dosierung von Kieselgel und PVPP an, da sich die beiden Präparate nicht gegenseitig beeinflussen. Damit kann der Anteil der beiden Reaktionspartner so weit herabgesetzt werden, daß Haltbarkeiten von über einem Jahr erreicht werden.

Ein Abbau der Polysaccharide als Stabilisierungsmaßnahme wird im allgemeinen sehr selten durchgeführt, obwohl α- und β-Glucane oft in bedeutenden Mengen in Trübungen vorhanden sind. Im Ausland stehen hierzu verschiedene Enzympräparate zur Verfügung.

Schwermetalle sind sehr selten Ursache für eine Biertrübung. Im Ausland kann eine Komplexierung mit EDTA (Ethylendiamintetraessigsäure) vorgenommen werden.

Alle bisher aufgeführten Stabilisierungsmaßnahmen büßen ihre Wirksamkeit ein, wenn es nicht gelingt, die Sauerstoffaufnahme auf dem Bierweg in Grenzen zu halten. Im Ausland sind verschiedene Maßnahmen gestattet, die eine Oxidation verhindern bzw. schon vorhandenen Sauerstoff abbauen. Am gebräuchlichsten ist der Zusatz von Ascorbinsäure als Antioxidans, es kann aber auch mit Zuckerreduktonen und schwefliger Säure gearbeitet werden.

5.5.6.2 Maßnahmen zur Erhöhung der biologischen Stabilität

Eine biologische Bierstabilisierung soll nur dann durchgeführt werden, wenn außerordentliche Anforderungen an die Haltbarkeit des Bieres gestellt werden; grundsätzlich ist eine hygienisch einwandfreie Arbeitsweise vorzuziehen. Der biologischen Stabilisierung muß eine kolloidale vorangehen, da durch die thermische Belastung beim Pasteurisieren die chemisch-physikalische Stabilität beeinträchtigt wird.

Die am häufigsten angewandte Methode zur biologischen Stabilisierung ist die Pasteurisation. PASTEUR hat gezeigt, daß es zur Stabilisierung von sauren Flüssigkeiten niedrigerer Temperaturen bedarf als von neutralen oder alkalischen. Bier mit seinem leicht sauren Charakter wird schon bei 60 °C steril. Um den Abtötungseffekt zahlenmäßig ausdrücken zu können, wurden sogenannte „Pasteurisiereinheiten" (PE) eingeführt. Eine PE ist ein Maß für den Abtötungseffekt auf Mikroorganismen bei einer Temperatur von 60 °C für eine Einwirkungsdauer von 1 Minute. Über einen Zeitraum von z Minuten und bei einer Temperatur t errechnen sich die PE nach folgender Formel:

$$PE = z * 1{,}393^{(t - 60)}$$

Eine Erwärmung von z.B. 68 °C über einen Zeitraum von 1 Minute ergibt 14 Pasteurisiereinheiten.

Eine Erwärmung des Bieres ist nicht ohne Nachteile auf die kolloidale Stabilität und den Geschmack; sie muß deshalb auf das unbedingt notwendige Ausmaß, das zur Abtötung der Mikroorganismen erforderlich ist, beschränkt werden. Im allgemeinen genügen für eine ausreichende biologische Stabilität 10-12 PE. In der Praxis wird das in Flaschen abgefüllte Bier in 20 Minuten auf 62 °C erwärmt, dann 20 Minuten bei dieser Temperatur gehalten und wiederum in 20 Minuten auf 25-30 °C abgekühlt. Das würde 39 PE entsprechen. Diese lange Erhitzungsdauer ist deshalb erforderlich, weil sich die Wärme durch das Glas und bis zur Flaschenmitte ausbreiten muß. Außerdem ist zu berücksichtigen, daß die Flaschen unter Druck stehen, d.h. es muß sehr schonend erwärmt und sehr langsam abgekühlt werden, um den Flaschenbruch möglichst gering zu halten. In der Praxis verwendet man heute für geringe Durchsätze chargenweise arbeitende Kammerpasteure, für größere Durchsätze kontinuierlich arbeitende Tunnelpasteure. Insgesamt gesehen ist die Pasteurisation durch hohen Platzbedarf, Bruch und Energieverbrauch sehr kostspielig. Der lange Aufenthalt des Bieres bei hohen Temperaturen führt zum typischen Brot- und Pasteurisiergeschmack, insbesonders wenn Luft im Flaschenhals verbleibt.

Demgegenüber ist das Pasteurisieren des nicht abgefüllten Bieres mittels Kurzzeiterhitzung im Durchfluß durch einen Plattentauscher vorteilhafter. Die Kurzzeiterhitzung ist kostengünstiger, benötigt weniger Platz, ist leichter zu kontrollieren und das Bier ist während der Erwärmung nicht dem Sauerstoff ausgesetzt. Auf dem anschließenden

Abfüllweg muß unbedingt eine Reinfektion vermieden werden. An der unteren Grenze für einen verläßlichen Pasteurisiereffekt werden 16 PE veranschlagt; dies entspricht einer Heißhaltezeit von 35 s bei 70 °C . Sicherer sind 20-30 PE, wobei bei gleicher PE-Zahl niedrigere Temperaturen und entsprechend längere Haltezeiten einen besseren Kurzzeiterhitzungseffekt bewirken.

Eine weitere Maßnahme zur Erhöhung der biologischen Stabilität ist die Entkeimungs-Filtration (EK-Filtration), die mit speziellen Filterschichten arbeitet. Bei diesem Verfahren muß, ähnlich wie bei der Kurzzeiterhitzung eine Reinfektion auf dem Abfüllweg vermieden werden (vgl. Kap. 8).

5.5.7 Gärstörungen (37)

Gärstörungen führen nicht nur zu einer Verlängerung der Produktionsdauer, sondern auch zu einer Minderung der Bierqualität. Es ist deshalb sehr wichtig, daß diese sowohl aus Qualitäts- als auch Kostengründen schnell erkannt, analysiert und behoben werden. Eine Hauptgärung kann als normal bezeichnet werden, wenn bei einer Anstelltemperatur von 5-7 °C, einer Maximaltemperatur von 8-9 °C und einer Schlauchtemperatur von 4 °C innerhalb einer Woche eine Vergärung bis auf 1 % Spindelanzeige über der Endvergärung erreicht wird. Dies entspricht einem scheinbaren Vergärungsgrad von 72-75 % bei einem Endvergärungsgrad von 82-85 %. Dies gilt für einen Stammwürzebereich von 11-12,5 %. Bei Stammwürzen über 13 % muß mit einem weiteren Gärtag gerechnet werden. Werden diese Werte innerhalb einer Woche nicht erreicht, kann man von Gärstörungen sprechen. Eine zusätzliche Voraussetzung ist, daß Kühlraten von 3-4 °C/24 h möglich sind, da sonst zu früh mit der Rückkühlung begonnen werden muß. Auch die Nachgärung kann steckenbleiben, d.h. der erforderliche Ausstoßvergärungsgrad wird nicht erreicht. Fehler in der Würzezusammensetzung müssen sich nicht nur bei der Hauptgärung bemerkbar machen, sie können sich auch erst in der Nachgärung auswirken.

Typisch für Gärstörungen ist, daß das Nachlassen der Gärtätigkeit nicht plötzlich, sondern im Laufe von mehreren Führungen eintritt. Daher ist eine ständige Kontrolle notwendig, um schon frühzeitig Gärverzögerungen zu erkennen und entsprechend reagieren zu können.

Eine erste Ursache ist in der Würzezusammensetzung zu suchen, eine zweite in der Hefe und eine dritte in der Technologie.

Tab. 5.6: Ursachen von Gärstörungen (nach (37))

1. Würzezusammensetzung	
Kohlenhydrate	Endvergärungsgrad
N-Substanzen	FAN NS-Bausteine Nitrat
Mineralstoffe	Zink Mangan
Sonstige	Sauerstoff pH Resttrub
2. Hefe	
Hefestamm Hefegabe Reinheit der Hefe Zn- und Cu-Gehalt der Hefe	
3. Technologie	
Temperatur (Anstellen, Schlauchen) Temperaturführung Konvektion	

5.5.7.1 Würzezusammensetzung

▶ Kohlenhydrate

Innerhalb der einzelnen Biertypen sind hohe Endvergärungsgrade anzustreben, die bei hellen Bieren bei 82-84 % liegen sollen. Bei hohen Endvergärungsgraden ist die Zuckerzusammensetzung der Würze ausgewogen, so daß es keiner weiteren Korrektur bedarf.

Die Zuckerzusammensetzung der Würze ist von der Malzqualität und vom Jahrgang abhängig. Bei niederen Endvergärungsgraden waren häufiger malzbedingte Gärschwierigkeiten zu verzeichnen als bei hohen, da hierbei oft auch andere Inhaltsstoffe der Würze unterbilanziert sind.

Der Endvergärungsgrad der Würze ist durch die Maischarbeit im Sudhaus zu steuern, insbesondere durch Rasten bei 62-65 °C. Zusätzlich bewirkt die biologische Säuerung eine Verbesserung der Zuckerzusammensetzung. Als Überwachungsinstrument im Labor genügt in der Regel die Bestimmung des Endvergärungsgrades.

▶ Stickstoffsubstanzen

Stickstoffbedingte Gärstörungen sind in den meisten Fällen auf einen zu geringen Aminosäuregehalt der Würze zurückzuführen. Bei hellen Lagerbierwürzen sollten mindestens 175 mg/100 ml Aminosäuren vorhanden sein. Dies entspricht einem freien α-Aminostickstoff von 22 mg/100 ml. Die Analysen der Praxiswürzen ergeben Schwankungen zwischen 17 und 29 mg/100 ml α-Aminostickstoff. Weizenbierwürzen liegen in der Regel unterhalb der Normwerte für untergärige Gerstenmalzwürzen.

Der α-Aminostickstoff (FAN) ist sehr stark von der Malzqualität abhängig, aber durch Rasten bei 52 °C und durch pH-Absenkung lassen sich im Sudhaus ausreichende Korrekturen vornehmen.

Neben den Aminosäuren kommt auch den Nucleobasen eine wesentliche Rolle im Hefestoffwechsel zu. Insbesondere das Adenin wird von der Hefe sehr stark aufgenommen, wobei die normalerweise vorhandenen 40 mg/l innerhalb der ersten 24 Stunden der Hauptgärung bis auf 5 mg/l verstoffwechselt werden. Werte von unter 40 mg/l Adenin können zu deutlichen Gärverzögerungen führen. Die Steuerung der Adeningehalte ist im Sudhaus im Temperaturbereich zwischen 60 und 65 °C möglich. Ein Großteil des Adenins präexistiert jedoch bereits im Malz, so daß der Malzqualität wiederum besondere Bedeutung zukommt.

Gärstörungen können auch durch hohe Nitratgehalte verursacht werden. Der Nitratgehalt der Würze setzt sich zusammen aus dem Nitratgehalt des Brauwassers und dem Nitratgehalt des Hopfens. Der im Rahmen der Trinkwasserverordnung vorgegebene Grenzwert von 50 mg/l führt jedoch noch zu keinen Gärstörungen. Durch geeignete Wasseraufbereitung sowie durch die Wahl geeigneter Hopfenprodukte lassen sich die Nitratwerte niedrig halten.

▶ Mineralstoffe

Bei den Mineralstoffen der Würze ist es im allgemeinen nur das Zink, das zuweilen unterbilanziert ist und erhebliche Gärverzögerungen hervorrufen kann. Optimale Werte für einen störungsfreien Gärverlauf sind 0,12 mg/l. Es sind jedoch Schwankungsbreiten zwischen 0,04 und 0,24 mg/l möglich. In geringem Maße sind Steuerungsmöglichkeiten durch dünnes Maischen, biologische Maischesäuerung und niedere Einmaischtemperaturen möglich, da dadurch die Chelatbildung herabgesetzt wird. In der Regel gehen nämlich auf diese Weise mehr als 98 % des im Malz vorhandenen Zinks mit den Trebern verloren.

▶ Sonstige Einflüsse

Wichtig ist die Sauerstoffversorgung der Hefe beim Anstellen. Es sollen 8-10 mg/l vorliegen. Im Normalfall genügen 10 l Luft pro hl Würze. Beim Flotieren sind 40-60 l/hl Würze erforderlich. Positiv ist die Belüftung zusammen mit der Hefe. Wichtig ist die Kontrolle der Sauerstoffbindung, da es sich öfter gezeigt hat, daß zwar genügend Luft zugeführt wird, jedoch die Bindung ungenügend ist und dadurch keine Normalwerte erreicht werden. Eine häufige Fehlerquelle ist ein ungenügender Steigraum der Gärgefäße, so daß die Luftmenge gedrosselt werden muß. Empfehlenswert ist eine Druckerhöhungspumpe nach dem Plattenkühler, verbunden mit einer Drosselung am Einlauf des Flotationstanks.

Zu Gärstörungen kann auch ein zu hoher pH-Wert der Würze führen. Der Durchschnitts-pH-Wert liegt bei 5,4-5,6 (Maximalwerte bis zu pH 5,8). Eine große Rolle spielt dabei die Wasserzusammensetzung, insbesondere sollte das Verhältnis Karbonat- zu Nichtkarbonathärte 1 : 2-2,5 betragen. Auch eine zu starke Trubausscheidung kann zu Gärverzögerungen führen.

5.5.7.2 Hefe

Die zweite Ursache für Gärstörungen kann von der Hefe ausgehen.

▶ Hefestamm

Die einzelnen Brauereihefestämme unterscheiden sich hauptsächlich in der Gärleistung, die mit der Hefevermehrung, aber auch mit der Bruchbildung zusammenhängt. Niedrig vergärende Bruchhefen neigen zu einer frühen Sedimentation und erreichen daher keine hohen Vergärungsgrade. In diesen Fällen kann nicht von Gärstörungen gesprochen werden, da diese Eigenschaften ein Charakteristikum der Hefe sind. So unterscheiden sich diese Hefen auch meist in der Flavourbildung. Bei hochvergärenden Bruchhefen ist ein scharfes Zurückkühlen erforderlich, da sonst zuviel Hefe in den Lagerkeller gelangt.

▶ Hefegabe

Die Höhe der Hefegabe hat entscheidenden Einfluß auf die Gärgeschwindigkeit. Nachdem nicht nur Verzögerungen der Gärung, sondern auch Ungleichmäßigkeiten als Störungen zu betrachten sind, ist eine Kontrolle der Hefegabe sehr wichtig. Normalgaben liegen zwischen 0,5 und 1,0 l dickbreiiger Hefe pro hl, wobei die Bezeichnung „dickbreiig" sehr schwer zu definieren ist. Es hat sich gezeigt, daß Unterschiede von mehr als 100 % auftreten. Wenn keine routinemäßig durchführbaren

Zählmethoden zur Verfügung stehen, sollte die Hefegabe über die Ermittlung des Feststoffgehaltes erfolgen, wobei als normale Hefegabe eine Zellzahl von ca. 15-18 Mio. Zellen/ml gilt. Die Hefegabe sollte eher höher gewählt werden, um eine zügige Angärung zu gewährleisten.

▶ Reinheit der Hefe

Für einen zügigen Gärverlauf ist die Reinheit der Hefe unabdingbar. Es kommt immer wieder vor, daß bei betriebseigenen Reinzuchthefen Wildhefen durchschlagen, was zu niedrigen Vergärungsgraden und Aromaveränderungen führt. Die Reinzucht ist beim Weiterführen auch geschmacklich zu kontrollieren. Bei deutlichen Abweichungen ist sie zu verwerfen. Übertriebenes Hefewaschen, insbesondere auch unsachgemäßes Waschen mit Säure, führt zu einer Schwächung der Hefe und kann zu Gärverzögerungen führen. Bei der Hefesäuerung ist zu beachten, daß die Hefe dünnflüssiger wird und die Hefegabe volumenmäßig um etwa 20 % erhöht werden muß. Bei Sudpausen empfiehlt es sich, die Hefe unter Bier aufzubewahren und eventuell vor dem Anstellen mit einer geringen Menge Würze durch kräftiges Aufziehen zu adaptieren.

Mechanische Verunreinigungen der Hefe müssen durch das Vibrationssieb entfernt werden, da sonst die Oberfläche der Zellen teilweise verlegt werden.

▶ Zinkgehalt der Hefe

Der Zinkgehalt der Hefe liegt normalerweise zwischen 3 und 6 mg/100 g TS. In zinkreicher Würze geführte Hefe erreicht Werte bis zu 10 mg/100g TS. Mit solchen Hefen lassen sich auch zinkarme Würzen noch über einen gewissen Zeitraum gut vergären. Nach drei Führungen in zinkarmer Würze sinkt der Zinkgehalt der Hefe auf Werte um 3 mg/100 g TS ab. Durch die Anreicherung der Würze mit Zink kann auch der Zinkgehalt der Hefe wieder angehoben werden.

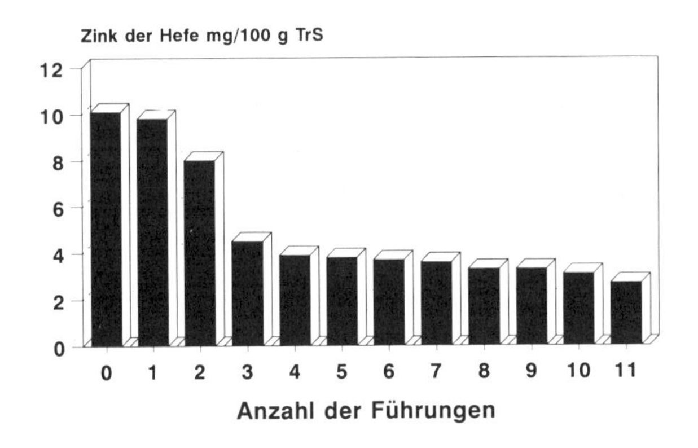

Abb. 5.16: Zinkgehalt der Hefe und Zahl der Führungen (nach (28, 32))

5.5.7.3 Technologie

▶ Temperatur und Temperaturführung

Temperatur und Temperaturführung haben auf die Gärgeschwindigkeit den stärksten Einfluß. Die Anstelltemperatur sollte nicht unter 5 °C liegen, da sonst die Angärung stark verzögert wird. Die Maximaltemperatur soll 9 °C nicht überschreiten, um das Niveau der Gärungsnebenprodukte in Grenzen zu halten. Durch eine Erhöhung der maximalen Gärtemperatur, z.B. von 8 °C auf 9 °C, kann ein niedriger Zinkgehalt etwas kompensiert werden.

▶ Rückkühlung

Für die Rückkühlung auf Schlauchtemperatur ist oft die Kälteleistung zu gering ausgelegt. Sie bewegt sich häufig nur in einem Bereich zwischen 1,0 und 1,5 °C Rückkühlmöglichkeit in 24 h. Bei einer 7tägigen Gärung sind also 3-4 Tage erforderlich, um von 8 °C auf 4 °C rückzukühlen. Das bedeutet, daß bereits in die Phase der Hauptgärung hineingekühlt werden muß, in der der steile Abbau von 2-Acetolactat und Acetaldehyd stattfindet. Da die oxidative Decarboxilierung und Reduzierung dieser Reifungsindikatoren stark temperaturabhängig ist, tritt eine Verzögerung ein, die eine längere Nachreifung erfordert. Da außerdem der erforderliche Gärkellervergärungsgrad nicht erreicht wird, gelangt auch meistens zu viel Hefe in den Lagertank. Solche Biere weisen einen breiten und hefigen Geruch und Geschmack auf.

Um in derartigen Fällen leichter die Ursachen eines schlechten Biergeschmacks aufdecken zu können, ist eine Analyse der Gärungsnebenprodukte anzuraten. Sie ist insbesondere dann sehr aufschlußreich, wenn eine Vergleichsanalyse eines ohne Störung hergestellten Bieres derselben Brauerei vorliegt (Tab. 5.7).

Tab. 5.7: Gärungsnebenprodukte (mg/l) — Pilsener Lagerbier (nach (48))

Differenz EV_s-AV_s (%)	1,8	5,6
Acetaldehyd	8,4	18,2
Ethylacetat	18,2	14,1
1-Propanol	10,8	9,3
i-Butanol	8,8	4,2
i-Amylacetat	1,4	0,4
Amylalkohole	48,2	31,4
Diacetyl (gesamt)	0,04	0,16
2,3-Pentandion (gesamt)	0,02	0,14

Die große Differenz zwischen Endvergärungs- und Ausstoßvergärungsgrad war entstanden durch zu frühes Rückkühlen und Schlauchen in eine kalte Abteilung. Es ist deutlich zu sehen, daß parallel zur Gärung auch der Abbau von Acetaldehyd und den Diketonen zum Erliegen kam. Daneben ist auch die Bildung der höheren Alkohole und Ester stark vermindert.

Im allgemeinen ist eine Rückkühlungsmöglichkeit von mindestens 3-4 °C/24 h wünschenswert.

Bei der Gärung in zylindrokonischen Tanks sollte nicht auf eine Konuskühlung verzichtet werden. Allein für das Absetzen der Hefe ist eine Konuskühlung nicht unbedingt erforderlich, jedoch wurden ohne Kühlung in der abgesetzten Hefe Temperaturdifferenzen bis zu 14 °C gemessen, die für die Hefe nicht förderlich sind. Das gilt insbesondere dann, wenn die Hefe sofort wieder zum Anstellen verwendet wird.

▶ Konvektion

Eine weitere Einflußgröße auf die Gärung ist die Bewegung der Gärflüssigkeit, die auf der Konvektion beruht. Sie ist in erster Linie abhängig von der Gefäßform und der Temperatur. Die Temperatur hat zwei Auswirkungen: Bei erhöhten Temperaturen wird mehr CO_2 gebildet, das die Konvektion bewirkt. Zum anderen kann durch entsprechende Kühltechnik die Konvektion beeinflußt werden.

Ebenso wie eine starke Konvektion in zylindrokonischen Gärtanks eine Gärzeitverkürzung bewirkt, kann eine geringe Konvektion zu Gärverzögerungen führen. Hier liegen die Ursachen meist in einer ungünstigen Gefäßform in Verbindung mit einer zu geringen Kühlleistung.

5.6 Technologie der Obergärung

Die ursprüngliche Art der Bierherstellung war die Obergärung. Sie ist in England und Belgien stark verbreitet, aber auch in Deutschland hat es in den vergangenen Jahren deutliche Zuwachsraten für obergäriges Bier gegeben. Bei einem Bierausstoß von insgesamt 118 Mio. Hektoliter im Jahre 1990 betrug der Anteil an Weizenbier 7 %, Altbier 4 % und Kölsch ebenfalls 4 %.

Der Unterschied zwischen obergärigen und untergärigen Bieren liegt in erster Linie in den Eigenschaften der jeweiligen Hefe begründet. Dies zeigt sich nicht nur im resultierenden Biercharakter und der gesamten Gärführung, sondern auch im äußeren Gärbild. Die physiologischen Unterscheidungsmerkmale zwischen unter- und obergäriger Hefe sind gegeben durch den Raffinose-Test, das Sporenbildungsvermögen, den Atmungsstoffwechsel und das Cytochromspektrum. Gärungstechnisch können sie unterschieden werden durch Flockungsvermögen, Vermehrungs- und Gärungsoptimum, Gärbild und Hefegewinnung.

5.6.1 Rohstoffe

Für obergärige Biere dürfen Malze aus verschiedenen Getreidearten verwendet werden. Reis und Mais gelten allerdings nach den Durchführungsbestimmungen des Biersteuergesetzes nicht als Getreide. In § 9, Abs. 2 des Biersteuergesetzes wird ausgeführt: „Die Bereitung von obergärigem Bier unterliegt denselben Vorschriften (Reinheitsgebot). Es ist hierbei jedoch die Verwendung von anderem Malz und (außer in Bayern und Baden-Württemberg) die Verwendung von technisch reinem Rohr-, Rüben- oder Invertzucker sowie von Stärkezucker und aus Zucker der bezeichneten Art hergestellten Färbemitteln (Zuckercouleur) gestattet. Zur Herstellung von obergärigem Einfachbier (2,0-5,5 % Stammwürze) kann auch Süßstoff mitverwendet werden (Kennzeichnung)."

Nach § 22 der Durchführungsbestimmungen zum BierStG ist außerdem der Zusatz von maximal 0,1 % untergäriger Hefe oder 15 % untergäriger Kräusen erlaubt, aber erst, wenn der Hefetrieb praktisch beendet ist. Bei der Flaschengärung wird dadurch eine bessere Bierklärung und ein kompaktes Absetzen der Hefe erreicht, so daß sich z.B. auch ein Hefeweizenbier blank einschenken läßt. Zur Verwendung von Bierklärmitteln wird ausgeführt: „Die Verwendung von Bierklärmitteln, die rein mechanisch wirken und vollständig wieder ausgeschieden werden, verstößt nicht gegen das Verbot der Verwendung von Ersatz- und Zusatzstoffen bei der Bierbereitung". Die Verwendung von Hausenblase ist damit grundsätzlich erlaubt, allerdings nicht bei Hefeweizenbier, da hier das Klärmittel in der Flasche bleiben würde.

5.6.2 Allgemeine Richtlinien

Die Sudhausarbeit und Sudhauseinrichtung ist im wesentlichen die gleiche wie bei der untergärigen Bierherstellung. Auch hier wird überwiegend mit Ein- oder Zweimaischverfahren oder auch Infusionsverfahren gearbeitet. Es werden also keine anderen Maischverfahren angewandt.

Soweit überwiegend Weizenmalz verwendet wird, ist zu berücksichtigen, daß aufgrund der geringeren Spelzenmenge die Abläuterung verzögert vor sich geht. Trotzdem kann man reine Weizenmalzsude auch ohne Beimischung von Gerstenmalz noch einwandfrei im Läuterbottich abläutern, wenn die Schüttung verringert wird.

Die Hauptunterschiede zwischen Ober- und Untergärung beginnen im Gärkeller, obwohl verschiedene Punkte sich heute gegenüber den alten obergärigen Verfahren wesentlich mehr der Untergärung angleichen, z.B. hinsichtlich Lagerung, Nachreifung und Filtration.

Auch bei der Obergärung kann man zwischen einer kalten und warmen Gärführung unterscheiden. Allerdings verträgt die obergärige Hefe normal keine zu tiefen Temperaturen. Die kalte Gärführung bewegt sich zwischen einer Anstelltemperatur von 9 °C und der Maximaltemperatur von 15 °C . Sie wird meist für niedrig vergorene Biere oder obergärige Lagerbiere angewandt, die anschließend bei einer Lagerkellertemperatur von ca. 4 °C, mitunter auch von 1 °C, für die Dauer von 1-2 Monaten nachgelagert werden.

Die warme ansteigende Gärführung umfaßt den Temperaturbereich von 15 °C ansteigend auf 20 bis 25 °C. Es wird in kurzer Zeit ein hoher Gärkellervergärungsgrad angestrebt, der nahe am Endvergärungsgrad liegt. Eine klare Trennung zwischen den Temperaturbereichen der kalten und warmen Gärführung kann aber nicht gezogen werden, die Übergänge sind fließend. Die Hefegabe schwankt zwischen 0,3 und 1,0 l/hl, wobei zu berücksichtigen ist, daß die obergärige Hefe überwiegend dünnflüssig vorliegt. Die Hefegabe bewegt sich zwischen 9 und 15 x 10^6 Zellen/ml. Die Hauptgärung dauert im allgemeinen infolge der hohen Gärtemperaturen meist nur 3-5 Tage, je nach gewünschtem Vergärungsgrad und Nachbehandlung, die entweder in Lagergefäßen oder direkt in den Flaschen erfolgt.

5.6.3 Hefeernte und Hefebehandlung

Aufgrund des unterschiedlichen Verhaltens der Hefe erfolgt die Hefeernte bei der Obergärung anders als bei der Untergärung. Bei nach oben offenen Gärgefäßen steigt die Hefe nach oben und wird dort geerntet. Zu Beginn der Gärung entsteht nach ca. 12-20 Stunden der sogenannte Hopfentrieb, der in der Hauptsache aus

Trub und Hopfenharzen besteht und entfernt wird. Nach ca. 24 Stunden Gärung beginnen sich Kräusen zu bilden, die durch das Aufsteigen der Hefe immer kompakter werden. In diesem Stadium wird vom beginnenden Hefetrieb gesprochen. Die Hefe wird in regelmäßigen Abständen abgehoben bzw. über Überlaufrinnen oder Auslauföffnungen der Gärgefäße gewonnen und als Anstellhefe verwendet. Der stärkste Auftrieb erfolgt im Stadium der Hochkräusen. Es steigt jedoch nicht die gesamte Hefemenge nach oben, ein Teil verbleibt im Gärmedium, ein Teil setzt sich locker am Boden ab. Wenn die Hefe nicht rechtzeitig geerntet wird, nimmt der Anteil der Bodensatzhefe zu.

Es soll vermieden werden, daß ein zu großer Teil der Hefe zu Boden geht, da diese dann bei der verhältnismäßig hohen Temperatur dem Bier einen unangenehmen hefigen Geschmack verleiht. Der Hefetrieb wird durch folgende Faktoren begünstigt:

- warme Gärführung,
- ausreichende Würzebelüftung,
- extraktreiche Würzen,
- guter physiologischer Zustand der Hefe.

Umgekehrt wird eine Verschlechterung des Hefeauftriebes verursacht durch

- zu kalte Gärführung,
- fehlerhafte Würzezusammensetzung,
- mangelhafte Würzebelüftung,
- schlecht ernährte Hefe,
- zu späte Hefeernte,
- schädliche Schwermetalle.

Die Hefeernte ist im allgemeinen höher bei der Obergärung. Bei der Untergärung wird eine drei- bis vierfache, bei der Obergärung eine fünf- bis sechsfache Hefevermehrung erreicht. Früher wurde die Hefe meist mit einem Sieblöffel abgeschöpft. In zylindrokonischen Gärtanks setzt sich die Hefe wegen der Bierhöhe und der Konvektion im Konus ab. Durch die starke Konvektion wird der Deckel unterspült und somit die Hefe wieder in das Gärmedium eingebracht. Hier wird die Hefe über den Konus abgezogen. Durch ein rechtzeitiges Abziehen der Hefe können geschmacklich nachteilige Auswirkungen verringert werden. Nachteilig ist, daß der Hopfentrieb nicht entfernt werden kann. Die Hefe muß in diesem Fall über ein Vibrationssieb gereinigt werden.

Die obergärige Hefe läßt im Gegensatz zur untergärigen Hefe in ihrer Gärkraft nicht nach, wenn die Gärung in offenen Gefäßen stattfindet. Dies wird sowohl durch die höheren Gärtemperaturen und besonders durch den besseren Sauerstoffkontakt beim Aufsteigen der Hefe an die Oberfläche bewirkt. Obwohl eine CO_2-Schicht über der Gärdecke liegt, kann die Hefe Sauerstoff aufnehmen und Energie gewinnen. Obergärige Hefen können mehrere hundert mal geführt werden, wenn sie nicht mit Bierschädlingen kontaminiert sind.

5.6.4 Haupt- und Nachgärung

Bei der Weizenbierherstellung dienen als Rohstoffe eine Mischung von Weizen- und Gerstenmalz, wobei der Weizenmalzanteil über 50 % liegen muß. Die Würze wird unter Betonung des Eiweißabbaues hergestellt, häufig mit intensiven Zweimaischverfahren. Die Hopfengabe ist im Vergleich zu untergärigen Bieren niedriger (12-15 Bittereinheiten). Ein Teil des Sudes, im klassischen Fall Vorderwürze, wird als Speise abgezweigt und dem Jungbier zugemischt, damit noch eine ausreichende Menge Nachgärextrakt zur Verfügung steht. Die Menge der Speise hängt vom Gärkellervergärungsgrad und dem anzustrebenden CO_2-Gehalt des fertigen Bieres ab.

Die Anstelltemperatur beträgt normalerweise 15-17 °C. Die Gärtemperatur wird mit Hilfe der Raumtemperatur geregelt, wobei darauf zu achten ist, daß ein zu hoher Temperaturanstieg vermieden wird. Als Faustregel gilt, daß die Summe von Raum- und Gärtemperatur 30 °C betragen soll. Zu hohe Hauptgärtemperaturen erhöhen die Gärungsnebenprodukte, insbesondere 2-Phenylethanol, der ein rosenölartiges Aroma bewirkt, das stark in den Vordergrund tritt. Bei einer kalten Gärführung läßt man die Hauptgärtemperatur auf maximal 20 °C und bei einer warmen Gärführung auf maximal 25 °C ansteigen.

Die Hefegabe schwankt normalerweise zwischen 0,3 und 0,5 l dickbreiiger Hefe/hl entsprechend einer Hefezellzahl von 9-15 Mio. Zellen/ml. Eine zu hohe Hefegabe verringert den Zellzuwachs und damit die Verjüngung der Hefen.

Die Hauptgärung dauert bei einem Stammwürzegehalt von 12 % nicht länger als 3 Tage, wobei meistens der Endvergärungsgrad erreicht wird. Biere aus kalten Gärführungen sind stabiler und geschmacklich besser.

Bei der Flaschengärung wird das Jungbier zunächst in einen Mischbottich mit Rührwerk gebracht. Es werden 6-7 % Speise und 0,1 % untergärige Hefe oder 15 % untergärige Kräusen zugesetzt. Die Menge der Speise hängt vom Gärkellervergärungsgrad und dem angestrebten CO_2-Gehalt des fertigen Bieres ab, wobei davon auszugehen ist, daß 1 % vergärbarer Extrakt 0,46 % CO_2 ergibt. Nachdem die erforderliche Nachgärextraktmenge errechnet wurde, kann mit Hilfe der Mischformel die Speisegabe exakt ermittelt werden.

Vom Mischbottich aus wird das Bier abgefüllt und zur Nachgärung gelagert. Die Nachgärung erfolgt in zwei Stufen, in einer einwöchigen Warmphase (12-14 °C) und einer zwei bis drei Wochen langen Kaltphase (5-6 °C).

5.7 Biologische Säuerung

Die Vorzüge der kombinierten biologischen Säuerung von Maische auf einen pH-Wert von 5,45 und Würze auf ein pH von 5,1 sind bekannt. Ursprünglich wurden nur — neben der Enthärtung des Brauwassers — Sauermalz, Braugips und Calciumchlorid zur Verringerung der aciditätsvernichtenden Bikarbonate des Brauwassers zugesetzt. Bald jedoch erkannte man die biologische Säuerung als geeignete Maßnahme, auch Biere zu verbessern, die mit enthärtetem Wasser hergestellt waren. Als direkte Folge der Säuerung ergeben sich folgende Fakten:

- bessere Enzymwirkung beim Maischen, insbesondere der Proteasen, Glucanasen und Phosphatasen, wodurch die Maischintensität erhöht wird,
- durch die Viscositätsverringerung von ca. 0,03 mPas kann schneller abgeläutert werden, unter Umständen entfällt das Aufhacken der Treber beim Abläutern der Vorderwürze,
- eine Erhöhung des Gesamt-Stickstoffs und aller Lundinfraktionen,
- der α-Aminostickstoff nimmt zu,
- die Anthocyanogengehalte steigen, der Polymerisationsindex verbessert sich,
- insgesamt ist eine schnellere Gärung zu beobachten,
- beim Kochen kommt es zu einer stärkeren Eiweißausscheidung,
- es resultieren hellere Würzefarben.

Tab. 5.8: Biologische Säuerung, pH-Werte im Vergleich (nach (48, 50))

	Normal	Gesäuert
Maische	5,70 - 5,90	5,40 - 5,60
Pfanne-voll-Würze	5,55 - 5,75	5,15 - 5,35
Ausschlagwürze	5,45 - 5,65	5,05 - 5,25
Bier	4,40 - 4,80	4,30 - 4,50

Die Biere zeigen eine bessere Geschmacksstabilität, sind milder, weicher, rezenter und vertragen mehr Hopfen. Die Qualität der Bittere verbessert sich, wobei allerdings die Bitterstoffausbeute geringer wird. Diese Verluste werden jedoch ausgeglichen durch eine bessere Sudhausausbeute. Die Bitterstoffverluste können bei kombinierter Säuerung bis zu 15 % betragen. Die anfangs großen pH-Unterschiede verringern sich bis zum fertigen Bier, der Schaum zeigt keine Unterschiede. Insgesamt stellt die biologische Säuerung eine im Hinblick auf Geschmack, Geschmacksstabilität und biologische Stabilität wertvolle Maßnahme dar.

Die Herführung des Sauergutes in verdünnter Vorderwürze erfolgt entweder im Batch-, im semikontinuierlichen- oder kontinuierlichen Verfahren bei Temperaturen von 47-48 °C. Temperaturen über 50 °C führen zum Aktivitätsverlust der Bakterienkultur.

Bei den zur biologischen Säuerung verwendeten Sauergutkulturen handelt es sich oft um Mischkulturen, die vom Malz isoliert wurden. So konnten bis zu 12 *Lactobacillus*-Stämme aus dem Sauergut einer Brauerei isoliert werden.

Tab. 5.9: Biologische Säuerung, Sauergutstämme (nach 50))

AM 2	*Lactobacillus amylovorus*	homofermentativ
AM 5	*Lactobacillus species*	heterofermentativ
HP 7	*Lactobacillus species*	heterofermentativ
HP 8	*Lactobacillus fermentum*	heterofermentativ
HP 10	*Lactobacillus fermentum*	heterofermentativ
HP 12	*Lactobacillus species*	heterofermentativ
DSM 20022	*Lactobacillus casei subsp. rhamnosus*	homofermentativ
DSM 20355	*Lactobacillus delbrückii subsp. lactis*	homofermentativ
RST 1/5	*Lactobacillus species*	homofermentativ
1444	*Lactobacillus delbrückii subsp. lactis*	homofermentativ
213	*Lactobacillus delbrückii subsp. delbrückii*	homofermentativ

Lactobacillen benötigen Nährmedien, die reich an Vitaminen, Aminosäuren, Purinen und Pyrimidinen sein müssen. So konnte bei der Aminosäureanalyse des vergorenen Sauergutes festgestellt werden, daß im Durchschnitt 9 % aller in der Vorderwürze vorliegenden Aminosäuren von den Bakterien verstoffwechselt werden. Das Glutamin wurde vollständig abgebaut, alle anderen Aminosäuren dagegen nur in geringem Maße.

Trotz des Fehlens des Enzyms Katalase können Lactobacillen in Gegenwart von Luftsauerstoff wachsen, sie sind zwar fakultativ anaerob, aber aerotolerant.

Homofermentative Milchsäurebakterien bilden fast ausschließlich, zu 90 %, Lactat aus Glucose (Kap. 1, Abb. 1.1). Der Abbau erfolgt über den Fructose-bisphosphat-Weg. Der während der Dehydrogenierung von Glycerinaldehyd-3-Phosphat anfallende Wasserstoff wird auf Pyruvat übertragen. Je nach der Stereospezifität der Lactat-Dehydrogenase und dem Vorhandensein einer Lactat-Racemase entstehen D(-), L(+) oder DL-Lactat. Ein kleiner Teil des Pyruvats wird decarboxyliert, als Nebenprodukte fallen Acetat, Ethanol, CO_2 und Acetoin an. Offensichtlich ist das Ausmaß der Bildung von Nebenprodukten vom Sauerstoffzutritt abhängig.

Bei den heterofermentativen Milchsäurebakterien erfolgt der Glucoseabbau über den Pentosephosphat-Weg. Außer Lactat entsteht aus Glucose noch CO_2 und Ethanol. Aus Fructose wird dann Acetat, CO_2, Mannit und eine Reihe weiterer organischer Säuren gebildet.

Tab. 5.10: Biologisches Sauergut, organische Säuren (g/l) (nach 50))

Stamm	HP 7	AM 2	HP 8	Gemisch
Oxalsäure	0,2	0,2	0,2	0,2
Äpfelsäure	0,6	0,8	1,7	0,9
Milchsäure	9,3	10,9	16,1	16,5
Essigsäure	1,1	0,1	0,6	0,3
Summe	11,2	12,0	18,6	17,9

In der Tab. 5.10 ist das Spektrum einiger organischer Säuren im Sauergut, wie sie von drei Stämmen und einer Mischkultur gebildet wurden, dargestellt. Die erhöhten Acetatwerte von 1,1 und 0,6 g/l kennzeichnen die heterofermentativen Kulturen.

In der Praxis ist es problemlos möglich, die Säurebildung zu verfolgen, um den richtigen Einsatzzeitpunkt bestimmen zu können. Zusätzlich müssen aber im Betrieb die Maischen und Pfanne-voll-Würzen aller produzierten Biersorten in Vorversuchen auf den Verbrauch an Sauergut getestet werden, um entsprechende Arbeitsvorschriften zu erstellen. Dies ist regelmäßig zu kontrollieren, da mit wechselnden Malzchargen sich auch der pH-Wert der Maische und Würze ändert. Weiterhin bleibt das Säurebildungsvermögen der Sauergutkulturen nicht immer konstant.

Liegen im Sauergut Gemische vor, kann es im Laufe der Zeit, insbesondere bei unsachgemäßer Handhabung zu einem Nachlassen des Säurebildungsvermögens kommen. Zu große Temperaturschwankungen beim Drauflassen frischer Vorderwürze oder versehentlich verwendete gehopfte Würze verschlechtern die Säurebildung drastisch. Trotz Einhalten der Optimaltemperaturen kann es von Zeit zu Zeit zu Infektionen mit Hefen kommen, die der Vorderwürze und somit den Sauerkulturen Nährstoffe entziehen. Hier ist dann durch vorübergehende Erhöhung der Temperatur auf 52 °C Abhilfe zu schaffen.

5.8 Bierschädliche Mikroorganismen

Das Bier muß seine wertvollen Eigenschaften möglichst lange behalten. Die Qualität und die biologische Stabilität des Bieres sowie seine Eigenschaft als Nahrungs- und Genußmittel machen eine laufende biologische Überwachung erforderlich. Die Aufgabe der biologischen Brauereibetriebskontrolle sind auf die Praxis bezogen und müssen deren Anforderungen gerecht werden.

Sind bierschädliche Mikroorganismen an irgendeiner Stelle des Herstellungsprozesses eingeschleppt worden, vermehren sie sich und führen zu einer Schädigung des Produktes.

Die Bierwürze ist ein ausgezeichnetes Medium für Mikroorganismen, die in der Lage sind, bei einem pH-Wert um 5 zu wachsen.

Bier dagegen stellt einen wesentlich selektiveren Nährboden dar. So sind z.B. die verwertbaren Kohlenhydrate auf die Maltohexaose und die höheren Dextrine reduziert. Stickstoff ist in erster Linie in Form von Polypeptiden und größeren Molekülen vorhanden. Vitamine und andere Wuchsstoffe mit geringem Molekulargewicht sind zum größten Teil bei der Gärung von der Hefe aufgenommen worden. Auch der niedrige pH-Wert von 4,2-4,5 hemmt das Wachstum bestimmter Mikroorganismen. Der geringe Sauerstoffgehalt des Bieres ermöglicht nur mikroaerophilen und anaeroben Mikroorganismen sich zu vermehren. Darüberhinaus zeigen auch der Alkohol, die organischen Säuren und gelöste Kohlensäure eine hemmende Wirkung gegenüber vielen Mikroorganismen (Tab. 5.11 u. 5.12).

Tab. 5.11: Zusammensetzung von Würze und Bier

	Würze	**Bier**
Hefe verwertet	Glucose, Fructose, Saccharose, Maltose, Maltotriose, Aminosäuren, niedere Peptide, Mineralsalze, Wachstumsfaktoren (Purine, Pyrimidine)	vorhanden, aber in sehr kleinen Mengen in Abhängigkeit vom Hefewachstum und der Vergärung
Hefe verwertet nicht	Poly- und Oligosaccharide größer als Maltotriose, β-Glucane, abgebaute Proteine, Polypeptide, Tannine, Hopfenbestandteile	bleiben im Bier
Gärungsnebenprodukte	keine	Alkohol, Fuselöle, Ester, Glycerin, Kohlendioxid, organische Säuren
pH-Wert	5,0 - 5,2	3,8 - 4,3
Redoxpotential	oxidierter Bereich	reduzierter Bereich

Tab. 5.12: Voraussetzungen für das Wachstum von Bierschädlingen

Merkmale	Essigsäurebakterien Gramnegativ Katalase-positiv	Pediococcen Grampositiv Katalase-negativ
Hopfenbitterstoffe	unempfindlich	relativ unempfindlich
Ethanol	über 6 % keine Entwicklung	hohe Toleranz, verdirbt auch Bockbiere
Sauerstoff	erforderlich	Trübung nur bei Abwesenheit von O_2 und bei CO_2-Atmosphäre
Kohlenhydrate	Dextrine werden benötigt, beeinflußbar beim Maischen	vergärbare Zucker erforderlich
Bierqualität	keine besonderen Ansprüche, nur Dextringehalt wichtig	schlechte Vergärung, stark bruchbildende Hefen fördern Kontaminationen
pH-Wert	säuretolerant	progressive Hemmung bei fallendem pH-Wert

Das folgende Kapitel gibt einen Überblick über wichtige bierschädliche Hefen, Bakterien und Schimmelpilze. Der Nachweis, die Identifizierung und Maßnahmen zur Vermeidung bzw. Beseitigung dieser Bierschädlinge werden gesondert im Kapitel 9 beschrieben.

5.8.1 Hefen (38)

Der Begriff „wilde Hefen" ist im Braugewerbe nicht eindeutig definiert. Man versteht darunter sowohl Hefen der Gattung *Saccharomyces*, die nicht zu den als Brauhefen eingesetzten Subspezies (Unterarten) *Saccharomyces cerevisiae* und *carlsbergensis* gehören. Unter dem Gesichtspunkt, daß jede Brauerei einen bestimmten Hefestamm zur Herstellung des jeweiligen Bieres einsetzt, sind andere Kulturhefestämme, die im Betrieb auftreten, als Fremdhefen zu betrachten. Zu den Aufgaben der biologischen Betriebskontrolle gehört es daher auch, zwischen Brauereikulturhefen und den „wilden Hefen" zu unterscheiden. Bei fehlerhafter, d.h. ungenügender Vergärung des Restextraktes oder auch schlechter Filtration besteht die erhöhte Gefahr, daß vor allem durch Kulturhefe selbst oder durch wilde Hefe Nachgärungen und somit Trübungen im abgefüllten Bier verursacht werden können. Gerade die wilden Hefen führen nicht nur zu Biertrübungen, sondern auch durch ihre spezifischen Stoffwechselprodukte zu erheblichen Geschmacksfehlern.

Im folgenden soll ein kurzer Überblick über die bis jetzt bekannten „wilden Hefen" gegeben werden.

5.8.1.1 Kulturhefen

- Kulturhefen, die nicht zur Verwendung kommen oder aus anderen Produktionsabläufen stammen.
- Killerstämme von ober- und untergärigen Bierhefen (*Saccharomyces cerevisiae ssp.*).

5.8.1.2 Fremdhefen

Tab. 5.13 gibt einen Überblick über die wichtigsten Fremdhefen in der Brauerei.

Tab. 5.13: Fremdhefen in der Brauerei (38)

Brettanomyces anomalus	*Filobasidium capsuligenum*
Brettanomyces claussenii	
Brettanomyces custersianus	*Hanseniaspora uvarum*
Brettanomyces custersii	*Hanseniaspora valbyensis*
Brettanomyces lambicus	*Hanseniaspora vineae*
Candida beechii	*Kloeckera apiculata*
Candida ernobii	
Candida humilis	*Kluyveromyces marxianus*
Candida intermedia	
Candida norvegica	*Pichia farinosa*
Candida oleophila	*Pichia fermentans*
Candida parapsilosis	*Pichia guilleriermondii*
Candida sake	*Pichia membranaefaciens*
Candida solani	*Pichia onychis*
Candida stellata	*Pichia orientalis*
Candida tenuis	
Candida tropicalis	*Saccharomycodes ludwigii*
Candida vartiovaarai	
Candida versatilis	*Schizosaccharomyces pombe*
Debaryomyces hansenii	*Torulaspora delbrueckii*
Debaryomyces marama	
	Zygosaccharomyces bailii
Dekkera bruxellensis	
Dekkera intermedia	

Fremdhefen kann man nach ihrem physiologischen Verhalten auch folgendermaßen klassifizieren:

- **Gärkräftige Arten:**
  Wildstämme und Varietäten von *Saccharomyces cerevisiae (ssp. diastaticus, ssp. bayanus var. pastorianus, ssp. ellipsoideus), S. exiguus, S. unisporus*

- **Gärschwache Hefen:**
  Brettanomyces sp.: B. anomalus, claussenii, custersianus, custersii, lambicus
  Candida sp.: C. beechii, ernobii, humilis, intermedia, norvegica, oleophila, parapsilosis, sake, solani, stellata, tenuis, tropicalis, vartiovaarai und *versatilis*
  Kluyveromyces sp.: K. marxianus
  Kloeckera sp.: Kl. apiculata
  Saccharomycodes ludwigii

- **Fremdhefen:**
  Debaryomyces sp.: Deb. hansenii, marama
  Filobasidium capsuligenum
  Rhodotorula sp.: Rh. rubra
  Kahmhefen: *Candida sp., Hansenula sp., Pichia sp.*

5.8.1.3 Auswirkungen „wilder Hefen" auf das Bier

Wilde Kulturhefen, also solche, die nicht mit dem üblicherweise verwendeten Hefestamm identisch sind, können aufgrund ihres unterschiedlichen Verhaltens (Vergärungsrate, Endvergärungsgrad, Flockulation und Gärungsnebenprodukte) zu unbefriedigenden Ergebnissen führen.

Hefekontaminationen mit Fremdhefen — auch wenn es sich nur um Spurenkontaminationen (s.u.) handelt — vergrößern vor allem bei offenen Gärbottichen mit jeder weiteren Führung das Risiko. Bei geschlossenen Gärgefäßen ist die Gefahr wesentlich vermindert.

Killerhefen können u.a. auch Kulturhefen abtöten und dann überhandnehmen. Dabei produzieren sie vor allem schwere Fehlaromen, haben einen schwachen Endvergärungsgrad und bewirken viele andere Defekte.

Die meisten „wilden Hefen" haben jedoch im Gegensatz zu Killerhefen keinen direkt auf Kulturhefen gerichteten Effekt, können jedoch gleich oder schneller wachsen als diese, vor allem bei wiederholtem Anstellen derselben Hefen. Sie können ebenso wie bierschädliche Bakterien die Qualität des Bieres durch Trübung oder Bodensatzbildung und/oder Fehlgeschmacksbildung (z.B. *S. diastaticus)* stark beeinflussen.

5.8.2 Bakterien (39-42)

Eine Reihe von Bakterien spielen in der Brauerei eine wichtige Rolle als Bierschädlinge. Dabei handelt es sich nicht um medizinisch relevante, i.e. pathogene Vertreter, da diese im Bier nicht wachsen können, sondern um Lebensmittelverderber im eigentlichen Sinne: Das befallene Getränk wird in der Qualität gemindert, sei es durch unerwünschte Trübung oder Veränderung des Aromas. Bakterientrübungen treten wegen der geringen Größe der Bakterien zunächst in einer feinen, schleierartigen gleichmäßigen Trübung auf, die immer mehr an Stärke zunimmt. Parallel zur Trübung findet eine mehr oder weniger starke Schädigung statt, die das betreffende Bier ungenießbar macht. Die Ursachen von Bakterientrübungen sind immer Kontaminationen. Die meisten Kontaminationen werden durch Kontamination der Anstellhefe verursacht. Die daran beteiligten Bakterien lassen sich je nach Art und Häufigkeit ihres Auftretens in obligat und fakultativ (potentielle und indirekte) bierschädliche Bakterien unterteilen, wobei letztere nur unter besonderen Umständen in Erscheinung treten können (siehe Kap. 9).

5.8.2.1 Obligat bierschädliche Bakterien

Tab. 5.14 zeigt eine Übersicht über obligat bierschädliche Bakterien.

Tab. 5.14: Obligat bierschädliche Bakterien

Lactobacillus sp.	gram (+), Stäbchen
Pediococcus sp.	gram (+), Kokken
Pectinatus cerevisiiphilus	gram (—), Stäbchen
Megasphaera sp.	gram (—), Kokken

Lactobacillus

Vertreter dieser Gattung können je nach ihrer Fähigkeit Kohlenhydrate umzusetzen, in Fermentations-Gruppe I (obligat homofermentative), -Gruppe II (fakultativ homofermentative; homofermentativ bei Hexosen) und -Gruppe III (obligat heterofermentative) oder auch in (weniger gebräuchliche Untergattungen) Thermo-, Strepto- und Betabakterien eingeteilt werden. Die wichtigsten bisher im Bier gefundenen Schädlinge dieser Gattung sind in Tab. 5.15 aufgeführt.

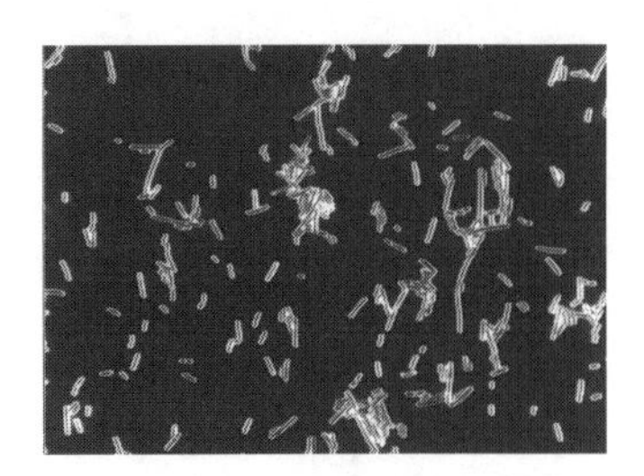

Abb. 5.17: Mikroskopische Aufnahme von Lactobacillus spezies im Dunkelfeld (Quelle: siehe Abb. 5.1)

Tab. 5.15: Wichtige Bierschädlinge von *Lactobacillus* sp (42)

Art	Fermentationsgruppe	Untergattung
L. casei	II	Streptobacterium
L. coryniformis	II	Streptobacterium
L. brevis	III	Betabacterium
L. brevisimilis	III	Betabacterium
L. frigidus	III	Betabacterium
L. lindneri	III	Betabacterium

Pediococcus

Homofermentative Milchsäurebakterien, die oft in der Brauereimikrobiologie fälschlicherweise als (Bier-) „Sarcinen" bezeichnet werden. Korrekterweise versteht man darunter eine morphologische Erscheinungsform bei Kokken (nicht nur bei solchen, die im Bier vorkommen), bei denen nach synchroner Teilung aus Tetraden (4 aneinanderhängende Zellen) Pakete (lat. sarcina) mit 8 Zellen hervorgehen. Die wichtigsten Bierschädlinge dieser Gattung sind: *Pediococcus damnosus* (früher *Pediococcus cerevisiae*) und *Pediococcus inopinatus.*

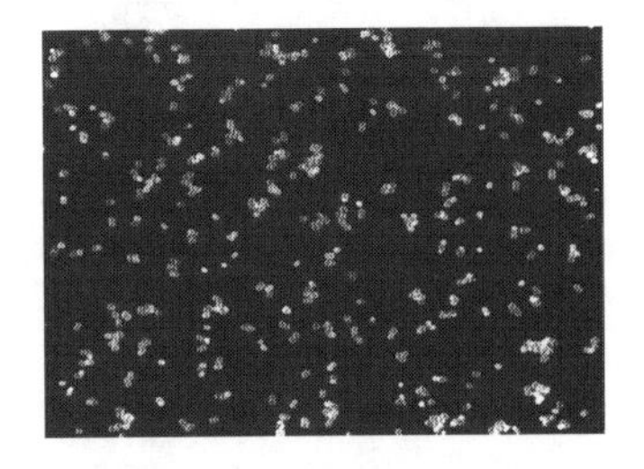

Abb. 5.18: Elektronenmikroskopische Aufnahme von Pediococcus damnosus im Dunkelfeld (Quelle: siehe Abb. 5.1)

Pectinatus

Obligat anaerobe, bewegliche, stäbchenförmige Bakterien, von denen nur *Pectinatus cerevisiiphilus* und *P. frisingensis* als Bierverderber in Erscheinung treten. Alle anderen ehemals *Pectinatus sp.* zugerechneten 45 Stämme wurden inzwischen als eine neue Art von *Selenomonas, Sel. lactifex,* und eine neue Gattung, *Zymophilus,* mit 2 Arten, *Zymophilus raffinosivorans* und *Zymophilus paucivorans* qualifiziert (43). Vertreter dieser Arten treten ab und zu als Begleitorganismen von Bierhefen auf.

Megasphaera

Strikt anaerobe Kokken, von denen nur *Megasphaera cerevisiae* beim Bierverderb eine wesentliche Rolle spielt.

Bei Anwesenheit obligater Bierschädlinge kommt es immer zum Bierverderb, sei es durch Trübung, Bodensatz oder Hautbildung, oder zu gravierenden Geschmacks- und Aromaveränderungen (s.u.).

5.8.2.2 Fakultativ bierschädliche Bakterien

Tab. 5.16: Fakultativ bierschädliche Bakterien

Acetobacter sp.	gram (—), Stäbchen
Gluconobacter sp.	
Zymomonas mobilis	
Enterobacter sp.	
Escherichia sp.	
Klebsiella sp.	
Obesumbacterium proteus	
Citrobacter sp.	
Micrococcus kristinae	gram (+), Kokken
Lactococcus sp.	
Leuconostoc mesenteroides	
Bacillus brevis	gram (+), Stäbchen

Bei Anwesenheit fakultativer Bierschädlinge kommt es nur unter bestimmten Bedingungen zum Verderb des Bieres wie z.B. bei Anwesenheit von Sauerstoff, bestimmten Konzentrationen von Hopfenbitterstoffen oder vergärbaren Zuckern (s.u.).

5.8.2.3 Auswirkungen bierschädlicher Bakterien auf das Bier

Bei obligaten Bierschädlingen kommt es grundsätzlich zu Trübungen, Bodensatzbildung, Fehlaromen und Geschmacksabweichungen. Letztere sind bedingt durch Bildung bestimmter Stoffwechselprodukte (siehe Tab. 5.17).

Bei fakultativen Bierverderbern kommt es nur unter bestimmten Bedingungen zum Verderb (Gehalt an Sauerstoff und leicht vergärbaren Zuckern, Konzentration von Hopfenbitterstoffen, Lagertemperatur und Alkoholgehalt (siehe Tab. 5.17)).

Tab. 5.17 zeigt einen Überblick über die Auswirkungen der wichtigsten obligaten und potentiellen Bierverderber.

Tab. 5.17: Stoffwechselprodukte von Bierschädlingen und ihre Auswirkungen auf das Bier

Gattung	Stoffwechselprodukte	Veränderung im Bier	Häufigster Vertreter
Lactobacillus (homoferm.)	Milchsäure	starke Säuerung, unsauberer Geschmack	*Lactobacillus casei*
Lactobacillus (heteroferm.)	Milchsäure, Ethanol, CO_2, Essigsäure	Trübung, unsauberer Geschmack	*Lactobacillus brevis*
Pediococcus	Diacetyl	unsauberer Geschmack	*Pediococcus damnosus*
Pectinatus	Essigsäure, Propionsäure, H_2S	Trübung, unsauberer Geschmack	*Pectinatus cerevisiiphilus*
Megasphaera	Buttersäure, Valeriansäure	fauliger Geschmack, stinkendes Aroma	*Megasphaera ssp.*
Leuconostoc	Diacetyl	unsauberer Geschmack	*Leuconostoc mesenteroides*
Lactococcus	Diacetyl	Trübung, unsauberer Geschmack (nur bei schwach gehopftem Bier $<$ 20 EBC-Bittereinheiten)	*Lactococcus lactis*
Micrococcus	Diacetyl, Fruchtaroma	unsauberer Geschmack, Wachstumshemmend bei T $<$ 15 °C, pH 4,5 und $>$ 25 EBC-Bittereinheiten	*Micrococcus kristinae*
Acetobacter	Essigsäure (Weiteroxidation zu CO_2 + H_2O)	Trübung, unsauberer Geschmack	*Acetobacter pasteurianus*
Gluconobacter	Essigsäure	Trübung, unsauberer Geschmack	*Gluconobacter oxydans*
Obesumbacterium	H_2, CO_2, Ethanol, 2,3-Butandiol	Aromastoffe aus der Würze im Bier	*Obesumbacterium proteus*

5.8.3 Schimmelpilze

Bestimmte Schimmelpilze sind in Verdacht geraten, am „Wildwerden" („Gushing") des Bieres beteiligt zu sein (44-46). Dieses Phänomen tritt u.a. immer dann auf, wenn Rohware (Braucerealien) und/oder daraus hergestellte Malze über das Normalmaß hinaus mit bestimmten Schimmelpilzen befallen sind.

5.8.3.1 Relevante Schimmelpilze

Diese können in zwei Gruppen unterteilt werden: Feld- und Lagerflora. Zur Feldflora werden hauptsächlich solche aus *Fusarium sp., Alternaria sp.* und in seltenen Fällen *Microdochium nivale* (?) gerechnet, die die entsprechende Rohware nur auf dem Felde kontaminieren. Zur Lagerflora gehören hauptsächlich *Aspergillus sp., Penicillium sp., Mucor sp., Rhizopus sp.* etc., die bei ungenügender Trocknung oder bei zu feuchter Lagerung von Getreiden und Malzen optimale Wachstumsbedingungen vorfinden.

5.8.3.2 Auswirkungen bierschädlicher Schimmelpilze auf das Bier

Wie bereits oben erwähnt, scheint eine hohe Korrelation zwischen Befall von Rohware und Malzen mit bestimmten Schimmelpilzen und Gushing des daraus hergestellten Bieres zu bestehen. Es ist noch nicht geklärt, ob Stoffwechselprodukte des beteiligten Pilzes oder Metabolite von Korninhaltsstoffen dafür verantwortlich sind. Inwieweit andere Stoffwechselprodukte, wie z.B. Mykotoxine, Auswirkungen auf die Bierqualität haben, kann noch nicht beurteilt werden.

Literatur

(1) KREGER-VAN RIJ, N.J.W(Hrsg.): The yeasts, a taxonomic study. 3. Aufl., Elsevier North-Holland, Amsterdam (1984)

(2) BARNETT, J.A.: The taxonomy of the genus Saccharomyces Meyen ex Reess: a short review for non-taxonomists. Yeast 8 (1992) 1-23

(3) CAMPBELL, I.: Systematics of yeasts. In: PRIEST, F.G. (Hrsg.) Brewing Microbiology 1987, 1-13

(4) KURTZMANN, C.P.: Molecular taxonomy of industrial yeasts. In: Biological Research on Industrial Yeasts I. (1987) 28

(5) DONHAUSER, S., VOGESER, G., SPRINGER, R.: Klassifizierung von Brauereihefen und anderen industriell eingesetzten Hefen durch DNS-Restriktionsanalysen. Monatsschrift für Brauwissenschaft 42. Jg. (1989) H. 1, 4-10

(6) DONHAUSER, S., SPRINGER, R., VOGESER, G.: Identifizierung und Klassifizierung von Brauereihefen durch Chromosomenanalyse mit der Pulsfeldgelelektrophorese. Monatsschrift für Brauwissenschaft 43 (1990) 392-400 und 44 (1991) 74

(7) PEDERSEN, M.B.: Practical use of electro-karyotypes for brewing yeast identification. In: EBC-Proc., Congr. (1987) 489-496

(8) PEDERSEN, M.B.: The use of nucleotide sequence polymorphisms and DNA karyotyping in the identification of brewer's yeast strains and in microbiological control. In: Modern Methods in Plant Analysis, New Series Vol 7. (1988) 180-194

(9) JOHNSTON, J.R., MORTIMER, R.K.: Electrophoretic karyotyping of laboratory and commercial strains of Saccharomyces and other yeasts. Int. J. Syst. Bacteriol. 36 (1986) H. 4, 569-572

(10) TAKATA, Y., WATARI, J., NISHIKAWA, N., KAMADA, K.: Electrophoretic banding patterns of chromosomal DNA from yeasts. ASBC Journal 47 (1989) 109-113

(11) SHEEHAN, C.A., WEISS, A.S.: Brewing yeast identification and chromosome analysis using high resolution chef gel electrophoresis. J. Inst. Brew. 97 (1991) 163-167

(12) DONHAUSER, S., FRIEDRICHSON, U., RITTER, H., SCHMITT, J.: Enzym-Polymorphismen bei Hefen. In: EBC-Proc., Congr. Amsterdam (1977) 285-295

(13) DONHAUSER, S., RITTER, H., SCHMITT, J.: Genetische Variabilität der Alkoholdehydrogenasen bei Saccharomyces. In: EBC-Proc., Congr. (1981) 187-196

(14) HERSKOWITZ, I.: Life cycle of the budding yeast Saccharomyces cerevisiae. Microbiological Reviews 52 (1988) 536-553

(15) MORTIMER, R.K., SCHILD, D.: Genetic map of Saccharomyces cerevisiae. 9. Aufl. Microbiological Reviews 49 (1985) 181-212

(16) FUTCHER, A.B.: The 2 μm circle plasmid of Saccharomyces cerevisiae. Yeast 4 (1988) 27-40

(17) DE ZAMAROCZY, M., BERNARDI, G.: The primary structure of the mitochondrial genome of Saccharomyces cerevisiae — a review. Gene 47 (1986) 155-177

(18) PEDERSEN, M.B.: DNA sequence polymorphisms in the genus Saccharomyces III. Restriction endonuclease fragment patterns of chromosomal regions in brewing and other yeast strains. Carlsberg Res. Commun. 51 (1986) 163-183

(19) EDDY, A.A.: Mechanism of Solute Transport in Selected Eucariotic. Advances in Microbial Physiology 23 (1982) 12-69

(20) FRANZUSOFF, A.J., CIRILLO, V.P.: Glucose Transport Activity in Isolated Membrane Vesicles from Saccharomyces cerevisiae. Journal Biological Chemistry 258 (1983) 3608-3614

(21) DONHAUSER, S., WAGNER, D.: Der Einfluß von Aminosäuren, Spurenelementen und vergärbaren Kohlenhydraten auf die Bierqualität. Brauwelt 129 (1989) 2525-2532

(22) DONHAUSER, S., WAGNER, D., GUGGEIS, H.: Hefestämme und Bierqualität. 1. Mitteilung: Vergleichende Untersuchungen an den untergärigen Hefestämmen 26, 34, 44, 54, 59, 69, 84, 111, 120, 128, 140, 153 und 157 aus der Hefebank Weihenstephan. Brauwelt 127 (1987) 1273-1280

(23) DONHAUSER, S., WAGNER, D., GORDON, D.: Hefestamm und Bierqualität. 2. Mitteilung: Vergleichende Untersuchungen an 11 weiteren untergärigen Hefestämmen. Brauwelt 128 (1988) 108-116

(24) WAGNER, D.: Mälzerei und gärungstechnische Einflüsse auf den Aminosäuregehalt der Malze und Biere. Dissertation TH München (1969)

(25) MÄNDL, B., WULLINGER, F., WAGNER, D., PIENDI, A. :Einfluß von Hefestamm, Würzebelüftung und Hefegabe auf die Aminosäureabsorption untergäriger Brauereihefe. Brauwissenschaft 26 (1973) 10-14, 50-57

(26) JONES, M., PIERCE, J.S.: Absorption of amino acids from wort by yeasts. J. Inst. Brewing 70 (1964) 307-315

(27) JONES, M., PIERCE, J.S.: Nitrogen requirements in wort — practical applications. Proc. EBC Congress Interlaken (1969) 151-160

(28) DONHAUSER, S., WAGNER, D., LINSENMANN, O.: Hefezink bei konventionellen und Druckgärverfahren. Brauwelt 122 (1982) 1464-1472

(29) DONHAUSER, S., SCHAUBERGER, W., GEIGER, E.: Verhalten von Zink während der Würzebereitung. Brauwelt 123 (1983) 516-522

(30) JACOBSEN, T.: Zinc and other Elements in Brewing Worts: Distribution, Regulation, and Importance. Brewing Industry Research Laboratory, Oslo (1983)

(31) DONHAUSER, S., WAGNER, D., SCHNEIDER, K.: Über den Einfluß des Mangangehaltes der Würze auf die Gärung. Brauwelt 124 (1984) 1616-1622

(32) WAGNER, D., GEIGER, E., BIRK, W.: Der Zink- und Mangangehalt der Hefe in Abhängigkeit von bestimmten gärungstechnologischen Faktoren. Proc. EBC Congres London (1983) 473-480

(33) PETERS, W.H., NISSLER, K., SCHELLENBERGER, W., HOFMANN, E.: Binding of Manganese to Phosphofructokinase of Yeast. Biochemical and Biophysical Research Comm. 90 (1979) 561-566

(34) VOSS, H.: Zur quantitativen und mikrobiologischen Bestimmung verschiedener Vitamine der B-Gruppe und deren Verhalten bei der Herstellung des Bieres. Dissertation TU München-Weihenstephan (1975)

(35) GRAHAM, R., SKURRAY, G., CAIGER, P.: Nutritional Studies on Yeast during Batch and Continous Fermentation, I. Changes in Vitamin Concentrations, J. Inst. Brewing 76 (1970) 366

(36) WEINFURTNER, F., ESCHENBECHER, F., THOSS, G.: Zur Wuchsstoffversorgung der untergärigen Bierhefen unter besonderer Berücksichtigung ihres „Wuchsstoffbedarfs", Brauwissenschaft 17 (1964) 121-129, 175-180

(37) DONHAUSER, S.: Gärstörungen — Befunderhebung und Gegenmaßnahmen. Brauwelt 121 (1981) 816-824

(38) CAMPBELL, I.: Wild Yeasts in Brewing and Destilling. In: PRIEST, F.G. (Hrsg.): Brewing Microbiology. 1. Aufl., London: Elsevier Applied Science (1987)

(39) BACK, W.: Bierschädliche Bakterien, Taxonomie der bierschädlichen Bakterien. Grampositive Arten. Monatsschr. Brauerei 34 (1981) 267-276

(40) BACK, W.: Bierschädlliche Bakterien, Nachweis und Kultivierung bierschädlicher Bakterien im Betriebslabor. Brauwelt 120 (1980) 1562-1569

(41) VUUREN VAN, H.J.J.: Gram-negative Spoilage Bacteria. In: PRIEST, F.G. (Hrsg.): Brewing Microbiology, 1. Aufl., London: Elsevier Applied Sciene (1987)

(42) PRIEST, F.G.: Gram-positive Brewery Bacteria. In: PRIEST, F.G. (Hrsg.), CAMPBELL, I., (Hrsg.): Brewing Microbiology. 1. Aufl., London: Elsevier Applied Science (1987)

(43) SCHLEIFER, K.H., LEUTERITZ, M., WEISS, N., LUDWIG, W., KIRCHHOF, G., SEIDEL-RÜFER, H.: Taxonomic Study of Anaerobic, Gram-Negative, Rod-Shaped Bacteria from Breweries: Emended Description of Pectinatus cerevisiiphilus and Description of Pectinatus frisingensis sp. nov., Selenomonas lactifex sp. nov., Zymophilus raffinosivorans gen. nov., sp. nov., and Zymophilus paucivorans sp. nov. Int. J. Syst. Bacteriol. (1990) 19-27

(44) AMAHA, M., KITABATAKE, K.: Gushing in Beer. In: POLLOCK, J.R.A. (Hrsg.): Brewing Science, 2. Aufl., London: Academic Press (1981)

(45) NIESSEN, L., DONHAUSER, S., WEIDENEDER, A., GEIGER, E., VOGEL, H.: Möglichkeiten einer verbesserten visuellen Beurteilung des mikrobiologischen Status von Malzen. Brauwelt 131 (1991) 1556-1562

(46) NIESSEN, L., DONHAUSER, S., WEIDENEDER, A., GEIGER, E., VOGEL, H.: Mykologische Untersuchungen an Cerealien und Malzen im Zusammenhang mit dem Wildwerden (Gushing) des Bieres. Brauwelt 132 (1992) 702-714

(47) KRÜGER, E., ANGER, H.M.: Kennzahlen zur Betriebskontrolle und Qualitätsbeschreibung in der Brauwirtschaft. Behr's Verlag, Hamburg 1990

(48) DONHAUSER, S.: Vorlesung „Technologie der Gärung, Lagerung und Abfüllung". TU München-Weihenstephan

(49) GEIGER, E.: Das Verhalten verschiedener Gärungsnebenprodukte der Brauereihefe in Beziehung zum Kohlenhydrat-, Aminosäuren- und Mineralstoff-Stoffwechsel. Diss. TU München-Weihenstephan 1974

(50) BARLET, E.: Der Einfluß unterschiedlicher Kulturbedingungen auf das Säurebildungsvermögen verschiedener Lactobacillus-Stämme. Diplomarbeit TU München-Weihenstephan 1989

6 Mikrobiologie des Weines und Schaumweines

H.H. DITTRICH

6 Mikrobiologie des Weines und Schaumweines

Wein ist „. . . das durch vollständige oder teilweise **Gärung** der . . . Weintrauben oder des Traubenmostes gewonnene Erzeugnis". **Schaumwein** ist ein kohlensäurehaltiger, deshalb schäumender Wein. Sein CO_2 muß durch Gärung entstanden sein, sein Überdruck muß bei 20 °C mindestens 3 bar betragen.
Gemeinsam ist allen Weinen, daß ihr **Alkohol** durch die Vergärung von **Zucker** entstanden ist. Der Erzeuger das Alkohols, der Erreger der Gärung, ist ein mikroskopisch kleiner Pilz, die **Hefe** (siehe Kap. 1, Abb. 1. 3). Ohne Hefe kein Alkohol, ohne Alkohol kein Wein. Die Hefe ist daher die „Mutter des Weines".

Über diese ihre Rolle und über die Bedeutung anderer Mikroorganismen des Weines orientieren ausführlich BENDA (10), DITTRICH (28), RIBEREAU-GAYON et al. (89) und WÜRDIG und WOLLER (126).

6.1 Die Hefe, der Gärungserreger

Die Einzahl „Hefe" ist hierbei nur zutreffend, wenn man darunter den Mikroorganismus versteht, der die notwendige Voraussetzung für die Vergärung des Traubensaftes, meist Most genannt, zu Wein ist. Außer dieser Hefe gibt es noch viele andere Hefearten. Sie werden beschrieben von BARNETT, PAYNE und YARROW (6), KREGER-VAN RIJ (58), KOCKOVA-KRATOCHVILOVA (57).

6.1.1 Hefen auf Traubenbeeren und in Traubenmosten

Hefen kommen bevorzugt dort vor, wo Zuckerlösungen vorkommen. Man findet sie daher hauptsächlich im **Saft von Früchten**. Schon die noch nicht geernteten Traubenbeeren bekommen bei Überreife feine Risse, die infizierenden Hefen den Zutritt zum Most und damit eine starke Vermehrung ermöglichen. Bei Verletzungen der Früchte vervielfachen sich die Infektions- und Vermehrungsmöglichkeiten.

Normalerweise kommen daher auf den Beeren genügend gärfähige Hefen vor. Die Trauben — und damit auch die daraus bereitete Maische oder der daraus gepreßte Most — bringen somit die zu seiner Vergärung erforderlichen Erreger selbst mit.

Die Verbreitung der Hefen von den Beeren eines Rebstocks auf die eines anderen besorgen meist Insekten, z.B. Essigfliegen, die vom angegorenen Saft angelockt werden oder auch beißende Insekten wie Wespen. Von ihnen werden die Hefen sowohl mit den Beinen wie mit den Mundwerkzeugen übertragen. Zwischen der Häufigkeit der Wespen im Herbst und der spontanen Angärungsintensität der Moste besteht ein Zusammenhang.

Neben den Hefen, die wir wegen ihrer starken Gärfähigkeit bei der Weinbereitung brauchen und die deshalb oft als **„Weinhefen"** bezeichnet werden, gibt es noch andere Hefen. Sie sind für die Weinbereitung unnötig oder sogar schädlich. Sie werden deshalb häufig nur als „wilde" Hefen bezeichnet. Sie gehören unterschiedlichen Gattungen und Arten an. Jede hat von der „Weinhefe" und von den anderen Arten abweichende Stoffwechselmerkmale, meist auch ein anderes Aussehen.

Die **Vielfalt der Hefegattungen und -arten**, die in Mosten eines deutschen Weinbaugebietes vorkommen, zeigt Tab. 6.1.

Tab. 6.1: Die Hefeflora von Trauben des fränkischen Weinbaugebietes (BENDA (9), Veränderung der Artnamen nach BARNETT, PAYNE & YARROW, in Klammern: Nichtsporenbildende Formen dieser perfekten Arten)

* *Saccharomyces cerevisiae* (und deren Rassen *bayanus, chevalieri, uvarum*) * *Torulaspora delbrueckii* *Kluyveromyces thermotolerans* *Zygosaccharomyces florentinus* *Zygosaccharomyces rouxii*	stark gärende Hefen
* *Hanseniaspora uvarum (Kloeckera apiculata)* *Hanseniaspora osmophila (Kloeckera corticis)* * *Candida stellata* *Candida glabrata* *Candida saitoana*	schwach gärende Hefen
* *Metschnikowia pulcherrima* *Issatchenkia orientalis* *Candida parapsilosis* *Candida vini* *Pichia fermentans* *Pichia anomala* *Pichia subpelliculosa*	sauerstoffbedürftige Kahmhefen, kaum oder nicht gärend
Debaryomyces hansenii *Rhodotorula glutinis* *Rhodotorula mucilaginosa* *Rhodotorula minuta* *Cryptococcus albidus* *Cryptococcus laurentii* *Sporidiobolus salmonicolor* Andere Organismen * *Aureobasidium pullulans*	kaum oder nicht gärende Hefen (für Traubenmost nicht typisch)

Die mit * versehenen Organismen sind typische Vertreter der Mikroflora des Traubenmostes

Neben den „echten" Weinhefen kommen auf den Beeren noch andere Hefen vor, die schwach oder sehr schwach gären. Sie sind überwiegend kleiner als die Weinhefe und auch nicht elliptisch, sondern zitronenförmig. Das sind die sogen. **Apiculatus-hefen**, deren typische Hefe *Hanseniaspora (H.) uvarum* ist (Abb. 6.1). Besonders in Obst- und Beerenmosten sind fast alle vorhandenen Hefezellen Apiculatus-Hefen. Im frisch gepreßten Most wurden 90 bis 99 % gefunden. Wenn dem Most nicht zur besseren Angärung „Weinhefen" zugegeben werden, gären die Apiculatus-Hefen wie auch Arten der Gattung *Candida* den Most mit an.

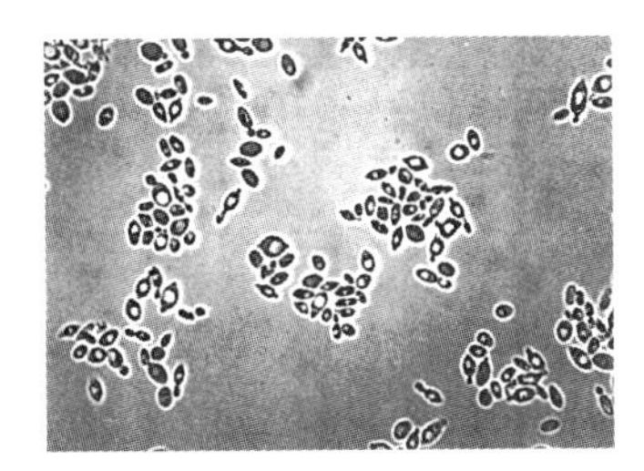

Abb. 6.1: Die typische Apiculatus-Hefe *Hanseniaspora uvarum (Kloeckera apiculata)*. Junge, sprossende Reinkultur in Most (62). Vergrößerung 800fach, Phasenkontrast

Schließlich gibt es auf den Beeren auch noch sauerstoffbedürftige Hefen, die nur schwach oder nicht gären, die aber auf zuckerhaltigen Substraten wie Säften und Weinen mit geringem Alkoholgehalt wachsen können. Dies sind **Kahmhefen** der Gattungen *Candida, Metschnikowia* und *Pichia* (siehe S. 37, 93f). Sie und andere zufällig vorkommende Hefen werden bei der professionellen Weinbereitung unterdrückt.

Die **Zahl der Hefen** schwankt stark. Aseptisch gewonnene Traubensäfte enthalten zwischen 10 und 100 Zellen/ml. Im von der Presse ablaufenden Saft ist ihre Zahl auf 1 000 bis 10 000/ml gestiegen. Auf den Pressen und anderen Kellergeräten sowie in Schläuchen und Leitungen, die mit Most kontaminiert wurden, vermehren sich die Hefen sehr stark. Die Moste werden daher erst hier mit großen Mengen von Hefen befrachtet. Durch die folgende Trubverringerung durch Absitzenlassen oder durch Zentrifugieren nimmt die Hefezahl ab.

In der Schweiz wurden auf 100 g gesunde Beeren 22 bis 808 Mio. Hefen gefunden, in Österreich 2,7 bis 124 Mio. Hefen auf 100 g Beeren. Im Bordeauxgebiet wurden 100 000 lebende Hefezellen pro ml frisch gepreßtem Most gefunden. Da bei den dortigen Rebsorten die Beeren etwa 1 g wiegen, entspricht das dem Vorkommen von 100 000 Hefen auf einer Beere.

Die Hefezahlen in einem Preßmost einer weißen japanischen Rebsorte schwankten zwischen 10 und 100 000 Zellen/ml und im Most einer roten Sorte zwischen 1 000 und 1 000 000 Zellen/ml. Davon waren 40 bis 72 % Apiculatushefen, 0 bis 18 % Saccharomyceten, etwa 15 % *Candida*-Arten, 3 bis 22 % Kahmhefen und 1 bis 4 % *Rhodotorula* und andere Hefen.

Die Zusammensetzung der Hefeflora scheint in allen Weinbaugebieten ähnlich zu sein. Eine allgemein gültige Hefezahl pro Beere oder pro ml Preßmost läßt sich aber nicht angeben.

Außer Hefen enthält Traubenmost auch stets Essigsäure- und Milchsäurebakterien. Sowohl die Hefe — wie auch die Bakterien-Zellzahlen sind besonders in feucht-kühleren Weinbau-Gebieten abhängig vom „Fäulegrad", d.h. vom *Botrytis*-Befall. In Mosten aus „gesunden", d.h. nicht verschimmelten Beeren sind niedrigere Keimzahlen (linke Spalte) zu erwarten, Moste aus „faulen" Trauben sind stärker verkeimt (rechte Spalte):

S. cerevisiae („Weinhefen")	10 000	-	20 000/ml
Apiculatushefen	50 000	-	1 000 000/ml
rote Hefen	5 000	-	100 000/ml
verschiedene andere Hefen	10 000	-	100 000/ml
Essigsäurebakterien	10 000	-	100 000/ml
Milchsäurebakterien	1 000	-	1 000/ml

6.1.2 Veränderung der Hefeflora während der Gärung

Da im Traubenmost viele Hefen vorkommen, kann er „spontan", d.h. ohne menschliche Beteiligung, anfangen zu gären. Während der Gärung verändert sich dann die Zusammensetzung der Hefeflora des Mostes grundlegend: Der Anteil der schwach gärenden Hefen geht schnell zurück. Die gärstarken *Saccharomyces*-Hefen vermehren sich dagegen stark. Von dem sehr vielfältigen Artengemisch des Mostes bleibt im wesentlichen nur noch die „Weinhefe" im Jungwein übrig, die Art *Saccharomyces cerevisiae.*

Die „wilden" Hefen sterben während der Gärung mehr oder weniger schnell ab. Diese Tendenz gilt auch für *Saccharomyces cerevisiae.*

Die „Hefe", die nach der Vergärung angefallen ist, besteht außer der Masse der Hefezellen zum mindestens ebenso großen Teil aus sedimentierten Traubenbestandteilen, Eiweiß, Weinstein und Polysacchariden.

6.2 Spontane Gärung — Reinhefegärung

Die im Most enthaltenen Hefen vermehren sich und währenddessen wird das Einsetzen der Gärung bemerkbar. Wenn die höchste Lebend-Hefezahl erreicht ist, ist die Gärungsintensität am höchsten.

Bei der **„spontanen Gärung"** ist die Zahl der eigentlichen „Weinhefen" der Art *Saccharomyces cerevisiae*, die der Most enthält, relativ klein, die der anderen — entbehrlichen, oder gar schädlichen — vergleichsweise groß. Neben den „Weinhefen" wirken auch die „wilden" Hefen auf die Zusammensetzung und den Geschmack des entstehenden Weines ein.

Bei der **Reinhefe-Gärung** — oder auch nur Reingärung — werden dem Most große Zellzahlen einer physiologischen Rasse von *Saccharomyces cerevisiae* zugesetzt. Dadurch werden alle „wilden" Hefen unterdrückt, der gewünschte Gärungserreger hat von Anfang an die zahlenmäßige Überlegenheit. Er prägt das Gärungsgetränk, deshalb sind die entstehenden Weine reintöniger.

Während in den traditionellen Weinbaugebieten noch häufig „spontan" vergoren wird, hat sich in den „neuen" Weinbaugebieten Südafrikas, Südaustraliens, Neuseelands und Nordamerikas die Reinhefegärung weitgehend durchgesetzt.

6.2.1 Selektion und Dominanz in der natürlichen Hefeflora

Die Zusammensetzung des gepreßten Mostes und die Bedingungen, die durch ihn auf die in ihm vorkommenden Hefearten einwirken, beeinflussen ihre Vermehrung und ihren Stoffwechsel unterschiedlich. Auf Grund ihrer genetischen Veranlagung haben bei der „Spontangärung" einzelne Arten oder Rassen **Selektionsvorteile**. Ihre bessere Vermehrungschance führt nach kürzerer oder lägerer Zeit zur **Dominanz** dieser Hefe(n).

Die Ursachen der Selektion und der Dominanz einer Art oder Rasse sind komplex. Bei *S. cerevisiae*-Rassen ist es ihr — in vielen Fällen durch Polyploidie bedingtes — starkes Durchsetzungsvermögen und ihre starke Gärfähigkeit. Die meisten „wilden" Hefen, die normalerweise zuckerärmere Substrate besiedeln, haben einen höheren O_2-Bedarf. Der niedrigere pH-Wert des Mostes und die meist geringe Mosttemperatur dürften zu diesem Effekt beitragen. Für viele ist wohl auch der Alkohol ein Selektionsfaktor.

Nach der Beimpfung eines weißen Mostes und einer roten Maische mit 2 % Reinzuchthefeansatz (siehe S. 194) hatte sich die Reinzuchthefe auf 94 % ± 3 %, bei der roten Maische auf 81 % ± 9 % vermehrt. In der Maische, in der viel mehr Mikroorganismen enthalten sind als in einem abgepreßten Most, erlangt die eingeimpfte *S. cerevisiae*-Rasse die Dominanz schwerer als im Most.

Zu diesen Faktoren, die vom Substrat und den Milieu-Bedingungen her — indirekt — wirken, kommt die — aktive — **stoffliche Wirkung** der Hefen aufeinander. Eine Möglichkeit ist die Wirkung von „Killerfaktoren", die manche Rassen bilden. Dies sind Glycoproteine, die andere „sensitive" Hefen töten. Die Toxine von *S. cerevisiae*-Rassen scheinen nur auf empfindliche Stämme der gleichen Art zu wirken (80).

Auch „wilde" Hefen können auf *S. cerevisiae* gärhemmend wirken. Manche Stämme der Apiculatushefe *Hanseniaspora uvarum* bilden ein Killertoxin. Bei einem Anteil von 0,01-20 % sensitiver Weinhefe im Gemisch mit einem Killerstamm von *H. uvarum* wurde die Gärung bis zu 15 Tage unterdrückt (78).

Die Killertoxine einiger *S. cerevisiae*-Stämme haben ein Protein-Kohlenhydrat-Verhältnis von 9:1. Das Killertoxin von *H. uvarum* hat keinen Kohlenhydrat-Anteil. Es wird von Glucanen in der Zellwand von *S. cerevisiae* gebunden. Killertoxine können mit Bentonit entfernt werden (83).

Ob die Killerfaktoren der Saccharomyceten zu deren Dominanz beitragen, d.h., ob sie für die praktische Weinbereitung von Bedeutung sind, ist unwahrscheinlich. Der Killereffekt von *H. uvarum* scheint normalerweise nur von sekundärer Bedeutung zu sein. Für die Gärungsbeeinflussung von *S. cerevisiae* durch *H. uvarum* ist unabhängig von der Killerfähigkeit ihre Zellzahl entscheidend. Auch die Qualitätsminderung des Weines durch Bildung von Essigsäureethylester und von Essigsäure ist allein abhängig von der anfänglichen *H. uvarum*-Zellzahl (108).

6.2.2 Unterschiede zwischen „spontan" und mit Reinzuchthefe vergorenen Weinen

Durch den Zusatz von Reinzuchthefen zu einem Most werden gleich anfangs alle anderen Hefen zahlenmäßig so stark zurückgedrängt, daß alle Stoffumsetzungen praktisch nur von ihr ausgehen. Da die Reinzuchthefe außerdem in relativ großen Mengen zugesetzt wird, läuft die Gärung schneller ab als bei „Spontangärungen". Der Wein ist früher „fertig", die unvergorenen **Zuckerreste** sind **kleiner**, die **Alkoholgehalte höher**.

Damit ist eine **geringere Verderbsanfälligkeit**, wie die spätere Bildung von flüchtiger Säure durch Milchsäurebakterien, verbunden. Außerdem ist der **SO_2-Bedarf** dieser Weine **geringer**. Die SO_2-Einsparung durch Reinzuchthefe betrug bei einem Ringversuch 40 %.

Die Weine sind auch **reintöniger**, da allein die Reinzuchthefen im Most stoffwechseln. Der sensorische Charakter der jeweiligen Rebsorte, die der Most mitbringt, kommt nach der Gärung deutlicher zur Geltung. Die Bildung störender oder schädlicher Stoffe, wie z.B. die vermehrte Bildung von Essigsäure und Essigsäureethylester durch Apiculatushefen oder von Mufftönen durch andere Hefen wird verhindert, ebenso die Erhöhung der SO_2 durch vermehrt SO_2-bildende Hefen. Durch die Anwendung von Reinzuchthefen wird die Vergärung der Moste insgesamt einfacher und sicherer.

Bei der Vergärung großer Mostmengen sind die Moste rechzeitig zu kühlen, damit die Gärungen, besonders bei großen Reinhefezusätzen, nicht zu schnell ablaufen. Eventuelle negative Folgen werden auf der S. 213f dargestellt.

Spontangärungen können ebenfalls gute und sortentypische Weine ergeben, wenn die Qualität der Trauben befriedigend ist. Selbst von manchen geübten Prüfern werden sie bevorzugt, weil sie oft mehr „Spiel" haben sollen und als „voller" empfunden werden.

Dieser nur für Kenner merkbare Unterschied beruht auf den **höheren Zuckerresten,** die nach der langsameren Vergärung zurückbleiben. In ihnen überwiegt meist **Fructose**, die zudem noch mehr als doppelt so süß ist wie Glucose. Zum größeren „Körper" dieser Weine trägt auch der oft höhere **Glycerin-**Gehalt bei. Schießlich bilden die „wilden" Hefen in den meisten Fällen mehr Essigsäure, Essigsäureethylester und andere **sensorisch wirksame Nebenprodukte**, die bei geringer Zunahme die Geruchs- und Geschmackseigenart eines Weines vorteilhaft verändern können. Spontan vergorene Weine enthalten bis zur achtfachen Menge **2-Phenylethanol**. Er soll die „Weinigkeit" mitbestimmen. Auch die anderen höheren Alkohole sind erhöht.

Spontan vergorene Weine haben als Folge der nicht so vollständigen Vergärung meist einen **höheren SO_2-Bedarf**, da sie mehr SO_2-bindende Hefemetaboliten enthalten.

Die Unterschiede zwischen Spontangärung und Reinhefegärung sind nicht immer gegeben. Sie sind es dort, wo Moste pasteurisiert werden. Dies ist selten. Dann **muß** Reinzuchthefe zugesetzt werden. Dies ist auch erforderlich, wenn Weine aus verdünnten Konzentraten gemacht werden. Das Gros der Apfelweine wird so vergoren.

Häufig wird ein Most mit einem Anteil eines bereits gärenden Mostes versetzt. Da man annehmen kann, daß *S. cerevisiae* bereits die anderen Hefen ausgeschaltet hat, kann man dies noch als — relative — Reingärung ansehen.

6.2.3 Eigenschaften und Anwendung von Reinzuchthefe

„Reinzuchthefen" sind im Hinblick auf ihre Verwendung zur Weinbereitung ausgesuchte, selektierte Hefen. Ist ihre Eignung erwiesen, werden sie als „Reinkulturen", d.h. unter Verhinderung von Infektionen durch andere Mikroorganismen bei gleichzeitigem Erhalt ihrer positiven Leistungen, weitervermehrt. Meist sind es reine Linien

(Klone) von obergärigen *S. cerevisiae*-Rassen. Die meisten dieser „Kulturen" wurden begreiflicherweise aus gärenden Mosten/Weinen „isoliert". Viele sind deshalb nach bekannten Weinorten oder -herkünften benannt: Bordeaux, Geisenheim, Steinberg usw. Es muß wiederholt werden, daß ihre Herkunft nichts über ihre Leistungen und ihre Eignung besagt.

Die Eignung der angewandten Reinzuchthefe besteht zunächst in ihrer **Gärfähigkeit**. Sie ist die wichtigste Eigenschaft. Gärfähigkeit bedeutet hier, daß die Hefe Moste von mindestens Spätlesequalität unter kellerwirtschaftlichen Normalbedingungen bis auf geringe Zuckerreste von 0,2-2g/l zügig vergärt.

Diese Eigenschaft schließt eine gewisse Kältetoleranz, Osmotoleranz und Alkoholtoleranz ein.

Die Gärfähigkeit setzt eine hinreichende **Vermehrungsgeschwindigkeit** im Most unter den gegebenen Bedingungen voraus.

Darüberhinaus soll die Produktbildung der jeweiligen Rasse von *S. cerevisiae* die Weinqualität steigern, sie darf sie nicht mindern. Die Bildung von **Glycerin** sollte ausgeprägt sein, die Bildung von H_2S, **Essigsäure**, Essigsäureethylester und höheren Alkoholen sollte gering sein, ebenso die **Bildung von SO_2** und **SO_2-bindenden Stoffwechselprodukten** (63).

Auch ihre technologischen Eigenschaften sollen positiv sein. Die Hefe soll nicht stark schäumen, sie soll nach der Gärung schnell sedimentieren.

Sekthefen müssen hinreichend alkohol- und CO_2-verträglich sein. Sie müssen sich bei der Flaschengärung leicht „abrütteln" lassen.

Der **Einsatz von Reinzuchthefen** sollte bei der Vergärung aller Moste erfolgen, um die Weinbereitung risikofreier zu machen. Er ist insbesondere in folgenden Fällen erforderlich:

- zur Vergärung sehr zuckerreicher Moste, also von Eiswein-, Beeren- und Trockenbeerenauslesemosten,
- zur Vergärung „fauler" Moste aus stark *Botrytis*-befallenen Beeren, die eine Vielzahl nicht erwünschter Mikroorganismen enthalten,
- bei Verdacht auf Gärhemmungen,
- zur Herstellung von Frucht- und Beerenweinen und entsprechenden Dessertweinen,
- zur Vergärung pasteurisierter Moste und verdünnter Konzentrate,

- zur Abgärung „steckengebliebener" Weine und zur Aufgärung alkoholarmer Weine,
- zur Versektung von Weinen.

Die Fälle 1 und 2 betreffen meist, aber nicht immer, die gleichen Moste: Sie enthalten viele unerwünschte Hefen und Essigsäurebakterien, und wie in den Auslesemosten hat der **Pilzbefall** den für die Hefe nötigen Nährstoffgehalt verringert.

Gärhemmungen können von einigen Pflanzenschutzmitteln ausgehen. Sie sind z.B. dann zu erwarten, wenn unzulässigerweise bis kurz vor der Ernte gespritzt wurde. In allen Fällen ist die Reinzuchthefe frühestmöglich, d.h. nach dem Separieren, zuzusetzen.

Obst- und **Beerensäfte** sowie ihre **Maischen** müssen mit Reinzuchthefen vergoren werden, weil auf den Früchten keine oder fast keine Saccharomyceten vorkommen. Bei verletzter Rohware ist mit vielen schädigenden Arten zu rechnen.

Bei **Dessertweinen** ist der Reinhefeeinsatz wegen des hohen Alkoholgehaltes erforderlich, der erreicht werden muß. Dieser Alkoholgehalt kann nur mit gestaffelter Zuckerung (siehe S. 218) erreicht werden. Da die Früchte bzw. die Säfte, aus denen sie hergestellt werden, bei niedrigen Ausgangszuckergehalten keine geeigneten Gärungserreger haben, ist die Anwendung von Reinhefe doppelt geboten. Dies gilt auch für die Vergärung von **verdünnten Konzentraten**.

Nicht durchgegorene Weine sind wegen ihrer hohen Zuckerreste vor allem durch Milchsäurebakterien gefährdet (siehe S. 234ff). Sie enthalten auch hohe Konzentrationen SO_2-bindender Hefemetaboliten (siehe S. 201f). Ihre Zuckerreste müssen daher abgegoren werden. Die Weine sind baldigst von der alten Hefe abzuziehen, mit Thiamin (siehe S. 203) und Hefezellwandpräparat (siehe S. 217) sowie mit Reinzuchthefe zu versetzen und bei geeigneten Bedingungen möglichst weit durchzugären. Die zugesetzte Hefe sollte des öfteren aufgerührt werden.

Bei der **Aufgärung alkoholarmer Weine** auf höhere Alkoholgehalte hat die (erste) Hefe, die den Most vergoren hat, die Nährstoffe für ihre Vermehrung ebenso verbraucht wie bei Weinen, die in der Gärung „steckengeblieben" sind. Es ist daher ebenso zu verfahren, wie im vorstehenden Falle, außerdem ist die berechnete Zuckermenge zuzusetzen. In grundsätzlich gleicher Weise ist bei der **Versektung** zu verfahren.

Die **Anwendung** von Reinzuchthefe kann in zwei Formen erfolgen:

- als „Flüssighefe",
- als „Trockenhefe".

Flüssige Reinzuchthefe erhält man bei Einimpfung eines geeigneten Reinhefestammes in sterilen Most. Die Hefe vermehrt sich darin auf 80-100 Mrd. Zellen pro Liter. Diese Hefesuspension im abgegorenen Most wird in Mengen von 0,1 bis 1,0 Liter an die Praxis abgegeben. Die Hefe soll „frisch" sein, für kürzere Zeit ist sie im Kühlschrank zu bevorraten. Vor ihrem Einsatz muß sie vermehrt werden.

Trockenhefe ist als Granulat im Handel. Ein geeigneter Stamm wird großtechnisch aerob vermehrt und getrocknet. Der Wassergehalt der Präparate liegt um 8 %. Diese Hefe braucht vor dem Einsatz nicht vermehrt werden. Trockenhefe kann dem Most oder der Maische unmittelbar zugesetzt werden. Sie ist teurer, aber praktischer als flüssige Reinzuchthefe.

Die Vermehrung der Hefe erfolgt in Most oder käuflichem Traubensaft. Er kann verdünnt sein. Für Obst- oder Beerenweine nimmt man einen entsprechenden Obst- oder Beerensaft, für die Versektung einen Wein, der durch Kochen entgeistet und mit 30 g/l Zucker versetzt wurde.

Die gekaufte flüssige Reinzuchthefe vermehrt man in 2-10 Liter abgekochtem Most in einem sauberen Glaskolben bei Zimmertemperatur. Nach 3-6 Tagen hat sich die Hefe vermehrt, der Most gärt. Mit 2 Litern des so hergestellten **Hefeansatzes** sind 100 bis 200 Liter Most rasch anzugären. Zur Vergärung größerer Mostmengen muß dieser Hefeansatz weiter vermehrt werden. Dazu setzt man dem kräftig gärenden Ansatz die doppelte bis fünffache Mostmenge zu. Die Weitervermehrung darf erst erfolgen, wenn die Vorstufe kräftig gärt. Bei der bevorstehenden Vergärung großer Mostmengen muß daher die Vermehrung der Reinzuchthefe rechtzeitig erfolgen.

Im Normalfall genügt die Beimpfung des zu vergärenden Mostes mit 2 % eines solchen Hefeansatzes, bei Problemfällen empfiehlt sich der Zusatz der doppelten Menge.

Die **Menge der Trockenhefe**, die zur Vergärung normaler Moste ausreicht, beträgt 3 g/hl (92). Höhere Zusätze sind nur erforderlich, wenn die Moste kalt sind (unter 12 °C), wenn mit schädlichen Mikroorganismen zu rechnen ist, wenn eine Gärstockung behoben werden muß oder die Gärung erschwert ist.

Die Zahl der vermehrungsfähigen Zellen sinkt in Abhängigkeit von Lagertemperatur und -dauer (7). Ungeöffnete Packungen sollten daher nur bis zu 6 Monaten ab Herstellungsdatum (nicht Abpackdatum) kühl bevorratet werden.

Ein Gramm Trockenhefe enthält zwischen 1,2 und 2,7 x 10^{10} lebende Hefezellen. Außerdem wurden bis zu 0,1 x 10^{6} Nicht-Saccharomyceten gefunden und 9 x 10^{3} und 7,6 x 10^{6} Bakterien, hauptsächlich Milchsäurebakterien. Die Fremdhefen und die Bakterien starben bei der Gärung ab (79).

6.3 Die alkoholische Gärung

Die Umwandlung des Traubenmostes oder eines anderen Pflanzensaftes zu Wein erfolgt durch seine alkoholische Gärung, meist nur „Gärung" genannt. Bereits 1810 waren die wichtigsten Ausgangs- und Endprodukte bekannt:

$$C_6H_{12}O_6 \rightarrow 2\ C_2H_5OH + 2\ CO_2$$

Die vergärbaren Zucker des Mostes sind im wesentlichen Glucose und Fructose. Sie kommen ungefähr im „Invertzucker"- Verhältnis 1:1 vor.

Die genauere Quantifizierung ergibt in den meisten Mosten ein geringes Überwiegen der Fructose, doch gibt es auch Ausnahmen mit umgekehrten Verhältnissen (74).

Pentosen werden nicht vergoren. Ebenso werden andere Hexosen wie die in Mosten aus „faulen" Beeren auftretende Galactose nur schwach oder nicht vergoren.

Von den Disacchariden ist die **Saccharose** (Sucrose) zur (Alkohol-)**„Anreicherung"** zu zuckerarmer Moste in Deutschland, Österreich, der Schweiz und Frankreich zulässig. Sie wird glatt vergoren. *S. cerevisiae* spaltet diesen Zucker mit ihrer β-Fructofuranosidase, auch **Saccharase** oder Invertase genannt, in Glucose und Fructose. Die typischen Apiculatus-Hefen haben keine Saccharase. Sie können diesen Zucker deshalb nicht vergären.

Glucose und Fructose werden von *S. cerevisiae* zwar gleichzeitig, aber unterschiedlich schnell vergoren: Diese Hefe ist „glucophil"; Glucose wird schneller vergoren als Fructose (Abb. 6.2). Nach der Vergärung eines Mostes liegt im verbleibenden Zuckerrest neben weniger Glucose mehr Fructose vor. Bei Zuckerresten unter 0,3 g/l ist dieses Zuckerverhältnis wieder umgekehrt. In Weinen, aber auch während der Gärung kann das Glucose/Fructose-Verhältnis berechnet werden (74).

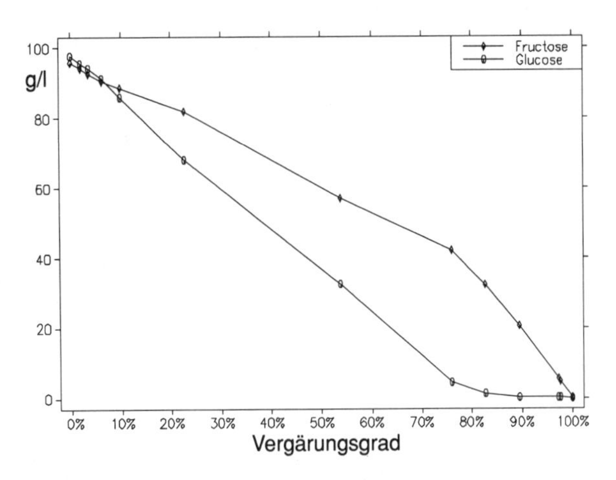

Abb. 6.2: Die Abnahme von Glucose und Fructose bei der Vergärung von Traubenmost mit *Saccharomyces cerevisiae* (74) (Most: 1987, Morio-Muskat, Rheinhessen, QbA, Reinzucht-Trockenhefe: „Oenoferm", Gebindegröße: 2000 l)

Candida stellata und die osmotoleranten Hefen *Zygosaccharomyces bailii* und *Zygosaccharomyces rouxii* sind fructophil, die „wilden Hefen" *Hanseniaspora uvarum, Candida vini, Metschnikowia pulcherrima* und *Rhodotorula glutinis* u.a. vergären beide Zucker etwa gleich stark (110).

Die **Glucosidspaltung** der Hefen ist für die Farbqualität von Rotweinen bedeutsam. Die Farbstoffe roter Traubenbeeren, die Anthocyane, sind β-Glucoside. Während der Gärung von roten Traubensäften nehmen sie ab. Der Farbstoffverlust ist zu Beginn der Gärung am stärksten. Die Farbhelligkeitszunahme ist vom Hefestamm abhängig. Sie kann bis zu 70 % betragen.

Die Anthocyane nehmen unterschiedlich stark ab. Die stärkste Abnahme zeigt Cyanidin (~ 95 %). Die Rebsorten der Trollinger-Gruppe erleiden besonders starke Farbverluste (117).

Die β-Glucosidase der Hefe kann auch **Terpen-Glycoside** spalten. Die freigesetzten Monoterpene können das Bukett des Weines verstärken (23).

Die **Zuckeraufnahme** in die Hefezelle ist die Voraussetzung für seine Vergärung in ihr. Die Zellwand hält Makromoleküle zurück, läßt aber kleine Moleküle und Ionen eindringen. Die eigentliche Grenzschicht, die den Stofftransport in die Zelle und aus ihr heraus begrenzt, ist die Cytoplasmamembran.

Wasser kommt durch passive oder einfache **Diffusion** in die Zelle. Ebenso kommt der gebildete Alkohol aus der Zelle heraus. Die Zucker- und wohl auch die Aminosäureaufnahme erfolgt dagegen bei der Hefe durch „erleichterte Diffusion", auch

Trägertransport genannt: Glucose und Fructose werden aus dem Most von einem sog. „Träger" oder „Carrier", der Enzymeigenschaften hat, in die Zelle transportiert.

Dieser trägervermittelte Transport kann den Zucker nur bis zur gleichen Konzentration in die Zelle transportieren, in der er außerhalb der Zelle vorliegt. Zusammenfassung: CARTWRIGHT et al. (18).

Das Zucker-Transportsystem wirkt als Schrittmacher; die Zuckeraufnahme in die Zelle ist der **geschwindigkeitsbestimmende Schritt** der Gärung.

6.3.1 Biochemie der alkoholischen Gärung

Abb. 1.2 zeigt, daß sie auf dem Glykolyse-, Embden-Meyerhof- oder, nach ihrem charakteristischen Zwischenprodukt **Fructose-1,6-bisphosphat** (FBP) benannt, dem **FBP-Weg** abläuft.

Die im Most enthaltenen Zucker Glucose und Fructose werden in der Zelle zu Glucose-6-Phosphat und zu Fructose-6-Phosphat phosphoryliert. Glucose-6-Phosphat muß zu Fructose-6-Phosphat isomerisiert werden, bevor es nochmals phosphoryliert wird zu Fructose-1,6-bisphosphat. Dieses wird gespalten zu Dihydroxyacetonphosphat (DHAP) und Glycerinaldehyd-3-phosphat (GAP). Die Triosephosphat-isomerase wandelt das DHAP laufend in GAP um. Dieser Aldehyd wird von der Triosephosphat-Dehydrogenase oxidiert. Coenzym dieses Enzyms ist Nicotinamid-Adenin-Dinucleotid (NAD). Die Dehydrogenierung besteht in der Abgabe von 2 Elektronen (H^+) an das Coenzym. * Die Oxidation von GAP führt schließlich zu 3-Phosphoglycerinsäure. Sie wird über 2-Phosphoglycerinsäure und Phosphoenol-Brenztraubensäure in Brenztraubensäure (Pyruvat) umgewandelt. Diese unterliegt der Brenztraubensäure-Decarboxylase. Sie spaltet aus der Carboxylgruppe CO_2 heraus.

Diese CO_2-Freisetzung macht die Gärung, ihren Eintritt und ihre Beendigung gut feststellbar, weil sichtbar.

Mit dem so entstandenen Acetaldehyd (Ethanal) ist die unmittelbare Ethanol-Vorstufe entstanden. Die Alkohol-Dehydrogenase (ADH) hydriert ihn zu Ethanol. Diese Hydrierung erfolgt mit dem Wasserstoff, der dem Triosephosphat (GAP) entzogen worden war. Einzelheiten entnehme man GANCEDO und SERRANO (46) sowie der Abb. 1.2.

---

* Einfachheitshalber wird hier die oxidierte Form mit NAD (NADP), die reduzierte mit $NADH_2$($NADPH_2$) bezeichnet, statt NAD^+($NADP^+$) und $NADH+H^+$($NADPH+H^+$).

Vereinfacht gesagt besteht der Reaktionsablauf darin, daß die beiden Zucker an beiden Enden ihrer 6-C-Kette phosphoryliert und dann in zwei gleiche Teile gespalten werden. Die entstandenen 3-C-Bruchstücke werden in eines von ihnen — den Aldehyd GAP — umgewandelt. GAP wird darauf oxidiert. Mit dem von ihm abgezogenen Wasserstoff wird der in einem späteren Reaktionsstadium durch die CO_2-Freisetzung aus Pyruvat entstehende Acetaldehyd zu Alkohol hydriert.

Ein Zuckermolekül mit 6 C-Atomen wird in zwei 3-C-Stücke gespalten, aus denen je ein CO_2 und je ein Molekül mit 2 C-Atomen entsteht: 2 CO_2 + 2 Alkohol.

Dies verdeutlicht: **Gärung ist Zuckerabbau.**

6.3.2 Endprodukte

Aus jedem Molekül Glucose oder Fructose entstehen bei der Gärung zwei Moleküle Alkohol und zwei Moleküle CO_2.

Daraus leiten sich folgende quantitativen Aussagen ab:

$C_6H_{12}O_6$	→	2 C_2H_5OH	+	2 CO_2
1 Mol		2 Mol	+	2 Mol
180,15 g		2 x 46,05 g	+	2 x 44 g
Theoret. Ausbeute:				
		51,1 %	+	48,9 %

Die **praktische Alkoholausbeute** kann zwischen 45 % und 48 % schwanken. Meist wird mit 47 % gerechnet.

Der große Unterschied zwischen theoretischer und praktischer Alkoholausbeute ist hauptsächlich auf die Bildung von Gärungsnebenprodukten, z.B. von Glycerin, zurückzuführen (siehe S. 201).

Die Schwankungen der praktischen Alkoholausbeute beruhen auf unterschiedlichen Gärungsbedingungen. Der wichtigste Faktor ist das **Mostvolumen**. Die geringsten **Alkoholverluste** treten in kleinen Volumina auf. In großen Mostmengen dagegen steigen die **Temperaturen** schnell an. Bei höherer Mosttemperatur destilliert dann mit dem CO_2 mehr Alkohol ab, als bei niedriger Temperatur: bei 35 °C z.B. 1,2 % vol., bei 20 °C z.B. 0,65 % vol., bei 5 °C z.B. nur 0,17 % vol.

Die Alkoholverluste sind bei Mosttemperaturen um 20 °C gering. Zwischen 22 und 27 °C können aber schon 0,3-0,8 % des gesamten gebildeten Alkohols verloren gehen (43, 49).

Zur Vermeidung von Alkoholverlusten empfiehlt sich die Verwendung nicht zu großer Gärbehälter. Große Tanks müssen rechtzeitig und wirksam gekühlt werden. Zu empfehlen ist auch eine gute Vorklärung des Mostes, da auch der Trub die Gärgeschwindigkeit und damit auch die Mosttemperatur erhöht (siehe S. 217). Ein Modell zur Abschätzung des Alkoholverlustes lieferten WILLIAMS und BOULTON (121).

Bei Gärungen in Großbehältern betrug der Unterschied zwischen dem tatsächlichen und dem „zurückgerechneten" Mostgewicht bis fast 8 °Oe. Die Folgen für die rechtliche Beurteilung eines Weines können beträchtlich sein.

Selbstverständlich ist die Alkoholbildung auch von der Gärungsstärke der jeweiligen **Hefe** und von ihrer Nebenproduktbildung, z.B. Glycerinbildung, abhängig.

Die Alkoholbildung einer Hefe wird modifiziert durch die Zusammensetzung des Mostes. Ein „reifer" Most mit hohem Zucker- und niedrigem Säuregehalt wird bei gleichem Mostgewicht (°Oe) eine höhere Alkoholausbeute ergeben als ein säurereicher, zuckerärmerer Most.

Der Gehalt des Qualitätsweines an vorhandenem Alkohol muß mindestens 7 % vol. betragen. Beerenauslesen, Trockenbeerenauslesen und Eisweine müssen mindestens 5,5 % vol. vorhandenen Alkohol enthalten.

Die Menge des entstehenden **CO_2** ist etwa 40- bis 50 mal so groß wie die des gärenden Mostes, z.B. werden bei der Vergärung von 1 000 Liter Most von ca. 80 °Oe etwa 45 m^3 CO_2 gebildet. Von der freigesetzten CO_2-Menge kann auf die entstandene Alkoholkonzentration geschlossen werden:

$$E = 1{,}85\ Vc + 2{,}7$$

E = Ethanol g/l, Vc = CO_2-Volumen in Liter CO_2 pro Liter Gärlösung (42).

CO_2 ist ein Sicherheitsrisiko. Infolge seines hohen spezifischen Gewichtes sinkt es an die tiefsten Stellen der Gärräume, verdrängt dort die Luft. Schon bei 3 bis 4 % vol. CO_2 treten Atembeschwerden, bei 10 % vol. starke Atemnot, bei 15 % vol. kurzfristig Bewußtlosigkeit ein, schließlich Tod durch Ersticken. Da eine brennende Kerze bei etwa 10 % vol. CO_2-Gehalt der Luft verlöscht, ist dies ein Warnzeichen. Eine wirksame CO_2-Entfernung ist daher lebenswichtig.

Schon wegen des Alkoholverlustes durch die Erwärmung des gärenden Mostes ist die Differenz zwischen dem während der Gärung gebildeten und dem „tatsächlichen", d.h. im Jungwein nachweisbaren Alkohol im Einzelfall nicht bekannt.

Ethanol, das wichtigste Gärungsprodukt, unterliegt je nach dem Zuckergehalt des Mostes großen Schwankungen (40-140 g/l). Mehr als 144 g/l (ca. 18,2 % vol.) kann bei einem Wein kaum durch Gärung entstanden sein, höchstens durch „gestaffelte Zuckerung"(siehe S. 218) oder durch besondere Maßnahmen. Auch die gärkräftigsten und alkoholresistentesten Hefen können unter den Bedingungen der üblichen Weinbereitung nicht mehr bilden.

6.4 Nebenprodukte

Obwohl die Gärungsgleichung als Produkte dieses Zuckerabbaus nur Alkohol und CO_2 ausweist, entstehen dabei außerdem noch viele andere Stoffe. Man bezeichnet sie als Gärungsnebenprodukte.

Zur leichteren Überschaubarkeit unterteilt man in:

- primäre Nebenprodukte, d.h. solche, die Zwischenprodukte der Gärung sind oder die durch einfache Reaktionen daraus entstanden sind, weiter die formalen Zwischenprodukte des Citronensäurekreislaufs.
- sekundäre Nebenprodukte, also die, die wie die höheren Alkohole eine kompliziertere Bildungsweise haben und eventuelle Folgeprodukte wie Ester, sowie alle anderen bei der Gärung entstehenden Stoffe von Bedeutung.

Daß bei der Umwandlung des Mostes zu Wein während der Gärung tiefgreifende stoffliche Veränderungen ablaufen, zeigt Abb. 6.3.

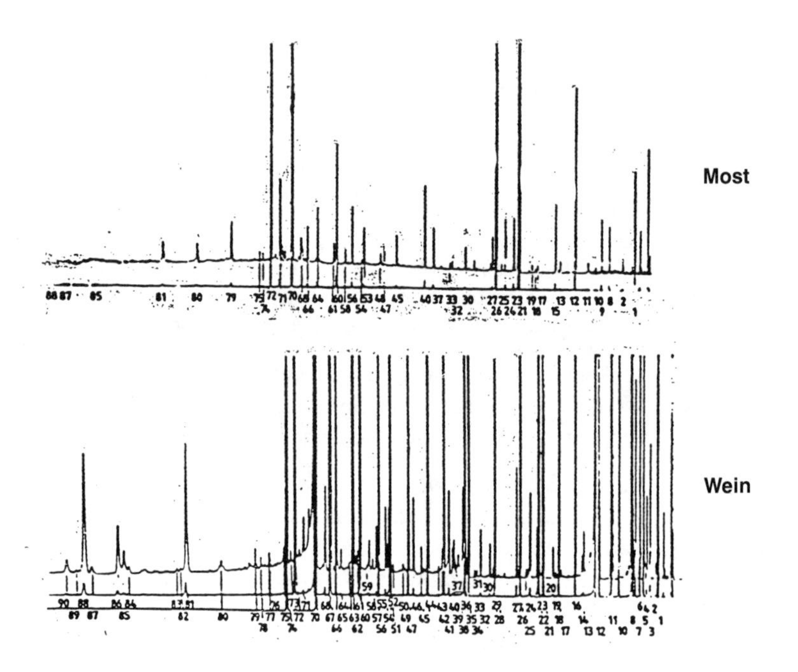

Abb. 6.3: Die Veränderung bzw. Bildung von Most-/Wein-Inhaltsstoffen durch die Gärung (84). Gaschromatogramm eines Mostes (oben) der Rebsorte Morio-Muskat und eines vergleichbaren Weines (unten)

6.4.1 Primäre Nebenprodukte

6.4.1.1 Glycerin

Bei der alkoholischen Gärung wird der von GAP größtenteils auf Acetaldehyd übertragene Wasserstoff teilweise auch auf DHAP (und andere H-Acceptoren) übertragen. Hierbei konkurrieren ADH und Glycerinphosphat-Dehydrogenase um $NADH_2$ und dessen Wasserstoff (Abb. 1.2).

Durch Hydrierung von DHAP entsteht Glycerin-3-Phosphat. Nach der Abspaltung des Phosphats kann das Glycerin aus der Zelle in den umgebenden Most austreten.

Glycerin oder (nach engl./amerik. Sprachgebrauch) Glycerol ist eine viskose Flüssigkeit, die fast so süß wie Glucose ist. Es bestimmt weitgehend den „Körper" eines Weines, es macht ihn „vollmundig" und „rund". Schon weil es in Weinen in Mengen von 4-9 g/l, in Weinen der Auslese-Gruppe sogar bis zu 30 g/l und mehr vorkommt, ist es nach Alkohol der gewichtigste Weininhaltsstoff.

Glycerin wird bei Spontangärungen normalerweise in Mengen bis zu 8 % des durch Gärung entstandenen Alkohols gebildet. Bei Gärungen mit Reinzuchthefen ist die Glycerinbildung meist geringer. Sie kann zwischen 4,4 und 9,1 % des gebildeten Alkohols schwanken. Bei sehr hohen Zuckergehalten (über 30 % Zucker) steigt die Glycerinbildung noch an. Höhere Glyceringehalte als 10 % machen einen unerlaubten Glycerinzusatz wahrscheinlich, sofern der Wein aus „gesunden" Trauben stammt. In Auslesen wird besonders viel Glycerin gefunden. Schon die Auslese-Moste enthalten nämlich „Mostglycerin". Zu diesem durch *Botrytis cinerea* gebildeten Glycerin (31, 32) kommt im Wein das bei der Gärung entstehende „Gärungsglycerin".

Die Glycerinbildung ist temperaturabhängig; höhere Temperaturen fördern sie.

Hefen verbrauchen bei der Gärung m-Inosit, sie bilden aber andere Zuckeralkohole wie Arabit, Mannit, Sorbit und Erythrit. Diese Polyole tragen ebenfalls zum Extrakt und damit zur geschmacklichen Fülle der Weine bei (100, 105, 110).

6.4.1.2 Acetaldehyd, Brenztraubensäure und Ketoglutarsäure und ihre Bedeutung für den SO_2-Bedarf der Weine

Acetaldehyd, Brenztraubensäure (Pyruvat)* und 2-Ketoglutarsäure (Ketoglutarat) sind Nebenprodukte, die nur mit einigen Milligramm in Wein vorkommen (Tab. 6.2).

---

* Die Säuren liegen beim pH-Wert des Zellinneren (~ 7,0) als Salze vor. Es ist deshalb tolerierbar, Brenztraubensäure als Pyruvat, Äpfelsäure als Malat, Milchsäure als Lactat usw. zu bezeichnen.

Ihre große Bedeutung liegt aber in ihrer Fähigkeit, **schweflige Säure** (SO_2) zu **binden**. Nach der „Schwefelung" des Weines liegen diese Stoffe nicht mehr bzw. nur teilweise frei vor. Acetaldehyd bindet SO_2 am stärksten.

„Geschwefelt" wird vor allem, um den störenden Eigengeruch des freien Acetaldehyds zu beseitigen und die Oxidation und Bräunung des Weines zu verhindern. Die prophylaktische Hemmung eventuell im Wein vorkommender Bakterien und Hefen ist nachrangig.

Tab. 6.2: Durchschnitts-, Minimal- und Maximal-Gehalte (∅, min., max.) der SO_2-bindenden Hefe-Stoffwechselprodukte Acetaldehyd, Pyruvat und 2-Ketoglutarat in 300 weißen QbA- und Kabinettweinen, 83 weißen Spätlesen und 27 weißen Auslesen aus deutschen Anbaugebieten (34)

		300 QbA- und Kabinett-Weine			83 Spätlesen			27 Auslesen		
		∅	min.	max.	∅	min.	max.	∅	min.	max.
Acetaldehyd	mg/l	50	11	152	60	16	170	78	35	156
Pyruvat	mg/l	27	0	152	32	6	129	64	7	290
Ketoglutarat	mg/l	48	7	147	46	13	128	50	18	98

Der Konsument bevorzugt SO_2-arme Weine. Um sie zu erzeugen, sollte die Bildung dieser SO_2-Binder — besonders von Acetaldehyd — möglichst gering sein. Diese Hefe-Stoffwechselprodukte kommen meist nach zügigen Gärungen in geringeren Konzentrationen im Wein vor, nach schleppenden Gärungen sind sie meist höher. Deshalb brauchen diese Weine mehr SO_2 als die schneller vergorenen.

Meist überwiegt Acetaldehyd. Mit steigender Weinqualität steigen auch Acetaldehyd und Pyruvat.

Die Bildung dieser SO_2-Binder ist abhängig vom Hefestamm und von den Gärungsbedingungen, außerdem vom *Botrytis*-Befall der Beeren und schließlich vom Äpfelsäureabbau.

Acetaldehyd und Pyruvat werden am Anfang der Gärung in größeren Mengen aus der Hefe in den Most ausgeschieden. Nach diesem anfänglichen Maximum nimmt ihre Konzentration während der weiteren Gärung ab; falls die Hefe nicht zu früh sedimentiert, nimmt sie die zuvor ausgeschiedenen Metaboliten wieder auf und baut sie zu Alkohol ab. Zu frühes Sedimentieren der Hefe (etwa bei zu kalten Gärungen) oder zu frühe Gärungsunterbrechung (etwa durch „Versieden") verhindern diese Wiederaufnahme; Acetaldehyd und Pyruvat bleiben dann in größeren Konzentrationen im Jungwein.

Die Erzeugung möglichst SO_2-armer Weine setzt deshalb die zügige und möglichst vollständige Vergärung voraus. Das Schwefeln in die noch nicht beendete Gärung erhöht unnötigerweise die Gesamt-SO_2: Diese SO_2-gebundenen Stoffe können aber nicht mehr in die Hefe aufgenommen und von ihr verstoffwechselt werden. Soll der Wein durch Zusatz von Traubenmost gesüßt werden, ist darauf zu achten, daß diese „Süßreserve" nicht angegoren ist.

Zur Senkung des SO_2-Bedarfes des Weines ist der Zusatz von maximal 0,6 mg/l Thiamin zum Most zulässig. Als Diphosphat ist es Coenzym des Pyruvat- und 2-Ketoglutarat-decarboxylierenden Enzyms. Da im Handel nur Thiamindichlorhydrat (= Thiamindichlorid) erhältlich ist, erhöht sich die zulässige Menge von Thiamindichlorid auf 0,76 mg/l.

Die SO_2-Einsparung beim Wein durch die Vergärung des Mostes mit Thiamin verdeutlicht Tab. 6.3: Eine starke Herabsetzung erfährt Pyruvat, eine weniger starke Ketoglutarat. Obwohl die Hefe selbst Thiamin synthetisieren kann, bewirkt der Thiaminzusatz eine wesentliche Verbesserung ihres Stoffwechsels, der in Wein eine SO_2-Einsparung von 50 % bringen kann (26).

Tab. 6.3: Verminderte Bildung SO_2-bindender Stoffe durch Zusatz von Thiamin (Vitamin B_1) zum Most (Most: Müller-Thurgau 1979, 82 °Oe; Mittelwerte von 64 Einzelversuchen: Most teils keltertrüb, teils EK-filtriert, spontan oder mit verschiedenen (Trocken-)Reinzuchthefen, mit und ohne Thiamin vergoren)(124)

	Ethanal* mg/l	Brenztraubensäure mg/l	Ketoglutarsäure mg/l	Sonstige SO_2-bindende Stoffe als mg/l SO_2** mg/l	SO_2 gesamt bei 50 mg/l SO_2 frei (berechn.) mg/l
mit Thiamin vergoren	44	21	31	38	131
ohne Thiamin vergoren	44	130	62	60	254

* Ethanal = Acetaldehyd
** Dissoziationskonstante K_D = 1,5 x 10^{-3} (geschätzt)

Bei Spontangärungen wird mehr Acetaldehyd gebildet als bei der Vergärung mit (Trocken)Reinzuchthefe. „Spontan" vergorene Weine benötigen deshalb meist mehr

SO_2. Am vorteilhaftesten ist die Vergärung des Mostes mit Reinzuchthefe und Thiamin.

Thiaminzusatz ist auch geboten bei Mosten aus Beeren, die vom „Grauschimmel" *Botrytis cinerea* befallen sind (siehe S. 241f). Dieser Pilz kann den natürlichen Thiamingehalt der Beere bis auf ein Zehntel verringern. Bei der Vergärung solcher Moste ist der Pyruvatumsatz der Hefe behindert. Dieser Metabolit wird daher aus der Hefe in den umgebenden Jungwein ausgeschieden und erhöht dessen SO_2-Bedarf. Ein Thiaminzusatz gleicht dieses Defizit aus, fördert die Gärung und senkt den SO_2-Bedarf dieser Weine.

Bei Mosten mit sehr hohen Zuckergehalten, wie in Beerenauslese- und Trockenbeereauslese-Mosten, ist ein Durchgären weder beabsichtigt noch überhaupt möglich. Die Weine haben daher höhere Konzentrationen dieser SO_2-bindenden Hefemetaboliten und auch, aber nicht nur deshalb, einen hohen SO_2-Bedarf.

Auch bei angegorenen Mosten ist der Thiamingehalt durch die Hefe verringert. Die zweite Hefe-„Generation", die so einen Most vergären soll, findet dann ein Thiamindefizit vor, das ihre Gärung behindert. In solchen Jungweinen ist im Regelfalle mehr Pyruvat enthalten. Ein Thiaminzusatz vor der zweiten Hefebeimpfung kann die hohe Pyruvatbildung normalisieren.

Bei der Versektung von Wein nehmen oft Acetaldehyd und Pyruvat zu, z.B. von durchschnittlich 30 auf 58 mg/l bzw. von 9 auf 24 mg/l.

6.4.1.3 Essigsäure

Geeignete Stämme von *S. cerevisiae* bilden bei der Mostvergärung 0,2-0,5 g/l Acetat. Vor allem „wilde" Hefen, etwa *Hanseniaspora uvarum,* können dagegen bis zu 1 g/l bilden. Der zulässige Höchstwert (siehe S. 235) wird aber im Regelfalle nur bei bakteriellem Verderb erreicht (siehe S. 235).

Die Essigsäure stellt den weitaus größten Anteil an der (wasserdampf-)„flüchtigen Säure" des Weines. In mitteleuropäischen Weinen normaler Qualität sind mehr als 0,6 g/l „flüchtige Säure" ein Zeichen für ihre Bildung durch Bakterien.

Die Bildung von Acetat durch Hefen erfolgt durch Oxidation von Acetaldehyd durch NADP-spezifische Aldehyd-Dehydrogenase.

Die Acetatbildung bei der Gärung ist mit dem Zuckerverbrauch korreliert. Mit steigendem Zuckergehalt nimmt auch die Acetatbildung zu. Doch während bei sehr hohen Zuckergehalten die Alkoholbildung abnimmt, wird das Maximum der Acetatbildung erst später erreicht (Abb. 6.4).

Außer Essigsäure werden bei der Gärung nur Octan- und Hexansäure in nennenswerten Mengen gebildet. Ameisensäure, die bereits im Most bis 60 mg/l enthalten ist, nimmt dagegen ab (68, 103). Acetat und Formiat steigen mit steigender Qualitätsstufe der Weine. Die anderen Fettsäuren zeigen umgekehrte Tendenz (106).

Erhöhte Konzentrationen von Propion-, 2-Methylpropion- oder Buttersäure deuten auf bakterielle Entstehung hin.

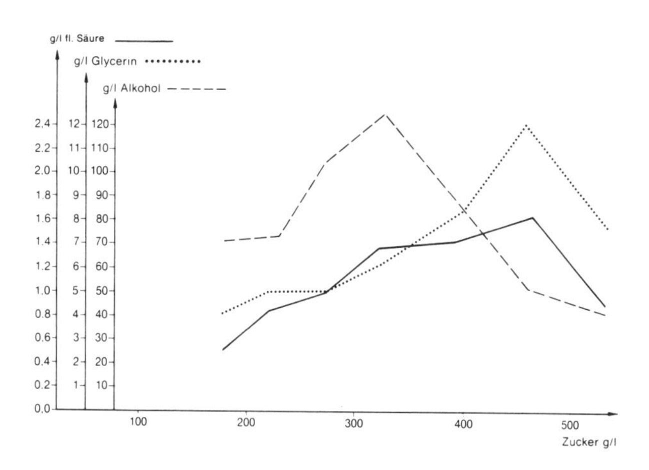

Abb. 6.4: Bildung von Alkohol, flüchtiger Säure und Glycerin bei steigendem Zuckergehalt in Most (31) bei 22 °C (Minimalbeimpfung mit *S. cerevisiae*)

6.4.1.4 Bernsteinsäure, Milchsäure

In deutschen Weißweinen wurden 200 bis 750 mg/l **Succinat** gefunden, vereinzelt auch höhere Konzentrationen. Die Menge scheint nicht von der Qualität des Mostes abhängig zu sein (102).

Bernsteinsäure entsteht hauptsächlich in der Angärphase. Ihre Bildung erhöht sich zwischen 10-30 °C. Sie nimmt auch mit steigendem pH-Wert zu (96).

Die **Milchsäurebildung** normaler *S. cerevisiae*-Stämme während der Gärung beträgt nur 100-200 mg/l. QbA- und Kabinett-Weine ohne bakteriellen Malatabbau enthielten im Durchschnitt 191 mg/l D-Lactat und 80 mg/l L-Lactat (34). Größere Mengen Lactat sind das Produkt des Malatabbaus von Milchsäurebakterien. Dann überwiegt L-Lactat weitaus.

Torulaspora pretoriensis kann aus Zucker mehrere g/l L-Lactat bilden (77).

6.4.2 Sekundäre Nebenprodukte

Als sekundäre Gärungsnebenprodukte bezeichnet man alle die, die außer den primären Nebenprodukten anfallen. Dies sind im engeren Sinne keine Gärungsprodukte, vielmehr Stoffe, die aus dem Zucker synthetisiert werden. Butandiol und die höheren Alkohole z.B. sind Nebenprodukte der Hefevermehrung. Ihre Folgeprodukte sind Ester, die an der Bukettbildung beteiligt sind. Schließlich zählt man noch Stoffe dazu, die weder eine direkte Beziehung zur Gärung noch zum Hefestoffwechsel haben, sondern die durch andere Vorgänge anfallen.

6.4.2.1 2,3-Butandiol und andere Diole

2,3-Butandiol kommt in Weinen in Mengen von 400-800 mg/l vor. In Beeren- bzw. Trockenbeerenauslesen wurden durchschnittlich 1100 bzw. 1800 mg/l gefunden (DITTRICH et al. 1991, unveröff.). Butandiol ist in erster Näherung dem Quadrat des Alkohols proportional. Seine Bildung erhöht sich bei sonst gleichen Bedingungen mit steigender Temperatur und bei Belüftung des Gärgutes.

Seine Bildung erfolgt vorrangig durch Acetoinsynthase und Reduktion des Acetoins (siehe Abb. 6.5)(113). In Süßweinen gilt das Vorkommen von Butandiol als Gärungsbeweis.

Acetoin (3-Oxo-2-butanol) kommt in Wein nur mit wenigen mg/l vor. Es entsteht wahrscheinlich auch durch spontanen Zerfall von 2-Acetolactat (siehe Abb. 6.5).

Von **Ethandiol**, **1,2-** und **1,3-Propandiol** sowie **2,3-Pentandiol** kommen nur wenige mg/l vor (DITTRICH et al. 1991, unveröff.).

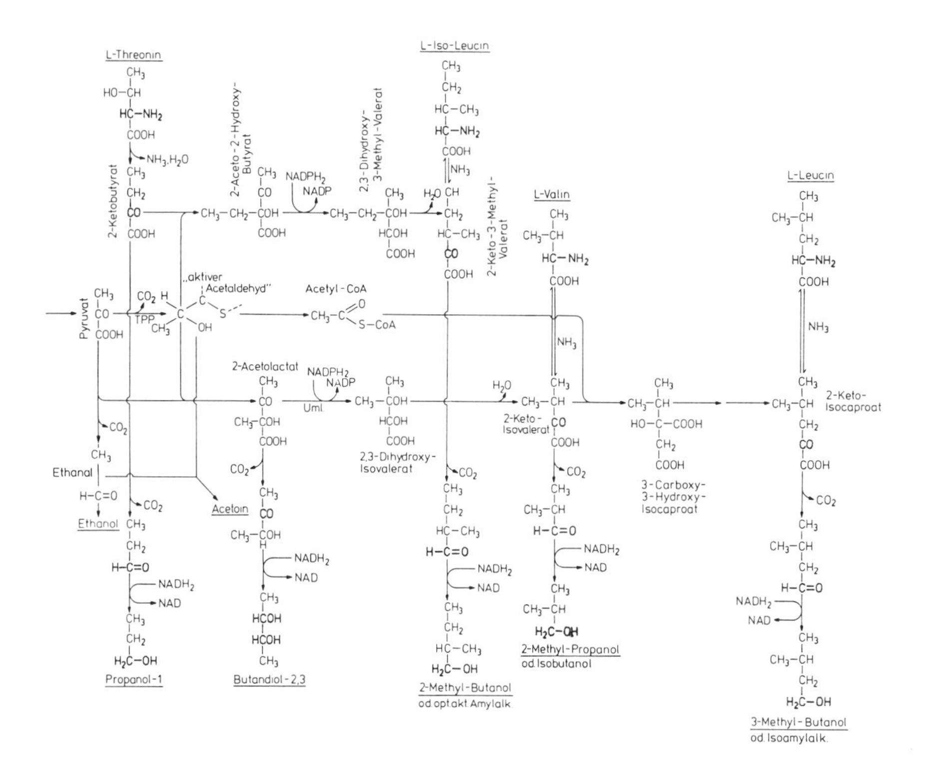

Abb. 6.5: Die Bildung von Acetoin, 2,3-Butandiol, 1-Propanol, 2-Methylpropanol-1 (Isobutanol), 2-Methylbutanol-1 (opt. akt. Amylalkohol) und 3-Methylbutanol-1 (Isoamylalkohol) (28)

6.4.2.2 Höhere Alkohole

Wie Butandiol sind auch die „höheren Alkohole" keine eigentlichen Gärungsnebenprodukte, sondern „Überlaufprodukte" der Synthese der Aminosäuren Valin, Leucin und Isoleucin. Die Synthese erfolgt aus Pyruvat und Acetaldehyd, letztlich also aus Zucker. Über kompliziertere Zwischenstufen führt sie zu Ketosäuren. Da bei der Gärung die Energiebildung zu schwach ist, können die Ketosäuren nicht zu Aminosäuren aminiert werden. Sie werden daher decarboxyliert. Die so entstandenen Aldehyde werden zu den jeweiligen Alkoholen hydriert, siehe Abb. 6.5 (28).

Zusatz der zulässigen Ammoniumsalze zum Most erniedrigt die Bildung etwas. Der Thiaminzusatz führt zu einer stärkeren Verminderung vor allem von Isobutanol. In Mosten aus *Botrytis*-befallenen Beeren ist die Isobutanolbildung stärker (26).

Die höheren Alkohole werden in sehr unterschiedlichen Mengen gebildet. **3-Methylbutanol** (Isoamylalkohol) ist die Hauptkomponente. In „normalen" Weinen sind 60-150 mg/l enthalten. Gewichtsmäßig folgen **2-Methylpropanol** (Isobutanol) mit 20-80 mg/l und **2-Methylbutanol** (optisch aktiver Amylalkohol) mit 10-30 mg/l.

3- und 2-Methylbutanol wurden früher als „Gärungsamylalkohol" zusammengefaßt. Ihr Verhältnis beträgt etwa 100:20. Mit Isobutanol beträgt die Summe dieser drei höheren Alkohole etwa 70 % des „Fuselöl"-Gehaltes eines Weines.

Da diese Alkohole aus dem Zucker des Mostes entstehen, steigen ihre Konzentrationen in Weinen bis zu den Auslesen an. Beeren- und Trockenbeerenauslesen haben viel geringere Gehalte, weil auch ihre Alkoholgehalte niedriger sind.

1-Propanol hat, anders als die bisher genannten, eine unverzweigte C-Kette. Normale Weine enthalten 10-40 mg/l. Er wird anscheinend aus dem Abbau von Threonin über 2-Ketobutyrat gebildet.

2-Phenylethanol wird bei „spontaner" Gärung stärker gebildet als bei Gärungen mit Reinzuchthefen (25-82 mg/l bzw. 6-29 mg/l (101).

Tyrosol und **Tryptophol** sind ebenfalls höhere Alkohole mit Ringstruktur. **Methionol** ist ein schwefelhaltiger Alkohol. In deutschen Weißweinen wurden 145-410 μg/l gefunden (93).

1-Hexanol (1-5 mg/l) entsteht aus den ungesättigten langkettigen Fettsäuren Linol- und Linolensäure der Traubenkerne und zum geringeren Anteil aus der Hefe.

Methanol entsteht im wesentlichen aus dem Abbau des Pektins durch traubeneigene Enzyme nach dem Mahlen. Deshalb enthalten Rotweine etwas mehr als Weißweine. Sie sollen nicht mehr als 300 bzw. 150 mg/l enthalten. Diese Mengen sind unbedenklich.

6.4.2.3 Ester und Gärbukettstoffe

Ester sind geruchsintensiv. Sie haben daher für die Weinqualität erhebliche Bedeutung. Verständlicherweise sind Ethanol und Essigsäure als Veresterungspartner am wichtigsten.

Der Esterbildung geht die „Aktivierung" der Säuren zu ihren Coenzym-A (CoA-)-Derivaten voraus. Das Enzym zur Bildung der Essigsäureester ist Alkohol-Acetyltransferase (64).

Die Bildung der Ethyl- und der Essigsäureester steigt mit steigender Zuckerkonzentration, mit zunehmender Gärungsgeschwindigkeit und Hefemenge. Bei Temperaturerhöhung von 11 auf 15 °C stieg Essigsäureethylester bis auf die dreifache, andere Ester etwa auf die doppelte Konzentration (55). Maximale Bildung von Essigsäure-

Ethyl-, -Propyl- und -3-Methylbutyl-Ester erfolgte zwischen 16 und 21 °C. Sauerstoff hemmt die Esterbildung.

Der weitaus überwiegende Ester ist **Essigsäureethylester** (Ethylacetat; 10-50 mg/l). Mehr als 60 mg/l weisen auf eine starke Beteiligung von „wilden" Hefen hin.

Vor allem *Pichia anomala, Candida krusei, Metschnikowia pulcherrima* und *Hanseniaspora uvarum* können höhere Mengen bilden. Der dann entstehende „Lösungsmittelton" wird manchmal zum qualitätsmindernden „Jahrgangston". Ein anderer fruchtiger Ester ist Essigsäure-3-Methylbutylester (Isoamylacetat; < 1 mg/l). Zu Bildung und Bedeutung der Ester in Wein vgl. NYKÄNEN (70). Über höhere Ester orientieren POSTEL und ADAM (72).

Aldehyde und **Ketone** sind ebenfalls sehr geruchs- und geschmackswirksam. Nach der Gärung liegt nur Acetaldehyd in größeren Mengen vor. Nachweisbar sind auch die Aldehyde, die Vorstufen der höheren Alkohole sind, (Abb. 6.5) (99). Sie sind ebenfalls sensorisch wirksame Komponenten des Jungweingeschmacks bzw. des Gärbuketts. Propenal (Acrolein) und Hexanal erreichen kaum 1 mg/l. Bei der Schwefelung der Jungweine reagieren die Carbonylgruppen mit SO_2. Die Reaktionsprodukte sind geschmacks- und geruchsunwirksamer; das „Gärbukett" verschwindet.

Auch schwefelhaltige Stoffe spielen eine Rolle, z.B. Methionol und seine Derivate. Methylthioessigsäure ist in deutschen Weinen mit 7-11 μg/l vertreten.

6.4.2.4 Mindergewichtige Säuren

2-Hydroxyglutarsäure wird wahrscheinlich durch Hydrierung von 2-Ketoglutarat gebildet. In Weinen aus „gesunden" Beeren wurden 30-100 mg/l nachgewiesen, in Weinen aus *Botrytis*-infizierten Beeren 50-160 mg/l (112).

2-Methyläpfelsäure (Citramalat; 30-150 mg/l) entsteht bei der Gärung proportional zur Zuckermenge. **2-Methyl-2,3-dihydroxybuttersäure** (Dimethylglycerat; durchschnittlich ca. 70 mg/l) entsteht wohl durch Hydrierung der Acetylmilchsäure (Abb. 6.5) (127).

Galacturonsäure entsteht aus dem Abbau des Pektins der gärenden Moste und Maischen durch die Polygalacturonase der Hefe. Sie spaltet die unveresterte Pektinsäure in mehreren Abbauschritten.

Galacturonsäure ist in Weiß- und Rotweinen zwischen 150 und 500 bzw. 500 und 1100 mg/l enthalten. In Auslesen wurden 300-1 000, in Beerenauslesen 200-600 und in Trockenbeerenauslesen 300-500 mg/l gefunden, in einer Beerenauslese sogar 1537 mg/l (104).

6.4.2.5 Schweflige Säure (SO_2) und Schwefelwasserstoff (H_2S)

Beide Stoffe sind im wesentlichen Produkte der Reduktion des im Traubenmost vorliegenden Sulfats. Beide sind für den Wein wichtig. SO_2, weil der SO_2-Gehalt gesetzlich begrenzt ist, H_2S, weil größere Mengen geruchlich abträglich wirken.

SO_2 wird von *S. cerevisiae*-Stämmen bei der Gärung mit durchschnittlich 8 mg/l gebildet. Aus Weinen, die mehr SO_2 enthielten, als ihnen zugesetzt worden war, wurden Hefen isoliert, die bis zu 130 mg/l SO_2 bilden konnten.

Diese „SO_2-bildenden Hefen" unterscheiden sich von normalen Stämmen durch zu hohe Aktivität des sulfitbildenden Enzyms und zu geringe Aktivität des sulfitumsetzenden Enzyms. Deshalb bilden diese Hefen auch kaum H_2S. Sie sind auch nur schwache Gärer.

„SO_2-bildende" Hefen sind selten. Die heute allgemein übliche Vergärung der Moste mit Reinzuchthefe unterdrückt sie wirksam.

H_2S ist Produkt der Sulfit-Reduktase. Die H_2S-Bildung wird durch steigende Trubmengen erhöht. Das Trubeiweiß wird nämlich von der Hefe teilweise abgebaut, um Stickstoff zu gewinnen. Dabei wird aus den schwefelhaltigen Aminosäuren H_2S freigesetzt. Duch Zusatz hefeverwertbaren Stickstoffs kann dem entgegengewirkt werden. Da hohe Gärungsintensitäten die H_2S-Bildung verstärken, wirkt Trub auch auf diese Weise H_2S-erhöhend.

Eine wichtige Quelle der H_2S-Bildung ist der zur Mehltaubekämpfung auf die Trauben aufgebrachte Schwefel. Dieser „Netzschwefel" wird während der Gärung teilweise hydriert, der entstehende H_2S wird vom CO_2 ausgetrieben. Bei ausklingender Gärung können die H_2S-Gehalte im Jungwein ansteigen.

Die H_2S-Bildung kann durch Zentrifugieren der Moste stark gesenkt werden. H_2S ist am Jungweinbukett beteiligt. Beim normalen „Ausbau" wird es vor allem durch den SO_2-Zusatz eliminiert. Störende H_2S-„Böckser" des Weines können durch $CuSO_4$-Zusatz beseitigt werden.

Man vergleiche hierzu: ESCHENBRUCH (44), WENZEL et al. (119).

Dimethylsulfid ist in Weinen in sehr unterschiedlichen Mengen enthalten (0-400 μg/l). Es ist sensorisch stark wirksam. Gelegentlich wurde ihm eine qualitätsmindernde Rolle zugeschrieben.

Zusammenfassung über S-haltige Hefemetaboliten bzw. Weininhaltsstoffe: RAUHUT (86).

6.4.2.6 Hefe

Ein Teil des Zuckers geht in die Zellsubstanz der Hefe ein. Das Kohlenstoffgerüst der Zellinhaltsstoffe wird zum größten Teil daraus synthetisiert. Der für diese Synthesen verbrauchte Zucker steht dann nicht mehr für die Gärung zur Verfügung. Etwa 1 % des Zuckers der Moste soll für die Vermehrung der Hefe verbraucht werden.

In Holzfässern gebräuchlicher Größe rechnet man mit 3-5 Liter dickflüssiger Hefe/Hektoliter, in Großtanks von 60 000 bis 150 000 Liter etwa mit 3 %. Bei Vorklärung mit Separatoren verringert sich die Hefemenge auf 1,5-2 %. Die „Hefe" besteht nämlich nur etwa zu 1/3 aus Hefezellen. Auslesen haben einen hohen Trubanteil, aber weniger Hefe. Bei der Aufgärung eines Jungweines und bei der Versektung fällt viel weniger Hefe an, nämlich nur etwa 1-2 ‰.

Die Vermehrung der Hefe ist die Vorausetzung für die Gärung. Die Vermehrung erfolgt bereits, bevor die Gärung bemerkbar wird. Sie ist beendet, wenn die Hälfte des Zuckers vergoren ist.

In einem Riesling-Most wurden 38,5 Mio. Hefezellen/Liter gezählt. Als die Gärung kräftig einsetzte, war die Hefevermehrung fast beendet. Sie hatte sich auf ca. 175 Mrd. Zellen/l vermehrt, d.h. auf das 4 500fache.

Obwohl die Zahl der Hefen im Most sehr unterschiedlich sein kann, endet ihre Vermehrung stets bei ungefähr gleichen Zellzahlen; bei mäßiger Vorklärung ohne Mostschwefelung und „Spontangärung" werden etwa 100-200 Mrd. Zellen/l gebildet, bei Vorklärung und Mostschwefelung dürften es nur 50-100 Mrd. Hefen/l sein.

Schon während der Gärung sterben mehr und mehr Zellen ab (Abb. 6.6). Bei langsamen Gärungen setzt sich die Hefe während der späteren Phasen zunehmend ab.

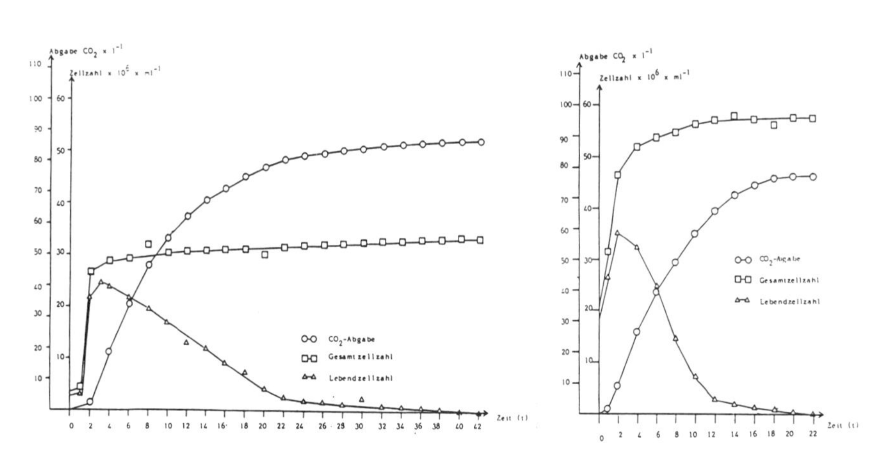

○–○ = Gärung (CO_2-Bildung); □–□ = Gesamtzellzahl; Δ–Δ = Lebendzellzahl

Abb. 6.6: Vermehrung, Überleben und Gärung von *Saccharomyces cerevisiae* (Rasse: Geisenheim 74) bei steigender Zuckerkonzentration des Mostes (75 °Oe ~ ca. 185 g/l vergärbarer Zucker und 200 °Oe ~ ca. 420 g/l vergärbarer Zucker (109))

Die Hefevermehrung kann durch zulässige Zusätze von NH_4^+-Salzen und Thiamin gefördert werden ((26), siehe S. 203, 221).

Die Trockenmasse des „Hefe-Gelägers", besser: des „Weintrubs", liegt zwischen 14 und 26 %, kann aber bis 50 % betragen. Der von der „Hefe" abgepreßte **Hefepreßwein** (ca. 50 %) ist mikrobiologisch gefährdet. Aus der absterbenden Hefe diffundieren Inhaltsstoffe. Der zuckerfreie Extrakt wird durch die Zunahme des Phosphat- und des Stickstoffgehaltes erhöht.

Die freiwerdenden Hefeinhaltsstoffe und der höhere pH-Wert fördern die Bakterienvermehrung. Die Äpfelsäure wird abgebaut, die Weine verändern sich rasch bis zum Verderb.

6.4.2.7 Säureabnahmen während der Gärung

Die gärende Hefe kann etwa 10 bis 33 % der **Äpfelsäure** der Moste umsetzen (siehe S. 228).

Citronensäure wird von *S. cerevisiae*-Weinhefen fast um die Hälfte abgebaut. In Weinen kommen meist weniger als 0,3 g/l vor. In Weinen aus *Botrytis*-befallenen Beeren kann der Citratgehalt höher sein, aber selbst in Auslese-Weinen sind Konzentrationen über 500 mg/l selten (Tab. 6.5, (31, 32)).

Fumarsäure ist in normalen Mosten und Weinen nur in Spuren vorhanden, in Mosten aus „faulen" Beeren bis über 100 mg/l. In heißen Weinbaugebieten hatte man versucht, Moste mit Fumarat aufzusäuern. Hierzu ist sie unbrauchbar; von den Hefen wird sie bei der Gärung fast vollständig umgesetzt, von Milchsäurebakterien ebenfalls (77).

6.5 Die Beeinflussung der Gärung

Die Bedingungen, unter denen ein Most zur Gärung angestellt wird und gärt, beeinflussen die Hefen und ihren Stoffwechsel. Wenn sich die Hefe nur gering vermehren kann, wird die Gärungsintensität nur schwach sein. Bei starker Vermehrung ist die Voraussetzung für eine starke Gärung gegeben, wenn nicht die Hefezellen durch bestimmte Faktoren in ihrem Gärungsstoffwechsel gehemmt werden.

6.5.1 Temperatur

Der Stoffwechsel der Hefe unterliegt in dem Temperaturbereich, in dem sie „leben" kann, einer Wärme-Geschwindigskeitregel: Bei niedriger Temperatur ist der Stoffumsatz gering, bei höherer ist er größer. Jenseits eines noch höheren Temperaturbereiches geht er mehr und mehr zurück.

Die Optimaltemperatur für die Vermehrung der Hefe liegt nahe 30 °C . Daher erfolgt die Gärung bei relativ hohen Mosttemperaturen schneller, da sich die Hefe schneller vermehrt. Zusätzlich wird der Gärungstoffwechsel gefördert.

Die Temperatur des Mostes ist abhängig von der Temperatur der Trauben, die wiederum vom Wetter abhängt, bei dem die Trauben geerntet werden. Wichtiger ist die **Erwärmung des Mostes durch die Gärung**.

Bei der Vergärung eines Mostes von 76 °Oe (~ 1 Mol Hexose ~ 180 g) werden unter Praxisverhältnissen ca. 23,5 kcal/l frei. Moste mit weniger Zucker bilden weniger Wärme, ein Most von beispielsweise 70 °Oe, der ca. 156 g/l Zucker enthalten kann, nur $\frac{156 \times 23{,}5}{180} = 20{,}4$ kcal.

Etwa 20 % der freiwerdenden Wärmemenge werden vom entweichenden CO_2 abgeführt. Die Wärmebildung verteilt sich zwar auf die ganze Gärzeit, doch bilden sich Temperaturmaxima aus. Sie liegen meist in der Hälfte der Gärzeit.

Große Mostmengen erwärmen sich stark. Sie müssen daher rechtzeitig und wirksam gekühlt werden. Bei der Erwärmung des Gärgutes wird bis zu einer bestimmten Grenze die Gärung beschleunigt, die Gärzeit wird kürzer. Bei Mosttemperaturen über 30 °C erfolgt zwar eine schnelle Angärung, doch darauf läßt die Gärung der meisten Hefestämme mehr und mehr nach, die nicht mehr vergorenen Zuckerreste werden immer größer. Sobald nämlich 5-8 % vol. Alkohol gebildet sind, fällt die Gärungsintensität stärker ab als bei niedrigen Temperaturen. Die Ursache dieses Effektes ist die eiweißdenaturierende Wirkung des **warmen**, bei der Gärung zunehmenden **Alkohols**. Mit steigender Mosttemperatur nimmt die Hemmwirkung des Alkohols zu (16).

In Most mit 300 g/l Zucker, der bei steigenden Temperaturen vergoren wurde, hörte die Gärung nach Bildung folgender Ethanolkonzentrationen auf:

Temperatur °C	9	18	27	36
Alkohol g/l	139	122	98	71

Die Abtötungswirkung des warmen Alkohols auf die Hefe nutzt man bei der **Warmfüllung** des Weines. Bei einem Alkoholgehalt von mindestens 10 % vol. reichen bei einer Heißhaltezeit von 5 Minuten 55 °C. Bei höheren Alkoholgehalten kann die Heißhaltezeit unterschritten werden. Zu beachten ist der Temperaturverlust durch das Flaschenglas. Wenn es nicht vorgewärmt, sondern nur 20 °C warm ist, beträgt er 4 °C.

Werden die Gärtemperaturen zu hoch, kommt es zum Abbruch der Gärung, obwohl der Most noch große Mengen Zucker enthält. Dieser abrupte Gärstopp wird **Versieden** genannt. Die gärende Hefe ist ihrem „überhitzten" Stoffwechsel erlegen.

Moste, die durch Versieden einen Gärungstillstand erlitten haben, sind durch Milchsäurebakterien gefährdet. Sie ertragen eine höhere Wärmebelastung als Hefe. Die Neigung des Weines zum Äpfelsäureabbau und zum Verderb nimmt zu. Diese Moste sind dann schnell von der Hefe abzuziehen, eventuell zu filtrieren und nach Thiaminzusatz (siehe S. 203) mit Trockenhefe durchzugären.

Die gekelterten Moste haben meist Temperaturen von 15-18 °C . Bei ihrer Vergärung in großen Tanks sollte rechtzeitig so gekühlt werden, daß ihre Temperatur 20-22 °C beträgt, keinesfalls aber 25 °C übersteigt.

Die Erwärmung des gärenden Mostes ist außer von der mehr oder weniger starken Hefebeimpfung hauptsächlich vom **Mostvolumen** abhängig. Je größer die in einem Behälter gärende Mostmenge ist, umso stärker erwärmt sie sich.

Die **Mosterwärmung** verändert die **Zusammensetzung des Weines**: Das austretende CO_2 transportiert nicht nur Wärme, sondern auch Ethanol. Die **Alkoholverluste** können in Einzelfällen mehr als 1 % vol. betragen. Die Rückrechnung auf das natürliche Mostgewicht ergäbe dann eine geringere Qualität, als sie der Most wirklich hatte (27, 49).

Die **Glycerin**-Bildung der Hefe steigt mit Zunahme des Mostvolumens um 1 bis 2 g/l. **Butandiol** nimmt um 0,15 bis 0,4 g/l zu, **Bernsteinsäure** um 0,1 bis 0,3 g/l. Die flüchtige Säure kann um bis zu 0,3 g/l zunehmen (43).

Bei Mosttemperaturen, die während der Gärung 25 °C nicht überschreiten, ist nach Reinhefe-Beimpfung ein schnelles An- und zügiges Durchgären gewährleistet. Es bleiben keine nenneswerten Zuckerreste unvergoren, so daß keine bakteriellen Qualitätsminderungen (siehe S. 234) zu befürchten sind. Der SO_2-Bedarf der Jungweine wird gering sein, da sie im Regelfalle nur geringe Mengen SO_2-bindender Hefemetaboliten (siehe S. 201) enthalten.

Die **Kaltgärung** (unter 10 °C) wird nicht mehr konsequent angewandt. Ihr Ziel, die Erhaltung eines größeren Zuckerrestes, ist seit der Süßung der Weine mit Traubensaft entfallen. Die Jungweine haben, falls nicht mit Reinzuchthefe vergoren, meist einen höheren SO_2-Bedarf. Mancherorts werden die Moste mit sehr viel Trockenhefe beimpft, aber dann bei niedriger Temperatur gehalten. — Vorteile kühler Gärungen sind: Verhinderung des Äpfelsäureabbaus u.a. bakterieller Risiken, stärkerer Weinsteinausfall, geringere Alkohol- und Bukettverluste.

6.5.2 Alkohol und Kohlendioxid (CO_2)

Alkohol bewirkt, während er bei der Gärung des Mostes entsteht, schon bei 2 % vol. erste Einschränkungen der Hefevermehrung. Völlig unterdrückt wird die Sprossung meist erst bei Alkoholgehalten von 6-8 % vol. Hefen, die sich noch bei 12-13 % vol. und mehr vermehren, kommen aber ebenfalls vor.

Im gärenden Most ist die Hemmwirkung des Alkohols stärker als in unvergorenem Most nach Zusatz von Alkohol. Dies ist u.a. dadurch erklärbar, daß das Ethanol in der Zelle gebildet wird. Infolgedessen wird sich in der Zelle der Alkohol anstauen. Umgekehrt wird zugesetzter Alkohol von der Zellmembran beim Eindringen in die Zelle behindert. Hinzu kommt, daß in der Zelle noch toxischere Nebenprodukte gebildet werden, z.B. Acetaldehyd und Essigsäure.

Schon niedrige Alkoholkonzentrationen hemmen die Aufnahme von Zucker in die Zelle. Die Aufnahme von Aminosäuren und von NH_4^+ wird stärker gehemmt. — Die **Alkoholtoleranz** einer Hefe ist wahrscheinlich die Resultante mehrerer Eigenschaften. Außer der Zusammensetzung der Plasmamembran, die substratabhängig ist, bestimmt wahrscheinlich die jeweils verträgliche Höhe des Alkoholstaus in der Zelle die Alkoholtoleranz.

Der Stillstand bzw. die Verhinderung der Gärung erfordert größere Alkoholmengen als die Verhinderung der Hefevermehrung. Bei der Vergärung von Mosten unter üblichen Bedingungen sind nicht mehr als 15-16 % vol. Alkohol zu erreichen. In einigen Fällen sollen bis zu 18 % vol. erreicht worden sein.

CO_2 hemmt Mikroorganismen merklich. Diese Wirkung wird schon beim Vergleich carbonisierter mit nicht carbonisierten Wässern offensichtlich (siehe S. 23).

Die Vermehrung der Hefe hört bei 15 g/l CO_2 auf (ca. 7,2 bar bei 15 °C). Die Gärung kommt dagegen erst bei der doppelten CO_2-Konzentration zum Stillstand.

Dies bedeutet: Wenn ein Most viele Hefen enthält, wird bei 15 g/l CO_2 die Hefezahl zwar nicht zunehmen. Die Alkoholbildung dieser vielen Hefezellen aber kann bei langer Lagerzeit doch bemerkenswert sein. Auf diesem hemmenden CO_2-Effekt beruht das zur Einlagerung von Säften und Süßreserven angewandte BÖHI-Verfahren (siehe S. 61).

Die Vermehrung von Milchsäurebakterien wird durch CO_2 nicht gehemmt. Sie können sich daher bei diesen Bedingungen vermehren und (Trauben-)Säfte verderben (siehe S. 68).

Die technologische Anwendung der Hemmwirkung von CO_2 hatte für die „Führung" der Gärung durch Druckgärverfahren Bedeutung (114). Die analytischen Unterschiede waren positiv: Die gehemmte Hefevermehrung ließ mehr Zucker für die Gärung übrig, auch wegen der geringeren Alkoholverluste war die Alkoholausbeute höher.

Die CO_2-Hemmwirkung ist besonders bei **Schaumwein**, in geringerem Maße auch bei Perlwein wichtig. Schaumwein hat einen CO_2-Druck von 4-6 bar, Perlweine haben 1-2 bar. Da auch der Alkohol zur Hemmung der Hefevermehrung beiträgt, braucht Schaumwein nicht steril abgefüllt zu werden. Perlwein muß dagegen keimarm oder steril abgefüllt werden. Immerhin gibt ihm selbst sein geringer CO_2-Gehalt schon eine im Vergleich zu Stillwein bessere Hemmwirkung gegenüber Hefen.

6.5.3 Trubgehalt des Mostes

Maischen gären stürmischer, sie sind in kurzer Zeit abgegoren. Nicht geklärte Moste gären ebenfalls schnell, während zentrifugierte (vorgeklärte) Moste später angären und die weitere Gärung nur mit mäßiger Intensität erfolgt. „Blanke" Säfte gären oft selbst nach Reinhefe-Zusatz langsamer als die nicht geklärten vergleichbaren Moste. Wenn sie auch noch kalt sind, gären sie häufig nicht durch. Setzt man einem „blanken" Most außer Hefe noch Filtermasse, Kieselgur, Weizenmehl o.ä. zu, wird die Gärung beschleunigt, der Vergärungsgrad steigt.

Dies zeigt, daß die gärungsfördernde Wirkung des Trubes vor allem eine mechanische ist: Wie wenn in eine Sprudelflasche eingebrachter Sand das gebundene CO_2 stürmisch freisetzt, so entbindet sich das von den gärenden Hefen gebildete CO_2 ständig an den Trubstoffen, die im Most schwimmen. Dadurch werden die Trubteilchen im gärenden Most herumgewirbelt. Durch ihre Bewegung entbindet sich CO_2 an ihnen an jeder Stelle in der Gärflüssigkeit, an die sie kommen. So entsteht eine Turbulenz im gärenden Most, die die Trubteilchen erzeugen, ihr aber auch unterliegen. Die Trubteilchen werden zu Vehikeln, die vom Gärungs-CO_2 im Most umhergetrieben werden. Da auch die Hefezellen Trubteilchen sind, unterliegen auch sie, die CO_2-Bildner, dem gleichen Effekt: Sie werden in immer neue Flüssigkeitszonen transportiert, die ihnen durch den darin enthaltenen Zucker ständig Substrat für den Fortgang der Gärung liefern. Auf diese Weise ist die kontinuierliche Zuckerversorgung für ihre Gärung mit der schnellen Entfernung des hemmenden Gärungsproduktes CO_2 gekoppelt; das gärende System ist in sich optimiert.

In sehr stark vorgeklärten oder gar blanken Mosten sowie in rückverdünnten Konzentraten, etwa zur Apfelweinherstellung, sinkt die zugesetzte Reinzuchthefe oft rasch zu Boden. Sie kann dort nur aus ihrer unmittelbaren Umgebung Zucker aufnehmen. Umgekehrt kann sie die Gärungsprodukte Alkohol und CO_2 ebenfalls nur in diese Zone abgeben. In dieser Flüssigkeitszone nimmt daher das Gärsubstrat Zucker schnell ab, die Hemmstoffe CO_2 und Alkohol aber ebenso schnell zu. Es kommt infolgedessen oft nicht zu einer hinreichenden Verteilung der Hefen im ganzen Gärvolumen. Ein- oder mehrmaliges Aufrühren der Hefe (Vorsicht vor zu plötzlicher CO_2-Entbindung!) beseitigt die Hemmung. Bei der Versektung sind häufiges Rühren (im Tank), gelegentlich auch das „Aufschlagen" der Hefe (bei Flaschengärung) notwendige Verfahrensschritte.

Außer den Traubenbestandteilen ist auch die gärende Hefe Trub. Bei beginnender Hauptgärung hat sie durch ihre Vermehrung den Most stark eingetrübt. Jede Zelle ist ein Trubteilchen.

In einem Liter eines gärenden Mostes sind bis zu 100 Mrd. Zellen und mehr enthalten. Bei der Länge einer Zelle von 10 μm und einer Breite von 5 μm sind als Oberfläche der 100 Mrd.

Zellen 17,6 m² anzunehmen. In einem Hektoliter würde die Oberfläche der in ihm gärenden Hefezellen 1760 m² oder 17,6 Ar betragen. Diese riesige Oberfläche der Zellen gibt gleichzeitig eine Erklärung für den gewaltigen Zuckerumsatz während der Gärung.

Das Ausscheiden des größten Teils der Trubmasse, das „Vorklären", hat eine langsamere Gärung mit geringerer Erwärmung zur Folge. Die Zusammensetzung von Weinen aus vorgeklärten Mosten ist daher von der geringeren Gärungstemperatur (siehe S. 199) geprägt: Trüb vergorene Moste haben im Vergleich zu scharf separierten Mosten niedrigere Alkohol-, höhere Glycerin-, geringere Restzucker- und meist auch geringere Gesamtsäure- und Gesamt-SO_2-Gehalte (114). Weine aus separierten Mosten sind meist „zarter".

Mit dem Trub wird auch ein Großteil der darauf sitzenden Hefen und aller anderen Mikroorganismen entfernt. Die Entfernung der „wilden" Hefen, Milchsäure- und Essigsäurebakterien gibt nach Vergärung mit Reinzuchthefe in Verbindung mit der niedrigen Mosterwärmung reintönigere Weine. Dies ist besonders bei Mosten aus „faulen" Beeren wichtig.

Durch das Vorklären werden außerdem noch auf den Traubenschalen verbliebene Reste von Pflanzenschutzmitteln entfernt, die gärhemmend oder geschmacksbeeinträchtigend wirken können (87).

Zur Gärungsförderung ist in der EG der Zusatz von bis zu 40 g/l Hefezellwand-Präparaten zulässig. Ihre Wirkung beruht auf der CO_2-freisetzenden Wirkung aller Trubstoffe bzw. Festkörper. Außerdem bewirken sie eine starke Vermehrung der Hefe. Die Präparate enthalten ungesättigte Fettsäuren und Steroide. Diese Stoffe sind für die Hefe Nährstoffe (111).

Ein von den trübenden Beerenstückchen ausgehender Ernährungseffekt mag zur Hefevermehrung und damit zur Gärbeschleunigung ebenfalls beitragen.

6.5.4 Zuckergehalt

Moste mit geringen Zuckergehalten gären schnell an und weitgehend durch. Moste mit sehr hohem Zuckergehalt (Beeren- und Trockenbeerenauslese-Moste) vergären dagegen nur langsam und unvollständig: Mit steigendem Zuckergehalt nehmen die erreichten Alkoholgehalte zunächst zu, dann aber stark ab, die unvergorenen Zuckerreste nehmen in diesem Bereich stark zu.

Zuckergehalt des Mostes g/l	110	160	210	265	300	400	540
Alkoholgehalt nach Gärung g/l	59	82	107	120	110	87	12

Die Ursache der Gärhemmung durch hohe Zuckerkonzentrationen ist die Folge ihrer osmotischen Saugkraft. Den im zuckerreichen Most vorkommenden Hefezellen wird Wasser entzogen. Wird die „Wasseraktivität" (siehe S. 59) der Zelle durch Wasserentzug gestört, wird ihr Stoffwechsel gehemmt. Die Hemmung äußert sich primär in einer geringen Vermehrung.

Am schnellsten gären Moste mit geringen bis durchschnittlichen Zuckergehalten von 12-18 % (~ 51-76 °Oe). In den Grenzen, die bei den meisten Mosten gegeben sind, hat er kaum Einfluß auf die Gärung, wenn die anderen Bedingungen normal sind.

Bei Auslesemosten gewinnt die Zuckerkonzentration an Bedeutung; einige gären noch durch, die meisten nicht. Bei Beeren- und Trockenbeerenauslese-Mosten ($>$ 125 °Oe bzw. $>$ 150 °Oe) ist die Hefevermehrung gehemmt. Die geringere Hefezellzahl ist nur zu einer langsamen Gärung fähig, die hohe Zuckerreste unvergoren läßt. Um eine zu schleppende Gärung zu vermeiden, sollte man Reinzuchthefen anwenden. Da diese Moste in aller Regel aus *Botrytis*-befallenen (Trocken-) Beeren stammen, sollte man ihnen auch Thiamin (siehe S. 203) und eventuell Ammonium-„Gärsalze" zusetzen (26). Die einzusetzenden Hefen müssen hohe Zuckerkonzentrationen ertragen, sie müssen **osmotolerant** sein.

Bei zunehmendem Zuckerstreß der Hefe werden ihre Zellen kleiner, die Bildung von Glycerin und von Essigsäure nimmt auch dann noch zu, wenn das Maximum der Akoholbildung schon überschritten ist (siehe Abb. 6.4). Die Glucose/Fructose-Verhältnisse der unvergorenen Zuckerreste verschieben sich zugunsten des Glucoseanteils.

Bei Obst-Dessert-Weinen ist, anders als bei Auslesen, die Zuckerkonzentration der Ausgangsprodukte niedrig. Obwohl 13-18 % vol. Alkoholgehalt erreicht werden müssen, ist dabei der Hemmeffekt des Zuckers zu umgehen. Die für den hohen Alkoholgehalt erforderliche Zuckermenge wird dem Saft nicht vor der Gärung auf einmal, sondern in mehreren kleinen Anteilen während der Gärung zugegeben. Man spricht von **gestaffelter Zuckerung**. Die Hefe wird so zu keiner Zeit osmotischen Belastungen ausgesetzt, der hohe Alkoholgehalt kann relativ schnell erreicht werden.

6.5.5 Schweflige Säure (SO_2)

In wäßriger Lösung wie in Mosten und Weinen liegt sie als SO_2 (assoziiert mit H_2O), als HSO_3^- und SO_3^{2-} vor. Wegen dieses komplexen Verhaltens drückt man den Gehalt an freier und gebundener schwefliger Säure in mg/l SO_2 aus.

Wird Most stark „geschwefelt", d.h. SO_2 zugesetzt, gärt er längere Zeit nicht. Diese **Angärverzögerung** ist umso größer, je höher der SO_2-Zusatz ist (Abb. 6.7). Der Gärverlauf selbst wird aber von der SO_2-Menge nicht beeinflußt, die Gärungsintensität und der Endvergärungsgrad bleiben gleich.

Die gärungsverzögernde Wirkung der SO_2 beruht auf der **Hemmung der Vermehrung** der Hefe. Diese beruht auf mehreren unterschiedlichen Effekten (54). Geringe SO_2- Zusätze haben hingegen einen Fördereffekt.

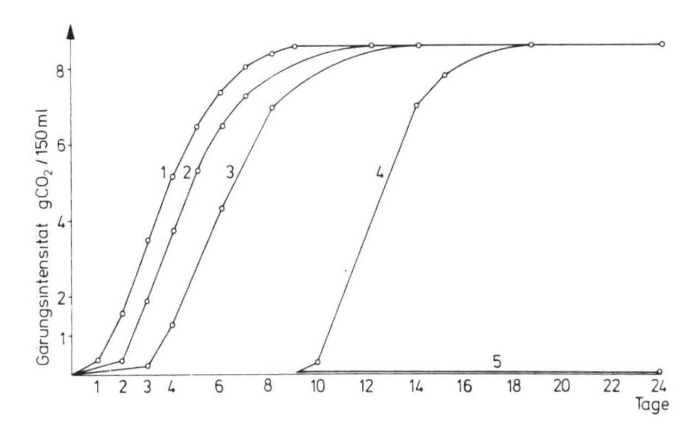

Abb. 6.7: Angärverzögerung durch verschieden hohe SO_2-Zusätze (1 = 0 mg/l, 2 = 50 mg/l, 3 = 100 mg/l, 4 = 200 mg/l, 5 = 400 mg/l) zu Most. 20 °C, Beimpfung mit 1 % *Saccharomyces cerevisiae* (Epernay)(28)

Vorausetzung für ihre Hemmwirkung ist das Eindringen der SO_2 in die Zelle. Die undissoziierte SO_2 permeiert leichter in die Zelle als ihre ionisierten Formen. Deshalb ist nur sie keimhemmend. Je nach pH-Wert liegt ihr Anteil nur zwischen 1 bis 10 %. Die Dissoziation der SO_2 und damit ihre mikroorganismenhemmende Wirkung ist abhängig vom pH-Wert des Mostes oder Weines. Mit fallenden pH-Werten nimmt ihre Dissoziation ab. Um eine bestimmte Hemmwirkung gegen Hefen oder Bakterien zu erzielen, benötigt man deshalb in einem sauren Wein weniger, in einem weniger sauren dagegen mehr SO_2. Aus dem gleichen Grunde variiert der pH-Wert auch die Angärzeit: Mit steigendem pH des Mostes verkürzt sich bei gleichem SO_2-Gehalt die Zeit bis zur Angärung.

Zwischen verschiedenen Hefearten und auch innerhalb einer Art gibt es große Unterschiede in der SO_2-Verträglichkeit. Normale *Saccharomyces-cerevisiae*-Stämme vertragen bis 4 mg/l undissoziierte SO_2. Von 8 mg/l wird die Vermehrung unterdrückt. SO_2-tolerante Hefen vertragen mehr. Die für Wein zulässigen SO_2-Konzentrationen reichen daher nicht aus, um Hefen sicher quantitativ abzutöten. In Most verträgt eine Hefe mehr SO_2 als in Wein. Um Traubenmost als „Süßreserve" zu konservieren, muß er mit der vielfachen SO_2-Menge „stumm" geschwefelt werden.

Die einem Most zugesetzte „freie" SO_2 wird bei der Gärung in „gebundene" SO_2 überführt. Die gebundene SO_2 hemmt Mikroorganismen nicht nennenswert. Deshalb dauert die Hemmung nur so lange an, wie freie SO_2 vorliegt. Zum Zeitpunkt der Angärung ist keine freie SO_2 mehr nachweisbar.

Mit großen SO_2-Mengen kann man die Gärung „stoppen". Dieses „Stoppen" war eine Methode zur Erhaltung eines Zuckerrestes, bevor sich die Süßung der Weine mit Traubensaft eingeführt hatte.

Apiculatushefen sind SO_2-empfindlich. Eine Mostschwefelung hält sie nieder. Diese Methode wird aber nur noch selten angewandt, u.a. weil der Gesamt-SO_2-Gehalt der Weine unnötig erhöht wird. Der gleiche Zweck wird durch die Vergärung der Moste mit Reinzuchthefe erreicht (siehe S. 190).

In flaschengefüllten Weinen kommen gelegentlich Hefen vor, die sich trotz normaler Schwefelung (~ 50 mg/l freie SO_2) vermehren. Eine dieser SO_2-toleranten Hefen ist *Saccharomycodes ludwigii*. Sie hat auffällig große schuhsohlen- oder wurstförmige Zellen. In der Flasche bildet sie einen Bodensatz. 500 mg/l SO_2 hindern die Angärung oft nicht. Sie ist ein träger Gärer. Die zweite Art ist *Zygosaccharomyces bailii*. Sie wächst in kompakten Sproßverbänden, die stecknagelgroß werden können. Deshalb wurde diese Hefe auch „Krümel"- oder „Klümpchen"-Hefe genannt. Sie gärt stärker als *Saccharomycodes*, aber schwächer als *S. cerevisiae*. Sie ist auch sorbinsäure- und osmotolerant. Deshalb vermehrt sie sich auf Konzentraten. In Ländern, in denen Weine mit Konzentraten gesüßt werden dürfen, kommt die Hefe bei unzureichender Sterilfiltration auf diese Weise in die Flasche.

Milchsäurebakterien und Essigsäurebakterien werden von SO_2 stark gehemmt. Das Schwefeln ist deshalb eine Vorbeugungsmaßnahme gegen eine unerwünschte Vermehrung von Bakterien und ihren Folgen.

Mit Wein aufgenommenes SO_2 wird im menschlichen Körper zu Sulfat oxidiert und ausgeschieden. Es gibt keine Hinweise dafür, daß mit der Aufnahme der in Weinen enthaltenen SO_2 gesundheitliche Nachteile verbunden sind (21).

6.5.6 Hefeverwertbarer Stickstoff

Die Vermehrung der Hefe erfordert die Synthese vieler stickstoffhaltiger Zellinhaltsstoffe. Sie alle können aus NH_4^+ als einziger Stickstoff(N)-Quelle aufgebaut werden. Die Syntheseleistung der Rebe, aus deren Beeren der Most gekeltert wird, erspart der Hefe die eigene Synthese dieser Stoffe weitgehend. Sie kann die meisten dieser Stoffe unverändert aus dem Most aufnehmen und ihre Zellsubstanz damit aufbauen. Bei der Vermehrung der Hefe nimmt daher der N-Gehalt des Mostes ab.

Die Hefe deckt ihren N-Bedarf in Most hauptsächlich durch die Aufnahme von Aminosäuren. In Mosten aus normalen Beeren liegt die Summe der freien Aminosäuren meist um 3 000 mg/l, in Jungweinen ist sie um etwa 1 000 mg/l geringer. Diese Aminosäureabnahme ist bereits bei Beendigung der Hefevermehrung, also bei der Angärung, beendet.

Prolin, das nach Arginin in der zweithöchsten Konzentration vorkommt, kann im Most von *Botrytis* anteilig, von der Hefe aber nicht oder nur geringfügig verwertet werden. Anscheinend kann die Hefe den N aus der Ringbindung nicht freisetzen.

Schon während der Gärung, aber vor allem danach sterben mehr und mehr Hefen ab. In der Sedimentationszone und mehr noch im „Geläger" nimmt daher der Aminosäuregehalt wieder etwas zu.

Deshalb enthält Hefepreßwein relativ viel Aminosäuren. In einem Falle enthielt ein Wein 1199 mg/l Aminosäuren, dagegen hatte der aus seiner Hefe nach drei Monaten gepreßte Hefewein 9906 mg/l Aminosäuregehalt (85).

Auch in Most geringerer Qualität reicht der N-Gehalt für die Hefevermehrung und Gärung aus. Dagegen sind die besten Mostqualitäten, die Beeren- und Trockenbeerenauslese-Moste, N-arm. Das infizierende *Botrytis*-Mycel hat die löslichen N-Verbindungen dem Most größtenteils als Nährstoffe entzogen. Auch deshalb ist in diesen Mosten die Hefevermehrung geringer. — In heißen Weinbaugebieten kann der N-Gehalt normaler Moste deutlich geringer sein als in gemäßigten Zonen.

Zum Ausgleich eines eventuellen N-Mangels des Mostes und daraus entstehender Gärschwierigkeiten sind Zusätze folgender „Gärsalze" zum Most zur Förderung der Hefevermehrung zulässig: $(NH_4)_2HPO_4$ oder $(NH_4)_2SO_4$ bis zu 0,3 g/l ((26) **VO EWG** 1987).

Der N-Gehalt des Weines reicht zur **Versektung** aus. Die Hefe nimmt dabei die Hälfte bis ein Achtel des N auf.

In **Schaumwein,** der längere Zeit auf der Hefe lagert, nehmen die Aminosäuren mit der Zeit mit steigender Temperatur und durch Bewegen der Hefe zu. Der Aminosäuregehalt ist dann gleich hoch wie vor der Versektung (76).

Bei manchen Obst- und Beerenmosten reichen die N-Gehalte nicht aus. Besonders für die Vergärung auf Dessertweinstärke ist der Zusatz von bis zu 0,4 g/l Ammoniumphosphat, -sulfat oder -chlorid erforderlich und zulässig.

Thiamin ist ebenfalls eine N-Verbindung. Es wirkt stärker vermehrungs- und gärungsfördernd als die o.a. NH_4-Salze (26).

6.5.7 Flüchtige Säure — Essigsäure

Moste aus „faulen" und verletzten Beeren enthalten oft schon mehr als 0,6 g/l „flüchtige Säure". Bei noch höheren Gehalten kann sie zur Hemmung der Gärung beitragen. Kombinationen mit anderen gärungserschwerenden Faktoren können merkliche Gärverzüge bewirken. Im besonderen Maße ist dies bei Beeren- und Trockenbeerenauslesen gegeben. Neben hohen Zuckerkonzentrationen enthalten sie fast immer erhöhte Mengen flüchtiger Säure. Ihre Hauptanteile sind Essig- und Ameisensäure. In Trockenbeerenauslesemosten sind 700 mg/l und mehr Acetat und bis zu 90 mg/l Formiat gemessen worden (31, 32). Erschwerend kommt hinzu, daß die Hefe selbst unter dem osmotischen Streß dieser hohen Zuckerkonzentrationen mehr flüchtige Säure bildet (siehe S. 204).

Beide Fettsäuren haben starke Konservierungswirkung. Flüchtige Säure, in der außerdem noch Spuren höherer Fettsäuren enthalten sind, hemmen deshalb die Vermehrung der Hefe.

Bei der Aufgärung essigstichiger Weine wirkt flüchtige Säure stärker, da in Wein die Ernährungsbedingungen schlechter sind als in Most. Die Alkoholwirkung kommt hinzu. Bei der Versektung hemmt das entstehende CO_2 zusätzlich.

Wenn *S. cerevisiae* wie bei der Sherry-Bereitung auf Wein wächst, verträgt sie mehr flüchtige Säure. Der Sauerstoffeinfluß ermöglicht ihr sogar einen gewissen Acetatumsatz.

6.5.8 Metallgehalt und Pflanzenschutzmittel

Saure Pflanzensäfte wie Traubenmost können durch Korrosion Schwermetalle aufnehmen, wenn die Pressen nicht instandgehalten werden, oder Wein in Kesselwagen transportiert wird, deren Auskleidung abgeschlagen ist. Wenn Reben mit Kupfer behandelt werden, kann es beim Pressen von den Trauben in den Most gelangen.

Diese geringen Kupfergehalte werden heute eher positiv beurteilt: Bei der Gärung entstehen geringe Mengen Schwefelwasserstoff (H_2S) und möglicherweise auch andere S-Metaboliten, die in höheren Konzentrationen „Böckser" verursachen. Sie reagieren mit Kupfer zu schwer löslichem CuS (und anderen Salzen).

Die Vergärung von Mosten wird von den normalerweise vorkommenden Metallgehalten nicht beeinträchtigt. Ihre Hemmwirkung wird, wenn überhaupt, erst bei der Aufgärung bzw. bei der Versektung merkbar. Sektgrundweine mit zu hohem Eisengehalt müssen vor der Versektung blaugeschönt werden. Andernfalls ist ein Steckenbleiben der Versektung zu befürchten.

Die hier wichtigen Schwermetalle nehmen, wenn nicht abnormal große Konzentrationen vorliegen, während der Gärung so gut wie vollständig ab. Dies gilt auch für Blei: Ein Teil wird von der Hefe aufgenommen und mit ihr aus dem Wein abgetrennt. Der verbleibende Teil wird als schwerlösliches Sulfid ausgefällt und ebenfalls aus dem Wein entfernt (69).

In Mosten aus Rebanlagen, die zu spät und/oder mit zu hohen Mengen hefetoxischer Pflanzenschutzmittel behandelt worden waren, kann die Gärung gehemmt werden. Entscheidend ist die Wirkstoffmenge, die zum Erntezeitpunkt noch auf den Beeren ist und sich beim Pressen bzw. von der Maische oder auch noch vom Trub im Most löst. „Geklärte" (z.B. separierte) Moste sind daher weniger gefährdet.

Das gegen *Botrytis* angewandte Euparen (Wirkstoff Dichlofluanid) kann zwar ungünstigstenfalls Gärverzögerungen bewirken. Durch die heute übliche Trockenhefeanwendung ist dieser Verzögerung wirksam zu begegnen. Die *Botrytis*-Fungizide

Vinclozolin (Handelsname Ronilan), Iprodion (Rovral) und Procymidon (Sumisclex) sind risikolos, ebenso das gegen falschen Mehltau wirksame Metalaxyl (Ridomil) sowie das gegen echten Mehltau eingesetzte Triadimefon (Bayleton). — Von den Insektiziden sind Phosphorsäureester hefetoxisch (11, 20, 66).

Versektungsschwierigkeiten erklärten sich in Einzelfällen durch Sorbinsäure im Grundwein. Sie sollte diese Weine wahrscheinlich gegen den Bewuchs von Kahmhefe schützen.

6.6 Konservierende Stoffe

Dem weitaus überwiegenden Teil aller Weine werden keine Konservierungsstoffe zugesetzt. Erstens ist der „fertige" Wein weitgehend mikroorganismenfrei und er wird bis zur Füllung so gelagert, daß von diesen wenigen Mikroorganismen keine Massenvermehrung mit schädlichen Folgen ausgehen kann. Bei der Füllung wird er entkeimt oder weitestgehend entkeimt, so daß eine Mikroorganismenvermehrung in der Flasche höchstens ausnahmsweise vorkommen kann. Zweitens hemmt die Zusammensetzung der Weine in Verbindung mit den Lagerbedingungen die Vermehrung eventuell im Wein vorkommender Mikroorganismen stark oder verhindert sie.

Der Einsatz von Konservierungsmitteln zielt nur auf Mikroorganismen, die im Wein vermehrungsfähig sind. Dies sind nur **Hefen** und **Milchsäurebakterien.** Sie können die **mikrobiologische Stabilität** eines Weines vor allem durch ihren Zuckerumsatz gefährden.

Der **Zuckergehalt** des Weines ist daher eine wesentliche Voraussetzung für die Vermehrung mit nachfolgender Schädigung. Werden Weine mit Traubenmost gesüßt, wie dies bei einem großen Teil der deutschen Weine geschieht, wird auch die Vermehrungschance für infizierende **Hefen** erhöht. Weine mit mehr als 1 g/l vergärbarem Zucker (Glucose + Fructose) müssen daher entkeimend filtriert werden oder die Infektanten müssen durch Warmfüllung (siehe S. 213) o.ä. Verfahren abgetötet werden. Die häufigsten Infektanten sind die stark gärenden *S. cerevisiae*-Weinhefen selbst, da sie im Jungwein auch noch nach dem „Abstich" in großer Zahl verbleiben. Wenn zuckerhaltiger Wein mit vermehrungsfähigen Hefen gefüllt wird, trüben sie nach mehr oder minder langer Zeit den Wein durch ihre Vermehrung. Durch die Vergärung des Zuckers und die damit verbundene CO_2-Freisetzung können die Korken herausgedrückt werden oder die Flaschen platzen. Auch weniger stark gärende Hefen, wie die SO_2-toleranten Arten *Zygosaccharomyces bailii* und *Saccharomycodes ludwigii* kommen in Weinen mit erhöhtem Zuckergehalt häufiger vor.

Trotz guter handwerklicher Praxis kommt es insbesondere bei hohen Fülleistungen zu gelegentlichen Hefedurchbrüchen durch die Filterschichten. Die Folge ist die

Hefetrübung in einzelnen Flaschen und ihre „Nachgärung". Auch geringe Schadensquoten dieser Art sind unangenehm, besonders, wenn die Flaschen umgehend an den Kunden weitergegeben werden. Der Schaden ist im Betrieb noch nicht erkennbar, er wird erst beim Kunden sichtbar.

Um diese Schäden zu vermeiden, ist der Zusatz bestimmter Konservierungsstoffe zu Wein erlaubt. Dies sind Stoffe, die die infizierenden Hefen abtöten.

Vor ihrer Besprechung sollen noch einige Weininhaltsstoffe angesprochen werden, die eine gewisse konservierende Wirkung haben.

6.6.1 Hefestoffwechselprodukte und Weininhaltsstoffe mit Konservierungswirkung

Die Gärungsprodukte **Ethanol** und **CO_2** sind schon als gärungshemmende Substanzen genannt worden (siehe S. 214).

Die Konservierungswirkung des **Alkohols** ist die Verfahrensgrundlage zur **Herstellung von Süßweinen und Mistellen**. Dabei wird die Gärung durch Zusatz von (Wein) Alkohol unterbrochen bzw. verhindert. Der (gärende) Most wird auf 17 bis 20 % vol. „aufgespritet"(„fortifiziert" oder „aviniert").

Der diesen Verfahren zugrundeliegende Schutz des Zuckers vor der Vergärung durch die Hefe ist bei Normalbedingungen gegeben, wenn DU (Delle Units) → 80 ist. Wobei

$$DU = a + 4{,}5 \times c$$

(a = Gew. % Zucker, c = % vol. Ethanol) ist.

Die Gleichung basiert auf den Beobachtungen, daß normalerweise weder bei 18 % vol. Ethanolgehalt noch bei 80 % Zuckergehalt Gärung eintritt und daß Ethanol etwa die 4,5fache Hemmwirkung von Zucker hat (2).

Zur Herstellung von **Portwein** wird mit 76 %igem Alkohol auf 18 % vol. aufgespritet (41). Auch dem **Madeira** setzt man vor Gärungsende Alkohol zu. Ein Teil des Mostes wird nach Schwefelung auf 100 mg/l mit 96 %igem Alkohol auf 17-20 % vol. aviniert, um keine Gärung aufkommen zu lassen. Diese „Mistela" wird zum Süßen verwendet.

Ethanol wirkt proteindenaturierend und membranschädigend infolge seiner Lösungsmitteleigenschaften.

CO_2 hemmt in den bei der Gärung entstehenden großen Mengen die Vermehrung der vielen oder relativ vielen Hefen im Most bzw. Jungwein.

Der CO_2-Gehalt des **Schaumweins** wirkt gegenüber der Anzahl von Hefen, mit denen er üblicherweise gefüllt wird, bereits konservierend; trotz des meist recht hohen Zuckergehalts vermehren sich in ihm enthaltene Hefen nicht, sondern sterben ab. Selbst bei Perlwein mit nur 4-5 g/l CO_2 reicht eine keimarme Füllung aus. Auch noch geringere CO_2-Gehalte von 1,8 g/l brachten trotz niedrigen Alkoholgehalts und einem Keimgehalt von immerhin 100 Hefen/l eine nach 8 Tagen erreichte Konservierungswirkung (48).

Darüberhinaus gibt es viele Hinweise, daß in vergorenen Substraten Substanzen vorkommen, die auf die Hefe hemmend zurückwirken. **Essigsäure** und ihr Ethylester waren als synergistische Faktoren genannt worden. Konservierungswirkung hat auch das Gärungsnebenprodukt **Acetaldehyd** (DITTRICH 1963, unveröffl.). Seine Wirkung beschränkt sich allerdings auf den ungeschwefelten Wein.

Die dem Wein zugeschriebene Heilwirkung wurde u.a. mit seiner Konservierungswirkung gegenüber Krankheitserregern in Zusammenhang gebracht. Wein wirkt bakterizid auf menschenpathogene Bakterien, Weißwein stärker als Rotwein. *Escherichia coli* wurde in Weißwein in 25-45 Min., in Rotwein in 60 Min. abgetötet (12). Diese bakterientötende Wirkung des Weines dürfte hauptsächlich auf dem Zusammenwirken von Alkohol, freier SO_2 und niedrigem pH-Wert beruhen.

Vollständigkeitshalber wird nochmals auf die Konservierungswirkung von **Ameisensäure** (siehe S. 72) verwiesen. Sie wird von Schimmelpilzen gebildet. Deshalb ist sie auch in „faulen" Mosten in erhöhten Mengen enthalten.

6.6.2 Gesetzlich erlaubte Konservierungsstoffe

Einzelheiten entnehme man (28) und (126). Man vergleiche auch Kap. 8.2.2.

6.6.2.1 Sorbinsäure (2,4-Hexadiensäure)

Sie ist für Wein in der EG bis zu 200 mg/l, in den USA bis zu 300 mg/l erlaubt. Wegen ihrer geringen Löslichkeit erfolgt ihre Anwendung als Kaliumsalz (200 mg/l Sorbinsäure entsprechen 265 mg/l Kaliumsorbat).

Sorbinsäure wirkt gut gegen Hefen (und Schimmelpilze), aber kaum gegen Milchsäure- und Essigsäurebakterien. Sie scheint vor allem die Zellmembran zu schädigen und dadurch die Stoffaufnahme (88).

Wie SO_2 ist Sorbinsäure nur als undissoziiertes Molekül wirksam. Ihr Konservierungseffekt ist daher pH-abhängig. Ihre Wirkung wird unterstützt von SO_2, hohem Alkoholgehalt und von Zucker. Die **Keimzahl** darf nicht zu hoch sein.

Weine mit Zuckergehalten über 2 g/l müssen daher ausreichend vorfiltriert werden, wenn die 200 mg/l Sorbinsäure ausreichen sollen. Während dann diese Sorbinsäuremenge die Hefevermehrung verhindert, wird damit weder der Säureabbau durch Milchsäurebakterien, noch das Aufkommen eines Essigstiches verhindert. Erst mehr als 800 mg/l würden die Vermehrung dieser Bakterien ausschließen. Diese Menge wäre mindestens auch zur Haltbarmachung von Most erforderlich.

Zygosaccharomyces bailii und *Saccharomycodes ludwigii* werden im Wein erst durch ungesetzlich hohe Sorbatkonzentrationen von 300-700 mg/l gehemmt (125).

Milchsäurebakterien verursachen in Weinen, die mit Sorbinsäure konserviert wurden, den sog. „Geranienton". Die Primärursache ist die Reduktion der Sorbinsäure zu Sorbinol (2,4-Hexadien-1-ol). Von Sorbinol gehen dann spontan folgende Reaktionen aus:

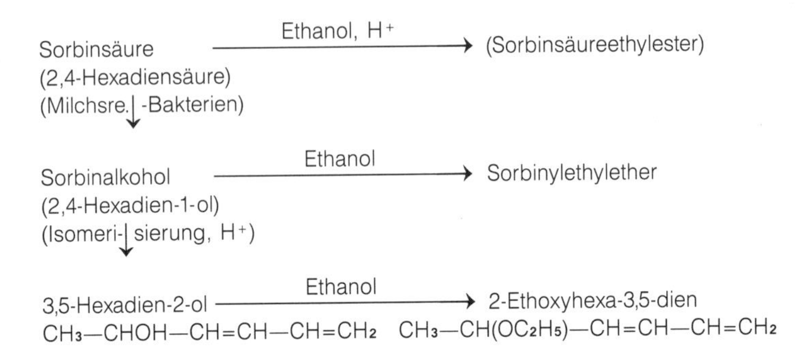

Der den „Geranienton" hervorrufende Stoff ist 2-Ethoxyhexa-3,5-dien (22, 91). In allen mit Sorbinsäure konservierten Weinen wird Sorbinsäure-Ethylester gefunden (~ 2-3 mg/l, Geschmacksschwellenwert ~ 0,3 mg/l).

Der „Geranienton" kann auch in „Süßreserven" entstehen. Beim Verschnitt ist dann meist eine Intensivierung des Fehlers festzustellen.

Allylsenföl (Allylisothiocyanat) ist nur in Italien zugelassen.

6.6.2.2 Dimethyldicarbonat (DMDC)

DMDC, Handelsname **Velcorin**®, ist in der EG nicht für Wein zulässig, aber zur Entkeimung von entalkoholisierten Weinen. In den USA sind für Wein 200 mg/l erlaubt.

In Wein wirkt DMDC gegen vertretbare Zellzahlen von Saccharomyceten ab 60 mg/l sowie gegen Kahmhefen und wein- und getränkeschädigende Bakterien. In Getränken zerfällt es temperaturabhängig, aber kurzfristig, in 2 CH_3OH + 2 CO_2, mit

Ethanol zu CH_3OH + Methylethylcarbonat. Nach dem Zerfall sind die Weine wieder gärfähig, die alkoholfreien Getränke wieder verderblich. Die anfallenden Zerfallsprodukte sind nicht gesundheitsschädlich.

Die Anwendung des „Verschwindestoffes" DMDC muß wegen seines raschen Zerfalls während der Füllung und unmittelbar vor dem Verschließen der Flaschen erfolgen (Einzelheiten: Bayer Product Information Velcorin®).

6.6.2.3 Schweflige Säure (SO_2), Peressigsäure, Ozon

Die bei der Schwefelung des Weines eingebrachten SO_2-Mengen wirken nicht konservierend auf Hefen, allenfalls auf Bakterien. Der größte Teil reagiert mit Weininhaltsstoffen. Er ist dann als gebundene SO_2 gegen Mikroorganismen wirkungslos. Mehr als 50 mg/l freie SO_2 würden zudem sensorisch störend wirken.

In höheren Konzentrationen wird SO_2 zum „Stummschwefeln" von Most zur Süßung von Wein (**„Süßreserve"**) benutzt. Ihre Wirkung nutzt man auch zum Konservieren leerer Weinfässer in Form von Wasser, das viel SO_2 enthält. Außerdem wird SO_2 angewendet zur **Entkeimung von Weinflaschen** vor der Füllung, eventuell auch zum Entkeimen von Oberflächen, etwa von Geräteteilen.

SO_2 gilt als bedenklich für unsere Umwelt. Zur **Flaschensterilisation** werden deshalb auch **Oxidationsmittel** angewandt. Bei ausreichendem Sterilisationseffekt verringern sie sogar den Sauerstoffbedarf des ablaufenden Wassers: Kombinationen von **Peressigsäure** und Wasserstoffperoxid (Produkte: Stellanol®, Divin steril®) wirken auch bei tiefen Temperaturen (z.B. 2-10 °C) gegen alle Arten von Mikroorganismen gut (8). **Ozon** (O_3) ergibt bei der Flaschensterilisation ebenfalls sehr gute Abtötungseffekte. Von 2 x 10^6 lebenden Hefen/Flasche überlebten die Behandlung mit 2,7 mg O_3/l 0,0014 % der Hefen (8).

6.7 Der mikrobielle Säureabbau

Der Säuregehalt der Traubenmoste ist in klimatisch ungünstigen Jahren hoch, in guten Jahren niedriger. Die pH-Werte verhalten sich entsprechend. Im Gesamtsäuregehalt überwiegen **Weinsäure** und **Äpfelsäure** weitaus. Weinsäure kann von Mikroorganismen normalerweise nicht abgebaut werden. Sie fällt aber z.T. während und nach der Gärung als saures Kaliumsalz, als „Weinstein", aus. Äpfelsäure kann dagegen von vielen Mikroorganismen abgebaut werden. Der Wein ist danach weniger sauer, sein pH-Wert ist etwas gestiegen. Günstigenfalls ist damit eine geschmackliche Verbesserung verbunden, vor allem bei Weinen säurereicher Sorten.

6.7.1 Äpfelsäureabbau durch Hefen

Während der Gärung setzt *S. cerevisiae* auch einen Teil der im Most enthaltenen L-Äpfelsäure um. In 50 Mosten/Weinen aus 16 Betrieben fünf deutscher Weinbaugebiete lag der Malatabbau durch Hefen durchschnittlich bei 23 % (118). Unter anderen Bedingungen waren 16-33 % abgebaut worden (47).

U.a. wegen dieser großen Unterschiede (und der unterschiedlich hohen Bildung von Glycerin und Butandiol) schwankt nach der Vergärung eines Mostes mit verschiedenen Heferassen der reduktionsfreie Extrakt der Weine.

Malat wird von Hefen zu Ethanol und CO_2 abgebaut.

$$\text{COOH–CHOH–CH}_2\text{–COOH} \xrightarrow[\text{Malatenzym, Mn}^{++}]{\text{NAD} \rightarrow \text{NADH}_2} \text{COOH–CO–CH}_3 + \text{CO}_2 \xrightarrow{\text{Pyruvat-Decarboxylase}} \text{HCO–CH}_3 + \text{CO}_2 \xrightarrow[\text{Alkohol-Dehydrogenase}]{\text{NADH}_2 \rightarrow \text{NAD}} \text{H}_2\text{COH–CH}_3$$

Hefen der Art *Schizosaccharomyces pombe* vergären L-Malat auf die gleiche Weise. In Reinkulturen können sie Malat annähernd vollständig abbauen (~ 95 %).

Die Erwartung, *Schizosaccharomyces* in der Praxis zum Äpfelsäureabbau zu nutzen, ist eher unwahrscheinlich: Die Moste müssen steril sein oder *Schizosaccharomyces* muß in sehr hoher Zellzahl eingeimpft werden. Ihre Gärfähigkeit ist gering.

6.7.2 Äpfelsäureabbau durch Milchsäurebakterien

In deutschsprachigen Weinbaugebieten bezeichnet man diesen Prozeß als „biologischen Säureabbau", in englischsprachigen und in französischen ist man präziser: Malolactic fermentation und Fermentation malolactique können mit malolaktischer Gärung oder mit Äpfelsäure/Milchsäure-Gärung übersetzt werden. Diese Namensgebungen drücken aus, daß die Milchsäurebakterien die zweibasische Äpfelsäure in die einbasische Milchsäure umsetzen. Der Wein schmeckt dann weniger sauer. Das freiwerdende CO_2 entweicht. Es kann eine Vergärung von Zucker durch Hefen vortäuschen.

Der Malatabbau verläuft je nach den Bedingungen unterschiedlich schnell. Er wird auch unterschiedlich beurteilt. Gerade sehr saure Moste, bei denen er erforderlich wäre, lassen ihn nur bei Einsatz fördernder Maßnahmen zu. In warmen Weinbaugebieten und in Weinbaugebieten mit säurearmen Rebsorten läuft er besonders in großen Behältern schon während der Gärung ab. Nach der Gärung ist dann der Säuregehalt auf ein Minimum abgesunken. Der Nachweis des stattgefundenen Malatabbaus (minimale L-Malat- bei erhöhten L-Lactatgehalten) bedeutet also nicht unbedingt, daß er gewollt war.

Bei Rotweinen ist der Äpfelsäureabbau häufiger und weitergehender. Aber auch in Weißweinen ist ein teilweiser Malatabbau häufiger als oft angenommen wird.

Seine Bewertung ist nicht einheitlich. Bei Rotweinen wird er mit Ausnahmen toleriert oder sogar bewußt herbeigeführt. Bei Weißweinen wird er in manchen Weinbaugebieten angestrebt, in anderen herrscht die Ablehnung vor.

Die Säure des Weines ist dabei nur ein Punkt der Beurteilung. Der Säureabbau ist nämlich nur die auffälligste Reaktionsfolge des Bakterienstoffwechsels. Daneben können auch sensorisch wirksame Stoffe gebildet werden, die die typische „Art" mancher Rebsorten verwischen können. Deshalb wird der Malatabbau bei Weinen mit ausgeprägter Sortenart wie Riesling oder Müller-Thurgau vielfach abgelehnt. Andererseits „füllen" diese Stoffwechselprodukte Weine ohne besondere Sortenart, die sonst zu „dünn" oder zu „neutral" schmecken würden.

Zusammenfassende Darstellungen: BENDA (13), DAVIS et al. (25), DITTRICH (28), KUNKEE (61), PEYNAUD (71), RADLER (75), WIBOWO et al. (120), KRIEGER (59).

6.7.2.1 Die Äpfelsäureabbau-Bakterien und ihre Vermehrung im Wein

Milchsäurebakterien können in Pflanzensäften und Weinen vorkommen, obwohl dies nicht ihre „natürlichen" Standorte sind. In Weinen ist im wesentlichen mit den Gattungen *Lactobacillus (L. casei, L. plantarum;* beide fakultativ heterofermentativ), *Leuconostoc (Leuconostoc oenos;* obligat heterofermentativ) und *Pediococcus (Pediococcus damnosus, Pediococcus pentosaceus;* homofermentativ) zu rechnen. Die Morphologie der wichtigsten Arten zeigen die Abb. 6.8-6.10. Typischerweise sind die Laktobazillen stäbchenförmig, die Pediokokken kugelig (meist in Tetraden). *Leuconostoc* bildet Diplokokken.

Abb. 6.8:
Leuconostoc oenos
Vergrößerung ca. 400fach (116)

Abb. 6.9:
Lactobacillus brevis

Abb. 6.10:
Pediococcus damnosus

Kokken sind häufiger als Stäbchen, Heterofermentative sind häufiger als Homofermentative. Fast alle Stämme können Malat abbauen. 17-50 % bauen Citrat ab, Arabinose wird von 30-50 % der Stämme vergoren.

Wein ist für Milchsäurebakterien kein gutes Substrat. Deshalb ist der Malatabbau unsicher; er tritt häufig spät ein oder bleibt aus, wenn er stattfinden soll.

Eine der Ursachen sind die hohen Nährstoffansprüche. Sie vermehren sich deshalb besser in Säften als in Weinen. Außer Zucker werden bestimmte Aminosäuren, Vitamine (116), Purine und Pyrimidine gebraucht. Die Ansprüche wechseln von Stamm zu Stamm. Einige benötigen Mangan. Äpfelsäure ist nicht erforderlich.

Die in Wein enthaltenen Zuckermengen reichen für die Vemehrung meist aus. Die Zuckerabnahme beträgt nur 0,4 bis 0,8 g/l. Dieser geringen Zuckerabnahme entspricht in „abbauenden" Weinen die geringe Zellmasse; die Weine sind nur leicht getrübt. Die Zelldichte liegt um 10^7 Zellen/ml.

Der stärkste Hemmstoff im Wein ist **freie SO_2**. Schon weniger als 10 mg/l hemmen die Vermehrung. Höhere Konzentrationen verhindern sie völlig. — Gebundene SO_2 wirkt allenfalls in viel höheren Mengen. Es ist aber nicht möglich, etwa durch Mostschwefelung den Malatabbau während der Gärung oder im Jungwein zu verhindern.

In Weinen ohne SO_2-Zusatz kann die Vermehrung zu stark werden. Fehlerhafte Entwicklungen sind dann die Folge.

Alkohol hemmt den Säureabbau kaum. Auch in Rotweinen heißer Weinbauländer, die sämtlich mehr als 12 % vol. enthalten, läuft er ohne Schwierigkeiten ab, wenn es die anderen Bedingungen zulassen. — Damit ist auch erwiesen, daß die in solchen

Weinen erhöhten Mengen an Polyphenolen bzw. Gerbstoffen keine wesentliche Hemmwirkung ausüben.

Der **pH-Wert** des Weines ist ein sehr wichtiger Faktor. Als Untergrenze hat sich pH 3,2 erwiesen. Bei noch tieferem pH müssen alle anderen Bedingungen optimal sein, wenn ausreichend Malat abgebaut werden soll. *Pediococcus,* der als „schädlicher" Malatabbauer gilt, wächst kaum unter pH 3,5.

Die **Temperatur** ist ein weiterer wichtiger Faktor. Weintemperaturen unter 15 °C lassen keine Bakterienvermehrung zu. Um einen Säureabbau einzuleiten, muß er erwärmt werden. Als erforderlich gelten Temperaturen über 20 °C . Da Milchsäurebakterien derart temperaturabhängig sind, ist die Temperatur des gärenden Mostes wichtig. Moste, deren geringe Säure man erhalten will, müssen kühl bzw. gekühlt vergoren werden. Große Mostmengen, die sich stärker erwärmen, verlieren schon während der Gärung Äpfelsäure.

Die **Hefe** hat besonders nach der Gärung eine gewisse „Ammenfunktion". Aus den toten Zellen austretende Peptide, Aminosäuren, Vitamine u.a. dienen den Milchsäurebakterien als Nährstoffe, die ihre Vermehrung fördern. Besonders nach der Sedimentation sind die anfangs wenigen Bakterien von vielen (toten) Hefen in dicker Packung umgeben. Die Bakterien können sich dann im Hefe-„Geläger" nestartig vermehren. Wenn die Hefe aufgerührt wird, werden die Bakterien verteilt, so daß eine Vervielfachung dieser nestartigen Vermehrung folgen kann. — Wird der Jungwein dagegen frühzeitig von der Hefe getrennt, ist diese Förderwirkung durch lange „Hefe-Trübe" nicht möglich. Frühes Abziehen von der Hefe wirkt säureerhaltend.

Bakteriophagen, die *Leuconostoc oenos* und Laktobazillen befallen, bringen eine weitere Erklärung für die Unsicherheit des bakteriellen Äpfelsäureabbaus (51, 98).

Aufgrund der geschilderten Eigenschaften der malatabbauenden Milchsäurebakterien ist es möglich, den Säureabbau im Most und Wein durch geeignete Maßnahmen zu fördern oder zu verhindern (Tab. 6.4).

Hinzu kommt, daß **„Starterkulturen"** von *Lactobacillus-*, *Leuconostoc-* und *Pediococcus*-Arten dem Wein zur Initiierung des Malatabbaus zugesetzt werden dürfen. Der Gehalt an lebenden Milchsäurebakterien muß mindestens 10^8/g bzw. 10^7/ml betragen. Zur erfolgreichen Einleitung des Säureabbaus muß mit sehr viel höheren Bakterienzahlen beimpft werden als mit Hefezellen, nämlich mit ~ 10^7 Bakterien/ml (59, 60).

Der Einsatz der angebotenen Präparate blieb oft erfolglos. Unabhängig von den Beimpfungen vermehrten sich „Wildstämme", die einen Säureabbau durch die Starterkulturen vortäuschten (14, 56).

Tab. 6.4: Maßnahmen zur Förderung oder Verhinderung des bakteriellen Säureabbaus

Maßnahme	Förderung	Verhinderung
Gärungs- bzw. Lagertemperatur	warme Gärung, auch in nicht gekühlten Großtanks; warme Lagerung bzw. Temp.-Erhöhung über 15 °C	kühle oder gekühlte Gärung, kalte Lagerung
Schwefelung	keine Schwefelung oder möglichst später und geringer Zusatz von SO_2	starker SO_2-Zusatz, besonders unmittelbar nach der Gärung, ständiger SO_2-Pegel über 30 mg/l
pH- und Säureveränderung	pH-Erhöhung durch chem. Entsäuerung	pH-Senkung durch Säurezusatz falls zulässig (Milch-, Citronensäure)
Klärung bzw. Abstich	langes Trüblassen v. Most u. Wein, langes Liegenlassen d. Weines auf der Hefe, Aufrühren d. Hefe	Vorklärung, zügige Vergärung mit Reinhefe, frühestmögliche Hefeabtrennung
Milchsäure-Bakterien-Zusatz	Beimpfung mit käuflichen Milchsäurebakterien-Präparaten nach Firmenvorschriften. Zusatz eines „abbauenden" Weines (mind. 5 %)	Pasteurisieren des Mostes, nach Gärung Kieselgur- oder entsprechende Schichtenfiltration, entkeimende Füllung des Weines

6.7.2.2 Biochemie des bakteriellen Malatabbaus

Das natürlich vorkommende L-Malat wird zum L-Lactat abgebaut. Diese Decarboxylierung wird vom „Malo-Lactat-Enzym" bewirkt. Es ist ein NAD-Enzym (19).

$$\begin{matrix} COOH \\ | \\ HOCH \\ | \\ CH_2 \\ | \\ COOH \end{matrix} \xrightarrow[\text{NAD. } Mn^{++}]{\text{„Malo-Lactat-Enzym"}} \begin{matrix} COOH \\ | \\ HOCH \\ | \\ CH_3 \end{matrix} + CO_2$$

L-Äpfelsäure		L-Milchsäure	
134		90	44

Aus der Dicarbonsäure entsteht eine Monocarbonsäure, die nur noch eine dissoziierbare COOH-Gruppe hat. Mit diesem Stoffumsatz ist daher eine Verminderung der Wasserstoffionenkonzentration, also eine Erhöhung des pH-Wertes verbunden. Außerdem fällt die weniger saure Milchsäure in geringerer Menge an. Insgesamt ergibt sich eine **Abnahme des sauren Geschmacks**, der Wein wird „milder".

Der Äpfelsäureabbau ist mit einem **Extraktschwund** verbunden. Aus 134 g Malat entstehen nur 90 g Lactat, 44 g CO_2 werden frei; aus 1 g Äpfelsäure entstehen 0,67 g Milchsäure. In der bei Wein üblichen Berechnung als Weinsäure ergibt der Abbau von 2 g/l Äpfelsäure eine Abnahme auf etwa 1 g/l Gesamtsäure.

Der tatsächliche Extraktschwund ist größer als der theoretische. Außer der Äpfelsäure nehmen auch noch andere Säuren wie Pyruvat und teilweise auch Aminosäuren, Citrat sowie Zucker und eventuell auch Glycerin ab.

Die Menge der Gesamtmilchsäure überschreitet die 67 %, die aus dem Äpfelsäureabbau zu erwarten sind, da je nach Bakterienart L-, aber auch D-Lactat — auch aus Zucker gebildet werden kann.

Der **L-Milchsäuregehalt** eines Weines zeigt, ob der Äpfelsäureabbau erfolgt ist und welchen Malatgehalt der Most ursprünglich ungefähr hatte. Die Lactatgehalte schwanken zwischen 1,5 und 3,5 g/l, nur selten werden 4 g/l überschritten (34).

6.7.2.3 Andere Stoffumsätze als Folge des Malatabbaus

Mit dem Äpfelsäureabbau erfolgt auch eine Verminderung oder ein Verschwinden anderer Säuren des Weines. Die Gesamtsäure nimmt dadurch allerdings kaum ab.

Brenztraubensäure, das Vorprodukt der Milchsäure, wird von Milchsäurebakterien durch ihre Lactat-Dehydrogenase hydriert. Im Wein verbleiben höchstens wenige mg/l. Da Pyruvat ein Bindungspartner der SO_2 ist, ist mit dem Malatabbau eine Verringerung des **SO_2-Bedarfes verbunden.**

Ketoglutarsäure, die den SO_2-Bedarf mitbestimmt, nimmt ebenfalls ab, da sie von den meisten Arten teilweise zu Hydroxyglutarat hydriert wird.

Citronensäure darf in einigen südlichen Weinbau-Ländern zur Säureerhöhung den Mosten zugesetzt werden. Viele Milchsäurebakterien, besonders heterofermentative, können Citrat abbauen. Ihre Citratlyase setzt Essigsäure frei. Der Citratabbau kann daher zu einer Geschmacksminderung, eventuell zur Überschreitung des Grenzwertes der flüchtigen Säure führen. Die Bakterienvermehrung ist daher besonders in Säften und in Fruchtweinen gefährlich, die viel Citrat enthalten.

Gluconsäure, die in Weinen der Auslesegruppe vermehrt vorkommt (siehe S. 243f), kann im Prinzip von Milchsäurebakterien abgebaut werden. Allerdings ist selbst in mikrobiell verdorbenen Weinen ein nennenswerter Abbau nicht festgestellt worden (5).

Acetaldehyd, der wichtigste SO_2-Bindungspartner, kann durch Hydrierung zu Ethanol verringert werden. Insgesamt ist aber die SO_2-Einsparung durch den Malatabbau gering.

Auch **stickstoffhaltige Substanzen** können umgesetzt werden. Während der Eiweißgehalt nur wenig abnimmt, kann der organisch gebundene Stickstoff stärker abnehmen. Der **Ammoniak**-Gehalt nimmt darum zu. Einige Stämme bauen nämlich die Aminosäure **Arginin** ab, die in relativ hoher Menge (~ 1 g/l) vorkommt. Daraus entstehen Ornithin und **Harnstoff**, der zu NH_3 und CO_2 zerfällt.

6.8 Mikrobielle Qualitätsminderungen

Der Äpfelsäureabbau durch **Milchsäurebakterien** ist im Wein — falls er erwünscht ist — ein „nützlicher" Stoffwechselvorgang, aber nur einer von vielen und für sie keineswegs der wichtigste. Sie sind primär **zuckerumsetzende** Organismen. Wenn ihre Vermehrung zu stark wird und/oder genügend Zucker oder andere geeignete Substrate im Wein vorkommen, können außer dem Malat auch diese Substrate umgesetzt werden. Die zuerst „nützlichen" Milchsäurebakterien können dann schädlich werden; sie können den Wein geruchlich und geschmacklich nachteilig verändern.

Gefährdet sind **säurearme Weine,** d. h. auch die mit beendetem Äpfelsäureabbau und die mit Kalk entsäuerten, wenn ihr **pH-Wert** größer als 3,5 ist. Besonders gefährdet sind solche Weine, wenn sie **Zucker** enthalten.

Essigsäurebakterien sind ebenfalls (nur) potentielle Schädlinge.

Von gewisser Bedeutung sind auch „wilde" Hefen. Weil die Beimpfung der Moste und Maischen aber die Bildner von Essigsäureethylester zurückgedrängt hat und der Oxidationsschutz durch das Vollhalten der Behälter Kahmhefen kaum mehr aufkommen läßt, hat ihre Bedeutung abgenommen.

Manche **Schimmelpilze** können durch die Erzeugung von Muff- und Bittertönen die Most- und Weinqualität mindern.

Die größte Bedeutung haben insgesamt jedoch **die bakteriellen Qualitätsminderungen** des Weines, besonders durch Milchsäurebakterien.

Die durch sie verursachten Weinfehler sind oft nicht konsequent voneinander abzugrenzen. Unterschiede sind abhängig von den beteiligten Bakterienstämmen.

Vorbeugung gegen unerwünschte Bakterienaktivitäten und gegen die meisten „wilden" Hefen bietet eine ausreichende Schwefelung. Der Gehalt an freier SO_2 sollte 25 mg/l nicht unterschreiten. Bei der Erkennung zu starker Bakterienaktivität ist die

Keimzahl schnellstens durch Zentrifugieren und/oder Filtrieren zu verringern, stark zu schwefeln und kühl zu lagern. Bei der Füllung ist total entkeimend zu verfahren oder warm zu füllen.

6.8.1 Essigstich

Er ist der häufigste und folgenschwerste Weinfehler. In den „stichigen" Weinen wirkt der erhöhte Gehalt an (wasserdampf) „**flüchtiger Säure"** schon geruchlich abstoßend. Sie ist im wesentlichen bakteriell gebildete **Essigsäure** (106, 107).

Essigstichige Weine sind verdorben. Sie sind nicht mehr handelsfähig. Sie dürfen auch nicht weiterverarbeitet werden, außer zu Essig.

Die gesetzlich zulässigen Höchstgehalte an flüchtiger Säure betragen für Weiß- und Roséwein 1,08 g/l und für Rotwein 1,20 g/l, berechnet als Essigsäure (EG-VO 822/87 Art. 66). Für Beerenauslese-, Trockenbeerenauslese- und Eisweine beträgt der Grenzwert 1,8 g/l. In „normalen" Weinen einschließlich Spätlesen wirken aber schon 0,7-0,8 g/l flüchtige Säure organoleptisch negativ. Dies weist darauf hin, daß an der organoleptischen Ausprägung des Essigstiches auch noch andere Stoffe beteiligt sind. Weine sind nach BANDION und VALENTA (3) auch essigstichig, wenn sie bei mehr als 0,8 g/l flüchtiger Säure mehr als 90 mg/l Essigsäureethylester oder bei weniger flüchtiger Säure mehr als 200 mg/l Essigsäureethylester enthalten und stichig sind.

Der bei normalem Essigsäuregehalt durch erhöhten **Essigsäureethylester**-Gehalt verursachte Geruchs- und Geschmacksfehler wird als **Esterton** oder Leimton bezeichnet. Er wird hauptsächlich von „wilden" Hefen gebildet.

6.8.1.1 Essigstich durch Milchsäurebakterien

Zumindest in den kühleren Weinbaugebieten wird der Essigstich zum größten Teil von — heterofermentativen — Milchsäurebakterien verursacht. Sie bilden die Essigsäure anaerob aus Zucker (siehe Abb. 1.1). Besonders gefährdet sind daher außer Mosten auch nicht durchgegorene Weine.

Mit der Essigsäurebildung ist die Bildung von D-Lactat aus Zucker und die **Mannit**-Bildung aus Fructose gekoppelt (siehe Abb. 1.1). **D-Lactat-**Gehalte von 1g/l und mehr sind als Verderbsindikatoren anzusehen (4).

6.8.1.2 Essigstich durch Essigsäurebakterien

Essigsäurebakterien können, anders als Milchsäurebakterien, Essigsäure nur bei ausreichender Sauerstoffversorgung bilden. Ihre Bildung erfolgt auf der Traubenbeere und in Maische und Most aus Alkohol, den die dort ebenfalls vorkommenden Hefen gebildet haben.

Ethanol wird von Alkoholdehydrogenase (ADH) zu Acetaldehyd oxidiert und dieser dann von Aldehyddehydrogenase zu Essigsäure dehydriert.

Die essigsäurebildenden *Acetobacter*-Arten haben als Alkohol-, Aldehyd-, Glucose- und Polyol-Dehydrogenasen Chinoprotein-Enzyme, die außen an der Cyloplasmamembran lokalisiert sind. Ihre wasserstoffübertragende prosthetische Gruppe ist Pyrolo-Chinolin-Chinon (PQQ).

Im Wein steht den Essigsäurebakterien ausreichend Alkohol zur Verfügung. Bei Sauerstoffzutritt können sie daraus größere Essigsäuremengen bilden. Da aber bei guter Praxis Fässer und Tanks voll gehalten und der Wein unter Sauerstoffausschluß gelagert wird, ist die Entstehung des Essigstiches im fertigen Wein durch Essigsäurebakterien selten.

Wenn der Essigstich durch Essigsäurebakterien zustandekam, besteht eine positive Korrelation zwischen Essigsäure und Essigsäureethylester. Der Ester kann aus Ethanol und Acetat anaerob gebildet werden.

Auf eine Essigsäurebildung durch Essigsäurebakterien aus Alkohol auf der Traube oder auf der Maische bei Sauerstoffanwesenheit kann eine durch Milchsäurebakterien aus Zucker ohne Sauerstoff folgen. Solche Weine enthalten neben Essigsäure und Essigsäueethylester auch erhöhte Mengen D-Milchsäure, aber kaum Dihydroxyaceton, da dieses während der Gärung wieder zu Glycerin reduziert wurde.

Erfolgt dagegen zuerst durch Milchsäurebakterien die Essigsäurebildung und erst danach eine durch Essigbakterien, z.B. wenn der Wein in einem Behälter nicht „spundvoll" gelagert wird, ist auch Dihydroxyaceton erhöht (107).

Nach der Gärung ist daher — aber auch aus anderen Gründen — Sauerstoffeinfluß auf den Wein zu verhindern. Bei der Weinlese sind essigstichige Beeren auszusondern.

6.8.2 Milchsäureton und Milchsäurestich

Die Ausdrücke sind mißverständlich. Sie beziehen sich nur deshalb auf die Milchsäure, weil die qualitätsmindernden Metaboliten der Milchsäurebakterien bei der Bildung der Milchsäure mitgebildet werden können.

Schon beim normalen Äpfelsäureabbau werden die Weine geschmacklich, aber auch geruchlich verändert. Sie probieren sich ausgeglichener, kleine Weine werden

„voller". Bei stärkerer Wahrnehmbarkeit spricht man vom „Abbauton", vom „Lind"-, „Molke"- oder eben „Milchsäureton". „Sauerkrautton" ist stärker abwertend.

Die stoffliche Grundlage dieses Qualitäts-„Mangels" ist im wesentlichen **Diacetyl** (2,3-Butandion). Während nicht beanstandete Weine 0,2-0,3 mg/l enthielten, hatten Weine mit einem Milchsäureton 0,9 mg/l und mehr Diacetyl (36, 73).

Pediokokken scheinen nach dem Malatabbau mehr Diacetyl zu hinterlassen. Mit *Leuconostoc* abgebaute Weine waren reintönig (67).

Die **Beseitigung** dieses Weinfehlers ist durch die Hydrierung des Diacetyls mit gärender Hefe möglich. Die Reduktion verläuft über Acetoin zu 2,3-Butandiol. — Wenn dies gesetzlich möglich ist, kann ein Wein mit einem Milchsäureton also zur Behebung dieses Fehlers mit frischem Most oder nach Zuckerzusatz aufgegoren oder mit frischer Hefe geschönt werden (36).

Am organoleptischen Eindruck dieser Qualitätsminderung ist auch **Milchsäure-ethyl-Ester**, das Veresterungsprodukt der entstandenen Milchsäure mit Ethanol, beteiligt (80-130 mg/l, bei beanstandeten Weinen noch mehr). Da sein Geschmacks-schwellenwert bei 60-110 mg/l liegt, schmecken diese Weine „breiter".

Bei ungehemmtem Fortschreiten der bakteriellen Aktivität — wenn also noch Zucker vorliegt — schreitet der „Milchsäureton" zum **„Milchsäurestich"** fort. Der Qualitäts-mangel geht bis zum Verderb. Der „Stich" deutet auf die Beteiligung der **Essigsäure** hin. Der organoleptische Befund bestätigt dies; außer dem fehlerhaften Geruch haben diese Weine einen süßsauren, kratzenden Geschmack.

Milchsäurestichige Weine enthalten stets auch Diacetyl und Mannit (siehe S. 238), meist sind sie auch zäh. 1-Propanol und 2-Butanol sind erhöht. Besonders die erhöhten 2-Butanolgehalte sind ein Indikator für bakterielle Veränderungen (53).

Während der Diacetylton reparabel ist, ist das bei diesem fortgeschrittenen Stadium nicht mehr möglich, da die Essigsäure und andere Metaboliten nicht mehr entfernbar sind. Solche Weine sind verdorben.

Besonders gefährdet sind säurearme Weine: Kernobst- und Tresterweine sowie Steinobstmaischen. Obstbrennmaischen können aus diesem Grunde angesäuert werden (siehe S. 264).

6.8.3 Zäh- oder Lindwerden

Säurearme Weine, auch Obstweine, können mehr oder minder „ölig" oder „schleimig", d.h. dickflüssig werden (engl.: „slimy" oder „ropy" wines). Sie schmecken infolge der meist stark abgebauten Säure und der Diacetylbildung „lind" und „fad". Auch essigstichige Weine können „zäh" werden.

Beim Vorkommen dazu fähiger Bakterien beginnt das Zähwerden mit dem Säureabbau und oft ist es mit ihm auch beendet. Deshalb können säurearme Weine, bei denen der Säureabbau während der Gärung abläuft, schon zäh aus der Gärung kommen.

Für das Zähwerden ist der Zuckergehalt ausschlaggebend. Die viskositätserhöhenden Stoffe sind nämlich **Polysaccharide**. Ihre Bildung ist bei Bakterien verbreitet. Deshalb ist die Beschreibung verschiedener Erreger verständlich. Doch nur ein Teil der äpfelsäureabbauenden Stämme ist auch zur Schleimbildung befähigt.

Der wichtigste **Schleimbildner** ist *Pedioccus damnosus*. Mit 10^6 bis 5 x 10^6 Kokken/ml ist ein Wein mäßig bis deutlich zäh (67). Polysaccharidbildung ist auch bei *Leuconostoc mesenteroides* und *Leuconostoc dextranicum* bekannt („Froschlaichbakterium"). Da diese Arten und *Leuconostoc oenos*, die auch polysaccharidbildende Stämme einschließt, im Wein vorkommen können, ist ihre Beteiligung am Zähwerden möglich. Auch heterofermentative *Lactobacillus*-Arten können Schleim bilden.

Pediococcus-Stämme bilden schon aus Spuren Glucose ein 1,3 : 1,2-β-D-**Glucan**. Jedes zweite Glucosemolekül der Kette trägt seitenständig ein Glucosemolekül. Dieses Glucan ist dem von *Botrytis* gebildeten 1,3 : 1,6-Glucan (siehe Abb. 6.12) ähnlich. Wegen des Unterschiedes ist aber das *Pediococcus*-Glucan von Exo-β-1,3-Glucanase schwerer abbaubar als das *Botrytis*-Glucan (17).

Auch in Apfelweinen scheint *Pediococcus* der wichtigste Erreger zu sein. Wenn Heterofermentative Schleim bilden, ist damit auch eine CO_2-Bildung verbunden. — Andere Mikroorganismen (Hefen, Essigbakterien, Schimmelpilze) sollen die Polysaccharidbildung steigern.

Schon 100 mg Zucker/l reichen aus, um Schleimbildung zu ermöglichen. Nach der Gärung beginnt das Zähwerden im Hefe-Geläger, weil die Bakterien dort gute Vermehrungsbedingungen haben.

Eine leichte Zähigkeit, die viele Weine nach der Gärung zeigen, verschwindet meist während der normalen Weinbehandlung. Die Weine sollten aber sofort stärker geschwefelt werden.

Außer Milchsäurebakterien können Essigbakterien der Gattung *Acetobacter* Schleim bilden. Sie bilden das gleiche α-1,6-Glucan wie *Leuconostoc*. Auch Hefen, *Aureobasidium* und Schimmelpilze, z.B. *Botrytis*, können Polysaccharide bilden.

6.8.4 Mannitstich

Mannit ist ein sechswertiger, süß schmeckender Zuckeralkohol. Von heterofermentativen Milchsäurebakterien wie *Lactobacillus brevis*, aber auch von *Leuconostoc*, wird er neben Milchsäure, Essigsäure und Ethanol aus Fructose, nicht aber aus Glucose gebildet.

Die Bildung erfolgt entweder durch Reduktion der Fructose oder des Fructose-6-phosphates mit Mannit-Dehydrogenase (Coenzym $NADH_2/NAD$). Wie die Bezeichnung schon ausdrückt, ist die Mannitbildung mit der **Essigsäure**-Bildung gekoppelt. Der Verderb wird auch durch hohe **D-Lactat-**Gehalte angezeigt, außerdem können solche Weine zäh sein. Auch 1-Propanol und 2-Butanol sind erhöht.

Bei weitgehender Durchgärung ist dieser Weinfehler ausgeschlossen, da dann die Fructose nicht mehr in ausreichender Menge vorliegt.

6.8.5 Säuerung durch Milchsäurebildung

Manchmal haben Weine eine unangenehm hohe Säure, obwohl sie herkunftsgemäß nur einen geringen Säuregehalt haben sollten. Ihre Analyse zeigt vollständigen Malatabbau und unnormal hohe Gehalte an **L-** und **D-Milchsäure** bei kaum erhöhter flüchtiger Säure, z.B.:

	Gesamt-säure g/l	Wein-säure g/l	Äpfel-säure g/l	L-Milch-säure g/l	D-Milch-säure g/l	Essig-säure g/l
1982er ital. Rotwein	10,0	1,5	0	5,4	4,4	0,6

Die Weine sind nicht essigstichig, sie haben auch keinen Esterton. Daher sind höchstwahrscheinlich homofermentative Milchsäurebakterien die Säurebildner.

6.8.6 Weinsäureabbau

Er erfolgt erst nach dem vollständigen Malatabbau, meist sogar erst nach anderweitigem Verderb. Er ist deshalb selten. Nach dem Weinsäureabbau ist der Wein ungenießbar.

In einem Rotwein z.B. ging mit der Farbe in 9 Monaten die Weinsäure von 2,70 auf 0,04 g/l zurück, der Glyceringehalt fiel von 6,1 auf 2,6 g/l. Die flüchtige Säure dagegen war von 0,55 auf 3,25 g/l, die Milchsäure von 0,92 auf 3,71 g/l gestiegen.

Nur wenige Stämme von Milchsäurebakterien können Weinsäure abbauen; von 78 untersuchten nur 5 (82).

6.8.7 Mäuseln

Dieser Fehler ist besser feststellbar, wenn man einige Tropfen des Weines in der hohlen Hand verreibt. Danach riechen die Handflächen typisch. Dieser Geruch soll Mäuseharn-ähnlich sein. Die Weine haben einen unangenehm langanhaltenden Nachgeschmack. Sie verkosten sich oxidiert, unsauber, manchmal stichig. In ungeschwefelten Weinen und Obstweinen, die säurearm (geworden) sind, auch in Südweinen, ist dieser Fehler nicht selten.

Verursacher sind in den gemäßigten Weinbaugebieten wohl meist Milchsäurebakterien, in wärmeren Klimaten auch Hefen der Gattung *Brettanomyces*. *Lactobacillus*- und *Brettanomyces*-Arten bilden aus Lysin und Ethanol **2-Acetyltetrahydropyridin**. Seine beiden Tautomere stehen im Gleichgewicht (52).

Die **Behebung** ist in leichten Fällen durch Schwefelung, durch Hefeschönung oder durch Umgärung mit frischem Most möglich. Starkes Mäuseln ist kaum reparabel. Die Weine sind dann weder zur Destillation noch zur Essigherstellung brauchbar.

6.8.8 Glycerinabbau, Acroleinstich und Bitterwerden der Rotweine

Manche Milchsäurebakterien können bei Anwesenheit von Glucose oder Fructose in säurearmen Weinen Glycerin abbauen.

Glycerin wird über 3-Hydroxypropanal zu **1,3-Propandiol** reduziert (94). Auch 2,3-Butandiol kann mit Glucose zu **2-Butanol** umgesetzt werden.

Aus 3-Hydroxypropanal kann der ungesättigte Aldehyd **Acrolein** entstehen. Weine mit bakteriellem Säureabbau enthielten im Vergleich zu Weinen ohne Säureabbau signifikant höhere Acroleinkonzentrationen (33).

Da die Acroleinbildung in Brennmaischen viel häufiger ist, vergleiche man die näheren Angaben S. 269 sowie Abb. 7.1.

Acrolein reagiert mit Polyphenolen des Weines nichtenzymatisch zu bitter schmeckenden Stoffen. Das Bitterwerden ist bei gerbstoffreichen Weinen, also vor allem bei Rotweinen, häufiger und stärker. Während die Bitterkeit zunimmt, nimmt das Glycerin ab. Bittere Weine enthalten stets kleine Mengen Acrolein.

6.8.9 Qualitätsminderungen durch Hefen

Die Weinhefen des Artenkreises *S. cerevisiae*, denen der Wein seine Entstehung verdankt, können sich, falls sie bei der Füllung in die Flasche kommen, in zuckerhaltigen Weinen vemehren. *Zygosaccharomyces bailii* und *Saccharomycodes ludwigii* können dies ebenfalls. Da diese Füllungsfehler ausschließlich technisch verursacht sind, werden sie hier nur erwähnt.

Manche Hefestämme bilden auch mehr H_2S, SO_2 oder flüchtige Säure als normal. Zur Vermeidung solcher negativer Beeinflussungen sollten die Moste mit den im Handel befindlichen — geprüften — Reinzuchthefen vergoren werden.

Essigsäureethylester (Ethylacetat) ist der quantitativ wichtigste Ester (siehe S. 209). Weine mit mehr als 200 mg/l sind zu beanstanden, auch wenn sie weniger als 0,8 g/l flüchtige Säure haben (3). Weine mit so hohen Gehalten (bis zu 700 mg/l und mehr (107)) werden wegen „Ester-", „Lösungsmittel-" oder „Uhu-Ton" beanstandet.

Die **Bildung** des Esters erfolgt wohl vorrangig durch „wilde" Hefen der Gattungen *Hanseniaspora/Kloeckera, Candida, Metschnikowia* und *Hansenula* (101). Essigsäurebakterien können beteiligt sein.

Die **Verhütung** ist durch gute Vorklärung, durch Moststerilisation und in ausreichendem Maße auch durch Most- und Maischeschwefelung möglich, so wie durch Vergärung mit Reinzuchthefe.

Wie Milchsäurebakterien können auch *Brettanomyces*-Hefen das Mäuseln verursachen (52). Sie bilden die gleichen zwei Acetyltetrahydropyridine (siehe S. 240) wohl ebenfalls aus Lysin und Ethanol.

Es ist anzunehmen, daß das Mäuseln in gemäßigten Klimaten nur ausnahmsweise von diesen Hefen verursacht wird.

6.9 Qualitätsbestimmende Schimmelpilze

Während die Hefen den aus den Beeren gepreßten Most vergären, verändern die Schimmelpilze schon den Most in der Traubenbeere am Weinstock. Die Pilze wachsen in die Beere ein und verändern bei ihrem weiteren Wachstum in der Beere viele Inhaltsstoffe mengenmäßig, sie lassen safteigene Stoffe verschwinden und saftfremde Stoffe entstehen. Ihre Infektionsstellen eröffnen auch anderen Mikroorganismen Zugang zum Saft mit Stoffwechsel- und Vermehrungsmöglichkeiten. Es ist deshalb schwer, die Veränderungen des Mostes durch den Pilz gegen die der Folgeinfektanten abzugrenzen.

6.9.1 Botrytis cinerea, der „Edelfäulepilz"

Der „Grauschimmel" ermöglicht bei gutem Herbstwetter die Erzeugung von **„Auslesen"**. Er verändert viele Beereninhaltsstoffe und erhöht dadurch die Qualität der

„Spitzenweine", die aus den von ihm befallenen Beeren gewonnen werden (28, 32, 90). Diese Weine der Auslesegruppe, also Auslesen, Beerenauslesen (BA) und Trockenbeerenauslesen (TBA), haben dem deutschen Wein Weltruf gebracht.

6.9.1.1 Veränderungen der Mostinhaltsstoffe

Durch den *Botrytis*-Befall erleiden die Beeren bei trockenem Herbstwetter einen **Wasserverlust**. Das Durchwachsen der Pilzhyphen lockert den Verbund der Schalenzellen; die Beerenschale wird porös. Die Beeren schrumpfen mehr und mehr ein. Sie werden schließlich zu „Trockenbeeren".

Bei Mostgewichtszunahmen von 74 bis 87 °Oe auf 208 bis 231 °Oe stieg die Konzentrierung durch die Wasserverdunstung aus den Beeren bis zum fast siebenfachen, bezogen auf gesunde Beeren (Tab. 6.5). Das **Mostgewicht** und der **Zuckergehalt** des Mostes **nimmt zu.** Das **Glucose/Fructose-Verhältnis** im Most **nimmt ab,** weil der Pilz Glucose stärker umsetzt als Fructose.

Tab 6.5: Inhaltsstoffe in Mosten steigender Qualitätsstufen aus Botrytis-befallenen Traubenbeeren (Rebsorte Ruländer) steigender Austrocknungsgrade (SPONHOLZ, DITTRICH, LINSSEN 1986, unveröff.)

Qualitätsstadium	°Oe	100-Beeren-Gewicht (g)	Zucker (Glucose + Fructose; g/l)	Gluc./Fruct.-Verhältnis	Gesamt-Säure (g/l)	Weinsäure (g/l)	Äpfelsäure (g/l)	Glycerin (g/l)	Gluconsäure (g/l)	Galacturonsäure (g/l)	Galactarsäure (g/l)	Citronensäure (mg/l)	Essigsäure (mg/l)	L-Milchsäure (mg/l)	Mannit (mg/l)	Arabit (mg/l)	Inosit (mg/l)	Sorbit (mg/l)	Ethanol (mg/l)
vollreife Beeren ohne Edelfäule	82	209	182	0,98	11,8	7,3	4,2	0,1	<0,1	<0,1	<0,1	194	0	8	12	0	148	30	122
beginnende Edelfäule **Spätlese-Qualität**	91	175	204	0,94	11,8	6,5	5,7	0,8	0,17	0,64	0,49	182	46	13	75	10	171	191	1038
edelfaule Beeren **Auslese-Qualität**	97	143	210	0,86	12,8	4,2	6,3	3,2	0,56	0,65	0,61	195	202	38	253	37	218	317	1170
stark eingetrocknete edelfaule Beeren **Beerenauslese-Qualität**	128	85	295	0,80	15,2	2,6	8,0	8,0	1,46	0,61	1,01	204	460	105	516	163	335	371	618
völlig eingetrocknete edelfaule Rosinen **Trockenbeerenauslese-Qualität**	231	36	500	0,72	20,8	2,4	10,1	20,7	2,17	1,12	1,19	237	129	176	2132	818	684	362	254

Der Pilz bildet aus Glucose nicht nur Stoffwechselprodukte, er benötigt Zucker auch für sein Wachstum. Die Zuckerzunahme im Most ist also nur eine relative. In der einzelnen Beere nimmt der Zuckergehalt stark ab.

Die Zellwände der parasitierten Beeren werden teilweise abgebaut. Als Degradationsprodukte treten Zucker, die in normalen Weinen unbedeutend sind, in Weinen aus *Botrytis*-befallenen Beeren vermehrt auf. In Weinen aus *Botrytis*-befallenen Beeren, insbesondere in den Weinen der Auslesegruppe, steigen Galactose und Arabinose an. Die durchschnittlichen Summen betrugen bei Qualitätsweinen b.A. 0,10 g/l, bei Kabinettweinen 0,17 g/l, bei Spätlesen 0,36 g/l, bei Auslesen 0,75 g/l, bei Beerenauslesen 1,17 g/l und bei Trockenbeeren-Auslesen 1,95 g/l (35).

Außer dem Zuckergehalt nimmt in „edelfaulen" Mosten auch der (Gesamt)Säuregehalt beträchtlich zu. Während die **Weinsäure** stark abnimmt, nimmt die **Äpfelsäure** stark zu. Daneben treten zunehmend zwei weitere Säuren auf, die **Galacturonsäure**, die aus dem Pektinabbau des Pilzes entsteht und die **Gluconsäure** (Tab. 6.5), das Oxidationsprodukt der Glucose.

Die Zunahme der **Essigsäure** veranschaulicht die Beteiligung von Essigsäurebakterien. Sie bilden wahrscheinlich auch den größten Teil der Gluconsäure und ihrer Oxidationsprodukte.

Die in Mosten und Weinen der Auslesegruppe vorkommenden Mengen von 5- und von 2-Keto-Gluconsäure und die Veränderung anderer Säuren vergleiche man in DITTRICH (28, 38, 104). Als Oxidationsprodukt der Fructose kommt wahrscheinlich 5-Keto-Fructose in Auslesemosten vor.

Eine weitere, für Auslesemoste und -weine typische Säure ist die **Galactar-** oder **Schleimsäure**, die als Oxidationsprodukt der Galacturonsäure aufzufassen ist.

Moste aus *Botrytis*-befallenen Beeren enthalten 0,2 bis 0,5 g/l, Trockenbeerenmoste bis 2,0 g/l. Praktisch wichtig ist die Bildung ihres Ca-Salzes, das häufig als **Calziummucat** bezeichnet wird. Dieses schwerlösliche Salz fällt erst nach der Gärung in Form unregelmäßig schleimartiger Klümpchen aus, die bis zu 3 mm groß sein können (Abb. 6.11). Diese Ausscheidung erfolgt auch bei vorheriger Kühlung meist erst nach der Füllung der Weine der Auslesegruppe in der Flasche. Sie ist als Gütemerkmal aufzufassen.

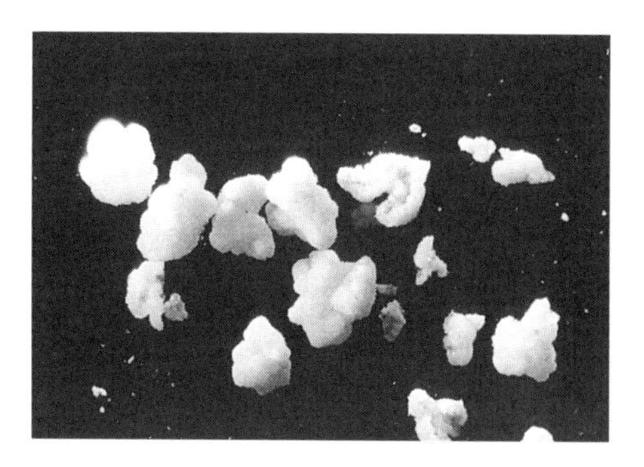

Abb. 6.11: Calciumsalz der Galactarsäure (Ca-Galactarat oder Ca-Mucat), das in Weinen aus *Botrytis*-infizierten Beeren — also besonders in Auslesen, Beeren- und Trockenbeerenauslesen — als unterschiedlich große, unregelmäßig geformte Klümpchen auskristallisiert (Foto: Würdig/124)

Das wichtigste Zuckerstoffwechselprodukt des Pilzes ist **Glycerin**. Seine starke Erhöhung (Tab. 6.5) ist vorrangige Ursache der hohen Extraktwerte von BA- und TBA-Weinen (28, 32, Analysenteil). Zum hohen Glyceringehalt solcher Moste kommt noch die Glycerinbildung durch die gärende Hefe.

Die **Polyole** Arabit, Sorbit, Mannit, Inosit und Erythrit kommen in diesen Mosten und Weinen ebenfalls in erhöhten Mengen vor. **Sorbit** kommt in Beeren- und Trockenbeerenauslesen bis fast 1 g/l vor. Der als Milchsäurebakterien-Metabolit betrachtete Mannit wurde in diesen Spitzenweinen bis zu 13 g/l gefunden (105).

Aus Glucose baut *Botrytis* ein **β-Glucan** auf, das aus einer β-1,3-D-Glucosekette mit β-1,6-ständigen Seitengruppen aus je einem Glucosemolekül an jedem dritten Glucosemolekül der Kette besteht (40; siehe Abb. 6.12). Je stärker die „faulen" Trauben mechanisch bearbeitet werden, umso mehr Glucan gelangt in den Most. Der Glucangehalt verschiedener Auslesemoste bzw. -weine ist daher sehr unterschiedlich.

Dieses Glucan verursacht bei entsprechenden Weinen **Klärungs-** und **Filtrationsschwierigkeiten.** Mit Alkohol bildet es nämlich Molekülaggregate, die die Filter verlegen. Die Filtrationsbeeinträchtigung beginnt bei 2 bis 3 mg/l. Bei 50 mg/l wird die Filtration praktisch unmöglich (122, 123).

Für den Glucanabbau in Wein ist ein **Glucanase**-Präparat aus *Trichoderma* geeignet (122).

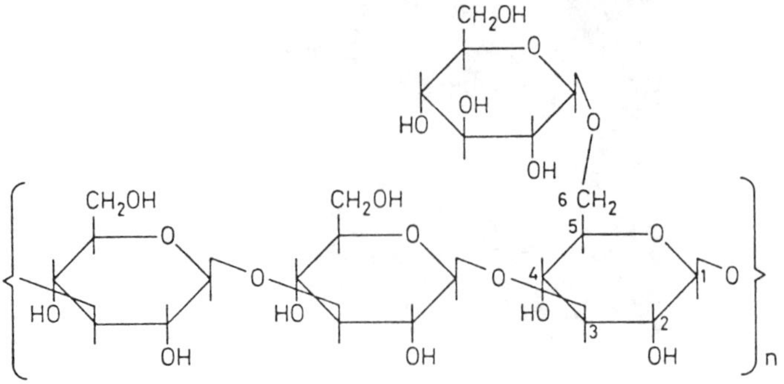

Abb. 6.12: 1,3:1,6-β-D-Glucan von *Botrytis cinerea*

Mit **Glucosidase(n)** baut *Botrytis* die unterschiedlichsten Glycoside ab, u.a. die **Rotweinfarbstoffe**, die Anthocyane. Rotweine aus *Botrytis*-befallenen Beeren sind viel farbschwächer. Auslesen aus roten bzw. blauen Traubensorten sind daher selten.

Die Polyphenole werden bei Vorhandensein von Sauerstoff von **Laccase**, einer besonderen Polyphenoloxidase des Pilzes, oxidiert. Das lösliche Enzym ist im sauren Saft stabil. Es oxidiert mehr Stoffe als die traubeneigene Tyrosinase. Infolgedessen haben Moste und Weine aus *Botrytis*-befallenen Beeren eine viel höhere Bräunungsbereitschaft. Gegen diese oxidative Bräunung sind sie nur geschützt, wenn sie ausreichend freie SO_2 enthalten. Bei der Vergärung des Mostes nimmt die Laccaseaktivität stark ab. Durch die danach erfolgende Schwefelung wird das Enzym inaktiviert, so daß es in aller Regel gelingt, ungebräunte Ausleseweine zu erzeugen.

Botrytis ebnet die sortentypischen Geruchs- und Geschmacksunterschiede stark ein. Weine aus edelfaulen Trauben sind daher veredelt, haben aber ihre „Sortenart" weitgehend verloren. Charakteristisch ist für sie stattdessen das kaum definierbare „Edelfäulebukett" und ihre „Ausleseart".

Die Erklärung besteht erstens in der **Abnahme der Monoterpene** (15). Sortentypische Monoterpen-Disaccharide werden von Glycosidasen gespalten. Die freigesetzten Terpene werden unterschiedlich schnell abdunsten. Außerdem wandelt der Pilz z.B. Linalool in andere Monoterpene um (97). Zweitens bildet *Botrytis* 4,5-Dimethyl-3-hydroxy-2(5H)-Furanon. Dieses **Sotolon** (65; siehe Abb. 6.13) hat ein süßes, zucker- bzw. karamelartiges Aroma. *Botrytis*-Weine enthalten 5-20 ppb, normale Weine weniger als 1 ppb. Dieser Stoff ist auch beteiligt am Geruch von Melasse, altem Reiswein und Flor-Sherry. Auch Ethyl-9-hydroxynonaoat soll am Geruch beteiligt sein.

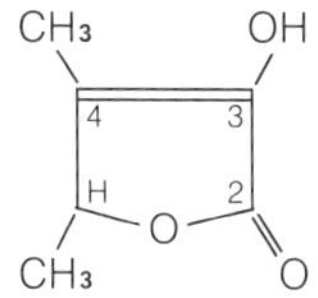

CH_3 OH
4 3
H 2
O
CH_3 O

Abb. 6.13: Sotolon (4,5-Dimethyl-3-hydroxy-2(5H)-Furanon) prägt mit karamelartigem Geruch/Geschmack das Aroma von Ausleseweinen

Das *Botrytis*-Mycel benötigt zu seinem Wachstum in der Beere u.a. **Stickstoff** (N). Als verwertbare N-Quellen dienen ihm freie Aminosäuren und Proteine. Der **Gesamt-N-Gehalt** von TBA-Mosten liegt etwa ebenso hoch wie in „gesunden" Mosten. Berücksichtigt man die starke Konzentration, so ergibt sich eine hohe N-Entnahme aus der Beere. Weil der Pilz auch freie **Aminosäuren** aus dem Saft aufnimmt, ist die Hefeernährung schlechter. Während ein Most aus befallsfreien Beeren ca. 2 500 mg/l enthielt, war ihre Summe im vergleichbaren edelfaulen Most um ca. 960 mg/l verringert. Die Abnahme kann aber auch über 50 % betragen (32, 37).

Auch andere Mostinhaltsstoffe haben für den Pilz Nährstoffunktion, beispielsweise **Thiamin**. In einem „gesunden" Most waren 318 ng/l enthalten, im vergleichbaren „faulen" nur noch 35 ng/l. **Pyridoxal**, das die Transaminierung von Aminosäuren katalysiert, nimmt nur etwa um die Hälfte ab.

Der **Mineralstoffgehalt** (Asche) vermindert sich ebenfalls. Besonders stark ist der **Magnesium-** und der **Kalium**-Gehalt verändert. Ihre Konzentrationen in TBA-Mosten sind doppelt so hoch wie in Mosten von Kabinett-Qualität (115).

6.9.1.2 Folgen der veränderten Zusammensetzung edelfauler Moste für die Gärung

Die sehr zuckerreichen Moste aus edelfaulen Trockenbeeren vergären schwer. Meist bleiben noch **Zuckerreste** von 100-150 g/l unvergoren. Deshalb liegt der Alkoholgehalt von BA und TBA häufig unter 10 % vol. Ein **Mindestalkoholgehalt** von 43,4 g/l = 5,5 % vol. ist deswegen vorgeschrieben.

Die hohen Zuckerkonzentrationen entziehen durch ihre osmotische Saugkraft den Hefezellen Wasser (siehe S. 217). Die Beeinträchtigung des Wasserzustandes der Hefen ist in edelfaulen Mosten für ihre Vergärung der entscheidende Hemmfaktor (29).

Die **Hefevermehrung** wird gehemmt: Bei der Vergärung von 100 ml Most aus gesunden Beeren bildeten sich z.B. 230 mg Hefetrockensubstanz, in *Botrytis*-

„faulem" Most nur 155 mg. Der erlaubte Zusatz von Hefezellwänden (siehe S. 217) kann die Vermehrung der Hefe und ihre Gärung verbessern.

Der hohe Zuckergehalt edelfauler Moste wirkt auf Vermehrung und Gärung der Hefe stärker hemmend als der verringerte Stickstoffgehalt. Gleichwohl ist die Gärung in Auslesemosten durch **Zusätze hefeverwertbaren Stickstoffs** zu verbessern. Die Hefe ist nämlich in diesen Mosten auf die N-Quellen angewiesen, die ihr der Erstbesiedler *Botrytis* übriggelassen hat. Zur Behebung des N-Mangels ist der Zusatz von NH_4-Salzen (siehe S. 221) zulässig.

Die **Thiamin**-Abnahme in den Beeren durch *Botrytis* ist für die Vergärung edelfauler Moste von erheblicher Bedeutung. Der in diesen Mosten übriggebliebene Rest deckt ihren Bedarf nicht mehr ausreichend. Die von ihr benötigte Thiaminmenge kann die Hefe nicht schnell genug synthetisieren. Das entstehende Defizit wirkt auf ihre Gärung negativ. Da Thiamin-Diphosphat das Coenzym der Pyruvat-Decarboxylase ist, fällt zudem Pyruvat (und Ketoglutarat) in vermehrter Menge an. Dadurch wird der **SO_2-Bedarf** des Weines noch weiter erhöht (38).

Der zulässige **Thiaminzusatz** (siehe S. 203) fördert die Gärung (26). Er normalisiert die Ketosäurebildung bei der Vergärung edelfauler Moste. Er trägt damit zur Einhaltung der SO_2-Grenzwerte (für Auslesen 350 mg/l, für BA und TAB deutscher und österreichischer Weinbaugebiete und für vergleichbare AC-Weine bestimmter französischer Weinbaugebiete 400 mg/l) wirksam bei.

Die relativ hohen SO_2-Gehalte sind bedingt durch höhere Konzentrationen der SO_2-bindenden Gärungsprodukte Acetaldehyd, Pyruvat und Ketoglutarat. Hinzu kommen schon im Most vorkommende SO_2-bindende Stoffe wie Galacturonsäure und wohl auch 2,5-Diketo-Gluconsäure. Schließlich binden auch die hohen unvergorenen Zuckerreste SO_2. 5-Ketofructose bindet SO_2 nicht; beide Ketogruppen liegen als Halbacetal vor. — Der SO_2-Gehalt der Weine ist nicht streng mit dem *Botrytis*-Befall der Trauben korreliert; der „Fäulegrad" ist nur der wichtigste der Faktoren, die den Gesamt-SO_2-Gehalt dieser Ausleseweine erhöhen.

Die durch die hohen Zuckergehalte gehemmte Alkoholbildung wirkt auch auf die Bildung der **höheren Alkohole** (siehe S. 207f). Da auch sie Zuckerstoffwechselprodukte sind, werden sie in geringerer Menge gebildet als in Weinen mit normalem bis hohem Alkoholgehalt. Die Gehalte an 3-Methylbutanol zeigen dies am klarsten.

Sollte der Genuß von Beerenauslese- oder Trockenbeerenauslese-Weinen, die die Bezeichnung „Spitzenweine" tatsächlich verdienen, durch ihren hohen Preis geschmälert werden, so ist an ihre Seltenheit zu denken: Die Hessischen Staatsweingüter rechnen bei einer normalen Ernte mit 10 000 Flaschen Wein/Hektar. Nur in „Auslesejahren" bringt ein Hektar neben Weinen „normaler" Qualität günstigstenfalls nur 300 Flaschen Auslese, 100 Flaschen Beerenauslese und 50 Flaschen Trockenbeerenauslese.

6.9.2 Schädliche Schimmelpilze

Neben *Botrytis* sind Arten der Gattung *Penicillium (P.)* wichtige Infektanten von Traubenbeeren. Von 222 Stämmen (außer *Botrytis*), die von verschimmelten Beeren in vier Weinbauorten isoliert worden waren, gehörten 133 Stämme zu *Penicillium* (81).

Die verbreitetste Art ist *P. expansum.* Besonders verletzte Beeren werden von der „Grünfäule" befallen. Unreife Beeren werden durch den starken Pektinabbau total zerstört. Die Weine aus *Penicillium*-befallenen Beeren haben einen hohen zuckerfreien Extrakt und klären sich schnell. Sie haben einen leichten süßlichen Schimmelgeruch, sind aber oft bitter. Die Farbe kann bei Rotweinen tiefer sein.

Der Most *Penicillium*-infizierter Beeren wird wie folgt verändert: Zucker, Gesamtsäure, Gluconsäure und Glycerin nehmen zu, Stickstoff nimmt ab.

Wegen der Bildung von **Patulin** (1; siehe S. 40) sind *Penicillium*-befallene Trauben zur Gewinnung von Traubensaft ungeeignet. Für Wein spielt dies keine Rolle. Typisch ist die Bildung von **Bitterstoffen**.

P. expansum und *P. roqueforti* und andere Arten können flüchtige, vom Weintrinker unangenehm empfundene Schimmeltöne unterschiedlicher Geruchsart und Intensität bilden, die auch eine der Ursachen des **„Kork"**-oder **„Stopfentones"** sein können.

Um einen Wein zu schädigen, ist keine unmittelbare Einwirkung des Pilzes nötig. Diese Pilze können in Wein nicht wachsen. Die ausgekeimten Sporen werden vom Alkohol abgetötet. Es genügt eine indirekte Einwirkung, z.B. wenn eine gefüllte Flasche mit einem von *P. expansum* bewachsenen Stopfen verkorkt wird. Die sehr geruchs- und geschmacksintensiven Substanzen lösen sich dann im Wein.

P.- Arten bilden — wie auch andere Schimmelpilze — **Ameisensäure** (39).

Auf verschimmelten Beeren fand man außer *Botrytis* und *Penicillium* nur 11 *Aspergillus(A.)*-Stämme. Zehn von ihnen gehörten zu *A. fumigatus* (81). Da sie so selten sind und der Befall selbst nie ausgedehnt ist, haben diese Pilze kaum Bedeutung.

Mit *A. niger* gewinnt man die industriell hergestellten pektinabbauenden „Filtrationsenzyme".

Die Aflatoxinbildner *A. flavus, A. terreus* und *A. parasiticus* kommen auf Traubenbeeren nicht vor. Diese Mycotoxine kommen daher auch in den Weinen aus solchen Trauben nicht vor.

Recht selten ist auch *Trichothecium roseum*, die „Rosafäule" der Trauben. Neben einem Muffton bildet dieser Pilz das bitter schmeckende Mycotoxin Trichothecin. In Weinen aus befallenen Trauben wurde es in Einzelfällen nachgewiesen (45, 95). Vor allem aber wegen der starken **Bitterkeit** der Moste und Weine sind befallene Beeren auszusondern und zu verwerfen.

Mucor-Arten sind in mitteleuropäischen Weinbaugebieten gelegentlich Beereninfektanten. Sie wachsen **auf** dem Most. Die **in** den Most eintauchenden Hyphenenden gliedern durch die Anaerobiose, in die sie gelangen, kugelförmige Zellen ab. Die „Kugelhefen" von *Mucor racemosus* können 4-5 % vol. Ethanol bilden. Aus Zuckern werden Glycerin, Bernstein-, Oxal- und Milchsäure gebildet. Mucoraceen können Ameisensäure bilden. In extremen Fällen können daraus Gärschwierigkeiten entstehen. Bei der Vergärung *Mucor*-infizierter Moste werden seine Hyphen und Kugelzellen von Alkoholkonzentrationen von mehr als 5 % vol. abgetötet.

Rhizopus stolonifer befällt in nassen Herbsten im kapländischen Weinbaugebiet (Südafrika) die Trauben. Sie faulen in wenigen Tagen. Da sie auslaufen, entstehen große Verluste.

Pilze sehr unterschiedlicher Verwandtschaft (Mucoraceen, Ascomyceten und ihre imperfekten Formen, aber auch der Basidiomycet *Armillaria mellea,* der Hallimasch) bilden **„Schimmel-"** oder **„Mufftöne"**, die die Weinqualität stark mindern oder den Wein ganz verderben können. Da diese Pilze Kork infizieren können (24), sind diese von ihnen gebildeten Geruchsstoffe eine Ursache des **„Korktones"**. Bei *Penicillium roqueforti* wird ein Sesquiterpen als Schadstoff vermutet (50).

Eine andere Ursache dieses Geruchsfehlers ist die Bildung von 2,4,6-Trichloranisol (TCA) durch Schimmelpilze. Die Entstehung von TCA wird wesentlich durch Hypochloritbleichung der Korken verursacht. Anscheinend werden dabei aus der Korksubstanz Phenole herausgespalten, die dann chloriert werden. Bei der Lagerung dieser Korken methylieren wahrscheinlich Pilze das entstandene 2,4,6-Trichlorphenol zu TCA (30, 128). Aus den Korken geht TCA in den Wein über. Schon 10-50 ppt im Wein sind riechbar.

Das nahe verwandte 2,3,4,6-Tetrachloranisol (TeCA) riecht ebenfalls muffig. Ursache ist das früher als Holzschutzmittel angewandte Pentachlorphenol. In diesen Präparaten waren etwa 10 % Tetrachlorphenol enthalten. Durch Methylierung durch Pilze kann daraus TeCA entstehen.

Diese geruchs- und geschmacksintensiven Chloranisole können aus der Kellerluft an Weinbehandlungsmittel wie Bentonit und Kohle adsorbiert werden. Bei Schönungen werden sie in den Wein abgegeben.

Schimmelpilze können jedoch diese Chloranisole auch ohne die durch die „Chlorbleiche" freigesetzten Chlorphenole synthetisieren.

Literatur

(1) ALTMAYER, B.: Beeinflussung der Most- und Weinqualität durch den Pilzbefall reifer Trauben. Deutsch. Weinbau 38 (1983) 1702-1704

(2) AMERINE, M.A., KUNKEE, R.E.: Yeast stability tests on dessert wines. Vitis 5 (1965) 187-194

(3) BANDION, F., VALENTA, M.: Zum Nachweis des „Essigstiches" bei Wein und Obstwein in Österreich. Mitt. Klosterneubg. 27 (1977a) 18-22

(4) BANDION, F., VALENTA, M.: Zur Beurteilung des D(-)- und L(+)-Milchsäuregehaltes in Wein. Mitt. Klosterneubg. 27 (1977b) 4-10

(5) BANDION,F. et al.: Zur Beurteilung der Gluconsäuregehalte bei Wein im Hinblick auf mögliche Veränderungen während der Lagerung. Mitt. Klosterneubg. 30 (1980) 32-36

(6) BARNETT, J.A., PAYNE, R.W., YARROW, D.: Yeasts: Characteristics and identification. 2. Aufl., Univ. Press, Cambridge (1990)

(7) BAUER, H.H., KLEINHENZ, J.: Technologische Kenngrößen von Trockenhefen. Wein-Wiss. 33 (1978) 188-199

(8) BAUER, H. et al.: Peressigsäure und Ozon. Weinwirtsch. 117 (1981) 436-439

(9) BENDA, I.: Die Hefeflora des fränkischen Weinbaugebietes. Weinbg. u. Keller 11 (1964) 67-80

(10) BENDA, I., Wine and brandy, In: REED, G.: Prescott & Dunn's industrial Microbiology, 4. Aufl., Avi Publ. Comp., Westport/Conn. (1982) 293-402

(11) BENDA, I.: Botrytizide, ihre Wirkstoffe und Formulierungsmittel in der mikrobiologischen Prüfung. Wein-Wiss. 38 (1983) 41-50

(12) BENDA, I.: Zum Vorkommen von Koli- und Koliformen Bakterien in Wein. Mitt. Klosterneubg. 34 (1984) 249-251

(13) BENDA, I.: Die Milchsäurebakterien des Traubenmostes und Weines I u. II. Deutsch. Weinbau 47 (1989), 96-99, 153-154

(14) BENDA, I., KÖHLER, H.J.: Bakterienstarterkulturen in der Kellerwirtschaft — eine kritische Betrachtung aus mikrobiologischer Sicht. Wein-Wiss. 43 (1988) 279-284

(15) BOIDRON, J.N.: Relation entre les substances terpéniques et la qualité du raisin (Role du Botrytis cinerea). Ann. Technol. Agric. 27 (1978) 141-145

(16) BROWN, S.W., OLIVER, G.: The effect of temperature on the ethanol tolerance of the yeast Sacch. uvarum. Biotechnol. Letters 4 (1982) 269-274

(17) CANAL-LLAUBERES, R.M. et al.: Structure moleculaire du β-D-Glucane exocellulaire de Pediococcus sp. Connaiss. Vigne Vin 23 (1989) 49-52

(18) CARTWRIGHT, C. et al.: Solute transport In: ROSE, A.H., HARRISON, J.S.: The Yeasts, 2. Aufl. Vol. 3 (1989) 5 ff

(19) CASPRITZ, G., RADLER, F.: Malolactic enzyme of Lactob. plantarum. J. Biol. Chem. 258 (1983) 4907-4910

(20) CONNER, A.J.: The comparative toxity of vineyard pesticides to wine yeasts. Am. J. Enol. Vitic. 34 (1983) 278-279

(21) CREMER, H.D., HÖTZEL, D.: Thiaminmangel und Unbedenklichkeit von Sulfit für den Menschen. 4. Int. Z. Vitaminforsch. 40 (1970) 52-57

(22) CROWELL, E.A., GUYMON, J.F.: Wine constituents arising from sorbic acid addition and identification of 2-ethoxyhexa-3,5-diene as source of geranium-like off-odor. Am. J. Enol. Viticult. 26 (1975) 97-102

(23) DARRIET, P. et al.: L'hydrolyse des heterosides terpeniques du Muscat a petits grains par les enzymes periplasmique de Sacch. cerevisiae. Connaiss. Vigne Vin 22 (1988) 189-195

(24) DAVIS, C.R. et al.: The microflora of wine corks. Austral. Grapegrower Winemaker 18 (1981) 42-44

(25) DAVIS, C.R. et al.: Properties of wine lactic acid bacteria: Their potential enological significance. Am. J. Enol. Viticult. 39 (1988) 137-142

(26) DITTRICH, H.H.: Einfluß von Thiamin und Ammoniumsalzen auf die Weinqualität. Deutsch. Weinbau 38 (1983) 1366-1372

(27) DITTRICH, H.H.: Die Bedeutung der Gärungswärme für die Weinqualität. Deutsch. Weinbau 40 (1985) 1029-1035

(28) DITTRICH, H.H.: Mikrobiologie des Weines. 2. Aufl., Ulmer Verlag, Stuttgart (1987)

(29) DITTRICH, H.H.: Zur Vergärung edelfauler und hochkonzentrierter Moste. Wein-Wiss. 19 (1964) 169-182

(30) DITTRICH, H.H.: Korktöne, Mufftöne, Böckser und Spritzmitteltöne. Deutsch. Weinb.-Jahrb. 39 (1988) 207-214

(31) DITTRICH, H.H.: Die Gärung. In: WÜRDIG, G., WOLLER, R.,: Chemie des Weines. Ulmer Verlag, Stuttgart (1989a) 184-239

(32) DITTRICH, H.H.: Die Veränderungen der Beereninhaltsstoffe und der Weinqualität durch Boytritis cinerea — ein Übersichtsreferat. Wein-Wiss. 44 (1989b) 105-112

(33) DITTRICH, H.H. et al.: Zur Veränderung des Weines durch den bakteriellen Säureabbau. Wein-Wiss. 35 (1980) 421-429

(34) DITTRICH, H.H., BARTH, A.: SO_2-Gehalte, SO_2-bindende Stoffe und Säureabbau in deutschen Weinen. Wein-Wiss. 39 (1984) 184-200

(35) DITTRICH, H.H., BARTH, A.: Galactose und Arabinose in Mosten und Weinen der Auslese-Gruppe. Wein-Wiss. 47 (1992) 129-131

(36) DITTRICH, H.H., KERNER, E.: Diacetyl als Weinfehler, Ursache und Beseitigung des „Milchsäuretones". Wein-Wiss. 19 (1964) 528-535

(37) DITTRICH, H.H., SPONHOLZ, W.R.: Die Aminosäurenabnahme in Botrytis-infizierten Traubenbeeren u. die Bildung höherer Alkohole in diesen Mosten bei der Vergärung. Wein-Wiss. 30 (1975) 188-210

(38) DITTRICH, H.H., SPONHOLZ, W.R., KAST, W.: Vergleichende Untersuchungen von Mosten und Weinen aus gesunden und Botrytis-infizierten Traubenbeeren. Vitis 13 (1974) 36-49

(39) DIZER, H.: Ameisensäure-Bildung durch Schimmelpilze in Nährlösungen, Fruchtsäften und Früchten. Diss. Univ. Gießen, Fachber. Angew. Biologie (1980)

(40) DUBOURDIEU, D. et al.: Structure of the extracellular ß-D-Glucan from Botrytis cinerea. Carbohydr. Res. 93 (1981) 294-299

(41) EGGENBERGER, W.: Die Portweine und ihr Produktionsgebiet. Schw. Z. Obst- u. Weinb. 110 (1974) 166-169

(42) EL HALOUI, N. et al.: Alcoholic fermentation in wine-making: On-line measurement of density and CO_2 evolution. J. Food Engineering 8 (1988) 17-30

(43) ENKELMANN, R.: Untersuchung zur Klärung der Alkoholausbeute bei Weinen des Jahrgangs 1978. Badischer Winzer (1979) 322-326

(44) ESCHENBRUCH, R.: Sulfite and sulfide formation during wine-making-a review. Am. J. Enol. Vitic. 25 (1974) 157-161

(45) FLESCH, P. et. al.: Über die Kontamination von Taubenmost und Wein mit Toxinen bei Verarbeitung von Trichothecium roseum befallenem Lesegut. Wein-Wiss. 45 (1990) 141-145

(46) GANCEDO, C., SERRANO, R.: Energy-yielding metabolism. In: ROSE, A.H., HARRISON, J.S.: The Yeasts, 2. Aufl. 3 (1989) 205 ff

(47) GOTO, S. et al.: Decomposition of malic acid in grape must. Hakkokogaku 56 (1978) 133-135

(48) HAUBS, H. et al.: Über den Einfluß der Kohlensäure auf den Wein. Deutsch. Weinbau 29 (1974) 930-934

(49) HAUSHOFER, H., MEIER, W.: Die Alkoholausbeute bei der Vergärung von Traubenmosten als Funktion der Gärmasse und der Temperatur. Weinwirtsch. 115 (1979) 1247-1254

(50) HEIMANN, W. et al.: Beitrag zur Entstehung des Korktons in Wein. Deutsch. Lebensm. Rdsch. 79 (1983) 103-117

(51) HENICK-KLING, T. et al.: Inhibition of bacterial growth and malolactic fermentation in wine by bacteriophage of Leucon. oenos. J. Appl. Bacteriol. 61 (1986) 287-293

(52) HERESZTYN, T.: Formation of substituted Tetrahydropyridines by spezies of Brettanomyces and Lactobacillus isolated from mousy wines. Am. J. Enol. Viticult. 37 (1986) 127-132

(53) HIEKE, E., VOLLBRECHT, D.: Zur Bildung von Butanol-2 durch Lactobacillen und Hefen. Arch. Microbiol. 99 (1974) 345-351

(54) HINZE, H., HOLZER, H.: Analysis of energy metabolism after incubation of Sacch. cerevisiae with sulfite or nitrite. Arch. Microbiol. 145 (1986) 27-31

(55) HOUTMAN, A.C. et al.: The possibilities of applying present-day knowledge of wine aroma components: Influence of several juice factors on fermentation rate and ester production during fermentation. S.A.J. Enol. Viticult. 1 (1980) 27-33

(56) KETTERN, W.: Biologischer Säureabbau - Erfahrungen und Beobachtungen. Weinwirtschaft-Technik 124 (1988) 26-29

(57) KOCKOVA-KRATOCHVILOVA, A.: Yeasts and yeast-like organisms. VCH, Weinheim (1990)

(58) KREGER-VAN RIJ, N.J.: The yeasts, a taxonomic study, 3. Aufl., Elsevier Sci. Publ. Amserterdam (1984)

(59) KRIEGER, S.A.: Neue Erfahrungen bei der Einleitung des biologischen Säureabbaus in Wein mit Starterkulturen. Deutsch. Weinbau 46 (1991) 987-992

(60) KRIEGER, S., HAMMES, W.P.: Biologischer Säureabbau im Wein unter Einsatz von Starterkulturen. Deutsch. Weinbau 43 (1988) 1152-1154

(61) KUNKEE, R.E.: Malo-lactic fermentation and winemaking. In: Webb, A.D.: Chemistry of winemaking. Adv. in Chem. 137. Series. Am. Chem. Soc., Washington, D.C. (1974) 151-170

(62) LEMPERLE, E., KERNER, E.: Identifizierung und Beurteilung von Trübungen und Ausscheidung im Wein. Deutsch. Weinbau 37 (1982) 96-108

(63) LEMPERLE, E., KERNER, E.: Trockenhefen auf dem Prüfstand. Weinwirtsch. Techn. 5 (1990) 15-20

(64) MALCORPS, P. et al.: A new model for the regulation of ester synthesis by alcohol acetyltransferase in Sacch. cerevisiae during fermentation. J. Amer. Soc. Brewing Chemists 49 (1991) 47-53

(65) MASUDA, M.E. et al.: Identification of 4,5-dimethyl-3-hydroxy-2(5H)-furanone(Sotolone) and ethyl-9-hydroxynonanoate in botrytised wine and evaluation of the role of compounds characteristic of it. Agric. biol. Chem. 48 (1984) 2707-2710

(66) MAURER, S.: Mögliche Einflüsse von Schaderregern und Pflanzenschutzmitteln 2. Einfluß von Fungizidbehandlungen im Weinberg auf die Hefeflora. Weinwirtsch. - Technik 121 (1985) 214-217

(67) MAYER, K.: Nachteilige Auswirkungen auf die Weinqualität bei ungünstig verlaufenem biologischen Säureabbau. Schw. Z. Obst- u. Weinb. 110 (1974) 385-391

(68) MILLIES, K.D.: Ameisensäure als Stoffwechselprodukt von Mikroorganismen in Fruchtsäften. Flüss. Obst 39 (1980) 91-99

(69) MOHR, H.D.: Untersuchungen zum Verbleib von Schwermetallen, die Traubenmost zugesetzt wurden, nach Ablauf der Gärung. Weinbg. u. Keller 26 (1979) 277-288

(70) NYKÄNEN, L.: Formation and occurance of flavor compounds in wine and distilled alcoholic beverages. Am. J. Enol. Vitic. 37 (1986) 84-96

(71) PEYNAUD, E.: Etudes récentes sur les bactéries lactiques du vin. Ferment. Vinific. 1 (1968) 219-256

(72) POSTEL, W., ADAM, L.: Höhere Ester in Wein, Brennwein und Weindestillaten. Deutsch. Lebensm. Rdsch. 80 (1984) 1-5

(73) POSTEL, W., GÜVENC, U.: Gaschromatograph. Bestimmung von Diacetyl, Acetoin und 2,3-Pentandion in Wein. Z. Lebensm. Unters. Forsch. 161 (1976) 35-44

(74) PRIOR, B., KIRCHNER-NESS, R., DITTRICH, H.H.: Mathemat. Beschreibung des Glucose/Fructose-Verhältnisses in gärenden Mosten und durchgegorenen Weinen. Wein-Wiss. 47 (1992) 145-152

(75) RADLER, F.: Die mikrobiolog. Grundlage des Säureabbaus im Wein. Zbl. Bakt. II, 120 (1966) 237-287

(76) RADLER, F.: Viability of yeasts and changes in the concentration of amino acids during the production of sparkling wine. In: FORSANDER, O. et al.: Alcohol, Industrie and Research. Frenkellin Kirjapaino Oy, Helsinki (1977) 170-178

(77) RADLER, F.: Microbial biochemistry. Experientia 42 (1986) 884-893

(78) RADLER, F., KNOLL, C.: Die Bildung von Killertoxin und die Beeinflussung der Gärung durch Apiculatus-Hefen. Vitis 27 (1988) 111-132

(79) RADLER, F., LOTZ, B.: Über die Mikroflora von Trockenhefen und die quantitativen Veränderungen während der Gärung. Wein-Wiss. 45 (1990) 114-122

(80) RADLER, F., SCHMITT, M.: Killer toxins of yeasts. J. Food protection 50 (1987) 234-238

(81) RADLER, F., THEIS, W.: Über das Vorkommen von Aspergillus-Arten auf Weinbeeren. Vitis 10 (1972) 314-317

(82) RADLER, F., YANNISSIS, C.: Weinsäureabbau bei Milchsäurebakterien. Arch. Microbiol. 82 (1972) 219-238

(83) RADLER, F., SCHMITT, M., MEYER, B.: Killer toxin of Hanseniaspora. Arch. Microbiol. 154 (1990) 175-178

(84) RAPP, A.: Aromastoffe des Weines. Weinwirtsch. Technik (1989a) 17-27

(85) RAPP, A.: Stickstoffverbindungen. In: WÜRDIG, G., WOLLER, R. 1989: Chemie des Weines. Ulmer Verlag, Stuttgart (1989b) 540-550

(86) RAUHUT, D.: Yeasts - Production of sulphur compounds. In: FLEET, G.H.: Wine Microbiology and Biotechnology. Harwood Acad. Publ., Chur (1992) 183-223

(87) RAUHUT, D., DITTRICH, H.H.: Pflanzenschutzmittel u. Weinqualität. Weinwirtsch. Technik (1) (1991) 18-23

(88) REINHARD, L., RADLER, F.: Die Wirkung von Sorbinsäure auf Sacch. cerevisiae. Z. Lebensm. Unters. Forsch. 172 (1981) 278-283, 382-388

(89) RIBEREAU-GAYON, J. et al.: Traité d'oenologie. Tome 1,2, Dunod, Paris 1972, 1975

(90) RIBEREAU-GAYON, J. et al.: Botryis cinerea in enology. In: COLEY-SMITH, J.R. et al.: The biology of Botrytis. Acad. Press, London etc. 1980

(91) RYMON LIPINSKI, G.W. v. et al.: Entstehung und Ursachen des „Geranientons". Mitt. Klosterneubg. 25 (1975) 387-394

(92) SCHMITT, A. et al.: Über die Anwendung von Trockenhefe in der Praxis. Rebe u. Wein 34 (1981) 322-327

(93) SCHREIER, P., DRAWERT, F., JUNKER, A.: Gaschromatographisch-massenspektrometrische Untersuchung flüchtiger Inhaltsstoffe des Weines II. Z. Lebensm. Unters. Forsch. 154 (1974) 279-284

(94) SCHÜTZ, H., RADLER, F.: Anaerobic reduction of Glycerol to Propandiol-1,3 by L. brevis and L. buchneri. System. Appl. Microbiol. 5 (1984) 169-178

(95) SCHWENK, ST. et al.: Untersuchungen zur Bedeutung toxischer Stoffwechselprodukte des Pilzes Trichothecium roseum für den Weinbau. Z. Lebensm. Unters. Forsch. 188 (1989) 527-530

(96) SHIMAZU, Y., WATANABE, M.: Effects of yeast strains and environmental conditions on forming of organic acids in must during fermentation. J. Ferment. Technol. 59 (1981) 27-32

(97) SHIMIZU, J.M. et al.: Transformation of terpenoid in grape and must by Botrytis cinerea. Agric. biol. Chem. 46 (1982) 1339-1344

(98) SORRI, T., MIGNOT, O.: Les bacteriophages en oenologie. Bull. O.I.V. 61 (1988) 705-716

(99) SPONHOLZ, W.R.: Analyse und Vorkommen von Aldehyden in Wein. Z. Lebensm. Unters. Forsch. 174 (1982) 458-462

(100) SPONHOLZ, W.R.: Alcohols derived from sugars and other sources and full-bodiedness of wines. In: LINSKENS, H.F., JACKSON, J.F.: Modern Methods of plant analysis. Vol. 6, Springer Verlag, Berlin (1988) 147-172

(101) SPONHOLZ, W.R., DITTRICH, H.H.: Die Bildung von SO_2-bindenden Gärungsnebenprodukten, höheren Alkoholen und Estern bei einigen Reinzuchthefestämmen und bei einigen „wilden" Hefen. Wein-Wiss. 29 (1974) 301-313

(102) SPONHOLZ, W.R., DITTRICH, H.H.: Enzymat. Bestimmung von Bernsteinsäure in Mosten und Weinen. Wein-Wiss. 32 (1977) 38-47

(103) SPONHOLZ, W.R., DITTRICH, H.H.: Analyt. Vergleiche von Mosten und Weinen aus gesunden und essigstichigen Traubenbeeren. Wein-Wiss. 34 (1979) 279-292

(104) SPONHOLZ, W.R., DITTRICH, H.H.: Über das Vorkommen von Galacturon- und Glucuronsäure sowie von 2- und 5-Oxo-Gluconsäure in Weinen, Sherries, Obst- und Dessertweinen. Vitis 23 (1984) 214-224

(105) SPONHOLZ, W.R., DITTRICH, H.H.: Zuckeralkohole und m-Inosit in Weinen und Sherries. Vitis 24 (1985) 97-105

(106) SPONHOLZ, W.R., DITTRICH, H.H.: Flüchtige Fettsäuren in Weinen verschiedener Qualitätsstufen. Z. Lebensm. Unters. Forsch. 183 (1986) 344-347

(107) SPONHOLZ, W.R., DITTRICH, H.H., BARTH, A.: Über die Zusammensetzung essigstichiger Weine. Deutsch. Lebensm. Rundsch. 78 (1982) 423-428

(108) SPONHOLZ, W.R., DITTRICH, H.H., HAN, K.: Die Beeinflussung der Gärung und der Essigsäureethylesterbildung durch Hanseniaspora uvarum. Wein-Wiss. 45 (1990) 65-72

(109) SPONHOLZ, W.R., HEUER, C., DITTRICH, H.H.: Vermehrung, Überleben und Stoffwechsel von im Most vorkommenden Hefen bei steigenden Zuckerkonzentrationen. Wein-Wiss. 45 (1990) 1-7

(110) SPONHOLZ, W.R., LACHER, M., DITTRICH, H.H.: Die Bildung von Alditolen durch die Hefen des Weines. Chem. Microbiol. Technol. Lebensm. 9 (1986) 19-24

(111) SPONHOLZ, W.R., MILLIES, K.D., AMBROSI, A.: Die Wirkung von Hefezellwänden auf die Vergärung, Wein-Wiss. 45 (1990) 50-57

(112) SPONHOLZ, W.R., WÜNSCH, B., DITTRICH, H.H.: Enzymat. Bestimmung von (R)-2-Hydroxyglutarat in Mosten, Weinen u.a. Gärungsgetränken. Z. Lebensm. Unters. Forsch. 172 (1981) 264-268

(113) TITTEL, D., RADLER, F.: Über die Bildung von 2,3-Butandiol bei Sacch. cerevisiae durch Acetoin-Reduktase. Monatsschr. f. Brauerei 32 (1979) 260-266

(114) TROOST, G.: Technologie des Weines. 6. Aufl. Ulmer Verlag, Stuttgart (1988)

(115) WAGNER, K., KREUTZER, P.: Zusammensetzung und Beurteilung von Auslesen, Beeren- und Trockenbeerenauslesen. Wein-Wiss. 113 (1977) 272-275

(116) WEILLER, H.G., RADLER, F.: Vitamin- und Aminosäurebedarf von Milchsäurebakterien aus Wein. Mitt. Klosterneubg. 22 (1972) 4-18

(117) WENZEL, K.: Die Selektion einer Hefemutante zur Verminderung der Farbstoffverluste während der Rotweingärung. Vitis 28 (1989) 111-120

(118) WENZEL, K., DITTRICH, H.H., PIENTZONKA, B.: Untersuchungen zur Beteiligung von Hefen am Äpfelsäureabbau bei der Weinbereitung. Wein-Wiss. 37 (1982) 133-138

(119) WENZEL, K. et al.: Schwefelrückstände auf Trauben und im Most und ihr Einfluß auf die H_2S-Bildung. Wein-Wiss. 35 (1980) 414-420

(120) WIBOWO, D. et al.: Occurence and growth of latic acid bacteria in wine - a review. Am. J. Enol, Vitic. 36 (1985) 302-313

(121) WILLIAMS, L.A., BOULTON, R.: Modeling and prediction of evaporative ethanol loss during wine fermentation. Am. J. Enol. Vitic. 34 (1983) 234-242

(122) WUCHERPFENNIG, K., DIETRICH, H.: Verbesserung der Filtrierfähigkeit von Weinen durch enzym. Abbau von kohlenhydrathaltigen Kolloiden. Weinwirtsch. 118 (1982) 598-603

(123) WUCHERPFENNIG, K. et al.: Über den Einfluß von Polysacchariden auf die Klärung und Filtrierfähigkeit von Weinen unter besonderer Berücksichtigung des Botrytisglucans. Deutsch. Lebensm. Rundsch. 80 (1984) 38-44

(124) WÜRDIG, G.: Verminderung des SO_2-Bedarfs durch Vitamin B_1-Zusatz. Rebe u. Wein 34 (1981) 100-101

(125) WÜRDIG, G., KULLMANN, K.H.: Über die Empfindlichkeit von in abgefüllten Weinen gefundenen Hefen gegenüber Sorbinsäure. Allg. Deutsch. Weinztg. 107 (1971) 1011-1012

(126) WÜRDIG, G., WOLLER, R.: Chemie des Weines. Ulmer Verlag, Stuttgart 1989

(127) WÜRDIG, G. et al.: Vorkommen, Nachweis und Bestimmung von 2- und 3-Methyl-2,3-dihydroxybuttersäure und 2-Hydroxyglutarsäure im Wein. Vitis 8 (1969) 216-230

(128) ZEHNDER, H.J. et al.: Entstehung und Verhinderung des Korktons. Weinwirtsch. Techn. 121 (1985) 276-279

7 Mikrobiologie der Brennmaischen und Spirituosen

H.H. DITTRICH

7 Mikrobiologie der Brennmaischen und Spirituosen

Die Qualität der Spirituosen und ihre Handelsfähigkeit ist abhängig

- von den dazu verwendeten Früchten oder anderen Brennereirohstoffen
- (außer hier nicht einschlägigen anderen Einflüssen) von den Mikroorganismen, die in den Maischen vorkommen und ausnahmsweise auch von solchen, die sich im Destillat oder in den trinkfertigen Erzeugnissen vermehren können.

7.1 Mikroorganismen auf/in Früchten und Brennereirohstoffen

Alle Mikroorganismen — mit Ausnahme von *Saccharomyces cerevisiae* —, die sich in den Maischen oder schon in den Rohstoffen vermehren, wirken schädlich, wenn sie Zucker umsetzen. Weil dieser Zucker für die Vergärung durch die Hefe nicht mehr verfügbar ist, vermindern sie die **Ausbeute** an Alkohol.

Die möglichen Schädlinge wurden bereits in Kap. 1.3 ff und Kap. 3.1 beschrieben. Dort (Kap. 1.2 und 3.2) wurden auch die verderbshindernden bzw. -fördernden Faktoren beschrieben. Unter ihnen sind zwei für Destillate besonders wichtig: Der Keimgehalt der Rohstoffe und der pH-Wert der Maischen.

Ausgangsmaterialien für die Alkoholerzeugung können alle zuckerhaltigen und vergärbaren Produkte sein, nämlich einerseits Früchte, andererseits Getreide und Kartoffeln. Während Früchte außer direkt vergärbaren Zuckern stets mehr oder minder hohe Säuregehalte haben, enthalten Getreide, Knollen und Wurzeln nicht direkt vergärbare Kohlenhydrate, meist Stärke, aber keine Säure.

Kartoffeln, Zuckerrüben, Topinamburknollen und **Enzianwurzeln** enthalten in der anhaftenden Erde stets sehr viele Bodenbakterien, unter ihnen sporenbildende Buttersäurebakterien. Diese Vegetabilien müssen daher gut gewaschen werden, um die Keimzahlen zu verringern. Außerdem müssen die Maischen angesäuert werden, um die verbleibenden Bakterien an der Vermehrung zu hindern. Auch Getreide hat erntebedingt Bakterienkontaminationen.

Kernobst, Stein- und **Beerenobst** ist problemloser, wenn es sich um einwandfreie Rohware handelt (Keimzahlen z.B. siehe S. 56).

In Obstmaischen wurden vor der Gärung Essigbakterien und zwei Milchsäurebakterienarten gefunden. Während der Gärung und der Lagerung entwickelten sich die Milchsäurebakterien *Leuconostoc oenos, Lactobacillus plantarum, Lactobacillus brevis, Lactobacillus hilgardii* und in Kernobstmaischen *Lactobacillus suebicus* (7).

Stichige, verfaulte oder verschimmelte Früchte sind ungeeignet. Fallobst ist von anhaftender Erde durch Waschen zu befreien. Durch Hagel angeschlagenes oder sonstwie beschädigtes Obst muß wegen der Infektionsgefahr rasch verarbeitet werden. Solches wie auch angefaultes Obst kann auch gepreßt und der Saft mit Reinhefe sofort vergoren werden.

Trester, d.h. die Preßrückstände des Obstes, sind relativ stark mit Mikroorganismen kontaminiert. Sie sind deshalb leicht verderblich und müssen rasch vegoren werden. Schnelles Brennen ist auch für abgegorene **Hefe** von der Weinbereitung geboten. Hefe wie Trester müssen geruchlich einwandfrei sein. Produkte mit Essig-, Buttersäure- oder Milchsäurestich können nicht mehr verarbeitet werden.

Kernobst- und **Traubenweine** können ebenfalls gebrannt werden. Meist werden nur geringe oder bereits fehlerhafte Weine gebrannt. Während aus Weinen mit erhöhter flüchtiger Säure nach deren Herabsetzung mit kohlensaurem Kalk ($CaCO_3$; siehe S. 268) noch normale Destillate gewonnen werden können, sind Weine mit Buttersäurestich, Acroleinbitterkeit oder Böcksern nicht verwertbar.

7.2 Maischevorbereitung

Nicht erwünschte oder gar schädliche Mikroorganismen müssen ausgeschaltet werden, um Schadwirkungen zu verhindern. Dieses Ziel erstreben zwei Maßnahmen: Die Ansäuerung der Maischen und der Zusatz von Hefenährstoffen.

7.2.1 Maischeansäuerung

Tab. 7.1 veranschaulicht den bakteriellen Verderb einer Birnenmaische und die Schutzwirkung eines Säurezusatzes zur Erniedrigung ihres pH-Wertes.

Tab. 7.1: Anzeichen des Verderbs einer Birnenmaische durch Milchsäurebakterien und die Verhinderung des Verderbs durch Säurezusatz (20)

	1-Propanol	2-Butanol	Mannit
ohne Säurezusatz	229 mg/l	164 mg/l	5,8 g/l
mit je 100 g/hl Phosphor- + Milchsäure	164 mg/l	26 mg/l	0,8 g/l

Die **Senkung des pH-Wertes** von Maischen kann grundsätzlich sowohl mit Mineralsäuren als auch mit stabilen organischen Säuren erfolgen. Die gesetzliche Zulässigkeit ist zu beachten. So ist in der BRD Phosphorsäure unzulässig. Citronen-, Äpfel- und Fumarsäure sind mikrobiologisch nicht stabil. Geeignete Säurekombinationen sind käuflich.

Schwefelsäure (96 %ig, reinst, E. Merck, Darmstadt, Best.Nr. 713) wird wegen ihrer Billigkeit häufig angewendet. Je nach Art und Gesundheitszustand der Früchte und der voraussichtlichen Lagerdauer der vergorenen Maische werden 100-200 g (55-110 ml) pro 100 kg Maische zugesetzt. Zunächst ist die konzentrierte und äußerst aggressive Säure mit der 10-20fachen Wassermenge zu verdünnen (Säure in dünnem Strahl in das Wasser schütten, Vorsicht, Schutzbrille aufsetzen!). Nach dem Abkühlen wird die verdünnte Säure portionsweise zugesetzt und in der Maische gut verteilt. Der einzustellende pH-Wert (meist 2,8-3,0) muß kontrolliert werden.

Kernobst, insbesondere Tafelobst und problematisches Rohmaterial ist mit 50 g Schwefelsäure oder je 100 g Phosphor- und Milchsäure/hl oder mehr anzusäuern. Die säurearmen Williamsbirnen benötigen als Schutz die doppelten bis dreifachen Mengen.

Vom Steinobst brauchen besonders säurearme und/oder angefaulte Pflaumen einen Säureschutz, besonders, wenn die Maischen nach der Gärung länger lagern. Ähnliches gilt für Kirschen.

Topinamburmaischen sind mit Schwefelsäure auf pH 4,7 abzusenken. Pro 100 kg Topinambur werden dazu ca. 80 ml konz. Schwefelsäure benötigt.

Das Ansäuern von Zuckerrübensaft ist konzentrationsabhängig und wegen der geringeren Pufferung diffiziler. Man vergleiche MACHER (12). Wegen der pH-Abhängigkeit der β-Amylase und ihrer „Nachzuckerung" ist „in Getreidemaischen ein pH von 4,2 bis 4,3, in Kartoffelmaischen ein pH von 4,5 bis 4,6 als unterste Grenze anzusehen" (11).

Die **Schwefelung** (Zusatz von schwefliger Säure bzw. Schwefeldioxid) ist beschränkt auf Brennsäfte aus Kernobst. 50 mg freie SO_2/l reichen meist aus.

7.2.2 Zusatz von Hefenährstoffen

Die zur Vergärung den Maischen zugesetze Reinzuchthefe benötigt zu ihrer Vermehrung Nährstoffe, vor allem stickstoffhaltige. Obst ist recht arm an hefeverwertbaren Stickstoffverbindungen. Diesem natürlichen Mangel kann abgeholfen werden durch Zusatz sog. „Gärsalze". Dies sind meist **Ammoniumsulfat** $(NH_4)_2SO_4$ oder **Diammoniumhydrogenphosphat** $(NH_4)_2HPO_4$, das zusätzlich auch die Phosphatversorgung sichert.

20 g dieser Salze pro hl Maische reichen aus (21), doch werden auch die doppelten Mengen empfohlen (14). Die abgewogenen Mengen sind in etwas Saft oder Wasser zu lösen und in der Maische gleichmäßig zu verteilen. Der Zusatz hat vor der Gärung zu erfolgen. Wenn die Maische gärt, ist die Hefevermehrung nämlich bereits beendet.

Äußerst förderlich ist der Zusatz von **Thiamin** (0,76 mg/l in Form des käuflichen Dichlorids; siehe S. 203).

Der Zusatz von Nährstoffen unterliegt nationalen Regelungen. So ist in der BRD die Anwendung kombinierter Hefe-Nährpräparate in Abfindungsbrennereien verboten (§ 155, Abs. 2, BO). Präparate auf der Basis von Hefeautolysat können zu Geschmacksbeeinträchtigungen der Branntweine führen.

7.3 Vergärung der Maischen

Die Brennerei beruht auf der Anreicherung von Ethanol aus vergorenen Rohstoffen. Ihre Vergärung erfordert den Stoffwechsel von geeigneten Stämmen der Hefeart *Saccharomyces cerevisiae*, der von einer Mehrzahl von Bedingungen abhängt. Außer der Art und der Menge der vergärbaren Zucker und dem Nährstoffgehalt der Maischen ist dies vor allem deren Anstell- und **Gärungstemperatur**. Bei zu tiefen Temperaturen verläuft die Gärung zu schleppend oder unterbleibt ganz, bei zu hohen Temperaturen wird sie zu stürmisch, es treten Alkoholverluste ein. Bei extrem hohen Temperaturen sind Hemmungen der Gärung möglich, so daß größere Zuckerreste unvergoren bleiben, die von gleichzeitig geförderten Milchsäurebakterien zu flüchtiger Säure und anderen negativen Stoffwechselprodukten umgesetzt werden; nicht nur Ausbeuteverluste, sondern sogar Fehler sind die Folgen (vgl. S. 268f).

Die zur Gärung vorbereiteten Maischen haben meist eine **Anstelltemperatur** von 15-20 °C. Sie sollte nicht tiefer liegen. Während der Gärung erwärmt sich die Maische. Diese Erwärmung ist abhängig vom Zuckergehalt (siehe S. 213). Zuckerarme Trester erwärmen sich bei ihrer Vergärung nur wenig. Die Gärgefäße sollten in diesen Fällen nicht in zu kalten Räumen stehen. Für Maischen, die schnell vergoren werden sollen, z.B. Topinambur, sind höhere Anstelltemperaturen zu empfehlen. Während der Gärung sollten, um Aromaverluste zu vermeiden, 27 °C nicht überschritten werden. Bei diesen Bedingungen werden die wichtigsten **Obstmaischen** in 10-20 Tagen vergoren sein. **Stärkehaltige Rohstoffe** wie Topinambur, Kartoffeln, Getreide sind, weil bei der Hauptgärung 30 °C und mehr erreicht werden, schneller abgegoren. Unter bestimmten Bedingungen kann die Gärzeit auf eineinhalb Tage abgekürzt werden. Längere Gärzeiten als vier Tage sollten vermieden werden (11).

7.3.1 Spontangärung — Vergärung mit Reinzuchthefen

Eingemaischtes Obst wird früher oder später anfangen zu gären. Diese „Spontangärung" ist jedoch zu riskant. Sie ist nur noch vertretbar, wenn man die Bedingungen kennt, z.B. bei der Vergärung von Kirschen aus dem eigenen Betrieb, die sofort verarbeitet werden.

Eine weitgehend risikofreie Maischevergärung erfordert den sofortigen Zusatz von geeigneten Stämmen von *Saccharomyces cerevisiae* in hoher Zellzahl, um schädliche Mikroorganismen zu verdrängen. Man spricht hierbei von der Anwendung von Reinzuchthefe, kurz Reinhefe.

Backhefe (Preßhefe) ist die am leichtesten verfügbare und billigste Anwendungsform. Sie erfordert Anstelltemperaturen von 20 °C und mehr. Bei der — schnelleren — Vergärung von Kernobst setzt man 100-250 g/hl ein. Bei schwer vergärbaren Maischen wie Vogel- und Wacholderbeeren sowie bei Enzianwurzeln und Topinamburknollen sind Mengen bis zu 500 g/hl ratsam. Das Aroma wird abgeschwächt. Die Backhefe sollte frisch sein.

Auch Getreide- und Kartoffelmaischen können mit Backhefe vergoren werden (0,5 kg auf 1000 l Maische). Ihr gegenüber hat die „selbst geführte Satzhefe" Vorteile. Dies ist „die Fortzüchtung einer gärkräftigen Brennereihefe während längerer Zeit in einer aus der Hauptmaische abgezweigten Teilmaische". Genaueres entnehme man KREIPE (11, S. 135ff).

Trockenhefe (Wassergehalt ca. 8 %) ist in verschlossenen Packungen viel länger lagerfähig. Die granulierten Hefen sollten in der fünf- bis zehnfachen Wassermenge aufgelöst werden. Die Wassertemperatur soll 40 °C betragen. Nach 10 Minuten ist die Suspension gleichmäßig in der Maische zu verteilen. Für normale Maischen werden 20 g/l empfohlen, für schwer vergärbare ist die doppelte Menge ratsam.

Flüssighefe hat den Nachteil, daß sie in pasteurisiertem Saft vermehrt werden muß, nachdem man sie bei privaten oder staatlichen Einrichtungen erworben hat. Vgl. dazu S. 194, sowie DITTRICH (5). Angewandt werden 1 bis 2 l des flüssigen Hefeansatzes pro hl, bei problematischen und kalten Maischen entsprechend mehr.

Zur Vergärung von Topinamburmaischen eignen sich inulaseproduzierende Hefen der Gattung *Kluyveromyces* (19).

Bei Gärungen mit Reinzuchthefen ist wegen des Schäumens ein ausreichender Steigraum zu belassen. Die Gärbehälter sind mit Gäraufsätzen zu verschließen.

7.4 Mikrobielle Qualitätsminderungen

7.4.1 In den Rohstoffen oder Maischen entstandene Geruchs- und Geschmacksfehler

Nur selten können sie vollständig beseitigt werden. Außerdem erfordert die Behandlung fehlerhafter Erzeugnisse einen vermeidbaren Aufwand. Vorbeugen ist daher besser, d.h. Verwendung von fehlerfreier Rohware, sachgerechte Maischevorbereitung und Gärung, möglichst schnelles Brennen der vergorenen Maischen.

Essigstich ist am stechenden Geruch der **flüchtigen Säure** erkennbar. Er kann schon im Rohmaterial auftreten. Weichschalige Kirschen z.B. können beim Transport platzen. Da dann Sauerstoff zur Verfügung steht, können **Essigsäurebakterien** **Essigsäure** bilden (siehe S. 236), die den weitaus überwiegenden Anteil an der erhöhten flüchtigen Säure hat. In Maischen dagegen, die keinen oder fast keinen Sauerstoff enthalten, wird die Essigsäure von heterofermentativen **Milchsäurebakterien** aus dem Zucker gebildet (siehe S. 235). — Mit der Essigsäurebildung sind noch **andere Stoffbildungen** verbunden: Essig- und Milchsäurebakterien können aus Zucker Polysaccharide bilden (siehe S. 237). Milchsäurebakterien bilden aus Zucker Milchsäure und aus Fructose Mannit (siehe S. 239). Der zu diesen Stoffen umgesetzte Zucker ist für die Alkoholbildung verloren. Die Folge ist eine **Verminderung der Ausbeute**.

Essigstichige Maischen können vor dem Abbrennen mit Calciumcarbonat ($CaCO_3$) neutralisiert werden. Danach ist sofort zu destillieren, da sonst ein vollständiger Verderb droht. Einen nur leichten Essigstich bessert nach dem Herabsetzen des Destillates auf Trinkstärke eine Schönung mit 300-500 g/hl Magnesiumoxid oder basischem Magnesiumcarbonat (21, S. 91).

Essigsäureethylester ist bei normalen Gehalten ein erwünschter Inhaltsstoff von Obstbränden. Höhere Konzentrationen verursachen einen lösungsmittelartigen Geruch („Uhu-Ton"). „Wilde" Hefen können die Produzenten sein (siehe S. 209). Eine weitere Bildungsart ist die rein chemische: Wenn eine essigstichige Maische nicht neutralisiert wurde (siehe oben), geht bei der Destillation viel Essigsäure über. Im Destillat erfolgt dann ihre Veresterung mit dem Alkohol.

Die Behandlung fehlerhafter Destillate ist durch Alkalisierung möglich: Der Ester zerfällt in seine Ausgangsstoffe. Nach Neutralisation der freigesetzten Essigsäure mit $CaCO_3$ wird neuerlich destilliert (21, S. 92-93).

Der **Milchsäurestich** ist auch durch einen erhöhten Gehalt an **Essigsäure** bestimmt. Neben der beim Brennen zurückbleibenden **Milchsäure** sind die **Ester der L- und D-Milchsäure** und der im Destillat entstehenden **Essigester**, sowie auch andere Geruchsstoffe wie **Diacetyl** an diesem Fehler beteiligt (siehe S. 236). Solche

Destillate sind meist nicht mehr zu bessern. Eine Teilkorrektur ist auch hier durch Esterspaltung mit anschließendem Umbrennen erreichbar.

Buttersäurestich kann in Maischen stärkehaltiger Rohstoffe zustandekommen, die von Natur aus keine Säure, aber oft hohe Kontaminationen mit Buttersäurebakterien haben. Aus diesem Grunde sind säurearme Williamsbirnen-Maischen gefährdet. Die Brände erinnern an ranzige Butter. Geruchs- und geschmacksbildend ist die gebildete **Buttersäure**, die mit Propionsäure, 1-Butanol und Aceton vergesellschaftet ist. Buttersäurestichige Destillate sind zu bessern durch Zusatz von 500 g Calciumhydroxid pro hl. Die weitere Behandlung entnehme man TANNER und BRUNNER (21, S. 94).

Bildung von Acrolein: Dieser ungesättigte Aldehyd wirkt qualitätsmindernd. Die Bundesmonopolverwaltung hat daher für acroleinhaltige Rohsprite Abzüge vom Übernahmepreis festgesetzt (23).

Es reizt Augen und Schleimhäute, ist lungen- und nerventoxisch und zudem cancerogen (24). Außer in der Schweiz (0,2-0,4 mg/100 ml r.A.) gibt es in Spirituosen keine Grenzwerte.

Acrolein entsteht aus **Glycerin**. Dessen Abbau kann durch sehr unterschiedliche Bakterien erfolgen. Von 42 Stämmen der Milchsäurebakterien-Arten *Lactobacillus casei, Lactobacillus plantarum, Lactobacillus hilgardii, Lactobacillus brevis* und *Pediococcus damnosus* bauten nur 3 Stämme des heterofermentativen *Lactobacillus brevis* und ein *Lactobacillus buchneri*-Stamm Glycerin ab. Hierzu ist das gleichzeitige Vorliegen von Glucose oder Fructose erforderlich. Das Glycerin wird nahezu quantitativ zu **1,3-Propandiol** reduziert (4, 18).

Aus Kartoffelwaschwasser wurde *Lactobacillus coryniformis* als Acroleinbildner identifiziert. Tatsächlich sind Frischkartoffeln verarbeitende Brennereien am meisten von der Acroleinbildung betroffen. Durch mit Erde behaftete Kartoffeln oder solches Fallobst steigt die Wahrscheinlichkeit der Einbringung acroleinbildender Bakterien. Als Verursacher können sporenbildende Anaerobier (*Clostridium*) angenommen werden. Andere Rohstoffe wie Korn und Mais sind sauberer, deshalb ist die Wahrscheinlichkeit der Acroleinbildung geringer. Gründliches Waschen der Kartoffeln oder des Obstes ist daher geboten.

Das Enterobakterium *Citrobacter freundii* wird als einer der Verursacher der Acroleinbildung in Maischen und daraus hergestellten Destillaten angesehen (4).

Acrolein entsteht durch nichtenzymatische Abspaltung eines Moleküls Wasser zum größten Teil erst während der Destillation der Maische aus **3-Hydroxypropionaldehyd** (3-HPA), dem Produkt des bakteriellen Glycerinabbaus (Abb. 7.1).

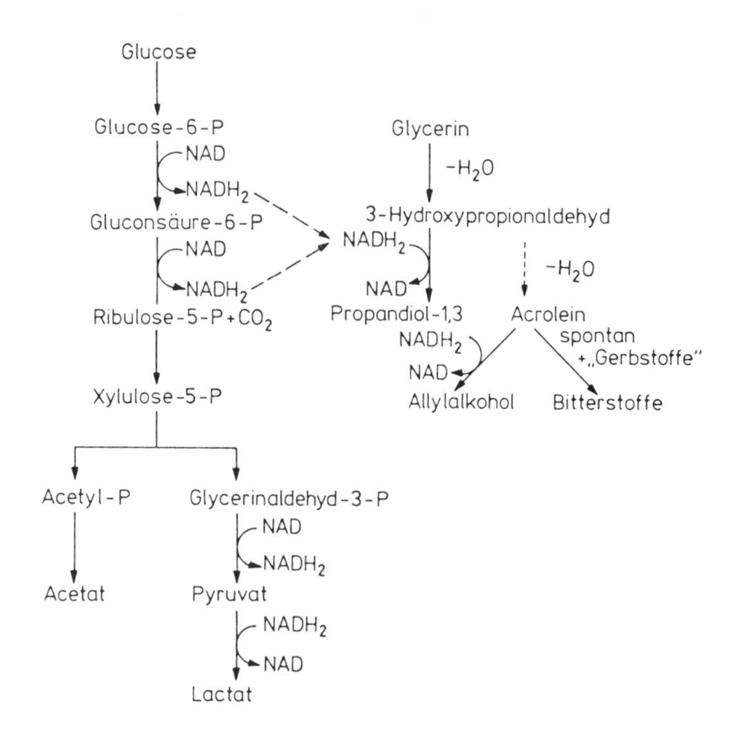

Abb. 7.1: Glucoseabhängiger Glycerinabbau bei *Lactobacillus brevis* (heterofermentatives Milchsäurebakterium) zu Propandiol-1,3 (18) sowie die Bildung von Acrolein, Allylalkohol und Bitterstoffen als weitere Nebenprodukte des Glycerinabbaus (5)

Die Coenzym-B_{12}-abhängige Glycerin-Dehydratase liefert durch die Entstehung von 3-HPA einen geeigneten Wasserstoffakzeptor, der mit den überschüssigen Reduktionsäquivalenten aus dem Zuckerabbau größtenteils zu 1,3-Propandiol reduziert wird (18).

Ein weiterer denkbarer Weg zur Acroleinbildung über 3-HPA ist der Milchsäureabbau über Acrylyl- bzw. 3-Hydroxypropionyl-Coenzym A durch Anaerobier wie *Clostridium propionicum* oder *Megasphaera elsdenii* (4).

Nur ein kleiner Teil des 3-HPA zerfällt — z.B. bei Erwärmung — zu Acrolein + H_2O. Im Vergleich zum abgebauten Glycerin sind die entstandenen, im Destillat enthaltenen Acroleinmengen nur gering.

In alkoholischen Lösungen lagert sich Acrolein an Ethanol bzw. an Wasser an. Dabei entstehen 3-Ethoxypropionaldehyd bzw. 3-HPA. Innerhalb weniger Wochen geht der Anteil des freien Acroleins zurück. Bei erneuter Destillation wird der ursprüngliche Acroleingehalt wiedergefunden.

Trotz seines tiefen Siedepunktes (53 °C) kann das Acrolein nur unvollständig mit dem Vorlauf abgetrennt werden. Ohne Qualitätseinbuße ist es kaum mehr vollständig zu beseitigen (21, S. 94-95).

Freies Acrolein kann zu **Allylalkohol** reduziert werden. Er ist ein Indiz für den bakteriellen Verderb eines Produktes. Acrolein kann auch nichtenzymatisch mit Polyphenolen („Gerbstoffen") zu bitter schmeckenden Stoffen reagieren (Abb. 7.1), aus denen es beim Destillieren freigesetzt wird.

Böckser nennt man den an faule Eier erinnernden Geruchsfehler. Bei Hefe- und Tresterbranntweinen ist er häufiger, besonders, wenn die Maischen lange gelagert werden. Die Ursache ist einmal **Schwefelwasserstoff** (H_2S). Er entsteht bei der Gärung durch Reduktion z.B. aus Netzschwefel, der zur Mehltaubekämpfung angewandt wurde (siehe S. 210). Die H_2S-Anreicherung scheint in der letzten Gärungsphase zu erfolgen (8).

Eine weitere Quelle ist von Schwefelschnitten beim Einbrennen abtropfender Schwefel; deshalb sollten, wenn nicht mit H_2SO_3 oder SO_2 geschwefelt wird, nur nichttropfende Schwefelschnitten angewandt werden.

Eine weitere Ursache ist die Freisetzung von H_2S und organischen S-haltigen Abbauprodukten aus dem Protein der Hefen bzw. der Trester. Als Reaktionsprodukt von H_2S mit Acetaldehyd ist 1,1-Ethandithiol wahrscheinlich (17). Durch dessen Autoxidation könnte 3,6-Dimethyl-1,2,4,5-Tetrathian entstehen (16).

Die Behandlung solcher fehlerhafter Destillate ist nicht immer erfolgreich. Sie kann mit Kupfersulfat ($CuSO_4$) und in der Schweiz mit einem silbercloridhaltigen Präparat (Ercofid, Sulfidex) erfolgen (S. 96) (21).

7.4.2 Infektanten in Alkoholika

Mikrobielle Infektanten sind in Spirituosen — auch in niedergrädigen — selten. Ein maßgeblicher Grund dafür ist der **Alkoholgehalt** von mindestens 15 % vol., bei Eierlikör 14 % vol.

Alkoholgehalte von 14 bis 18 % vol. erlauben aber einzelnen Stämmen nicht nur ein Überleben, sondern auch Vermehrung, falls das Produkt länger gelagert wird und die Lagerbedingungen dies zulassen. Dazu sind im wesentlichen nur zwei Mikroorganismengruppen fähig: Hefen und Milchsäurebakterien.

So wurden in einem Ebereschen-Likör von 38 % vol. vermehrungsfähige **Hefen** gefunden. Normalerweise verhindern 18 % vol. Alkoholgehalt die Vermehrung und Gärung von Hefe. Ethanol soll die 4,5fache Hemmwirkung von Zucker haben (1).

Infektionsfähig sind Stämme von *Saccharomyces cerevisiae*, die sehr alkoholresistent sind. Zu rechnen ist wohl auch mit *Zygosaccharomyces bailii*, die viel schlechter gärt, aber gegenüber den meisten hemmenden Einflüssen ein höheres Toleranzniveau hat. Deshalb kann sie auf Saftkonzentraten wachsen. Mit ihnen könnte sie auch in Liköre kommen.

Das seltene Vorkommen der anspruchslosen, aber robusten Hefen ist eher verwunderlich. Eine Erklärung könnte sein, daß sie bei Filtrationen leichter zurückgehalten werden, da sie relativ groß sind. Ein anderer Grund mag sein, daß Hefeinfektionen in den Flaschen leichter auffallen. Sowohl die durch ihre Vermehrung verursachten Trübungen wie die später sich bildenden Sedimente sind augenfälliger. Sie erweisen sofort die Verkehrsunfähigkeit, andererseits erleichtern sie dem Produzenten das Aussortieren der Flaschen, wenn es sich „nur" um Streuinfektionen handelt. Von Bakterien gebildete Trübungen sind dagegen meist schlechter erkennbar, besonders in gefärbten Erzeugnissen.

Weitere mögliche Infektanten sind **Milchsäurebakterien.** Auch sie sind zuckerumsetzende Mikroorganismen. Einige sind in sehr alkoholreichen Dessertweinen und im japanischen Sake gefunden worden. Noch bei etwa 20 % vol. Ethanolgehalt konnten sie Trübungen und Depotbildung hervorrufen. Bei Abwesenheit von Alkohol ist die Vermehrung gering. Der Alkohol macht wohl die Zellmembran durchlässiger für die Aufnahme von Nährstoffen (15). Die Bakterien mit dieser Eigenschaft sind als potentielle Schädlinge anzusehen. Es sind *Lactobacillus homohiochii* und *Lactobacillus fructivorans*. In die zweite Art sind die ebenfalls alkoholabhängigen früheren Arten *Lactobacillus trichodes* und *Lactobacillus heterohiochii* eingegliedert worden.

In einem australischen Brandy von 38 % vol. Alkohol hatte ein ubiquitäres Bakterium, *Bacillus megaterium*, ein Depot gebildet. Seine Vermehrung wurde mit dem hohen **pH-Wert** von 4,9 erklärt. Man vermutete die Kontamination „before or at bottling" (13). Die Autoren bemerkten dazu: „This is possibly a unique finding, since we can find no reference in the literature to previous isolation of viable microorganisms from brandy". Sie fanden später auch in einem „French Brandy" mit einem pH-Wert von 8,5 vermehrungsfähige Zellen des gleichen Bacillus. Daraus schließen sie: „This second observation indicates that growth of bacteria in bottled brandy may not be as rare as we had orginally believed".

In einem Südtiroler Williams-Christ-Birnen-Destillat mit 42 % vol., das seit einem Jahr lagerte, kamen sporenbildende Bakterien vor. Untersuchungen gleichartiger Produkte ergaben mehrfach Bakterienanwesenheit. Unverdünnte Destillate von 68-78 % vol. waren bakterienfrei. Daraus wurde gefolgert, „daß die Anwesenheit von Bakterien im trinkfertigen Destillat auf das zur Vedünnung verwendete Wasser, das bakterienhaltig war, zurückzuführen ist" (22).

Diese Fälle von Bakterienvermehrung sind eher Ausnahmen. Auch bei Arten, die in Spirituosen normalerweise nicht einmal überleben, gibt es vereinzelt Stämme, die gegenüber den hohen Alkoholgehalten widerstandsfähig sind und sich darin sogar vermehren. Diese Anpassung kann bei mangelnder Betriebshygiene eintreten. Ausgehend von Infektionsherden, die nicht erkannt und deshalb nicht beseitigt werden, kann ein Stamm einer an und für sich empfindlichen Art resistent werden. Es ist deshalb möglich, daß Ergebnisse, die mit nicht angepaßten Laborstämmen gewonnen wurden, für den praktischen Betrieb nicht immer aussagekräftig genug sind.

Auch **ätherische Öle**, die in vielen Aperitifs und Kräuterlikören geschmackswirksam sind, hemmen Mikroorganismen. Deshalb machen auch die unter 18 % vol. liegenden Aperitifs kaum mikrobielle Schwierigkeiten.

Einen mikroorganismenfördernden Einfluß hat Zucker, der in vielen Spirituosen enthalten ist sowie Stickstoff. Der kommt bei Fruchtlikören aus den namengebenden Früchten, bei Sahnelikören aus der Sahne.

Sahneliköre sind ein Sonderfall. Sahne ist meist stark keimhaltig. Dazu ist Milch sehr nährstoffreich; auch wenige Bakterien würden sich in kurzer Zeit stark vermehren. Die Sahne muß daher sofort pasteurisiert werden. Die Gesamtkeimzahl darf danach 10^2/g nicht übersteigen. Dies ist wegen der durch die Milchsäurebakterien verursachten Eiweißdenaturierung wichtig. Fertigprodukte mit 17 % vol. Alkohol zeigen bei der Lagerung eine Abnahme vegetativer Keime (10).

Der noch tiefere Mindestalkoholgehalt von Eierlikör (14 % vol.) scheint gegen Infektanten geringeren Schutz zu bieten. Sein Zuckergehalt könnte infektionsfördernd wirken. Zudem ist bei Eiern die Infektion mit Salmonellen nicht absolut auszuschließen. Trotzdem ist die Möglichkeit des Überlebens dieser Krankheitserreger im Eierlikör praktisch ausgeschlossen. Man hat in Eierlikör, der mit infiziertem Eigelb hergestellt worden war, nach 24stündiger Lagerung bei Zimmertemperatur weder Salmonellen noch Colibakterien nachweisen können (9).

Diese Ergebnisse könnten die übliche Pasteurisation des Eigelbs entbehrlich erscheinen lassen. BULLING (3) fordert stattdessen, daß Eierlikör nach der Herstellung für 7 Tage zwischen 10 °C und 20 °C oder für drei Tage bei über 20 °C gelagert werden sollte. Im Gegensatz zu dieser Ansicht wird man die Pasteurisation als praktischer und sicherer bewerten müssen.

Krankheitserregende Bakterien werden in Weinen schnell abgetötet. Bei Weindestillaten hat der Vorlauf die stärkste bakterizide Wirkung (6). Da **Acetaldehyd** (siehe S. 225) stark mikrobizid wirkt (5), ist es im Zusammenwirken mit dem Ethanol der wohl wichtigste keimhemmende Inhaltsstoff.

Ausführliche Darstellungen der einzelnen Brennereisparten lieferten MACHER (12), BROSE (2), PIEPER, BRUCHMANN und KOLB (14), KREIPE (11) sowie TANNER und BRUNNER (21).

Literatur

(1) AMERINE, M.A., KUNKEE, R.E.: Yeast stability tests on dessert wines. Vitis 5 (1965) 187-194

(2) BROSE, R.: Richtig brennen. Ulmer Verlag, Stuttgart 1971

(3) BULLING, E.: Die Überlebungszeit von Salmonella-Bakterien in Eierlikör. Arch. f. Lebensm. Hyg. 16 (1965) 177-179

(4) BUTZKE, E. et al: Anmerkungen zur Acrolein-Problematik in der Alkoholindustrie. Branntweinwirtsch. (1990) 286-289

(5) DITTRICH, H.H.: Mikrobiologie des Weines. 2. Aufl., Ulmer Verlag, Stuttgart 1987

(6) DRACZYNSKI, M.: Über die bakterizide Wirkung von Wein- und Traubenmost, mit Bacterium coli als Test. Jahrb. Wein u. Rebe, Mainz (1951) 25-42

(7) HEINZL, H., HAMMES, W.P.: Die mikroaerophile Bakterienflora von Obstmaischen. Chem. Mikrobiol. Technol. Lebensm. 10 (1986) 106-109

(8) HENSCHKE, P.A., JIRANEK, V.: Hydrogen sulfide formation during fermentation: Affect of nitrogen composition in model grape musts. Proc. Intern. Symp. on Nitrogen in Grapes and Wine. Seattle, Wash./USA, Am. Soc. Enol. Vitic (1991) 177-184

(9) IHLOW, NEUMANN: Alkohol-Ind. (4) zit. n. Bulling 1962

(10) KOLB, E.: Einige Aspekte der Weinbrandherstellung und der Entwicklung und Herstellung von Sahnelikören. Vortrag bei Symp. „Spirituosen". Haus d. Techn. Essen, 27.01.1984

(11) KREIPE, H.: Getreide- und Kartoffelbrennerei. 3. Aufl., Ulmer Verlag, Stuttgart 1981

(12) MACHER, L: Biologische Brennerei-Beriebskontrolle. Verlag Hans Carl, Nürnberg 1950

(13) MURELL, W.G., RANKINE, B.C.: Isolation and Identification of a sporing Bacillus from bottled Brandy. Am. J. Enol. Vitic. 30 (1979) 247-249

(14) PIEPER, H.J., BRUCHMANN, E.E., KOLB, E.: Technologie der Obstbrennerei. Ulmer Verlag, Stuttgart 1977

(15) RADLER, F., HARTEL, S.: Lactobacillus trichodes, ein alkoholabhängiges Milchsäurebakterium, Wein-Wiss. 39 (1984) 106-112

(16) RAUHUT, D.: Yeast-production of sulphur compounds. In: FLEET, G.H.: Wine Microbiology and Biotechnology. Harwood Acad. Publ., Chur (1992) 183-223

(17) RAUHUT, D., KÜRBEL, H., DITTRICH, H.H.: Sulfur compounds and their influence on wine quality. Cool climate Symp., Mainz-Geisenheim 1992

(18) SCHÜTZ, H., RADLER, F.: Anaerobic reduction of Glycerol to propandiol-1,3 by L. brevis and L. buchneri. System. Appl. Microbiol. 5 (1984) 169-178

(19) SCHWARZ, E., HAMMES, W.P.: Der Einsatz von Inulase produzierenden Hefen bei der Herstellung von Topinamburbranntweinen. Chem. Mikrobiol. Technol. Lebensm. 13 (1991) 70-75

(20) SPONHOLZ, W.R. In: WÜRDIG, G., WOLLER, R.: Chemie des Weines. Ulmer Verlag, Stuttgart 1989, 385-411

(21) TANNER, H., BRUNNER, H.R.:Obstbrennerei heute. 3. Aufl. Heller Chemie- u. Verwaltungsges. Schwäb. Hall 1987

(22) WEGER, B.: Gibt es alkoholresistente coliforme Bakterien? Mitt. Klosterneuburg 34 (1984) 13

(23) WELTER, K.: Acrolein bei der Bundesmonopolverwaltung f. Branntwein. Alkohol-Ind. (7) (1991) 139-141

(24) WESENBERG, J., LAUBE, K.: Acrolein-Bildung und Eigenschaften einer bei der ethanolischen Gärung unerwünschten Verbindung. Lebensm. Ind. 37 (1990) 156-159

8 Haltbarmachung von Getränken

K. KEDING

8 Haltbarmachung von Getränken

Der Verbraucher kann seinen Bedarf an Getränken unabhängig von Jahreszeit und Ernte ohne Schwierigkeiten decken. Dies war nicht immer so. Die Entwicklung ausgereifter Haltbarmachungsverfahren hat dies ermöglicht. Die Haltbarmachung verfolgt das Ziel, schädigende mikrobiologische, biochemische, chemische und physikalische Vorgänge in einem Getränk zu unterbinden. Der **Begriff Getränk** soll jeweils Getränkevor- und -zwischenprodukte mit einschließen. Im Rahmen dieses Beitrages sollen nur Techniken angesprochen werden, die **mikrobielle Stabilität** auf physikalischem und chemischem Wege erbringen. Die größere Bedeutung besitzen physikalische Verfahren.

Mikrobiologische Stabilität setzt auch **Reinigung** und **Desinfektion** notwendiger Gerätschaften und Einrichtungen voraus (siehe Kap. 9). Nur so ist es möglich, Haltbarkeit zu erreichen und über bestimmte Zeiträume aufrecht zu erhalten.

8.1 Haltbarmachung durch physikalische Verfahren

Mikrobiologische Stabilität eines Getränkes kann auf physikalischem Wege durch mechanische Abtrennung, durch thermische Behandlung sowie durch Bestrahlung erreicht werden. Der mikrobiologisch wirksame Effekt wird durch Abtrennung, Abtötung, Konzentrationserhöhung und Vermehrungshemmung erreicht.

8.1.1 Mechanische Stofftrennungsverfahren

Getränkeschädigende Mikroorganismen können durch Filtrationsprozesse gezielt aus der Suspension „Getränk" abgetrennt werden. Mit Spezialseparatoren ist dieser Effekt auch erzielbar. Wirtschaftlichkeit konnte jedoch damit im Getränkebereich nicht erreicht werden.

8.1.1.1 EK-Filtration von Flüssigkeiten

Eine vor allem bei Wein genutzte Methode zur Erzielung mikrobiologischer Haltbarkeit ist die sog. kaltsterile oder EK-Filtration.

Für die EK-Filtration wird die Tiefen- und die Oberflächenfiltration als **statisches Verfahren** eingesetzt. Statisch bedeutet, daß die gesamte Suspension unter Abtrennung der Mikroorganismen durch das Filtermittel in einem einmaligen Vorgang gefördert wird. Der Abscheideeffekt erfolgt bei der **Tiefenfiltration** in der Tiefe des Filtermittels, bei der **Oberflächenfiltration** durch Siebwirkung auf dem Filtermittel, weshalb letztere Filtrationsart auch als Siebfiltration bezeichnet wird. Typische Filtermittel für die Tiefenfiltration sind Filterschichten und Filtermodule, für die Oberflächenfiltration Membran-Filterkerzen.

Im Gegensatz zur statischen Filtration wirkt die **dynamische Filtration** über tangentiale Anströmung eines Filtermittels. Die Suspension muß dabei mehrmals über die Oberfläche des Filtermittels geführt werden, um eine Auftrennung zwischen fest und flüssig zu erreichen. Das hat zur Folge, daß eine ständige Aufkonzentrierung der Suspension durch Abfluß eines Filtratstromes erfolgt. Obwohl die dynamische Filtration bei Einsatz entsprechender Membranen genaue Trenngrenzen zuläßt, konnte sie sich als EK-Filtration für Getränke nicht durchsetzen. Gründe hierfür sind gelegentlich Durchschläge von Mikroorganismen, und die Leistungscharakteristik, die sich mitunter schwierig der eines Füllgerätes anpassen läßt.

Voraussetzung für die EK-Filtration ist das Vorhandensein eines **Filtersystems**. Es besteht aus Filtergerät und Filtermittel. Das Filtergerät hat die Aufgabe, das Filtermittel aufzunehmen und die Flüssigkeitsführung zu übernehmen. Da zur EK-Filtration unterschiedliche Filtermittel verwendet werden, sind auch die Filtergeräte unterschiedlich ausgelegt. Für den Einsatz von Filterschichten werden **Plattenfilter**, auch als Rahmen- oder Schichtenfilter bezeichnet, benötigt. Sie sind nach dem Prinzip einer Filterpresse aufgebaut. Zwischen einem beweglichen und einem festen Filterdeckel befinden sich verschieb- und herausnehmbare Filterplatten. Sie dienen als Auflagefläche für die Filterschichten und übernehmen die Flüssigkeitsführung. Da die Wahl der Filterplattenanzahl und somit auch die der Filterschichten variabel ist, kann auch eine optimale Anpassung an das Verarbeitungsvolumen vorgenommen werden. Ferner ist es möglich, sog. Umleit- oder Umlenkplatten einzubringen, um in einem einzigen Filtrationsvorgang die für die EK-Filtration notwendige Vorfeinklärung zu erreichen.

Filterplatten gibt es in zwei Grundtypen, den kannellierten Rippenplatten und den Hohlrahmen mit Lochblechplatten. Die Flüssigkeitsführung wird bei ersteren über Hohlkehlen, beiderseits in die Oberfläche der Filterplatten eingelassen, bei den zweitgenannten über die Lochung und den Hohlraum des Rahmens vorgenommen. Der Zu- und Abfluß der Suspensionen bzw. Filtrate erfolgt über Augen, die über einen Durchlaß mit der jeweiligen Filterplattenoberfläche bzw. Hohlrahmen verbunden sind. Dichtigkeit des Filtersystems wird durch Zusammenpressen des Plattenpaketes mit den dazwischen befindlichen EK-Filterschichten erreicht. Im Bereich der Augen übernehmen Dichtungsringe oder -manschetten diese Aufgabe, die besonderer Sorgfalt bedürfen. Alterung und Sterilisationsbelastungen lassen die Oberflächen rauh werden, die notwendige Elastizität geht verloren. Undichtigkeiten und Haarrisse stellen dann die Integrität des Filters infrage. In Abhängigkeit von der Einsatzdauer sollten daher die Dichtungen erneuert werden. Auf die richtige Auswahl der Dichtungen ist zu achten. Die Filterhersteller geben hierüber Auskunft.

Bezüglich der Sterilisationssicherheit bedürfen Kunststoffplatten besonderer Beachtung. Neigung zu Haarrissen und Brüchen durch sog. Alterung können auftreten. Auch die Ausdehnung durch thermische Belastung beim Sterilisieren muß berücksichtigt werden. Auf keinen Fall darf das Platten-/Schichtenpaket so fest angezogen werden, daß es zu Verformungen der Platten mit Beschädigung der EK-Filterschichten kommen kann. Der vollständige Anzug hat erst nach der Sterilisation zu erfolgen. — Sterilisationssicherheit wird auch von den **Armaturen** eines Filtergerätes gefordert. Für die notwendige Erfassung von Druckdifferenzen zwischen Produktein- und -ausgangsseite eines Filters haben sich glyceringefüllte Federdruckmanometer mit Membranen bewährt. Sie lassen sich besonders sicher sterilisieren. Glycerin dämpft das Meßsystem gegen Druckstöße und bewirkt gute Schmierung aller beweglichen Teile. — Schrägsitzventile sind Scheibenventilen vorzuziehen. Sicheres Sterilisieren und besseres Regelungsverhalten zeichnet sie aus. Zur Sicherheit tragen auch Entlüftungslaternen bei, die zumindest ein- und auslaufseitig vorliegen sollten. Somit kann jederzeit visuell das Vorhandensein von Gasen im Filter überprüft werden. Gasblasen und -polster können zu gefährlichen Druckstößen führen, die augenblicklich die Integrität eines Filters infrage stellen können. Auch der Sterilisationseffekt ist in diesen Bereichen gefährdet.

Der **Zusammenbau** eines Plattenfilters erfolgt durch Einbringung nicht geknickter und unbeschädigter EK-Schichten. Die rauhe Seite der Schichten wird der Suspensions-, die glatte der Filtratseite zugewandt. Nach Bestückung des Filters erfolgt zunächst nur ein leichtes, aber abdichtendes Anziehen des Pakets. Erst nach der Sterilisation wird endgültig fest angezogen.

Sterilisation: mit Sattdampf, Heißwasser oder chemisch sterilisierenden Flüssigkeiten.

Sattdampf: — max. Temp. 125 °C , Kunststoffplatten 115 °C — partikelfrei — Dämpfung von der Filtratseite 20-30 min. nach Kondensatablauf von ca. 95 °C — alle Öffnungen leicht geöffnet = handlange Dampffahne — am Sterilisationsende filtratseitig alles schließen, erst dann Dampfzufuhr.

Heißwasser: — max. Temp. 95 °C — $<$ 10 °dH — Behandlungsdauer ca. 30 min. nach Austritt des Wassers mit mind. 80 °C aus allen Öffnungen — Wasserzuführung von Suspensionsseite — am Sterilisationsende alle sterilseitigen Öffnungen schließen — Pumpe (radiale Kreiselpumpe, flache Kennlinie) abstellen.

Sterilisierende Flüssigkeiten: — Verfahrensablauf wie bei Heißwasser — max. 1 %ige schweflige Säure; quaternäre Ammoniumbasen und Hypochloritlösungen nach Herstellerangaben.

Nach der Sterilisation erfolgt die **Nachspülung** bis zur Geschmacksneutralität. Sie wird grundsätzlich von der Suspensionsseite her vorgenommen.
Längere Standzeiten bei Tiefenfiltern sind durch **Rückspülungen** möglich: — erwärmtes Wasser (ca. 55 °C) und Fließgeschwindigkeiten nach Herstellerangaben (siehe Tab. 8.2, S. 288); so lange, bis aus allen Öffnungen klares Spülwasser abläuft — Sterilisation s.o.; bei nassen Tiefenfiltern ist Dampfsterilisation unwirtschaftlicher gegenüber anderen Verfahren.

Filtergeräte für Filterkerzen und **Filtermodule** sind im Aufbau gegenüber Plattenfiltern einfacher. Sie zeichnen sich durch geschlossene Bauweise mit nur wenigen Bauteilen aus. Sie bestehen aus einem Gestell, das die Grundplatte mit Justiereinrichtungen und das Gehäuse mit Manometer und Entlüftungshahn trägt. Die Grundplatte besitzt einen Zu- und Ablauf sowie einen oder mehrere Steckplätze für Kerzen bzw. einen für Module.

Module werden senkrecht stehend, Kerzen auch senkrecht hängend im Filtergerät angeordnet. Kerzen wie Module erhalten einen festen Sitz durch Steck- oder Bajonettverschlüsse, bei Modulen häufig in Verbindung mit einer Zentralspindel. Auf richtige Adapterauswahl muß geachtet werden, damit einwandfreier und abdichtender Sitz erreicht wird. Die Filtrationsfläche ist bei Filtergeräten mit Kerzen durch die Kerzenanzahl, bei Modulfiltern durch Anflanschen weiterer Moduleinheiten an die Grundeinheit variabel. Vorauszusetzen ist eine entsprechende Anzahl an Kerzensteckplätzen bzw. bei Modulfiltergeräten eine erforderliche Bauhöhe des Gehäuses.

Der **Zusammenbau** dieser Geräte ist einfach. Die Filtermittel werden fest verankert, Halterungs- oder Justiereinrichtungen fixiert, das Gehäuse übergestülpt (bei hängender Kerzenanordnung wird das Kerzenpaket von oben in das Gehäuse eingefahren) und dichtend verschlossen. Die Sterilisation erfolgt wie bei Plattenfiltern. Kerzen dürfen jedoch nur in Filtrationsrichtung sterilisiert, nach- und freigespült werden.
Ein Filtersystem umfaßt neben dem Filterapparat das **Filtermittel**. Für die EK-Filtration haben sich Tiefenfilter als Schichten — und Modulfilter — sowie Siebfilter als Kerzenfilter durchsetzen können. Filtrationstechnisch unterscheiden sich Schichten und Module von den Kerzen, konstruktiv alle drei voneinander. Auf das früher verwendete Asbest soll nur verwiesen werden. Der Aufbau asbestfreier **EK-Tiefenfilter** ist firmenspezifisch und gleicht einem engmaschigen dreidimensionalen Sieb. Hochreine, speziell aufbereitete Zellulosen und Kieselguren bilden i.d.R. das Hauptgerüst. Innerer Zusammenhalt, stabilisierte Matrix und Naßfestigkeit werden durch polykondensierbare Harze erreicht. Diese Filtertypen werden abströmseitig z.B. durch Polymervliese unterstützt, um ein Ausspülen von Filterhilfsmitteln zu unterbinden. Auch flächenverfestigende Harze erfüllen diesen Zweck. Die Tiefenfilter sind entweder als Schicht oder als Modul ausgelegt. Während die EK-Filterschicht ein flacher Zuschnitt bestimmter Größe ist, besteht das EK-Filtermodul aus einer Kombination zwischen EK-Filterschicht und Drainagesystem. Kleinste Einheit ist die Filterzelle, die sich aus zwei mittig gelochten Filtermittelronden, randversiegelt, und dazwischen befindlichem Drainagesystem zusammensetzt. Mehrere dieser Filterzellen werden über profilierte Distanzringe zusammengespannt oder auf einem Zentralrohr miteinander verschweißt. Die Anzahl der Filterzellen in einem Modul ist firmenunterschiedlich (1, 2, 3).

Für den **Filtrationseffekt einer Tiefenfiltration** ist die große innere Oberfläche eines Schichten- bzw. Modulfilters entscheidend. Sie macht ein tausendfaches gegenüber der äußeren Oberfläche aus. Dementsprechend groß ist das innere Hohlraumvolumen, das bis zu 85 % des Gesamtvolumens einer Filterschicht ausmachen kann. Dieses wird filtrationstechnisch im Sinne der Tiefenfiltration genutzt, indem die

Entkeimungsmechanismen im Innern der Schicht wirken. Um ein Verlegen anströmseitiger Filteroberflächen wie auch ein Belegen der inneren Oberflächen zu verhindern, ist vor der eigentlichen EK-Filtration eine abgestufte, d.h. eine Klär- und Feinfiltration notwendig. Nur so ist es möglich, das große innere Aufnahmevermögen eines Tiefenfilters als Filtrationseffekt zu nutzen, ohne daß die Gefahr der Kuchenbildung auf der Oberfläche des Filtermittels droht. Filtermittel-Produzenten bieten daher im Klärverhalten aufeinander abgestimmte Filtermittel an.

Ein idealer Filtrationsverlauf liegt immer dann vor, wenn es während der Filtration zu keinen drastischen Druckdifferenzanstiegen kommt. Das folgende Diagramm verdeutlicht optimale Abstimmung zwischen Entkeimungs- und vorgeschalteten Feinklärschichten.

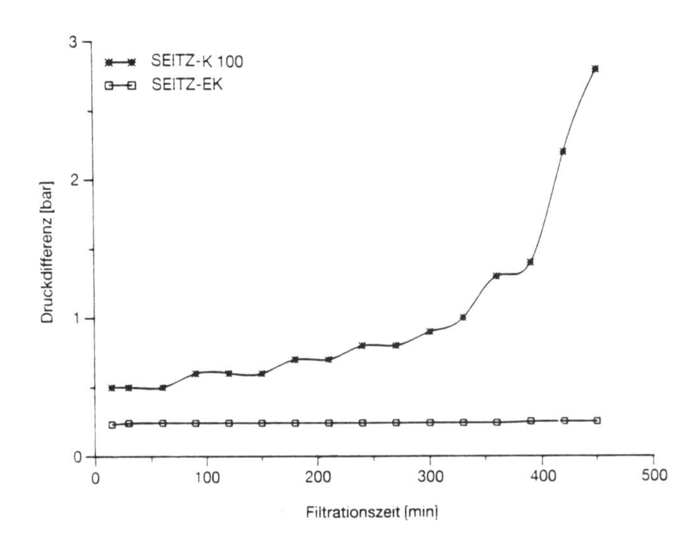

Abb. 8.1: Entkeimung eines 1987er Silvaners QbA, durchgeführt mit konstanten Durchsatzmengen. Vorfilterschicht: K 100, Entkeimungsschicht: EK (4)

Die **quantitative Belastung** eines Getränkes mit Mikroorganismen ist zu berücksichtigen. Damit der Entkeimungseffekt nicht gefährdet bzw. nicht vorzeitig beendet wird, sollten bestimmte Keimbelastungsgrenzen nicht überchritten werden.

Tab. 8.1: Validierte Keimbelastungsgrenzen (5)

Typische Keimbelastungsgrenzen	
SEITZ-EKS	$< 10^{9}$ Keime/cm^2
SEITZ-EK 1	$< 10^{8}$ Keime/cm^2
SEITZ-EK	$< 10^{7}$ Keime/cm^2
SEITZ-KS 50	$< 0,5 \times 10^{7}$ Keime/cm^2
SEITZ-KS 80	$< 10^{6}$ Keime/cm^2

geprüft mit *E.-coli* in physiologischer NaCl-Lösung

Hintergrund dieser firmenspezifischen Maßgaben ist die begrenzte Aufnahmekapazität eines Tiefenfilters und die begrenzte Möglichkeit der Oberflächenbelegung eines Siebfilters. Durchschläge von Mikroorganismen bzw. dramatischer Anstieg der Druckdifferenz wäre die Folge.

Bei der Filtration von kohlensäurehaltigen Getränken muß auf **Erhaltung des Systemdrucks** in der Gesamtanlage geachtet werden. Kommt es aufgrund von Druckschwankungen auch nur zu kurzzeitigen Unterschreitungen des temperaturabhängigen Bindungsdruckes für Kohlenstoffdioxid (CO_2) in den Filterschichten, so wird es aus dem zu filtrierenden Produkt freigesetzt. Es entstehen örtliche Druckspitzen mit hohen Geschwindigkeitsanstiegen. Die Folge ist ein Aufblähen des Filtermaterials mit der Gefahr des Durchschlagens von Mikroorganismen. Dies gilt für alle Filtermittel.

Die **Filtrationsmechanismen** einer EK-Filterschicht bzw. eines -Moduls sind vielfältig und hauptsächlich auf elektrokinetische Grenzflächenvorgänge, adsorptive Wechselwirkungen sowie mechanische Trennvorgänge zurückzuführen.

Elektrokinetische Grenzflächenvorgänge: Die Gerüstsubstanzen von Filtermitteln, Feststoffpartikeln und Mikroorganismen weisen positive oder negative Potentiale an den Oberflächen auf, hervorgerufen durch funktionelle Gruppen, freie Valenzen, Molekül- bzw. Ionendissoziationen, Reibungselektrizität, dielektrische Eigenschaften u.a. Werden die genannten Oberflächen durch Suspensionen benetzt, wird das jeweils vorliegende Potential durch Gegenionen großteils kompensiert. Die Gegenionen sind eine fest anhaftende monomolekulare Ionenschicht. Sie wird als konkrete oder Stern-Schicht bezeichnet und ist nicht imstande, das gesamte Oberflächenpotential zu neutralisieren. Die Folge ist eine räumlich erweiterte sog. diffuse Schicht, die eine völlige Neutralisation des Oberflächenpotentials herbeiführt. Die diffuse Schicht zeichnet sich nicht mehr durch einheitliche Ladungsträger aus. Sie ist durch Überströmung „abschwemmbar". Das konkrete Potential wird „frei", weshalb auch vom **Strömungs**- oder **Zeta-Potential** gesprochen wird. Dies kann man filtrationstechnisch nutzen, indem bei einer

Überströmung anstelle diffuser Ladungsträger disperse Teilchen wie Mikroorganismen u.a. an der konkreten Schicht hängen bleiben. Voraussetzung sind entgegengesetzte Potentiale gegenüber der konkreten Schicht. Kommt die Strömung zum Erliegen, bildet sich die diffuse Schicht unter Freisetzung angelagerter Mikroorganismen u.a. wieder aus. Sinnvoll ist es daher, eine EK-Filtration nicht zu unterbrechen, weil sonst die Gefahr eines Durchbruches von Mikroorganismen besteht (Überströmventil). Asbestfreie EK-Filterschichten sind daher mit einer festeren Matrix ausgelegt, womit auch eine Art innerer Siebeffekt unterstellt werden kann. Bewährte Filterhilfsmittel wie beispielsweise Cellulose besitzen ein negatives Potential und sind somit gegenüber Mikroorganismen, die selbst ein negatives Potential aufweisen, unwirksam. Es ist möglich, an speziell aufbereitete Cellulosefasern polymere Harze wie modifizierte Epichlorhydrinharze anzulagern und sie somit kationisch auszulegen. Neben diesem Effekt wird erhöhte Sterilisationsfestigkeit und stabilere Matrix erreicht.

Die Wirkung des Zeta-Potentials ist neben der Aufrechterhaltung einer Strömung auch von der **Strömungsgeschwindigkeit**, ausgedrückt in $l/m^2/Std.$, abhängig. Sie wird vom Filtermittelhersteller angegeben und sollte nicht überschritten werden, da das Potential als Rückhaltemechanismus nicht mehr ausreichend wäre. Gleiches gilt für die Angabe vertretbarer **Druckdifferenzen**, da Zusammenhänge zwischen ihnen und den Strömungsgeschwindigkeiten bestehen. Auch der **pH-Wert** kann das elektrokinetische Spannungsgefälle dazu befähigter Filterhilfsmittel so stark verändern, daß sogar ein Wechsel des Potentials eintritt (5, 6).

Von Interesse ist der pH-Wert einer Flüssigkeit im Hinblick auf Filtermittelstandzeiten. So schwächt Wasser das Zeta-Potential stark ab oder kehrt es sogar um, womit es sinnvoll erscheint Wasser für Filter-Rückspülprozesse zu verwenden. Mikroorganismen und sonstige Trubteile können leichter zurückgespült werden. Verstärkt wird dieser Effekt durch erwärmtes Wasser, weil dann auch adsorptive wie adhäsive Kräfte minimiert werden.

Adsorptive Wechselwirkungen: Während elektrostatische Kräfte ionisch ausgerichtet sind, liegen den adsorptiven Bindungen Molekularkräfte zugrunde. Ihre Wirkung setzt weitaus geringere Abstände zwischen Filterhilfsmitteln und suspendierten Teilchen gegenüber elektrokinetisch wirksamen Potentialdifferenzen voraus.

Mechanische Trennvorgänge: Eine EK-Filterschicht ist durch ein dreidimensionales Gefüge gekennzeichnet, deren Charakteristika in großem Umfange von den verwendeten Filterhilfsmitteln abhängig sind. Der Trennvorgang erfolgt in der Tiefe der Schicht und ist auf mechanische Raumsiebwirkung sowie adhäsiv verursachte Brückenbildung mit der Folge verengter Flüssigkeitspassagen zurückzuführen. Ebenso treten Trägheitseffekte auf, die im Zusammenhang mit der Partikelgröße und den lokalen Strömungsverhältnissen stehen (5, 7-15).

Der Aufbau von **Membranfilterschichten** ist firmenspezifisch. Polymere wie Polyamid (Nylon 66), Polysulfon, Polyvinylidenfluorid, Celluloseacetat finden u.a. für die Herstellung der Membranen Verwendung. Membranen sind Oberflächenfilter in der Wirkungsweise von Siebfiltern mit definierter freier Durchgangsfläche (Porung). Nicht vorhandene Hydrophilität wird durch chemische Modifikation erreicht (16, 17).

Ausgelegt sind EK-Membransysteme direkt als Filterschichten oder als Filterkerzen; letztere besitzen wegen einfacherer Handhabung die größere Bedeutung. EK-Filterkerzen bestehen aus gitterartig ausgelegten röhrenförmigen Kunststoff-Stützkörper, zwischen denen sich das eigentliche längstnahtverschweißte Filtermittel befindet. Abgeschlossen werden die röhrenförmigen Konstruktionen jeweils durch eine Kappe. Eine davon ist als Adapter und Abfluß, die andere als Justierdorn ausgelegt.

Um längere Filtrationszeiten und erhöhte -sicherheiten zu erreichen, wird das eigentliche Filtermittel mehrschichtig ausgelegt. Finden Membranen mit gleicher Porengrößenverteilung Verwendung, liegt ein **homogener Aufbau** vor, dessen Vorteil hohe mikrobiologische Sicherheit ist. Nachteilig ist, daß bei hoher mikrobiologischer Suspensionsbelastung die anschwemmseitige Membran schnell verlegt wird. Ein **heterogener Aufbau** liegt vor, wenn Membranfilter mit unterschiedlicher Porengröße kombiniert werden. Es erfolgt so eine abgestufte Filtration, die es ermöglicht, die eigentliche EK-Membran zu entlasten. Nachteilig ist das Vorliegen nur einer EK-Membran, so daß bei hoher Keimbelastung eher die Gefahr eines Durchbruchs besteht. Deshalb haben auch Kombinationen von homogener und heterogener Bauweise Bedeutung gewonnen. Abgezielt wird dabei vor allem auf die homogene Auslegung der EK-Membranen. Weiterhin ist es möglich, die Membranen in ihrer Porenstruktur und in ihrer chemischen Zusammensetzung zu variieren (**Hybridtechnik**, 14).

Um höhere thermische wie mechanische Stabilität und bessere Flüssigkeitsverteilungen zu erzielen, werden die Membranen mit Stützgeweben oder Vliesen kombiniert. Große Filtrationsflächen auf engstem Kerzenraum werden durch Falten des Filtermittels („plissieren") erreicht (18).

Neben dem im Vordergrund stehenden Siebeffekten treten aber auch Filtrationsmechanismen in Erscheinung, wie sie bei der Tiefenfiltration bereits beschrieben wurden. Sie sind aber als gering einzuschätzen, da die Dicke einer einfachen Membran im Schnitt zwischen 90-120 μm gegenüber Tiefenfiltern mit ca. 4 mm beträgt. Die Porosität der Membranen liegt mit bis zu 85 % sehr hoch. Die definierte Porengröße weist eine Streuung um einen Mittelwert auf, die der Gausschen Verteilung folgt. Daher muß das mikrobiologische Rückhaltevermögen nicht in grundsätzlicher Übereinstimmung mit der angegebenen Porenweite einhergehen. Die **absolute Rückhalterate** bezieht sich auf den Durchmesser des größten sphärischen nicht verformbaren Partikels, der die Membran noch passieren kann. Die **nominale Rückhalterate** gibt in Prozenten die Abscheideleistung für Partikel bestimmten Durchmessers an. Zur Ermittlung dieser Werte stehen physikalische und biologische Prüfverfahren zur Verfügung. Es sind typische Produktionstestverfahren. Für die praxisbezogene Anwendung sind sie weniger von Interesse.

Von Bedeutung für den Praktiker ist der **Keimbelastungstest** als biologisches Produktions-Prüfverfahren. Der Test, der auch als Bakteria-challange-, Titerreduktions- und Reduktionstest bezeichnet wird, erfolgt mit bestimmten Testkeimen und dient der mikroporösen Beschreibung sowie der Ermittlung der Filtrationsleistung. So werden z.B. für die Spezifizierung von EK-Membranfiltern der Porengröße 0,45 μm **Serratia marcescens**, ev. auch **Leuconostoc oenos** und für 0,2 μm Porengröße **Pseudomonas diminuta** verwendet. Um Reproduzierbarkeit zu erreichen, erfolgt die Züchtung der Testkeime unter definierten Kulturbedingungen. Gleiches trifft für die Durchführung zu, die z.B. nach den Vorschriften der HIMA erfogt (Health Industry Manufactorers Association). Lt. HIMA und DIN muß ein Sterilfilter bei einer spezifischen Organismenbelastung von 10^7 KBE/cm^2 Filterfläche ein steriles Filtrat liefern (Titerreduktion $> 10^7$). — Das Rückhaltevermögen gegenüber Mikroorganismen ist außerdem konzentrationsabhängig. Hersteller von EK-Filterkerzen testen daher die maximal mögliche Keimbelastung aus (**Validierung**, siehe Tab. 8.1, siehe S. 284).

Größte Bedeutung für die Praxis haben **Integritätstests** wie Bubble-Point-, Druckhalte- bzw. Forward-Flow Test. Mit ihnen ist es möglich, jederzeit und ohne großen Aufwand die Unversehrtheit von EK-Membranfiltern zu überprüfen.

Grundlage aller drei Tests ist die Tatsache, daß mit Flüssigkeit benetzte Kapillaren einem Gasdruck Widerstand leisten. Verantwortlich hierfür ist die temperaturabhängige Oberflächenspannung der Flüssigkeiten, der Benetzungswinkel, der Radius der Poren und das verwendete Polymer. Für Membranfilter bestimmter Porenweite liegen somit definierte Gasdrücke vor, um die benetzten Poren freidrücken zu können. Der hierfür notwendige und herstellerseitig mitgeteilte Druck wird als Bubble-Point-Druck, der Test als **Bubble-Point-Test** bezeichnet. Liegen größere Flächen-Systeme vor, so tritt bei entsprechender suspensionsseitiger Druckbeaufschlagung der Membranen unterhalb des Bubble-Point-Punktes bereits verstärkte Diffusion von Gasen auf. Ein exakter Bubble-Point-Punkt ist nicht mehr definierbar, da der erhöhte Gasdurchgang auch auf Beschädigungen der Membranen zurückgeführt werden könnte. Deshalb wird bei größeren Filtereinheiten der **Forward-Flow-Test** in Form des **Diffusions-** oder des **Druckhaltetests** durchgeführt. Beide Tests beziehen sich auf die definierbare und somit festliegende flächenabhängige Diffusionsrate. Der **Diffusionstest** erfaßt den diffundierten Gasstrom quantitativ und zeitabhängig auf der Sterilseite; beim **Druckhaltetest** wird der Druckabfall auf der Suspensionsseite zeitlich erfaßt. Kommt es zu zeitlich verstärktem Druckabfall, liegt keine Integrität das Filtersystems mehr vor. Nachteil des Diffusions- wie auch des Bubble-Point-Tests ist vor allem die Nicht-Erfasssung bzw. -Erkennung kleinerer Beschädigungen der Membran sowie der Eingriff bei einer Integritätsprüfung in die Sterilseite (16, 19-23).

Zur Dokumentation und Beurteilung der Integrität ist die präzise Erfassung der Prüfwerte notwendig. Für den Druckhaltetest bietet die Industrie elektronisch arbeitende Filtertestgeräte an, die sämtliche Schritte automatisch durchführen und protokollieren (24, 25).

Vielfach wird bei der EK-Filtration eine **Kombination** zwischen **Tiefenfilter** und **Membranfilter** vorgenommen. Das ist sowohl für die EK-Sicherheit wie auch für die Wirtschaftlichkeit sinnvoll. Der EK-Tiefenfilter übernimmt die entkeimende Filtration. Er besitzt hohes Aufnahmevermögen, ist mehrmals rückspülbar und dämpfbar. Der nachgeschaltete EK-Membranfilter, der aufgrund seiner Konstruktion bedeutend schneller erschöpft ist, dient lediglich als Sicherheitsfilter für den Tiefenfilter. Im Gegensatz zum Schichtenfilter darf er nur in Fließrichtung, zunächst mit kaltem, anschließend mit 50-60 °C heißem Wasser gespült werden, ohne daß es zu leistungsmindernden Eiweißausfällungen kommt. Liegt keine entkeimende Funktionstüchtigkeit des Tiefenfilters mehr vor, sichert der nachgeschaltete Membranfilter die Entkeimung. Im Gegensatz zum Tiefenfilter ist er jederzeit auf Integrität überprüfbar. Die Funktionsuntüchtigkeit des Tiefenfilters zeigt sich beim Membranfilter durch ansteigende Druckdifferenz an. Die Entkeimungssicherheit bleibt durch diese Filteranordnung bei vollständiger Ausnutzung des Tiefenfilters erhalten (4, 23, 26-30).

Tab. 8.2: Einsatzbereiche und technische Kenndaten von Seitz-Entkeimungsfiltern

Produkt	Filtertyp	Fließgeschwindigkeit		max. Druckdifferenz	Trenngrenze
		Filtration	Rückspülung*		
		l/m² Std.	l/m² Std.	bar	µm
Fruchtsäfte, Fruchtsaftgetränke	EK bzw. EK1 Schichten	525	825	1,5	0,4-0,6 bzw. 0,2-0,4
Limonaden, Sirupe	KS 50	525	825	2,5	0,5-0,8
Mineral-, Quell-, Tafel-, Prozeßwasser	EKS / Kerze	1000 / 1000	1500 / 1500	1,5 / 5,0	0,1-0,35 / 0,2
Weine weiß und rot	EK1 / Kerze	525 / 400	825 / 600	1,5 / 5,0	0,2-0,4/ 0,65 ; 0,45
weinhaltige Getränke	EK1 / Kerze	525 / 400	825 / 600	1,5 / 5,0	0,2-0,4/ 0,65 ; 0,45
Sekte	EK / Kerze	525 / 250	825 / 400	1,5 / 5,0	0,4-0,6/ 0,65 ; 0,8
Biere	EKB / Kerze	120 / 100	180 / 150	1,5 / 5,0	0,5-0,8/0,45

* Bei Membranfilterkerzen grundsätzlich Spülung in Fließrichtung, in Abhängigkeit der Wasserqualität evtl. auch bei Schichten

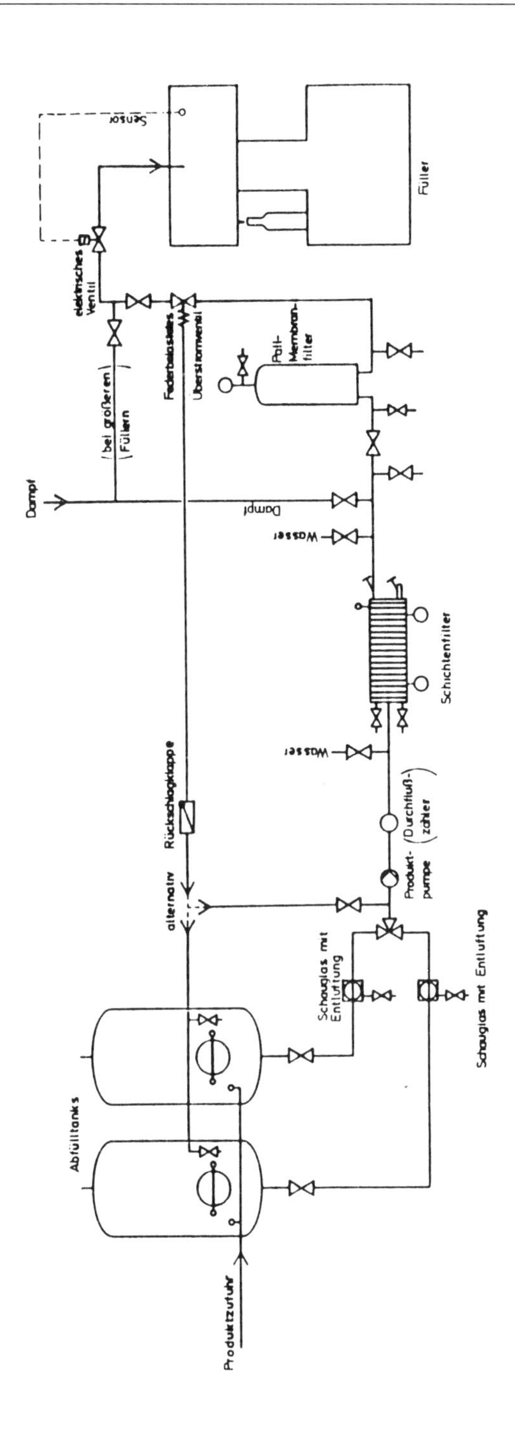

Abb. 8.2: Installationsbeispiel für eine Kombination EK-Tiefenfilter mit EK-Membranfilter (29)

8.1.1.2 Entkeimungsfiltration von Gasen

Die Entkeimung von Prozeßluft und -gasen ist in einigen sterilabhängigen Bereichen der Getränkeherstellung unabdingbare Forderung:

- beim Vorspannen, Füllen oder Leerdrücken von Puffer-, Lager- und Drucktanks,
- zur pneumatischen Förderung von Verschlüssen,
- zum Druckausgleich temperaturbedingter Volumenschwankungen in Tanks, Behältern usw.,
- beim Kaltblasen dampfsterilisierten Tankraumes zur Verhinderung eines Kondensationsvakuums,
- bei der Hefeanzucht und -vermehrung,
- zur Enteisenung von Mineral-, Quell- und Tafelwässern,
- zur Erzeugung und Aufrechterhaltung bestimmten Luftdruckes für Laminar-Flow-Systeme,
- beim Einblasen von Kohlenstoffdioxid in Korkmaschinen.

EK-Luftfilter für große Luftdurchsatzmengen werden als **Belüftungsfilter**, für kleine Mengen als **Beatmungsfilter**, bezeichnet. Beide Typen gibt es in Schichten- und in Kerzenform als Tiefen- und Membranfilter. Größere Bedeutung haben Membrankerzenfilter.

Die **Filtrationsmechanismen** unterscheiden sich teilweise gegenüber der Flüssigkeitsfiltration. Für die Luft- und Gasaufbereitung mittels Tiefenfilter besitzen direkte Tangentialberührung, Stoßberührung, Diffusion, elektrostatische Anziehung, Gravitation und Treffwirkungen Bedeutung. Ähnliche Mechanismen liegen auch bei Membranfiltern vor; jedoch steht bei ihnen der mechanische Siebvorgang im Vordergrund, so daß sie durch exaktere Abscheidecharakteristika gekennzeichnet sind (31, 32).

Verwendete Materialien für den **Filtermittelaufbau** sind Borosilikat, Polypropylen, Polytetrafluoraethylen, Zellulosenitrat, Edelstahl rostfrei u.a. Bei der Durchführung von Integritätstests ist zu beachten, daß hydrophobe Eigenschaften des Filtermittels in hydrophile geändert werden müssen, z.B. durch 60 %ige Isopropanol-Lösung. Hierzu sind die Angaben des Filterherstellers zu beachten. Sofern EK-Luftfilter mehrmals oder über einen längeren Zeitraum verwendet werden, müssen auch sie zwischenzeitlich sterilisiert werden. Zellulosenitratmembranen sind dafür jedoch nicht geeignet, da sie nur einmal sterilisiert werden können.

Sorgfältige Aufbereitung von Druckluft ist Voraussetzung für einen optimalen Entkeimungsprozeß, erreichbar durch aufeinander abgestimmte Stufenfiltrationen. Auf diesem Wege wird sie staub-, öl- und wasserfrei, bevor die eigentliche Entkeimung erfolgt (33-36).

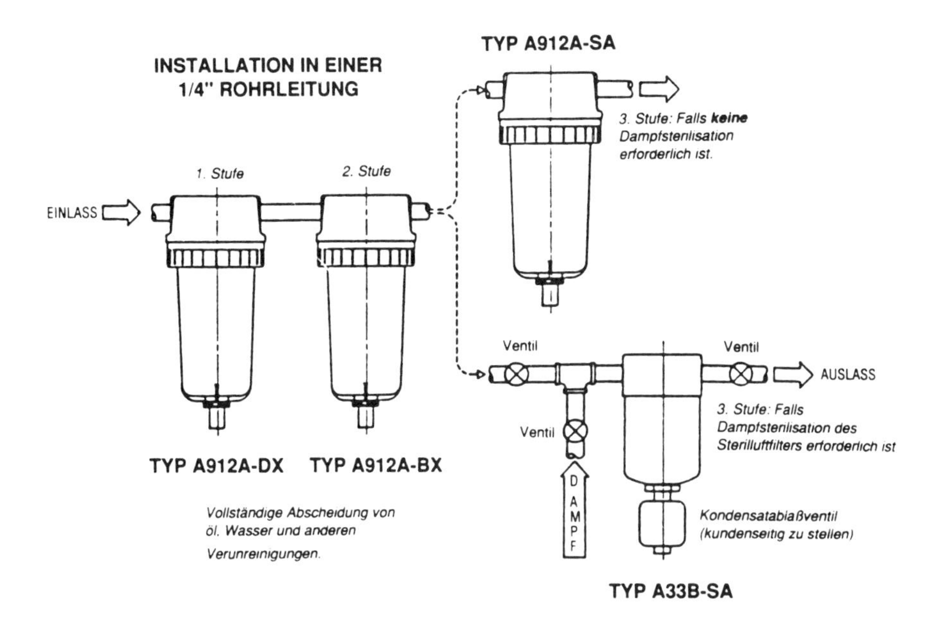

Abb. 8.3: Stufenfiltration zur Aufbereitung von Druckluft (Balston, Norderstedt) (49)

Besondere Bedeutung hat die Entkeimung von Luft bei der **aseptischen Füllung** gewonnen. Aseptisch bedeutet, daß auf physikalischem Wege haltbar gemachte Füllgüter steril kalt in vorsterilisierte Behältnisse abgefüllt und mit sterilen Verschlüssen verschlossen werden. Um Kontaminationen aus der Umgebungsluft zu verhindern, werden die gefährdeten Füllbereiche durch Installation integrierter Reinraumkammern nach außen hin abgeschirmt. Ein Eindringen von Mikroorganismen wird durch entkeimte Luft, die einen leichten Überdruck zur Außenatmosphäre besitzt, verhindert (Laminar-Air-Flow). Vor Beginn einer Füllung bzw. nach Füllunterbrechungen mit Eingriff in die Reinraumkammer/-bereich erfolgt Sterilisation mit Dampf oder sterilisierenden Flüssigkeiten. Die Anforderungen an reinraumtechnische Anlagen sind nach der VDI-Richtlinie 2083, Blatt 1, genormt (37).

Zunehmend finden im Bereich der **aseptischen Einlagerung** EK-Filter Einsatz. Wurde bisher die Sterilität in Behältern über Gärrohre, gefüllt mit einem Sterilisationsmittel wie z.B. Schwefelsäure, aufrecht erhalten, so werden heute Kombinationen zwischen Gärrohr und **Tankwächter**, einem EK-Luftfilter, vorgenommen. Ein Durchschlagen größerer Luftblasen mit evtl. eingeschlossenen Mikroorganismen und der damit verbundenen Gefahr erneuter Produktkontamination liegt somit nicht mehr vor.

Im Zuge dieser Anordnung sind keine sterilisierenden Flüssigkeiten als Sperrflüssigkeiten mehr notwendig. Die Flüssigkeitssäule dient nur noch der Gärkontrolle. Die Luftdurchsatzleistungen dieser mehrmals sterilisierbaren Tankwächter sind jedoch bei zeitlich größeren Produktentnahmen zu beachten, um Unterdruckverhältnisse in den Behältern zu entgegnen.

8.1.2 Haltbarmachung durch thermische Verfahren

Unter den physikalischen Konservierungsmethoden besitzen thermische Verfahren die gößte Bedeutung. Der Gesetzgeber legt den Anwendern dieser Verfahren keine Beschränkungen auf, soweit diese getränkeschonend eingesetzt werden. Das bedeutet, daß wichtige Inhaltsstoffe wie auch sensorische Eigenschaften nur insoweit zerstört bzw. verändert werden dürfen, wie es nach dem jeweiligen Stand der Technik nicht zu verhindern ist. Die thermische Konservierung kann über Zufuhr oder Entzug von Wärme erreicht werden. Die thermisch herbeigeführte Konzentration soll unter dem Kapitel — Einlagerungsverfahren — eingeordnet werden, da sie vordergründig der volumetrischen Einengung dient.

8.1.2.1 Einsatz von Wärme

Die **Pasteurisation** und die **Sterilisation** sind mit Abstand die bedeutendsten thermischen Haltbarmachungsverfahren. Alleiniger Unterschied beider Verfahren liegt im angewandten Temperaturbereich. Pasteurisationsverfahren werden unterhalb 100 °C durchgeführt, Sterilisationsverfahren darüber. Welches der beiden Verfahren eingesetzt wird, ist eine Frage der Zusammensetzung des jeweiligen Getränkes und des mikrobiologischen Abtötungseffekts, der erzielt werden soll.

Entscheidend ist vor allem der **pH-Wert**. Von ihm ist u.a. die Vermehrungstätigkeit bestimmter Mikroorganismenarten abhängig. Pasteurisationsverfahren werden i.d.R. bei Getränke-pH-Werten unter ~ 4,5, Sterilisationsverfahren darüber eingesetzt. Der Grund ist u.a. in gefährlichen Toxinbildnern wie *Clostridium botulinum* zu sehen. Sporen dieses Bakteriums werden unter Pasteurisationsbedingungen nicht abgetötet. Auch unterhalb von pH 4,5 sind die möglichen Pasteurisationsbedingungen nicht ausreichend, um eine Abtötung von Bakteriensporen herbeizuführen. Auch andere pathogene Keime sind bei pH-Werten unter 4,5 nicht zur Vermehrung befähigt. Hefen, Schimmelpilze und säurebildende Bakterien werden dagegen kaum bzw. nicht behindert. Sie lassen sich aber i.d.R. schon durch Pasteurisation abtöten. Der Abtötungseffekt wird durch niedrige pH-Werte und weitere **Summationsfaktoren** wie Alkohol, CO_2, Säuren u.a. verstärkt. Dagegen steigern Trub, hochmolekulare Substanzen wie Pektine und Proteine u.a. die Hitzeresistenz. Der Abtötungseffekt ist nicht nur von der Art sondern auch von der **Anzahl der Mikroorganismen** abhängig. Mikroorganismen werden nämlich nicht schlagartig abgetötet, sondern die Abtötung erfolgt logarithmisch; in gleichen Zeitabschnitten werden bei gleicher Temperatur gleiche prozentuale Anteile der jeweils noch lebenden Mikroorganismenart abgetötet. Als Meßgröße für die Hitzeresistenz oder für den Abtötungserfolg ist der **D-Wert** (dezimale Reduktionszeit) definiert worden. Er besagt, daß in einer bestimmten Zeit (min) unter bestimmten Bedingungen die Abtötung einer bestimmten Population um den Faktor 10 (entsprechend 90 %; eine Zehnerpotenz) erfolgt. Das bedeutet, daß 100 %ige Sterilität nicht erreichbar ist, weil zumindest theoretisch immer Mikroorganismen am Leben bleiben. Daher spielt unter diesen Aspekten das Füllvolumen eine entscheidende Rolle.

Da der D-Wert keine Aussage über die Auswirkung von Temperaturänderungen macht, ist der **z-Wert** eingeführt worden. Er gibt die Temperatur in °C an, die notwendig ist, den D-Wert um den Faktor 10 zu verkürzen bzw. den D-Wert auf 1/10 zu reduzieren. Von Interesse ist auch die Frage, wann bei einer bestimmten Temperatur alle vorhandenen Keime abgetötet sind. Der resultierende Wert wird als **F-Wert** bezeichnet und in min. angegeben. Als **F_0-Wert** wird der standardisierte Wert für die Sterilisationszeit bei 121 °C angegeben. $F_0 = 2$ bedeutet beispielsweise die Abtötung aller Keime innerhalb von 2 min. bei 121 °C (38, 39).

Durch **Sterilisation** kann die Abtötung aller Keime und Sporen sowie die Inaktivierung von Enzymen erreicht werden. Da aber immer ein Restrisiko aufgrund der aufgezeigten Absterberate bestehen bleibt — auch die Hitzeempfindlichkeit der Getränke ist zu beachten — wird die **praktische Sterilität** angestrebt. Darunter wird eine Behandlung eines Getränkes verstanden, die die Abtötung aller vermehrungsfähigen Mikroorganismen gewährleistet. Da auch Enzyme starke Produktveränderungen verursachen können, sind auch sie mit einzuschließen (40).

Getränke mit einem pH-Wert $< 4{,}5$ werden in der Regel pasteurisiert. Die Temperaturen liegen bei entsprechender Heißhaltezeit unter 100 °C. Als Meßgröße für den Pasteurisationseffekt ist die Pasteurisationseinheit (P.E.) eingeführt worden. Für Bier gilt bei einer Bezugstemperatur von 60 °C folgende Beziehung:

$$P.E. = Z \times 1{,}393^{(t-60)}$$

$$\text{Pasteurisationseinheiten} = \text{Heißhaltezeit (min)} \times 1{,}393^{(\text{Past.Zeit}-60)}$$

Demnach resultiert 1 P.E. aus einer Haltezeit von 1 min. bei 60 °C.

Für alkoholfreie Getränke gilt:

$$P.E. = Z \times 1{,}393^{(t-80)}$$

1 P.E. entspricht einer Heißhaltezeit von 1 min. bei 80 °C.

Eine Verdoppelung der Einwirkzeit führt nur zu einer Verdoppelung der P.E.; die Erhöhung der Temperatur ergibt dagegen einen exponentiellen Anstieg der P.E.

Erforderlich sind für **Biere** 20-30 P.E., für **Fruchtsäfte** mind. 5 P.E. Für die Bierpasteurisation sind Mindesttemperaturen von 62 °C , für Fruchtsäfte von 74 °C bei Heißhaltezeiten von 15 sec. erforderlich (39).

Auf dem alkoholfreien Getränkesektor hat sich das Arbeiten mit Pasteurisationseinheiten kaum durchsetzen können. Hier spielen Erfahrungswerte die entscheidende Rolle.

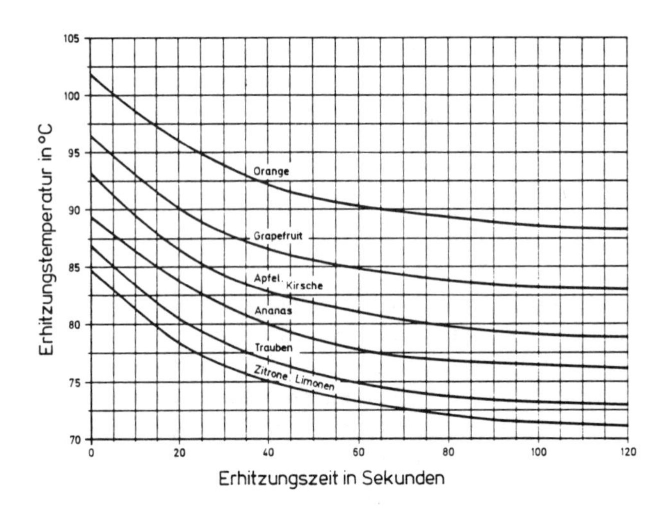

Abb. 8.4: Pasteurisationsbedingungen für einige Fruchtsäfte (41)

8.1.2.2 Einsatz von Kälte

Auch der Wärmeentzug kann zur mikrobiologischen Stabilität von Getränken beitragen. Einheitliche Temperaturgrenzen, wann Mikroorganismen ihre Lebenstätigkeit einstellen bzw. sie abgetötet werden, sind nicht gegeben. Erfahrungen zeigen, daß sich Bakterien und Pilze unterhalb -12 °C im allgemeinen nicht mehr vermehren, was auf Wassereisbildung in der Zelle und dem damit verbundenem Konzentrationsanstieg der Restzellflüssigkeit zurückzuführen ist. Ferner treten Schädigungen der Enzymeiweißstrukturen ein. Die Absterberate vegetativer Keime beträgt über die Zeit nur 60-90 %. Äußerst widerstandsfähig, selbst gegenüber tiefen Temperaturen, sind Sporen. Es ist deshalb nicht möglich, getränkesterile Produkte zu erhalten. Darauf hinzuweisen ist aber, daß lebensmittelvergiftende Bakterien im pH-Wert höher liegender Getränke, wie in einigen Gemüsesäften, vorkommen können. Unterhalb von 3 °C sind sie nicht mehr entwicklungsfähig. Das betrifft vor allem Toxinbildner wie *Clostridium botulinum.* Gebildete Toxine werden dagegen nicht verändert. — Vorsicht ist beim Auftauen wegen der Gefahr hoher Keimvermehrungsraten geboten; schnelle Weiterverarbeitung solcher Produkte ist daher angezeigt. — Speziell Orangensaftkonzentrate kommen tiefgefroren mit -18 bis -20 °C in den Handel.

8.1.3 Einsatz energiereicher Strahlung

Der Einsatz energiereicher Strahlung zur Haltbarmachung hat bisher kaum Bedeutung gewonnen. Lediglich die Ultraviolett-Bestrahlung (UV-) macht eine Ausnahme, die zur Desinfizierung nach der Lebensmittel-Bestrahlungs-VO für **Trinkwasser**, nach der Mineral- und Tafelwasser-VO für **Tafelwasser** und nach der Trinkwasser-VO für **Wasser**, d.h. auch für **Betriebswasser** zugelassen ist. Ferner wird die UV-Bestrahlung zur Entkeimung von **Luft** sowie von **Kunststoffbehältern** vor der Befüllung eingesetzt.

Desinfektion heißt, daß sämtliche Krankheitserreger abgetötet werden ohne daß Sterilität erreicht werden muß. Wellenlängen von 265 nm wirken auf die meisten Mikroorganismen mikrobizid, die von 254 nm am besten auf *Escherichia coli*. Keimabtötende Wirkungen können aber nur erzielt werden, wenn das geringe Durchdringungsvermögen der UV-Strahlen nicht behindert wird. Das ist weitgehend bei transparenten Flüssigkeiten sowie von Schmutz befreiten Oberflächen der Fall. — Zur Erzeugung der UV-Strahlung werden Quecksilber-Nieder-, -Mittel- und -Hochdruckstrahler eingesetzt, die aufgrund besserer Durchlässigkeit für UV-Strahlen mit Quarzröhren ausgerüstet sind.

In der Wasseraufbereitung liegt einwandfreie Funktionstüchtigkeit der Röhren nur dann vor, wenn keine Belagsbildung durch Wasserinhaltsstoffe vorliegt. In gewissen Zeitabständen ist deshalb je nach Wasserqualität eine chemische oder mechanische Reinigung notwendig (42).

Die **Wirklung der UV-Stahlen** beruht auf ihrer Absorption durch Proteine und Nucleinsäuren der Mikroorganismen; gewisse Bedeutung besitzt ferner die Bildung von Radikalen. Da auch Wasserinhaltsstoffe wie u.a. dreiwertiges Eisen und allgemein organische Stoffe absorptiv wirken, geht dieser Strahlungsanteil für die Desinfektion verloren. Entscheidend ist für die Wirkung auf Mikroorganismen der nicht gestörte Strahlendurchgang. Der sog. **Transmissionswert** ist entscheidend, der aber im Zusammenhang mit der Strahlendosis zu sehen ist.

Wässer müssen auf **UV-Eignung** überprüft werden (spektraler Absorptionskoeffizient nach DIN 38404, Teil 3). So sind bei festgelegter Wasserschichtdicke der Stofftyp und dessen Konzentration für die UV-Durchlässigkeit bestimmend. Für den Abtötungseffekt der Mikroorganismen ist die **Bestrahlungsdosis** ausschlaggebend. Sie setzt sich aus Bestrahlungszeit und Bestrahlungsstärke zusammen. Viren benötigen zur Abtötung niedrigere Bestrahlungsdosen; Hefen, Pilze und Sporen teilweise stark erhöhte. Eine Übersicht über getränkeschädigende Mikroorganismen und deren UV-Empfindlichkeit gibt OLIVER-DAUMEN (43) an.

8.2 Haltbarmachung durch Konservierungsstoffe

Der Schutz von Getränken vor mikrobiellem Verderb kann auch durch Konservierungsstoffe (KoSt) erreicht werden. Die Wirkungsmechanismen der KoSt sind unterschiedlich.

8.2.1 Natürliche Konservierung

Natürliche KoSt sind naturgegeben. Sie entstammen entweder Gärprozessen wie Alkohole, Säuren, Kohlenstoffdioxid u.a., oder es sind fruchteigene Substanzen wie das Tomatidin in Tomaten, das D-Limonen in Citrusfrüchten, die Sorbinsäure in Preiselbeeren und der bei der Bierherstellung verwendete Hopfen mit seinen α- und β-Säuren. Da in jedem Falle letztlich die Konzentration der antimikrobiell wirkenden Stoffe entscheidend ist , kann bei ihnen allenfalls von mikrobistatischen (vermehrungshemmenden) Einflüssen ausgegangen werden. Grundsätzlich ist aber die mikrobistatische und mikrobizide (abtötende) Wirkung um so besser, je mehr Einzelfaktoren als **Summationsfaktoren** zusammenwirken. So gelten **durchgegorene Weine** mit Restzuckergehalten $<$ 4 g/l bei niedrigem pH-Wert, vorhandener freier SO_2, bei Abwesenheit von Sauerstoff und möglichst niedriger Lagertemperatur als mikrobiologisch weitgehend ungefährdet. **Schaumweine, Sekte und Perlweine** erfahren außerdem erhöhten Schutz durch die mikrobistatisch wirkende Kohlensäure, so daß bei diesen alkoholhaltigen Getränken aufgrund der Summationswirkung aller vermehrungshemmenden Inhaltsstoffe sogar Hefegehalte von 300 pro 0,7 l Flasche i.d.R. keine Gefahr bedeuten. Gleiche Keimgehalte können auch bei durchgegorenen Weinen vorliegen ohne daß die grundsätzliche Gefahr einer Nachgärung besteht. Um erhöhte Sicherheit bzw. generelle mikrobiologische Stabilität zu erreichen, ist u.U. die Zugabe natürlich wirkender Konservierungstoffe in Getränken möglich. So wird beispielsweise **Süßweinen** und **Mistellen** Alkohol zugesetzt, so daß durch Summationswirkung ab ca. 16 % vol. mikrobieller Schutz vorliegt. **Liköre** wie Eierliköre u.a. erfahren bereits Stabilität ab 14 % vol. Alkohol bei Zuckergehalten von

100 g/l. Der erlaubte Milchsäurezusatz von max. 3 g/l zu **Apfel-, Birnen-, Erdbeer- und Hagebuttenweinen** unterstützt die Summationswirkung. Mikrobistatische Wirkungen sind jedoch allein durch diese Zusätze nicht zu erwarten. Gleiches gilt auch für begrenzt erlaubte Aufsäuerung von **Fruchtsäften, Fruchtnektaren und Fruchtsirupen**. Selbst die rechtlich mögliche und quantitativ nicht begrenzte Zugabe von Genußsäuren zu **Gemüsesäften sowie Gemüsetrunks** ist nicht ausreichend, da als begrenzender Faktor die Sensorik zu berücksichtigen ist (44, 45).

8.2.2 Einsatz chemischer Konservierungsstoffe

Der Einsatz chemischer Konservierungsstoffe (cKoSt) ist gesetzlich geregelt und auf wenige verkehrsfähige Getränke-Vorprodukte beschränkt. Im Sinne des Gesetzes gelten cKoSt als Zusatzstoffe. Die Verwendung cKoSt erfordert die Beachtung folgender Hinweise:

- **pH-Wert:** In den meisten Fällen wirkt nur der undissozierte Anteil eines cKoSt. Daher ist die Wirkung umso besser, je tiefer der pH-Wert liegt bzw. ein Effekt überhaupt erst eintritt.
- **Konzentration:** Je höher, desto besser die Wirkung. Bei einigen cKoSt liegt begrenzte Löslichkeit vor. Häufig finden chemische Reaktionen mit Getränkeinhaltsstoffen statt, was zu Konzentrationsverlusten und damit zu verminderter Effektivität führt.
- **Wirkungsbereich:** Selten sind Erfolge gegenüber allen Mikroorganismen möglich. Daher erscheint es häufig sinnvoll, gleichzeitig mehrere cKoSt einzusetzen, um möglichst breite Wirkungen zu erzielen.
- **Wirkungszeit:** Die Wirkung ist entweder nur vorübergehend oder langfristig.

Die Verordnung zur Ausführung des Weingesetzes erlaubt in der **Weinbereitung** SO_2-Zusätze in folgenden Formen:

- Fester, elementarer Schwefel, — reine, mindestens 5 %ige wässrige SO_2-Lösung —
- Kaliumpyrosulfit, auch mit begrenztem Tanninanteil, — reines gasförmiges SO_2

Die Höchstmengen sind festgelegt, so daß grundsätzlich mikrobistatische wie auch mikrobizide Wirkungen nicht erreicht werden können. Der Effekt ist pH-Wert abhängig und auf die undissoziierte, d.h. freie SO_2 zurückzuführen. Je niedriger er ist, desto besser ist die Wirkung. Bakterien und Schimmelpilze reagieren auf SO_2 äußerst empfindlich. Gegenüber Hefen ist die Wirkung gut, aber abhängig vom Entwicklungsstadium und der Rasse. Um erhöhten Schutz zu erzielen, wird in der **Weinfüllung** gelegentlich eine Kombination mit Sorbinsäure vorgenommen. Eine scharfe, wenn nicht sogar EK-Filtration des Füllweines bleibt jedoch für einen langfristigen Erfolg Voraussetzung (44).

Tab. 8.3: Gesamtschwefeldioxidgehalte für Weine nach der VO (EWG) Nr. 822/87 sowie für Qualitätsschaumweine b.A. und Sekte nach der VO (EWG) 2332/92 zum Zeitpunkt des Inverkehrbringens

mit Restzuckergehalten	> 5 g/l		< 5 g/l	
	Rotwein	Weißwein Roséwein	Rotwein	Weißwein Roséwein
	< 210 mg/l	< 260 mg/l	< 160 mg/l	< 210 mg/l
Spätlese	< 300 mg/l			
Auslese	< 350 mg/l			
Beerenauslese	< 400 mg/l			
Trockenbeerenauslese	< 400 mg/l			
Eiswein	< 400 mg/l			
Schaumwein	< 235 mg/l		freie SO_2 < 50 mg/l	
Qualitätsschaumwein	< 185 mg/l		freie SO_2 < 35 mg/l	
Qualitätsschaumwein b.A.	< 185 mg/l		freie SO_2 < 35 mg/l	
Sekt	< 185 mg/l		freie SO_2 < 35 mg/l	
Sekt b.A.	< 185 mg/l		freie SO_2 < 35 mg/l	

Sorbinsäurezusätze sind im **Wein, weinähnlichen Getränken** und bei der Herstellung von **Schaumwein ähnlichen Getränken** bis zu 200 mg/l möglich (siehe Kap. 6.6.2.1); aus praktischen Gründen wird aber Kaliumsorbat (= max. 268 mg/l) wegen besserer Löslichkeit verwendet. Generelle Konservierung ist mit dieser Menge nicht möglich, wohl aber Schutz vor erneut eintretender Gärung, sofern scharf vorfiltriert wurde. Hefen werden unterdrückt, gegen Bakterien ist selbst die max. zulässige Menge nicht ausreichend. Deshalb ist eine Kombination mit 20-40 mg/l freier SO_2 notwendig, um vor allem gegenüber Milchsäurebakterien Schutz zu erreichen. Nicht mehr vorliegender SO_2-Schutz führt häufig zur Entstehung des sog. Geranientones (siehe Kap. 6.6.21). — Ebenso kann Sorbinsäure zur Einlagerung von **Süßreserven** verwendet werden, aber mit höheren Sorbinsäure- und SO_2-Gaben. **Traubenmoste und Süßreserven** dürfen zwecks Konservierung „stumm"-geschwefelt werden. Mengen zwischen 1500-2000 mg/l SO_2 sind notwendig. Zum Zwecke des Inverkehrbringens ist die Entschwefelung durch physikalische Verfahren erlaubt. **Traubensäfte** dürfen nach der Zusatzstoffzulassungs-VO (ZZVO) Anlage 4, Liste B, bis 10 mg/l freie SO_2 enthalten. Die Wirkung dieser geringen Menge hat keine Bedeutung. Nach der gleichen Liste können Schwefeldioxid und Schwefeldioxid entwickelnde Stoffe für **Zitrussäfte** und **konzentrierte Zitrussäfte**, die zur gewerbemäßigen Weiterverarbeitung bestimmt sind, versetzt werden. **Alkoholfreie Weine** dürfen hiernach mit 120 mg/l behandelt werden. Die ZZVO, Anlage 3, Liste B läßt bestimmte Konservierungsstoffe für nicht an den Endverbraucher bestimmte Vorprodukte zu, wie aus Tab. 8.4, S. 299 hervorgeht.

Tab. 8.4: Konservierungsstoffe für bestimmte Produkte, zugelassen nach der ZZVO

A: Sorbinsäure **B:** Benzoesäure **C:** Ameisensäure	Höchstmengen an Konservierungsstoffen in g/kg **A**	 **B**	 **C**
Obstpülpen, Obstmark und Früchte zur Weiterverarbeitung in der Süßwaren- und Getränkewirtschaft	2,0		4,0
Fruchtsäfte und konzentrierte Fruchtsäfte bis zu einem spezifischen Gewicht von 1,33 zur gewerbsmäßigen Weiterverarbeitung, ausgenommen solche zur Herstellung von zur Abgabe an den Verbraucher bestimmten Fruchtsäften, konzentrierten Fruchtsäften oder Fruchtnektaren	2,0	1,0	4,0
Ansätze und Grundstoffe für alkoholfreie, mit Fruchtsaft hergestellte Getränke sowie für Limonaden, Brausen, künstliche Heiß- und Kaltgetränke	1,0	1,0	4,0

Der § 3 der ZZVO erlaubt „für **fruchtsafthaltige Erfrischungsgetränke, Limonaden und Brausen**, ausgenommen Erzeugnisse, die klar und kohlensäurehaltig sind", und für **entalkoholisierten Wein** als Zusatzstoff max. 250 mg/l Dimethyldicarbonat (DMDC; Handelsname Velcorin®) (siehe Kap. 6.6.2.2). DMDC dient nur der vorübergehenden Konservierung. Bei Abgabe der Getränke an den Verbraucher darf DMDC nicht mehr vorhanden sein. Bedeutung besitzt daher das DMDC nur zum Zeitpunkt der Füllung keimarmer Produkte (46). — **Koffeinhaltige Erfrischungsgetränke** dürfen nach der ZZVO, Anlage 2 mit max. 700 mg/kg Orthophosphorsäure konserviert werden (45).

8.3 Füllverfahren

Getränke können eingelagert oder abgefüllt werden. In jedem Falle besteht die Notwendigkeit, Veränderungen durch mikrobiologische Vorgänge zu unterbinden. Aufgabe eines Füllverfahrens ist es, Getränke bzw. Getränkeprodukte so in Fertigpackungen (Füllbehältnis + Verschluß) abzufüllen und zu verschließen, daß mikrobiologische Veränderungen nicht mehr eintreten können.

Möglich ist die Kalt-, Warm-, oder Heißabfüllung. Warm- und Heißabfüllungen haben den Vorteil, daß eine Vorsterilisation der Fertigpackungen nicht notwendig ist. Da aber die zeitliche Temperaturbelastung auch vom Keimgehalt der Fertigpackungen abhängig ist, sollten diese möglichst keimarm in den Füllprozeß eingebracht werden (Flaschenreinigungsmaschine, Rinser).

8.3.1 Kaltfüllverfahren

Bei diesen Verfahren erfolgt die Abfüllung der Getränke im kalten Zustand. Entweder liegen bereits mikrobiologisch haltbar gemachte Getränke vor, oder die Konservierung erfolgt erst nach der Abfüllung. Bei erstgenannter Möglichkeit müssen sämtliche produktberührenden Teile, die der Pasteurisation oder der EK-Filtration nachgeschaltet sind, sterilisiert sein. Dies betrifft auch die Fertigpackungen. Die Sterilisation der Anlageteile erfolgt mit Sattdampf oder sterilisierenden Flüssigkeiten. Die Behandlung der Fertigpackungen zeigt Tab. 8.5, S. 301. Bei zweitgenannter Möglichkeit gelangt das möglichst keimarme unsterile Produkt in unsterile Fertigpackungen, wird mit unsterilen Verschlüssen verschlossen und wird erst jetzt durch Wärmeeinwirkung haltbar gemacht. — Von den beiden genannten Möglichkeiten ist die Abfüllung mit Hilfe chemisch wirkender Konservierungsstoffe abzugrenzen. Der erzielbare Konservierungseffekt setzt weder ein haltbar gemachtes Produkt noch sterile Fertigpackungen voraus. Es ist aber grundsätzlich so keimarm wie möglich zu arbeiten.

	Haltbarmachungsverfahren	Produkte	Gerätschaften	Sterilisation	
				Gerätschaften, Leitungen	**Fertigpackungen**
	vor der Füllung				
1	EK-Filtration	Weine, weinhaltige Getränke, Säfte (klar), Biere (klar), (Wässer)	EK-Schichtenfilter EK-Membranfilter EK-Modulfilter	am besten geeignet: - Sattdampf 115 °C ferner: - heißes Wasser ca. 95 °C - konfektionierte Desinfektionsmittel - schweflige Säure 1 %ig Achtung: für Schläuche sind ungeeignet: Sattdampf und Desinfektionsmittel auf Chlorbasis	**Hitzesterilisation:** - Sattdampf 115 °C, - überhitzter Dampf $<$ 200 °C, - Heißluft ca. 180 °C **chemische Sterilisation:** - schweflige Säure ca. 2 %ig, - Wasserstoffperoxid 15-35 %ig, 65-80 °C, - Ozon $<$ 0,3 mg/l, - konfekt. Desinfektionsmittel **energiereiche Strahlen:** - Gammastrahlen ca. 1,5 Mrad. - UV-C-Strahlen ca. 254 nm **Verschlüsse:** Kork $<$ 1 %ig SO_2 - Metall Sattdampf 15 sec. 150 °C, - Kunststoff ebenso Sattdampf u. UV
2	Pasteurisation	alle Getränke unter pH 4,5, außer Wässer	Platten-, Röhren-, Spiral-, Schabenwärmeaustauscher	i.d.R. Sattdampf 115 °C heißes Wasser ca. 95 °C	siehe 1
3	Sterilisation	alle Getränke über pH 4,5	siehe unter 2, Direktdampfinjektor	Sattdampf ca. 115 °C, überhitzter Dampf bis 134 °C	siehe 1 Anm.: unübliches Verfahren
4	Verfahren 1 oder 2 unter Zugabe von Sorbinsäure	Weine, ferner siehe Tab. 8.4 (S. 299)	siehe 1 und 2, Dosiereinrichtung	empfehlenswert; siehe 1	empfehlenswert; siehe 1 Rinser
5	Verfahren (1) oder 2 unter Zugabe von DMDC	Fruchtsaftgetränke, CO_2-haltige und alkoholfreie Getränke, Nektare	siehe 4	empfehlenswert; siehe 1	empfehlenswert; siehe 1
	nach der Füllung				
6	Pasteurisation	siehe 2	Tunnel-, Kammerpasteur	nicht notwendig, aber empfehlenswert	nicht notwendig; Keimabtötung über Produkt
7	Sterilisation	siehe 3	Kammer-, Turmautoklav	siehe 6	siehe 6
8	keimarme Füllung unter Zugabe von Sorbinsäure	Weine, weinhaltige Getränke	Feinklärschichten, -membranen, -module	siehe 6	nicht notwendig, aber empfehlenswert
9	Einsatz von Konservierungsstoffen	siehe 8.2.2	Dosiereinrichtung	siehe 6	siehe 8

Tab. 8.5: Kaltfüllverfahren im Überblick

8.3.2 Warmfüllverfahren

Mikrobiologisch gefährdete restsüße Weine können warm in Fertigpackungen abgefüllt werden. Abfülltemperaturen zwischen 50 und 55 °C sind bei einigen Minuten Warmhaltezeit ausreichend, um mikrobiologische Stabilität zu erreichen. Die kurzfristige mäßige Erwärmung des Weines ist aufgrund des antimikrobiellen Summationseffektes von Alkohol, Säuren, niedrigem pH-Wert u.a. ausreichend. Der niedrige pH-Wert bewirkt, daß Hefen und Bakterien abgetötet werden. Die abgefüllten Weine sollten nach erfolgter Wärmeeinwirkung möglichst schnell unter 40 °C abgekühlt werden, um negative Geschmacksveränderungen zu vermeiden.

8.3.3 Heißfüllverfahren

Hierunter werden Füllverfahren verstanden, deren Temperaturen oberhalb ca. 60 °C und unterhalb 100 °C liegen. Sofern Getränke aus mikrobilogischen Gründen auf über 100 °C erhitzt werden müssen, sind sie zum Füllzeitpunkt unter 100 °C zurückzukühlen, um Verpuffungseffekte beim Abziehen der Füllventile zu verhindern. Ebenso wie beim Warmfüllverfahren erfolgt die Abtötung getränkeschädigender Mikroorganismen in den Fertigpackungen durch das heiße Produkt. Es empfiehlt sich, möglichst randvoll zu füllen, um den Kopfraum und Verschluß über die wirksame flüssige Phase zu erfassen. Kann diese Forderung nicht erfüllt werden, ist die Integration eines Flaschenwenders vorzusehen. Die Fertigpackungen werden nach evtl. kurzer Heißhaltezeit schnell auf Raumtemperaturen zurückgekühlt, um geschmacklichen Veränderungen, z.B. durch Maillard-Reaktionen verursacht, zu entgehen. Heißfüllverfahren sind nur bei kohlenstoffdioxidfreien Getränken möglich.

Tab. 8.6: Produktabhängige Anhaltswerte für Heißfüllverfahren

Produkt	Pasteurisations-temperatur	Heißhaltezeiten Pasteur	Abfülltemperatur
klare Säfte, Nektare	80 °C - 95 °C	15 sec. - 20 sec.	ca. 80 °C
Säfte, fruchtfleischhaltig	85 °C - 95 °C Orangensäfte frisch 115 °C	1 - 3 min. 15 sec.	ca. 85 °C
Nektare, fruchtfleischhaltig	105 °C	30 - 40 sec.	ca. 85 °C
Gemüsesäfte, je nach pH	110 °C - 135 °C	30 sec. - 5 min.	ca. 95 °C

8.4 Einlagerungsverfahren

Die Lagerung mikrobiologisch gefährdeter Getränke bzw. deren Vorprodukte in Großbehältern erfordert Einlagerungsverfahren. Sie müssen imstande sein, u.a. mikrobiologisch verursachte Veränderungen der eingelagerten Produkte zu unterbinden. Erreichbar ist dies durch **entkeimende Filtration**, durch Einsatz von **Zusatzstoffen** oder durch Einlagerung bereits **thermisch vorbehandelter Produkte**. Die **Heißeinlagerung** ist aus qualitativer Sicht abzulehnen.

8.4.1 Sicherheit durch entkeimende Filtrationen

Diese als kaltsteril — im Sinne von getränkesteril — bezeichnete Einlagerung wird über EK-Filter vorgenommen und ist nur bei klaren, scharf vorfiltrierten Produkten möglich. Die Vorfiltration schließt auch die starke Reduzierung von Mikroorganismen ein. Enzyme können kaum erfaßt werden, so daß deren Tätigkeit durch sonstige Schutzmaßnahmen unterbunden werden muß. Möglich erscheint die Zugabe konservierender Stoffe, wie beispielsweise SO_2 oder das Fernhalten notwendiger Enzymreaktionspartner. Zu nennen wäre u.a. Sauerstoff, dessen Einfluß durch Einbringung inerter Gase reduziert werden kann. Gewisse Bedeutung hat die kaltsterile Einlagerung im Bereich derjenigen alkoholischen Produkte erlangt, deren Alkoholgehalt für konservierende Wirkungen noch nicht ausreichend sind.

Der Einlagerungsvorgang erfolgt über sterilisierte EK-Filter und Produktleitungen in vorsterilisierte Behälter. Die Sterilisierung wird durch Dampf (Kap. 8.4.3.1) oder Desinfektionsmittel nach Herstellerangabe erreicht (Kap. 8.5).

8.4.2 Sicherheit durch Zusatzstoffe

Die **Zusatzstoffe** Kohlendioxid (CO_2) sowie Schwefeldioxid (SO_2) erbringen nur mikrobistatische Sicherheit und sind daher als Mittel zur vorübergehenden Haltbarmachung anzusehen. Beide Möglichkeiten besitzen nur eine untergeordnete Bedeutung, sofern von **Süßreserven** und **Traubensäften** abgesehen wird.

8.4.2.1 Einsatz von Kohlenstoffdioxid

Vorübergehende Sicherheit vor mikrobiellem Verderb kann durch CO_2 erreicht werden, sofern Gasmengen von über 15 g/l im Produkt gelöst vorliegen (BÖHI-Verfahren). Während Schimmelpilze und Hefen unter dem gegebenen Sättigungsdruck ihre Vermehrung einstellen, werden Bakterien kaum gehemmt. Dies kann zur Bildung des sog. „Tankgeschmacks" führen, hervorgerufen durch bakterielle Stoffwechselprodukte wie Diacetyl, Acetoin u.a. Für den Qualitätserhalt erscheint es daher sinnvoll, die Behälter vor der Einlagerung zu sterilisieren. Erfolgt diese Einlagerung über entkeimende Filtration mit anschließender CO_2-Sättigung, wird vom Seitz-BÖHI-Verfahren gesprochen. Es ist nur bei klaren Produkten anwendbar; Enzyme werden kaum erfaßt. Wegen dieser Einschränkung und aufgrund der Forderung nach Vorhandensein von Drucktanks und Imprägniereinrichtungen hat sich dieses Verfahren kaum durchsetzen können.

8.4.2.2 Einsatz von Schwefeldioxid

SO_2 wird zur vorübergehenden Konservierung von Süßreserven und Traubensäften eingesetzt. Die Dosagemengen bewegen sich je nach pH-Wert zwischen 1500 mg/l bei säurereichen bis 2000 mg/l bei säureärmeren Produkten. Die Zugabe erfolgt über Dosagegeräte aus Stahlflaschen, in denen das SO_2 zunächst in verflüssigter Form vorliegt. Die Vergasung erfolgt nach Druckentlastung im Produkt. Kaliumpyrosulfit ist nicht geeignet. Während der Lagerung ist Luftzutritt zu vermeiden, da es sonst zur Bildung mikrobiologisch unwirksamen Sulfats kommt.

Bei Bedarf werden stumm geschwefelte Produkte entschwefelt. Die EG-VO 337/79 erlaubt diese physikalische Behandlung zum Zwecke des Inverkehrbringens. Der Entschwefelungseffekt ist um so besser je geringer der Acetaldehyd-, Phenol-, Zucker- und Calciumgehalt ist. Der optimale pH-Wert liegt zwischen 2,9 und 3,4, ab 3,7 wird nur noch ungenügende Entschwefelung erzielt. Auch lange Lagerzeiten sind zu vermeiden. **Weiße Süßreserven** und **Traubensäfte** lassen sich besser als rote, filtrierte besser als trübe entschwefeln.

Die **Entschwefelung** erfolgt in Glockenbodenkolonnen bei Über-, Normal- oder Unterdruck. Alle Verfahren arbeiten nach dem Gegenstromprinzip. Je nach Verfahren liegen die Temperaturen zwischen 85 °C und 125 °C , so daß bei Temperaturen unterhalb des Siedepunktes der Austrieb des freien SO_2 durch Stickstoff erfolgt. Die Brüden- bzw. Gasphasengemische werden zwecks Neutralisation des SO_2 entweder direkt durch Kalkmilch (~ 10 %ig) geführt oder bis zur Kondensation abgekühlt, wobei die SO_2 entweicht und separat in Kalkmilch neutralisiert wird. Nach der Entschwefelung erfolgt bei allen Verfahren die Rückführung der entschwefelten Brüden/Gase in den Kolonnensumpf. Sie werden wiederum dem Produktstrom entgegengeführt. — Die thermischen und mechanischen Belastungen der Produkte sind gering (47).

8.4.3 Sicherheit durch thermische Vorbehandlung

Für die Einlagerung von Getränken werden thermische Haltbarmachungsverfahren wie die Pasteurisation (KZE), die Ultrahochtemperatur-Erhitzung (UHT), die Konzentration, die Kühllagerung und das Tiefgefrieren eingesetzt, wenn auch teilweise stark produktbezogen. Die Kühllagerung eignet sich im Gegensatz zu allen übrigen Verfahren nur für die Kurzzeiteinlagerung.

8.4.3.1 Einsatz der Pasteurisation und Sterilisation

Getränke werden unter aseptischen Bedingungen in Behältern wie Tanks, Containern oder Großtransportbehältern eingelagert bzw. transportiert. Die Einlagerung soll am Beispiel einer Tankeinlagerung aufgezeigt werden. Die aseptische Einlagerung erfolgt auf kaltem Wege nach vorausgegangener KZE- oder UHT- Produktbehandlung. Während der Einlagerung müssen daher sterile Anlagebedingungen vorliegen. Zur Durchführung der Einlagerung nach dem KZE/UHT-Verfahren sind folgende Gerätschaften notwendig:

- **Plattenwärmeaustauscher** mit Erhitzer- und Rückkühlabteilung sowie **Leitungen** aus Edelstahl r.f. 1.4301 bzw. 1.4401
- **Drucktank** der Prüfgruppe II nach der Druckbehälter-VO von 1989. Druckbehälterwerkstoffe sind Edelstahl r.f. 1.4301 bzw. 1.4401 mit der Oberflächengüte > III d, am besten elektropoliert oder emaillierter Tankraum; auch innen beschichtete Stahltanks und GfK-Tanks sind geeignet. Die Grundausstattung eines Tanks umfaßt: Mannloch, Rest- und Klarablauf mit einwandfrei sterilisierbaren Ventilen und Dichtungen (PTFE) sowie einem KZE-Armaturenkreuz, bestehend aus Absperrhähnen für Manometer und Gärrohrstutzen, Gewindeanschlußstutzen und Schrägsitzventil. Der Gärrohrstutzen dient der Aufnahme eines Gärrohres oder eines Tankwächters in Kombination mit einem Gärrohr (siehe Kap. 8.1.1.2).
- **EK-Filter** als Schichten- oder Membranfilter sind für die sterile Luftzufuhr nach der Tanksterilisation notwendig, um das entstehende Kondensationsvakuum während der Abkühlphase abzufangen. Die Luftdurchsatzleistung der Filter ist Datenblättern zu entnehmen. Sie muß das 2-3fache pro Stunde des Behälterinhalts betragen.
- **Kompressoren** müssen diese geforderte Luftmengenleistung erbringen, sofern keine Druckluft vorrätig gehalten wird. Druckluft muß aufbereitet, d.h. sie muß vor allem geruchs- und ölfrei sein.
- **Berstscheiben** dienen als Überdrucksicherung für den Tank. Sie müssen dämpfbar sein und werden z.B. auf einen Überdruck von 1,0 bar eingestellt. Einsetzende Gärung bei gleichzeitig nicht funktionstüchtiger Be- und Entlüftung kann somit im Notfall abgefangen werden.
- **Dampf** muß in genügender Menge zur Verfügung stehen. Anhaltswerte gehen aus der folgenden Abb. 8.5 hervor:

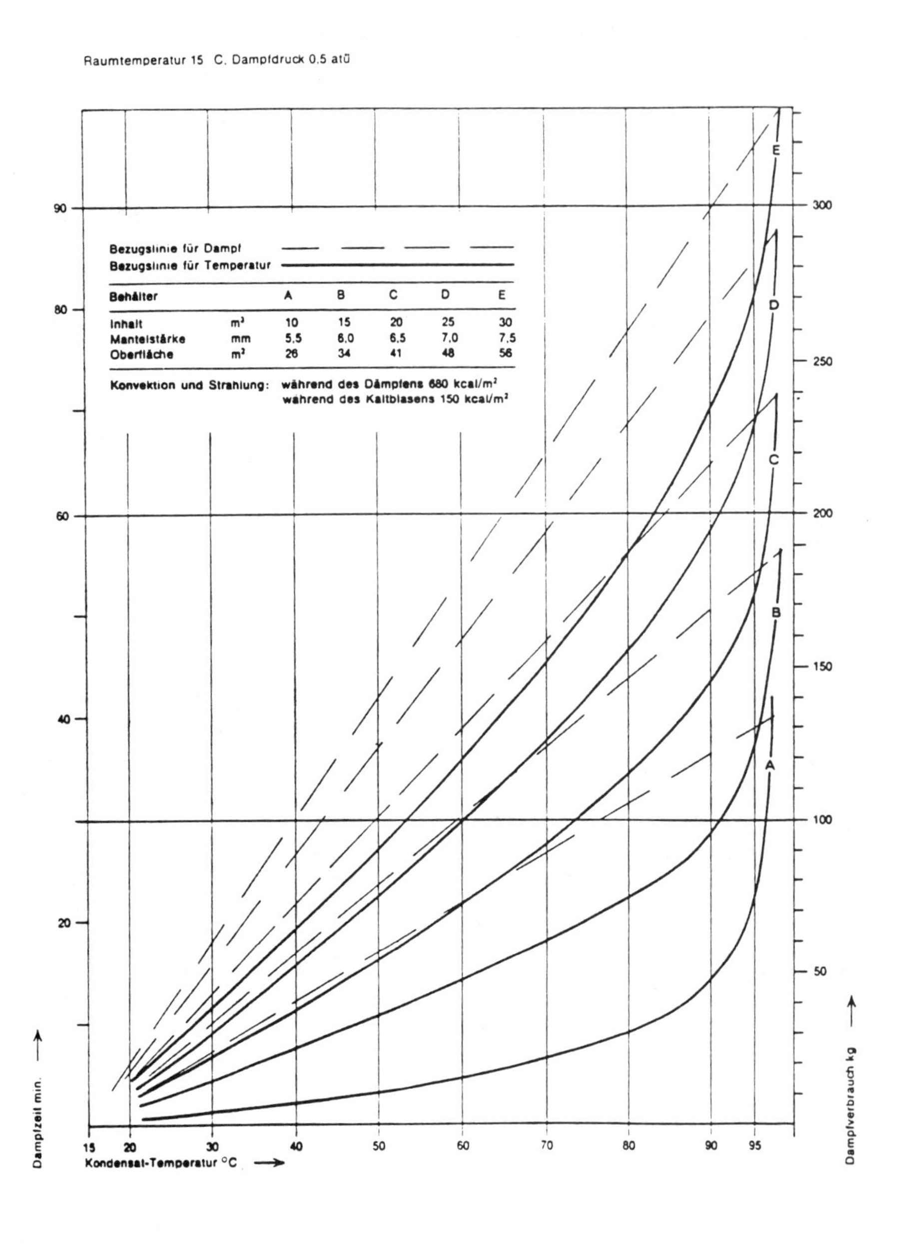

Abb. 8.5: Dampfverbrauch und Dämpfzeit bei der Tanksterilisation (48)

Der Dampfverbrauch setzt sich aus der notwendigen Erwärmungsenergie, dem Ausgleich von Abstrahlungsverlusten sowie dem Dampfvolumen für den Tank zusammen. Hinzuzurechnen sind noch Dampfverluste, die zu Beginn und während des Dämpfens durch Dampfaustritt auftreten sowie der Dampfverbrauch für die Rohr- und Filtersterilisation.

Die **Einlagerung** erfolgt in drei Teilschritten:

▶ Tanksterilisation

Sie erfolgt nach gründlicher Tankreinigung mit Dampf bei einem Gegendruck von ~ 0,5 bar. Dampf wirkt aufgrund seines Kriechverhaltens am sichersten und ist außerdem aus praktischen Gründen das Mittel der Wahl. Gedämpft wird der Tank über den Anschluß der KZE-Armatur. Ein Teil des Dampfes gelangt über eine Verbindungsleitung, die zwischen dem Klarablauf des Tanks sowie der Klarseite eines EK-Filters installiert ist, in den Filter. Alle Armaturen am Tank sowie am Filter sind leicht geöffnet, so daß eine handlange Dampffahne für sichere Sterilisation dieser kritischen Bereiche sorgt. Wenn der ungehinderte Kondensatabfluß aus dem Restablauf des Tanks bzw. des Filters ~ 96 °C erreicht hat, muß noch ca. 30 Minuten gedämpft werden (siehe Abb. 8.5, S. 306). Um unnötige Dampffreisetzungen zu unterbinden, wird das Kondensat-Dampf-Gemisch über einen angeschlossenen Stutzen direkt zur Kondensation in einen Wasserbottich geleitet. Nach erfolgter Sterilisation wird über den EK-Filter entgegen der Dämpfrichtung entkeimte Druckluft bei einem Gegendruck von 0,3-0,5 bar in den Tank gedrückt. Erst jetzt wird die Dampfzufuhr langsam abgestellt, aber immer unter Beibehaltung des Überdrucks. Während dieses Kaltblasens wird das Manometer am Armaturenkreuz fest angezogen. Falls kein Tankwächter mitsterilisiert wurde, wird in dieser Zeit auch das Gärrohr auf das Armaturenkreuz aufgesetzt. Es ist mit einem Sterilisationsmittel wie konzentrierter Schwefelsäure oder einem 1:1- Gemisch aus Alkohol und Glycerin gefüllt und ist separat mit Alkohol oder schwefliger Säure sterilisiert worden. Während des Aufsetzens wird der zugehörige Absperrhahn zugedreht. Nachfolgend schließt man die Ventile des Rest- und Klarablaufs, schraubt den Stutzen bzw. Schlauch ab, führt in die offenen Stutzen getränkte Watte mit Sterilisationsmittel ein und verschließt das Ganze mit ebenfalls sterilisierten Kappen. Bleibt in den nächsten Tagen der eingestellte Überdruck erhalten, kann von Dichtigkeit und somit auch von sterilen Verhältnissen im Tank ausgegangen werden. Diese Arbeiten sind außerhalb der Saison durchführbar, um bei Bedarf sterilen Tankraum zur Verfügung zu haben. Ebenso wie Tanks werden auch Transport- und Reaktionsbehälter, Container usw. sterilisiert.

▶ Plattenwärmeaustauscher- und Leitungssterilisation

Zur Einlagerung ist die Sterilisation des Plattenapparats und der nachgeschalteten Produktleitungen bis zum entsprechenden Restablauf des Tanks notwendig. Die Sterilisation des **Plattenapparates** erfolgt mit 95 °C heißem Wasser ca. 30 Minuten lang. Das heiße Wasser wird im Kreislauf — Plattenapparat, Produktleitung bis Dreiwegehahn, Vorlaufgefäß, Plattenapparat — geführt. Die Rückkühlung des Plattenapparates ist ausgeschaltet. Die Sterilisation der **Produktleitung** zwischen Dreiwegehahn und Restablauf wird mit Dampf durchgeführt. Um das zu ermöglichen, erfolgt die Installation eines T-Stücks, direkt dem Dreiwegehahn in Richtung Tank nachgeschaltet und eines Ventils für den späteren Wasserablauf direkt vor dem Restablauf. Der Dampf wird über das T-Stück in die Leitung eingespeist und tritt als handlange Fahne an den gelockerten Verschraubungen des Dreiwegehahns, Restablaufs und Wasserablaufventils aus. Die Dämpfzeit beträgt ca. 30 Minuten, danach werden die Verschraubungen festgezogen und das Wasserablaufventil geschlossen. Jetzt wird das Absperrventil zum Tank geöffnet. Die Leitung wird mit dem Luftdruck beaufschlagt wie er im Tank vorliegt. Das evtl. Einsaugen unsteriler Luft in die Leitung wird somit verhindert.

▶ Einlagerung

Der Dreiwegehahn wird in Richtung Tank um- sowie die Rückkühlabteilung des Plattenapparates eingeschaltet. Es kommt zur Verdrängung des Wassers durch das Produkt, das jetzt KZE- oder UHT-behandelt das Restwasser aus der Leitung — immer bei Überdruck — über das geöffnete Wasserablaufventil verdrängt. Erreicht das Produkt den Tank, schließt man dieses Ventil und die eigentliche Einlagerung beginnt. Während der Tankbefüllung hält man einen Gegendruck von 0,3-0,5 bar aufrecht. Die Regulation erfolgt durch Einstellung bestimmter Abluftmengen am Tank.

Schwierigkeiten bereitet die Füllhöhenfeststellung. Hierzu wird eine Vielfalt von Füllstandshöhen- und Durchflußmeßgeräten angeboten.

Die aseptische Einlagerung nach dem KZE-/UHT-Verfahren kann als mikrobiologisch sicherstes und wegen der geringen thermischen Belastung auch als das zur Zeit produktgerechteste Verfahren gelten (48).

8.4.3.2 Einsatz der Konzentration

Die **Konzentration** verfolgt das Ziel, eine Reduzierung des für Mikrooganismen notwendigen freiverfügbaren Wassers mit der Verringerung des Volumens zur Einsparung von Lager- und Transportkapazität zu verbinden. Der Wasserentzug erfolgt durch **Verdampfung** unter gleichzeitiger Abtrennung der Brüden (Dampfphase) oder durch **Gefrieren** des Wassers und Abtrennung der Eiskristalle. Eingelagerte Konzentrate erfahren mitunter an ihrer Oberfläche eine Verdünnung durch Kondenswasser. In diesen Bereichen können dann osmotolerante Hefen auftreten. Vorsicht ist bei geschlossenen Behältern angezeigt, weil die Bildung großer CO_2-Mengen mit gefährlichem Druckanstieg verbunden ist. — Der Vollständigkeit halber sollen auch **Trocknungsvorgänge** erwähnt werden. Der Wasserentzug kann hierbei über Sprüh- oder Walzentrocknung unter Zuführung von Wärme vorgenommen werden. Die so gewonnenen Produkte enthalten eine Restfeuchte von ca. 2 %. Sie sind bei entspechender Verpackung vor mikrobiologischem Verderb geschützt.

8.4.3.3 Einsatz von Kühl- und Tiefkühltemperaturen

Kühl- und Tiefkühlteinlagerungen haben den Vorteil, daß neben der Reduzierung mikrobiologischer Vorgänge auch chemische Umsetzungen bedeutend langsamer verlaufen. Die Kühllagerung dient der kurzfristigen Einlagerung mit Temperaturen um 0 °C. Sofern keimarme und nach Möglichkeit geklärte Produkte vorliegen, sind mehrere Wochen Lagerzeit möglich. Häufig werden mit der Kühllagerung bestimmte Ziele mitverfolgt z.B. die Weinsteinausfällung bei Taubenmosten und Traubenweinen. Bedeutung hat die Einlagerung tiefgekühlter Konzentrate vor allem von Orangensaftkonzentraten und Pulpen gewonnen. Die Einlagerung erfolgt bei mindestens -18 °C und wird mit Hilfe von Kratzkühlern vorgenommen. Die Haltbarkeit kann so über mehrere Monate aufrechterhalten werden.

Literatur

(1) CUNO, Mainz — Zeta Plus-Tiefenfilter in Elementbauweise. Informationsprospekt o.J.

(2) NERADT, F.: Weinbehandlung und Weinbereitung zur Flaschenfüllung. Die Weinwirtschaft-Technik 3 (1987) 13-18

(3) Die Modulfiltration: Ein Kurzbericht aus dem Hause Filtrox. F&S 3 (1989) 130

(4) Seitz-Filterwerke: Bad Kreuznach. Seitz-K 100 + Seitz-EK, die zweckmäßige Filtrationseinheit zur Weinabfüllung, Prospekt o.J.

(5) Seitz-Filterwerke: Bad Kreuznach. Seitz-Tiefenfilter, der Technologie-Vorsprung, Informationsschrift o.J.

(6) NERADT, F.: Wirksame Tiefenfilterwirtschaftliche Membranfiltration. Die Weinwirtschaft-Technik 5 (1990) 9-12

(7) OECHSLE, D. BRENNER, F.: Die Schichtenfiltration. Getränketechnik 11 (1988) 232-247

(8) SCHEUERMANN, E.A.: Klärfiltration und Filterschichten. F&S 2 (1989) 69-76

(9) GHOST, A., SOMMER, K.: Flotative Trennung von organischen Stoffen der Lebensmittelindustrie, ZFL 3 (1987) 166-174

(10) OVERBECK, J.Th.G.: Recent Developments in the Understanding of Colloid Stability. Journal of Colloid and Interface Science 2 (1977) 408-421

(11) MARTINOV, G.A., SALEM, R.R.: Lecture Notes on Chemistry. Electrical Double Layer at a Metal-Dilute Electrolyte Solution Interface. Springer, Berlin 1983

(12) HUBERT, M., WERNER, U.: Elektrokinetische Charakterisierung von Entkeimungsfiltern. Verfahrenstechnik 11 (1982) 849-853

(13) WEIGL, J.: Elektrokinetische Grenzflächenvorgänge. Verlag Chemie, Weinheim 1977

(14) KARBACHSCH, M., STROHM, G.: Filtrationsprozesse in der Getränkeindustrie. ZFL 7/8 (1989) 394-402

(15) HEGE, G.: Über die Reinigung von statischen Mikrofiltrationsmembranen. Diplomarbeit FH Wiesbaden, 1989

(16) SCHLÜTER, G.J.: Membranfiltration, Alternative zu herkömmlichen Filtersystemen in der Erfrischungsgetränkeindustrie. Getränkeindustrie 11 (1988) 912-918

(17) ACKERMANN, P.: Neue Filtermedien zur Weinfiltration. Der deutsche Weinbau 15 (1981) 744-746

(18) Seitz-Filterwerke: Bad Kreuznach. Seitz-MEMBRAcart Nylon 66, Prospekt o.J.

(19) BRENDEL-THIMMEL, U.: Qualitätskontrolle und Filtrationssicherheit. Mikrobiologische und physikalische Testmethoden unter bes. Berücksichtigung der Anforderungen in der pharmazeutischen Industrie. Seitz-Filterwerke, Bad Kreuznach 1991

(20) PALZ, W.: Filterintegritätsteste. CAV 7 (1986) 17-19

(21) Millipore-Katalog: Laborprodukte 1988. Neu-Isenburg

(22) GASPER, H.: Kriterien und Testmethoden zur Trennwirkung von Filtermedien bei der Klärfiltration. F&S 6 (1990) 363-368

(23) NERADT, F.: Erfahrungen mit der Membran-Mikrofiltration. Der deutsche Weinbau 25 (1985) 1172-1176

(24) SARTORIUS, Göttingen.: Sartocheck II sichert ihre Produktion. Informationsschrift o.J.

(25) CUNO, Mainz.: Technische Daten MC.31.1.D vom 01.01.1989

(26) SARTORIUS, Göttingen.: Prozeßfiltration. Katalog 1988

(27) ACKERMANN, P.: Entwicklung-Position-Zukunftsperspektiven. Die Weinwirtschaft-Markt, 12 (1983) 423-425

(28) OSTERMAYER, W.: Erfahrungen in der Weinmembranfiltration. Die Weinwirtschaft 16 (1989) 496-497

(29) ACKERMANN, P.: Betriebssicherer Einsatz des Schichtenfilters bei der Abfüllung. Die Weinwirtschaft-Technik 2 (1984) 38-42

(30) HÖLBING, S.: Bedeutung der Filtration bei der Herstellung von AfG. Brauwelt 4, 10 (1985) 142-146 bzw. 394-405

(31) KRONSBEIN, G.: Filter für die Druckluftaufbereitung. F&S 1 (1989) 4-10

(32) BROCK, D.T.: Membranfiltration. Springer, Berlin 1983

(33) KEMMELMEYER, W.H.: Druckluft-Sterilisation. Brauwelt 6 (1979) 429

(34) KEMMELMEYER, W.H.: Trockene und sterile Druckluftaufbereitung. Brauwelt 35 (1979) 1245

(35) MAREK, V.: Aufbereitung von Druckluft, anderen komprimierten Gasen und Flüssigkeiten für mittelständische Brauereien unter den Gesichtspunkten Kosteneinsparung und Produktabsicherung. Vortrag BRAU 1984, Nürnberg

(36) KRONSBEIN, D.G.: Einsatz von Filtern hilft Kosten sparen. Ultrafilter, Düsseldorf B 1896 D, o.J.

(37) BOHRER, B.: Reinraumtechnik in der Lebensmittelindusrie — Praktische Anwendung. ZFL 7/8 (1989) 404-414

(38) RÖCKEN, W.: Aktuelle Gesichtspunkte zum Thema Pasteurisation. Brauwelt 42 (1984) 1826-1831

(39) BACK, W.: Vermeidung von Infektionen. Getränkeindustrie 2 (1990) 84-87

(40) WEISSER, H.: Fortschritte beim keimarmen und aseptischen Verpacken von Lebensmitteln. Der Weihenstephaner 1 (1991) 48-52

(41) PANDUR, A.: Haltbarmachung von Fruchtsaftgetränken; Thermische Verfahren. Getränkeindustrie 2 (1988) 96-102

(42) REHMAN, Z.: Entkeimung von Frisch- und Prozeßwasser. Rehman Process Engineering, Zürich o.J.

(43) OLIVER-DAUMEN, B., BACH, W., KRYSCHI, R.: Die Desinfektion von Wasser in der Brauerei durch UV-Bestrahlung. Brauwelt 35 (1990) 130

(44) DITTRICH, H.H.: Mikrobilogie des Weines. Ulmer Verlag, Stuttgart, 2. Aufl. 1987

(45) Textsammlung Recht der Getränkewirtschaft: Behr's Verlag, Hamburg, 1991

(46) BARTH, P., KEDING, K.,MILLIES, K.D.: Haltbarmachung entalkoholisierter Weine. Der Deutsche Weinbau 31 (1991) 1229-1236

(47) MÜLLER-SPÄTH, H. : Technologische Betrachtungen zur Stumm- und Entschwefelung von Traubenmost — Süßreserve —. Informationsschrift Seitz-Werke, Bad Kreuznach B 70474 2 1078 o.J.

(48) NERADT, F.: Die Erzeugung und Einlagerung von Fruchtsäften. Seitz-Information 35, 1-15, o.J.

(49) BALSTON: Balston Filter Systems Bulletin P-90D, Norderstedt, o.J.

9 Reinigung und Desinfektion

W. SCHRÖDER

9 Reinigung und Desinfektion

9.1 Reinigungs- und Desinfektionsmittel

Reinigungsmittel sind sowohl als Pulver als auch als flüssige Produkte erhältlich.

Desinfektionsmittel werden z.T. als Einzelwirkstoffe verwendet oder als konfektionierte Produkte eingesetzt. Diese bestehen meist aus mehreren Desinfektionswirkstoffen, die unter Ausnützung synergistischer Effekte zusammengestellt werden.

Kombinierte Reinigungs- und Desinfektionsmittel werden meist für manuelle Reinigungsarbeiten verwendet oder auch für den Einsatz in C.I.P. (Cleaning in place)-Anlagen, wenn nur geringe Schmutzbelastung vorhanden ist.

Die in der Getränkeindustrie verwendeten Reinigungsmittel lassen sich in folgende Gruppen einteilen (3)

- **stark saure** Produkte (pH 0-3),
- **schwach saure** Produkte (pH 3-7),
- **neutrale** Produkte (pH 7),
- **schwach alkalische** Produkte (pH 7-11),
- **stark alkalische** Produkte (pH 11-14).

Die Säuren der **sauren Reinigungsmittel** dienen hauptsächlich der Entfernung alkaliunlöslicher Rückstände.
Die Korrosionsinhibitoren verhindern bei metallischen Werkstoffen den Oberflächenabtrag oder reduzieren ihn zumindest stark. Tenside verstärken die Wirkung von Reinigungsmitteln. In sauren Reinigungsmitteln kommen anionische und nichtionische Tenside zur Beschleunigung der Schmutzablösung zur Anwendung.
Durch Suspendieren, Emulgieren und Solubilisieren wird der Schmutz in der Reinigungslösung stabilisiert, was eine wichtige Voraussetzung für den Abtransport mit der Reinigungslösung und dem Nachspülwasser ist (1).

Die Basis **neutraler Reinigungsmittel** sind meist anionische oder nichtionische Tenside sowie Kombinationen beider Tensidarten.

Die Bestandteile **alkalischer Reinigungsmittel**, vor allem Natrium- und Kaliumhydroxid, wirken in wässriger Lösung sehr gut quellend und lösend auf organische Rückstände. So werden z.B. Fette und Öle verseift, d.h. in wasserlösliche Alkaliverbindungen umgesetzt und Eiweißverbindungen hydrolisiert, also zu kleinen, gut ablösbaren Bruchstücken wie Oligopeptiden und Aminosäuren abgebaut.

Für die Konfektionierung von **Desinfektionsmitteln** steht heute eine umfangreiche Palette von Desinfektionswirkstoffen zur Verfügung. In Tab. 9.1 ist für eine Auswahl von gebräuchlichen Desinfektionswirkstoffen ihre Wirkung gegenüber den Hauptgruppen von Mikroorganismen dargestellt. Es handelt sich bei der Bewertung um eine grobe Klasseneinteilung der Abtötungskraft in schnell wirksam (++), wirksam (+) und nicht wirksam (—).

Tab. 9.1: Wirkung gebräuchlicher Desinfektionswirkstoffe gegenüber wichtigen Mikroorganismenarten (6)

++ = schnell wirksam + = wirksam — = keine Wirkung	Bakteriophagen	Kleine Viren	Große Viren	Grampositive Bakterien	Gramnegative Bakterien	Sporenbildner	Hefen	Schimmelpilze
Aktivchlor	++	++	++	++	++	+	++	+
Wasserstoffperoxid	+	+	+	++	++	+	+	+
Peressigsäure	++	++	++	++	++	++	++	+
Quartäre Ammoniumverbindungen	—	—	++	++	+	—	++	+
Jodophore	+	+	++	++	++	+	++	++
Aldehyde	+	+	+	+	+	+	+	+

Aktivchlorprodukte werden aufgrund ihrer umfassenden keimtötenden Wirkung und letztlich auch wegen ihrer Wirtschaftlichkeit seit langem eingesetzt. Es stehen verschiedene Chlorträgersubstanzen zur Verfügung: Anorganische Chlorverbindungen für flüssige Produkte, organische Chlorträgersubstanzen, z.B. Natriumdichlorisocyanurat für Pulverprodukte.

Die höchste mikrobizide Wirkung des Aktivchlors liegt im neutralen bis schwach sauren pH-Bereich (pH 5-7), aber auch im akalischen Milieu hat Aktivchlor einen guten keimtötenden Effekt gegenüber allen Gruppen von Mikroorganismen. Der mikrobizide Effekt des Aktivchlors beruht hauptsächlich auf irreversiblen, oxidativen Einwirkungen auf die Zellbestandteile der Mikroorganismen. Eine Regeneration teilgeschädigter Zellen ist auszuschließen. Ähnliche Reaktionen treten in Anlagen auch mit Schmutzresten ein, die dann zu Wirkstoffverlusten führen.

Bei der Einleitung von verbrauchten Reinigungs- und Desinfektionslösungen in die Abwasserleitung sind die strengen Einleitbedingungen zu beachten.

Desinfektionsmittel auf Basis **Wasserstoffperoxid** sind in der Getränkeindustrie bevorzugte Produkte, besonders wegen ihrer Rückstandsfreundlichkeit, d.h. wegen des Zerfalls in die unbedenklichen Produkte Wasser und Sauerstoff. Bei der aseptischen Abfüllung von Getränken in Kartonpackungen wird Wasserstoffperoxid zur Entkeimung des Packmaterials verwendet. Konzentrationen von 25-50 % bei 60-100 °C bewirken schon im Sekundenbereich die Abtötung von Sporen. Der keimtötende Effekt von Wasserstoffperoxid beruht auf seiner oxidativen Wirkung, von der die biologischen Systeme der Mikroorganismen irreversibel zerstört werden.

Durch Konfektionierung von **Peressigsäure** auf Basis einer stabilisierten Kombination mit Wasserstoffperoxid gelang es vor Jahren, diesen Desinfektionswirkstoff für die Getränkeindustrie leicht verwendbar zu machen. Peressigsäure hat eine hervorragende Abtötungswirkung: Schon bei Raumtemperatur und niedriger Konzentration werden nicht nur die vegetativen Formen der Mikroorganismen, sondern auch die sonst nur schwer zu vernichtenden Endosporen von *Bacillus*- und *Clostridium*-Arten abgetötet. Im Gegensatz zu anderen Aktivsauerstoffprodukten kann man mit Peressigsäure auch bei tiefen Temperaturen (2-10 °C) desinfizieren. Peressigsäure reagiert nicht nur mit den Proteinen der Zellwand, sondern sie dringt auch als wenig dissoziierte Säure in das Zellinnere ein. Hier wirkt sie oxidativ-destruktiv auf alle Eiweißkomponenten ein; die Folge ist eine irreversible Zerstörung der Enzymsysteme.

Die **quartären Ammoniumverbindungen (QAV)** zeichnen sich im Gegensatz zu den Halogen- und Peroxidprodukten durch einen weiteren Anwendungs-pH-Bereich aus, dieser reicht von schwachsauer bis mittelalkalisch. In Anwendungskonzentrationen sind die quartären Ammoniumverbindungen gefahrlos zu handhaben, sie sind geruchsneutral und abgesehen von der entfettenden Wirkung als hautverträglich zu bezeichnen. Der Wirkungsmechanismus der quartären Ammoniumverbindungen beruht auf der starken Erniedrigung der Oberflächenspannung, die für diese Wirkstoffgruppe charakteristisch ist. Sie bildet neben dem Ladungszustand des Wirkstoffmoleküls die Basis für den antimikrobiellen Effekt.

Die für den sauren pH-Bereich konfektionierten **Jodophore** weisen in Ergänzung zu den im alkalischen Bereich wirksamen Aktivchlorprodukten ein ebenso umfassendes Wirkungsspektrum gegenüber allen Arten von Mikroorganismen auf. Eine Temperaturerhöhung steigert zwar die mikrobizide Wirksamkeit wie bei den anderen Wirkstoffen, ist aber nur in begrenztem Maße möglich, da Jod oberhalb von 40 °C sublimiert (Korrosionsgefahr!). Die mikrobizide Wirksamkeit der Jodophore erklärt sich — vergleichbar mit den Aktivchlorprodukten — molekularbiologisch aus ihren oxidierenden Eigenschaften.

Neben **Formaldehyd**, der als etwa 30 %ige Lösung (Formalin) seit Jahrzehnten für die Desinfektion zum Einsatz kommt, benutzt man heute konfektionierte Produkte, in denen Aldehydkombinationen (Formaldehyd, Glutaraldehyd, Glyoxal) Anwendung finden. Sie haben ein breites antimikrobielles Wirkungsspektrum.

9.1.1 Auswahl der Mittel

Für die Auswahl der Mittel ist eine Reihe von Kriterien ausschlaggebend. Reinigungsmittel und Desinfektionsmittel sind dabei getrennt zu betrachten. Die kombinierten Reinigungs- und Desinfektionsmittel nehmen eine gewisse Mittelstellung ein.

Bei **Reinigungsmitteln** entscheidet die Art der Verschmutzung, welchen Reinigertyp man am besten einsetzt:

- **stark alkalische Reiniger** (denaturiertes Eiweiß) für karamelisierte Kohlenhydrate, Leim,
- **mäßig alkalische Reiniger** (natives Eiweiß) für die allgemeine Betriebsreinigung,
- **neutrale Reiniger** (Fett) für manuelle Reinigungsaufgaben,
- **saure Reiniger** (anorganische Salze) für Erhitzer- und Tankreinigung.

Das angewandte Reinigungsverfahren beeinflußt ebenfalls die Auswahl des Reinigertyps. Die Materialbeständigkeit der zu behandelnden Oberflächen ist bei der Auswahl des Reinigungsmittels zu berücksichtigen, um Korrosionsprobleme zu vermeiden, dabei ist der Chloridgehalt des verwendeten Wassers von besonderer Bedeutung (2).

Bei **Desinfektionsmitteln** richtet sich die Auswahl des Desinfektionswirkstoffs nach dem voraussichtlich vorhandenen Keimspektrum, das mit Sicherheit abgetötet werden soll. Die Wahl hängt aber auch davon ab, in welchem Bereich der Produktionsanlage das Desinfektionsmittel eingesetzt werden soll:

Fließwege und **geschlossene Kreisläufe** werden durch Umwälz- bzw. CIP-Verfahren behandelt. Hier werden Peressigsäure, Aktivchlor und Wasserstoffperoxid bevorzugt eingesetzt.

Offene Flächen und **Umgebung** der Produktionsanlage werden mit Aldehyd- und QAV-haltigen Produkten behandelt. Sofern die behandelten Flächen anschließend mit dem zu verarbeitenden Getränk direkt in Kontakt kommen, müssen sie durch Nachspülung weitgehend frei von Rückständen der Reinigungs- und Desinfektionsmittel sein.

9.2 Verschmutzungen in der Getränkeindustrie

Die im Betrieb anzutreffenden Verschmutzungen lassen sich je nach ihrer Herkunft grundsätzlich in 2 Gruppen einteilen. Weiterhin kann man jede Gruppe wieder aufteilen nach den Möglichkeiten der Entfernung der Verschmutzungen. Außerdem bewirken physikalische Vorgänge, chemische Reaktionen und biologische Prozesse (z.B. Sedimentation, Austrocknung, Kristallisation, Flockung, Mycelbildung u.a.) mannigfache Veränderungen der Verschmutzungen, an die die Reinigungsmaßnahmen angepaßt werden müssen.

9.2.1 Produktionsrückstände

- **Wasserlösliche Verschmutzungen:**
  Zucker (leicht löslich), Säuren und Salze (teilweise leicht löslich)
- **Säurelösliche Verschmutzungen:**
  Bierstein
- **Wasserquellbare Verschmutzungen:**
  Brandhefe, Polysaccharide und Eiweißverbindungen
- **Emulgierbare Verschmutzungen:**
  flüssige Fette, Öle, Hopfenharze und Lipoide
- **Suspendierbare Verschmutzungen:**
  Ablagerungen, Staub, grobe Feststoffe

9.2.2 Technologisch-maschinentechnische Rückstände

- **Wasserlösliche Verschmutzungen:**
  Reste von Reinigungsmittelbestandteilen
- **Säurelösliche Verschmutzungen:**
  Wasserhärteausfällungen
- **Wasserquellbare Verschmutzungen:**
  Leime, Klebstoffe, Dextrine
- **Emulgierbare Verschmutzungen:**
  flüssige Schmier- und Dichtungsfette, Pflanzenöle
- **Suspendierbare Verschmutzungen:**
  Etiketten, Folienreste, Metallabrieb, Feststoffablagerungen

9.3 Einflußfaktoren auf Reinigung und Desinfektion

Als Endpunkt der Reinigung wird in der Praxis der Zeitpunkt angesehen, zu dem man eine optisch saubere Oberfläche vorliegen hat, die einwandfrei ohne Tropfenbildung benetzt ist. Das Ziel der Desinfektion ist erreicht, wenn die behandelten Flächen frei von Mikroorganismen sind.

9.3.1 Zeit

Die erforderliche **Reinigungszeit** wird durch visuelle Beurteilung des Reinigungsergebnisses empirisch ermittelt. Die Reinigung von festen Oberflächen wird durch physikalisch-chemische Einflüsse in ihrer Geschwindigkeit beeinflußt.

Die erforderliche **Abtötungszeit** bei der Desinfektion hängt von der Anzahl der vorhandenen Mikroorganismen ab, da das Absterben von Mikroorganismen einer einheitlichen Population mathematisch nach einer Reaktion erster Ordnung abläuft. Das bedeutet, daß in jeder Zeiteinheit von gleicher Dauer derselbe Bruchteil der jeweils überlebenden Keime abstirbt. Mikroorganismen unterliegen damit einer logarithmischen Absterbeordnung.

9.3.2 Anwendungskonzentration

Zusammensetzung und Konzentration des Reinigungsmittels beeinflussen wesentlich die Geschwindigkeit der Reinigung. SCHLÜSSLER (4) führte Versuche durch an mit Testverschmutzungen präparierten Glas- und Metallflächen und führte den Begriff der mittleren Reinigungsgeschwindigkeit ($\overline{R_V}$) ein. Diese wird beeinflußt durch den Quotienten aus abgelöstem Schmutz $\sigma°$ (mg) und der benötigten Zeit t (s).

$$\overline{R_V} = \frac{\sigma°}{t} \text{ (mg x s}^{-1}\text{)}$$

Die Entfernung der Verschmutzungen erfolgt dann durch chemisches Aufschließen und mechanisches Ablösen. Mikroorganismen werden dabei ebenfalls entfernt.

9.3.3 Temperatur

Die Steigerung der Temperatur bewirkt allgemein eine Erhöhung der Reinigungsgeschwindigkeit bis eine Optimaltemperatur erreicht ist. Eine weitere Temperatur-Steigerung beschleunigt die Reinigung nicht mehr. Die Temperatur der Reinigungslösung soll 60 bis 85 °C betragen. Bei der kombinierten Reinigung und Desinfektion liegt die Optimaltemperatur niedriger, da sonst bei längerer Heißhaltezeit ein zu starker Abfall des Desinfektionswirkstoffgehalts eintritt. Die Reinigungstemperatur übt eine deutliche keimreduzierende Wirkung auf die vorhandenen Mikroorganismen aus.

9.3.4 Mechanik

Die mechanische Wirkung der Reinigungsmittellösung beginnt, wenn die laminare Strömung in eine turbulente Strömung übergeht. Bei der Rohrreinigung z.B. wird je nach angewandter Temperatur mit 1-3 m/s Strömungsgeschwindigkeit gearbeitet. Je nach angewandtem Spritzdruck unterscheidet man zwischen Niederdruck- (bis 10 bar) und Hochdruckverfahren (bis 120 bar). In speziellen Anwendungsfällen (z.B. Container-Reinigung) wird die Reinigungsmechanik durch Ultraschall verstärkt. Durch die mechanische Wirkung der Reinigungsmittellösung werden auch Mikroorganismen durch Ausschwemmen entfernt.

9.3.5 Zusätzliche Einflußfaktoren

Die Reinigungsgeschwindigkeit wird durch die in der Reinigungslauge enthaltene **Schmutzmenge** beeinflußt. Speziell bei der mehrfachen Wiederverwendung der Reinigungsmittellösung, der sogenannten „Stapelreinigung", ist dieser Einfluß von Bedeutung.

Die Reinigungsgeschwindigkeit hängt ab von der auf der Fläche befindlichen Schmutzmenge (**Dicke der Schmutzschicht**). Eine völlige Entfernung der Schmutzschicht muß sichergestellt sein, da sonst mit der Besiedlung des Restschmutzes durch Mikroorganismen gerechnet werden muß.

Der **Zustand** und das **Alter** der Verschmutzungen beeinflussen ebenfalls die Reinigungsgeschwindigkeit in negativem Sinne. Verwendete Gerätschaften und Anlagen sind deshalb möglichst gleich nach dem Gebrauch zu reinigen.

Die Reinigungsgeschwindigkeit wird vom **Oberflächenmaterial** und vom Zustand der Oberfläche beeinflußt. Durch Rauhtiefenmessungen kann man die **Oberflächenbeschaffenheit** beurteilen; z.T. liegen die Maße der Rauhtiefen und die Abmessungen der Mikroorganismen in ähnlicher Größenordnung. Eine einwandfreie Reinigung ist in diesen Fällen besonders wichtig, um eine Besiedlung mit Mikroorganismen zu vermeiden.

Die mittlere Reinigungsgeschwindigkeit hängt auch von der **Härte des verwendeten Wassers** ab.

Beurteilt man den mikrobiologischen Zustand des Reinigungsgutes am Ende des Reinigungsvorganges, so stellt man eine Keimzahlreduktion bis zu 2 Zehnerpotenzen fest, hervorgerufen durch Abschwemmen, Temperatureinwirkung und drastische pH-Wertänderungen.

9.4 Verfahren der Reinigung und Desinfektion

Die **getrennt** durchgeführte Reinigung und Desinfektion ist als optimales Verfahren zu betrachten, da dabei der Desinfektionswirkstoff, nach vorheriger weitgehender Entfernung des Schmutzes, vollkommen für den Desinfektionsschritt zur Verfügung steht.

Dessen ungeachtet wird aus Gründen der Arbeits- und Zeitersparnis in der Praxis speziell bei manueller Reinigung oft die **kombinierte** Reinigung und Desinfektion angewendet. Die durch Schmutz bedingte Desinfektionswirkstoffzehrung wird dabei durch entsprechend höhere Dosierung ausgeglichen.

9.4.1 Reinigungsverfahren und Geräte

An vielen Stellen des Produktionsablaufs ist eine **manuelle Reinigung** von Kleinteilen und Geräten üblich. **Vorweichen, Abbürsten, Abspülen** und **Abtrocknen** sind hier die Arbeitsschritte. Wenn erforderlich wird hierbei ein kombiniertes Reinigungs- und Desinfektionsmittel eingesetzt, das weitgehend hautverträglich sein muß.

Für etwas größere Arbeitsgeräte wie z.B. Container, Eimer etc. stehen automatisch arbeitende **stationäre Hochdruckreinigungsanlagen** zur Verfügung, in denen diese innerhalb weniger Minuten gewaschen werden. Transport- und Flaschenkästen werden in automatisch arbeitenden **Durchlaufkastenwäschern** gereinigt. Spritzdüsen mit großem Querschnitt und offene Pumpenlaufräder ermöglichen eine lange Betriebszeit ohne Blockierung der Düsen.

Flaschen werden in **Flaschenreinigungsmaschinen** gereinigt, die in Ein- oder Doppelend-Ausführung gebaut sein können.

Offene Systeme, z.B. Produktbehälter, Mischer, Wannen, Transportbänder und nicht kontinuierlich arbeitende Maschinen können durch **verschiedene Arten von Sprühverfahren** gereinigt werden. Man unterscheidet zwischen Niederdruck- (bis 10 bar) und Hochdruckverfahren (bis 120 bar), bei letzterem besteht die Gefahr der Verspritzung von Schmutz sowie der Beschädigung von Meß- und Regeleinrichtungen und von Kachelbelägen.

In letzter Zeit wird immer häufiger die **Schaumreinigung** im Niederdruckverfahren angewendet, die bisher nur in der fleischverarbeitenden Industrie gebräuchlich war.

Nach grober Vorreinigung wird der Schaum durch geeignete Geräte aufgesprüht und nach 5-20 Minuten Einwirkzeit zusammen mit dem Restschmutz mit warmem Wasser (12-16 bar) abgespült. Der große Vorteil liegt u.a. darin, daß man den aufgebrachten Schaum kontrollieren kann und er an schrägen und senkrechten Flächen haftet. Die einwandfreie Abspülung ist am Ende der Reinigung ebenfalls gut zu überwachen. Die Chemikaliendosierung beträgt je nach Verschmutzung 0,5-12 %.

Geschlossene Systeme, die aus Tanks, Rohrleitungen, Wärmeaustauschern u.ä. bestehen, werden durch **automatische Zirkulationsreinigung**, auch als CIP (Cleaning in place)-Verfahren bezeichnet, gereinigt. Die einzelnen Geräte und Anlagen müssen dabei nicht demontiert werden.

Die folgenden **Verfahrensschritte**:

- Vorspülen,
- Reinigen (evtl. alkalisch und sauer),
- Zwischenspülen,
- Desinfizieren,
- Nachspülen,

werden durch Umpumpen der entsprechenden Lösungen und des Wassers aus Vorratstanks durchgeführt. Wenn die Lösungen zurückgeführt und zur Wiederverwendung in Vorratstanks aufbewahrt werden, bezeichnet man dieses Verfahren als „Stapelreinigung", werden sie verworfen, so spricht man von „verlorener Reinigung".

Während man bei Einführung der Zirkulationsreinigung mit einer zentralen Anlage den gesamten Produktionsbetrieb reinigte, ist man in den letzten Jahren dazu übergegangen, mit kleinen dezentralen Anlagen in den einzelnen Abteilungen effizienter zu reinigen. Die Nachteile von großen, zentralen Anlagen wie z.B. langen Rohrleitungen, Wärmeverluste durch Abstrahlung, Vermischung der Lösungen, Produktverluste und nicht optimal angepasste Reinigungsbedingungen werden durch **dezentrale Frischansatzreinigungsanlagen** vermieden. Diese sind an Ringleitungen für alkalische und saure Reinigungslösungen angeschlossen. Es ergeben sich kurze Reinigungskreisläufe, die Reinigungslösungen werden z.B. durch Leitfähigkeitsmessungen gesteuert und in exakt dosierten Mengen zugeführt.

Sprühköpfe mit unterschiedlichen Sprühbildern, rotierende Sprühköpfe (für Niederdruck), zwangsgeführte Rundstrahldüsen und Zielstrahlreiniger sorgen für eine einwandfreie Reinigung der Oberflächen. Nach den einzelnen Verfahrensschritten werden die Lösungen durch Druckluft entfernt, dadurch können Produktreste in weniger verdünnter Form zurückgewonnen werden und die Reinigungsflüssigkeiten werden praktisch unverdünnt in die Ringleitungen zurückgeführt. Ausführliche Angaben über den zeitlichen Ablauf von CIP-Programmen sowie Dosierungs- und Verbrauchsmengen sind in dem FIL/IDF-Bulletin (5) enthalten.

9.4.2 Desinfektionsverfahren und Geräte

Einwandfrei gereinigte Flächen sind eine der Voraussetzungen für eine erfolgreiche Desinfektion. Ein optimaler Effekt wird erreicht, wenn die Desinfektion im Anschluß an die Reinigung durchgeführt wird. Bei **offenen Systemen** wird die Desinfektion durch **Sprühverfahren** durchgeführt. Arbeitstische, Transportbänder und das äußere Umfeld von Maschinen werden von Hand unter Verwendung von transportablen Sprühgeräten oder durch fest installierte Sprühsysteme mit der Desinfektionslösung beaufschlagt. Es handelt sich hier um eine typische **Flächendesinfektion** bei der nur eine verhältnismäßig geringe Lösungsmenge für die Desinfektion zur Verfügung steht, d.h. die Desinfektionslösung muß eine ausreichend hohe Wirkstoffkonzentration enthalten, um ausreichend wirksam zu sein. Sofern die behandelten Flächen danach direkt mit dem Lebensmittel in Kontakt kommen, ist vorher eine Nachspülung mit Wasser von Trinkwasserqualität erforderlich.

Armaturen, Kleinteile und andere Arbeitsgeräte werden nach dem **Einlegeverfahren** in einer mit Desinfektionslösung gefüllten Wanne behandelt. Das Prinzip „first in — first out" muß dabei beachtet werden, damit eine ausreichende Einwirkzeit (= Abtötungszeit) gewährleistet ist. Eine regelmäßige Konzentrationsüberwachung der Lösung ist ebenfalls notwendig.

Die **Raumdesinfektion** von Produktions- und Lagerräumen nimmt eine besondere Stellung ein. Durch Versprühen von Desinfektionslösung über Düsensysteme oder Vernebelung durch Aerosolgeneratoren wird eine vorübergehende Reduktion des Luftkeimgehalts erreicht. Sehr bald nach Produktionsbeginn steigt der Keimgehalt der Luft bedingt durch Luftbewegung und Nachströmen von keimhaltiger Luft aus anderen Teilen des Betriebes und der Außenluft wieder auf das normale Niveau an. Effektiver ist die regelmäßige Durchführung von **lokalen Maßnahmen** zur **Umgebungsdesinfektion** an besonders gefährdeten Stellen der Produktionsanlagen.

Bei **geschlossenen Systemen** ist die Desinfektion als separater Schritt in das automatisch ablaufende Reinigungsverfahren an vorletzter Stelle einprogrammiert, danach folgt dann die Nachspülung mit Betriebswasser von Trinkwasserqualität. Die Dauer dieses Desinfektionsschrittes und die Konzentration richten sich nach dem verwendeten Desinfektionsmittel. Durch die Nachspülung tritt eine geringe Kontamination der gereinigten und desinfizierten Anlagen durch die Wasserkeime ein.

Der Erfolg von Reinigungs- und Desinfektionsmaßnahmen hängt wesentlich von der Einhaltung der Parameter Temperatur, Einwirkungszeit, Konzentration und Mechanik bzw. Zusammensetzung ab. Eine regelmäßige Kontrolle auch bei automatisch ablaufenden Zirkulations-Reinigungs- und Desinfektionsverfahren ist unbedingt erforderlich, um eine mikrobiologisch einwandfreie Produktqualität sicherzustellen, die einen wesentlichen Beitrag zur Qualitätssicherung leistet.

Literatur

(1) BERTH, P., SCHWUGER, M.: Chemische Aspekte beim Waschen und Reinigung. Tenside, Detergents, Vol. 16 (1979) 175-184

(2) SCHÄUBLE, R. (Hrsg.): Korrosionen in der Getränkeindustrie: Ursache — Vorsorge — Verhinderung — Sanierung. Techn. Aussch. d. Deutschen Brauerbundes, Nürnberg: Oberbach (1987) 127

(3) SCHARF, R.: Wirkungsspektren moderner Reinigungsmittel-Zusammensetzung, Wirkungsweise, Anwendungsbeispiele. Flüss. Obst (1987) 258-264

(4) SCHLÜSSLER, H.-J.: Zur Reinigung fester Oberflächen in der Lebensmittelindustrie. Milchwissensch. 25 (1970) 133-145

(5) FIL/IDF BULLETIN: Design and use of CIP Systems in the Diary Industrie; Document 117, S. 1-76. Federation Internationale de Laiterie/International Diary Federation, Brüssel, 1979

(6) SCHRÖDER, W.: Desinfektionsmittel für den Getränkebetrieb. Brauerei- und allgem. Getränke Rdsch., 96 (1985) 4/5, 66-71

10 Mikrobiologische Qualitätskontrolle von Wässern, Alkoholfreien Getränken (AfG), Bier und Wein

W. BACK

10 Mikrobiologische Qualitätskontrolle von Wässern, Alkoholfreien Getränken (AfG), Bier und Wein

10.1 Einleitung

In der Getränkeindustrie hat die mikrobiologische Qualitätskontrolle zwei wesentliche Aufgabenstellungen: Die ständige Kontrolle der **Betriebshygiene** und die Untersuchung auf **Getränkeschädlinge**. Abb. 10.1 gibt einen Überblick über die in der Getränkeindustrie wichtigen Organismengruppen.

Die Beurteilung der **Betriebshygiene** erfolgt anhand der **Gesamtkeimzahl (Gesamtkoloniezahl)** und anhand spezifischer Untersuchungen auf *Escherichia coli*, coliforme Bakterien und Fäkalstreptokokken. Diese Bakterien bezeichnet man auch als **Fäkalindikatoren**, weil sie der normalen Darmflora von Warmblütern angehören und somit auf fäkale Verunreinigungen hinweisen. Beim Nachweis derartiger Keime kann somit auch ein Auftreten von pathogenen Keimen nicht ausgeschlossen werden. Gelegentlich wird noch auf weitere Fäkalindikatoren untersucht sowie auf sulfitreduzierende sporenbildende Anaerobier und auf *Pseudomonas aeruginosa*. Letztere Keime werden allerdings auch als humanpathogen eingestuft, so daß für derartige Untersuchungen generell eine Erlaubnispflicht nach § 19 BSeuchG sowie eine Anzeigepflicht nach § 20 Abs. 2 BSeuchG besteht. Bei Befunden, die auf Krankheitserreger schließen lassen, besteht Meldepflicht nach § 9 BSeuchG (38).

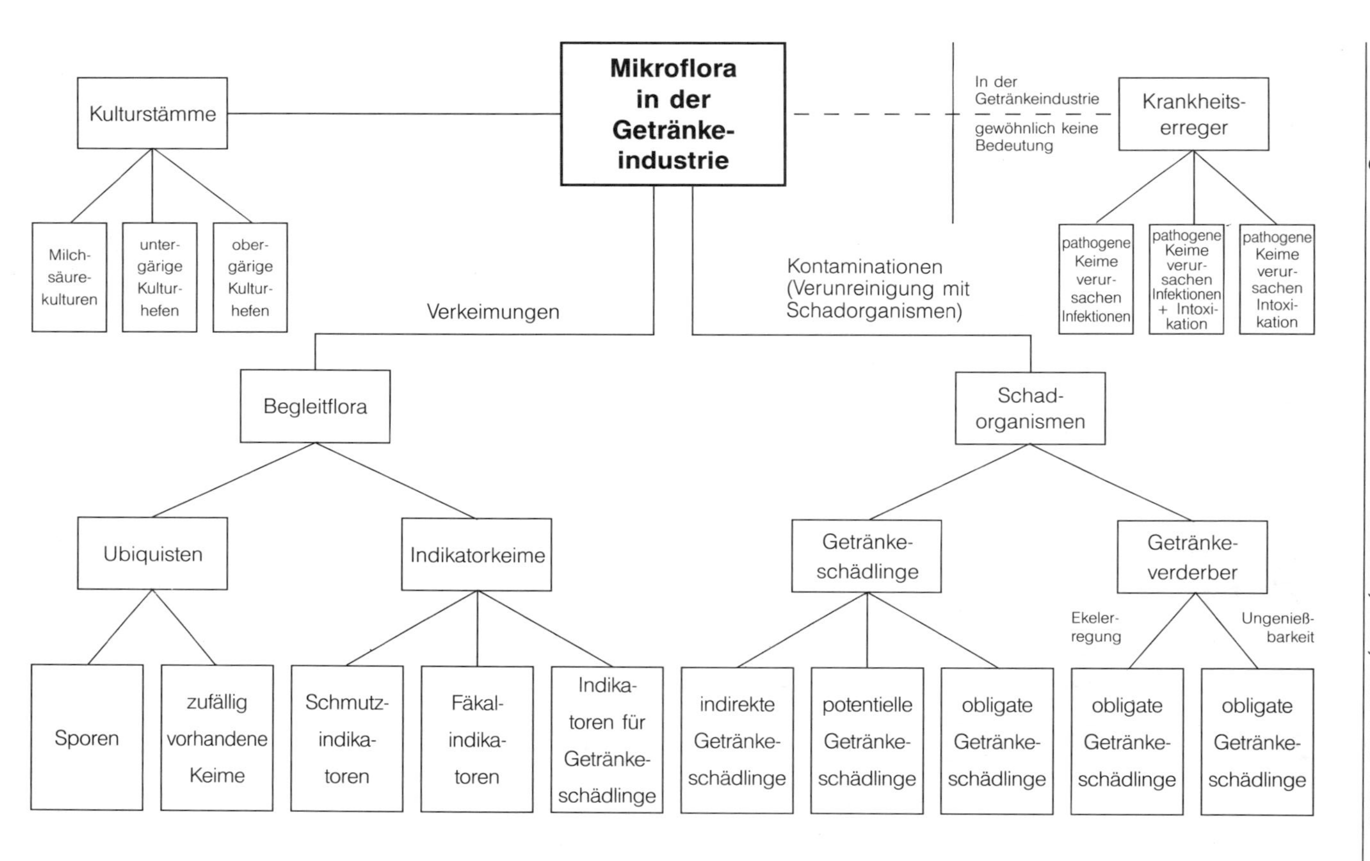

Abb. 10.1: Mikroflora in der Getränkeindustrie (13)

Das Vorkommen von **pathogenen Keimen** beschränkt sich in der Getränkeindustrie allerdings nur auf Wässer, schlecht gereinigte Anlagen oder das Umfeld der Getränkeherstellung. Die meisten Getränke weisen wegen der sehr niedrigen pH-Werte einen guten Eigenschutz auf, so daß hier Untersuchungen auf Krankheitserreger und gewöhnlich auch auf Fäkalindikatoren, die in diesem Milieu praktisch nicht vorkommen oder schnell absterben, nicht erforderlich sind.

Die Untersuchung auf **Getränkeschädlinge** erfolgt mit Spezialnährböden, die eine möglichst hohe getränkespezifische **Selektivität** aufweisen sollen, d.h. sie enthalten wesentliche Bestandteile der betreffenden Getränke und werden durch Zusatz von speziellen Nähr- und Wuchsstoffen optimiert. Eine weitere Selektivität wird durch die Kultivierungsmethode erreicht. So empfiehlt sich bei der Untersuchung karbonisierter Getränke eine anaerobe Bebrütung unter CO_2-Atmosphäre oder das Gußplattenverfahren, bei dem die Keime im Nähragar und auf der Agaroberfläche wachsen können. Infolgedessen ist eine Unterscheidung von anaeroben bzw. fakultativ anaeroben und aeroben Keimen möglich. Bei der anaeroben Inkubation werden Aerobier, die in karbonisierten Getränken ohnehin keine Wachstumschancen haben, gehemmt, so daß eine eindeutige und schnellere Erkennung von gefährlichen Befunden möglich ist. Ziel dieser Untersuchungen soll es also sein, die Getränkeschädlinge durch ein optimales Nähr- und Wuchsstoffangebot zu fördern und gleichzeitig die harmlose Begleitflora durch Zusatz von natürlichen, produktspezifischen Hemmstoffen oder bestimmten, selektiv wirkenden Chemikalien (z.B. Säuren, Antibiotika) zurückzudrängen.

Beim Nachweis von Getränkeschädlingen muß **immer** der **Spurennachweis** geführt werden. Das bedeutet, daß möglichst große Probevolumina (50-500 ml) untersucht werden müssen (Flüssiganreicherung, Membranfiltration). Außerdem sind systematische und regelmäßige Kontrollen der Rohstoffe, der Produktionswege und Anlagen sowie der Fertigprodukte notwendig, um die statistisch ungünstigen Voraussetzungen beim Spurennachweis zu verbessern.

Da sich diese Spurenkontaminationen gewöhnlich als **Streubefunde** äußern und somit bei den Untersuchungen der Zufall eine große Rolle spielt, kommt dem Nachweis von **potentiellen Getränkeschädlingen** und **Indikatorkeimen** große Bedeutung zu. Diese Keime können meist sehr schnell und rechtzeitig nachgewiesen werden, bevor sich echte Getränkeschädlinge an Schwachstellen einnisten und zu bedenklichen Keimzahlen aufschaukeln.

Auch die Kontrolle der **direkten** und **indirekten Kontaktstellen** (Umfeld) im Produktions- und Abfüllbereich (Wischproben z.B. aus Blindkappen, Kükenhähnen oder von den Sternen am Füller) ist für eine ausreichende biologische Sicherheit unbedingt erforderlich.

Da generell Spurenkontaminationen nachgewiesen werden müssen und die Getränkeschädlinge ohnehin oft sehr langsam wachsen, dauern die Untersuchungen meist mehrere Tage. Deshalb ist man seit langem bestrebt, „**Schnellnachweisverfahren**" in der Getränkeindustrie einzuführen, z.B. Membranfilter-Mikrokolonie-Fluoreszenz-Methode (MMCF), Anreicherungs-Fluoreszenz-Test (AFT), Leitwertveränderung (Impedanzmeßverfahren), analytischer Nachweis typischer Stoffwechselprodukte (GC, HPLC), Biolumineszenz (ATP-Messung), Radiometrie, Immunserologie, DNA-Sonden (22-24, 33, 36, 37, 42).

Leider haben sich diese Verfahren wegen mangelhafter Praktikabilität, umständlicher und aufwendiger Probenvorbereitung oder zu hoher Kosten als untauglich erwiesen. Außerdem können bei den meisten nur geringe Probevolumina verarbeitet werden, so daß kein Spurennachweis möglich ist. Wegen der geringen Ausgangskeimzahlen müssen die Proben gewöhnlich auch vorinkubiert werden. Infolgedessen wird gegenüber den klassischen Verfahren oft nur ein geringfügiger Zeitgewinn erzielt. Es fehlt auch eine angemessene Flexibilität bei der Probenverarbeitung entsprechend der zu unterschiedlichen Zeiten anfallenden Proben. Die Tatsache, daß in den Proben der Getränkeindustrie häufig harmlose Begleitorganismen oder sogar große Mengen an Kulturhefen vorhanden sind, führt gerade bei den Schnellnachweisverfahren zu zahlreichen „falschpositiven" oder „falschnegativen" Befunden. Somit ist die regelmäßige und systematische Kontrolle nach den nachfolgend beschriebenen klassischen Methoden nach wie vor die einzige Möglichkeit zur Erzielung einer ausreichenden biologischen Sicherheit.

10.2 Mikrobiologische Qualitätskontrolle bei Wässern

Bei Wässern werden nach der **Trinkwasser-Verordnung**[1] bzw. nach der **Mineral- und Tafelwasser-Verordnung**[2] genau vorgeschriebene Hygieneuntersuchungen durchgeführt. Eine besondere Bedeutung haben hierbei die Gesamtkoloniezahlen bei Inkubationstemperaturen von 20 °C und 36 °C (vgl. Abb. 10.2) sowie der Nachweis von *Escherichia coli* und coliformen Bakterien (vgl. Abb. 10.3). Diese Tests können auch in den üblichen Getränkelabors problemlos durchgeführt werden. Dabei wird in der Praxis zur orientierenden Eigenkontrolle auch die sehr einfache und aussagefähige LMC-Methode[3] empfohlen (vgl. Abb. 10.2). Hier befindet sich eine entsprechend konzentrierte Lactose-Bouillon als Vorlage in 300 ml-Flaschen, die nur noch direkt mit der Wasserprobe (250 ml) aufgefüllt werden müssen. Bei Farbumschlag des Indikators von Rot nach Gelb und Gasbildung besteht der Verdacht auf *E. coli* oder coliforme Keime. Bei kräftiger Gelbfärbung ohne Gasproduktion liegen meist Fäkalstreptokokken vor. Bei karbonisierten Wässern kann wegen der niedrigen pH-Werte allerdings ein direkter Farbumschlag auftreten. Die Kohlensäure sollte daher zuvor weitgehend ausgeschüttelt werden. Bei Originalabfüllungen empfiehlt sich eine Membranfiltration und anschließende Inkubation der Membranfilter in Lactose-Bouillon (LMC + 250 ml dest. H_2O und Umfüllen in sterile Reagenzgläser mit Durham-Einsatz, 5 min. bei 121 °C autoklavieren).

1) Verordnung über Trinkwasser und über Wasser für Lebensmittelbetriebe (Trinkwasserverordnung — TrinkwV) vom 22. Mai 1986 (BGBl. I S. 760).
Verordnung zur Änderung der Trinkwasserverordnung und der Mineral- und Tafelwasser-Verordnung vom 5. Dezember 1990 (BGBl. I S. 2600).

2) Verordnung über natürliches Mineralwasser, Quellwasser und Tafelwasser (Mineral- und Tafelwasser-Verordnung) vom 1. August 1984 (BGBl. I S. 1036).

3) Bezugsquelle der gebrauchsfertigen LMC-Flaschen: Fa. Döhler GmbH, Riedstraße 9, 64295 Darmstadt.

Abb. 10.2: Untersuchung von Wasserproben (13)

[1] Plate Count Agar (PC-Agar) mit einem Zusatz von 1 % Pepton und 1 % Fleischextrakt oder Standard I-Agar (mit 1 % Pepton und 1 % Fleischextrakt).

[2] Statt dieser sehr praxisfreundlichen Methode kann auch membranfiltriert werden. Das Membranfilter wird dann auf Endo-Agar oder in Lactose-Bouillon inkubiert, entsprechend TrinkwV, Anlage 1 und MTV, Anlage 3 (Nährkartonscheiben sind nicht vorgesehen).

[3] Bei desinfiziertem Wasser gilt der Richtwert von max. 20 Kolonien pro ml nur für den Zeitpunkt nach Abschluß der Aufbereitung, während anschließend im Netz der übliche Richtwert von max. 100 Kolonien pro ml besteht.

[4] Dieser Richtwert gilt auch für Trinkwasser aus Zisternen und aus Eigen- und Einzelversorgungsanlagen, aus denen nicht mehr als 1000m³ im Jahr entnommen werden, sowie aus Wasserversorgungsanlagen an Bord von Wasserfahrzeugen, in Luftfahrzeugen oder in Landfahrzeugen. Trinkwasser aus Hochbehältern und aus Wasserversorgungsanlagen auf Spezialfahrzeugen, die Trinkwasser transportieren und abgeben, gilt dagegen der Richtwert von max. 100 Kolonien pro ml (siehe TrinkwV § 1, Abs. 2 und 3). In Lebensmittelbetrieben gilt dies nur für Speisewasser von Dampfgeneratoren und für Kühlwasser von Kondensatoren an Kühlanlagen, bei allen anderen Wässern max. 100 Kolonien/ml (§ 7 TrinkwV).

Können die Wasserproben nicht innerhalb von 3 Stunden nach der Entnahme untersucht werden, sind sie kühl aufzubewahren; bei der Entnahme von Wasser, das mit Chlor, Natrium-, Magnesium- oder Calcium-Hypochlorit oder Chlorkalk oder Chlordioxid desinfiziert wurde, sind die Entnahmegefäße vorher mit Natriumthiosulfat zur Neutralisierung des Restchlors zu beschicken.

FA = Flüssiganreicherung; MF = Membranfilter, Membranfiltration

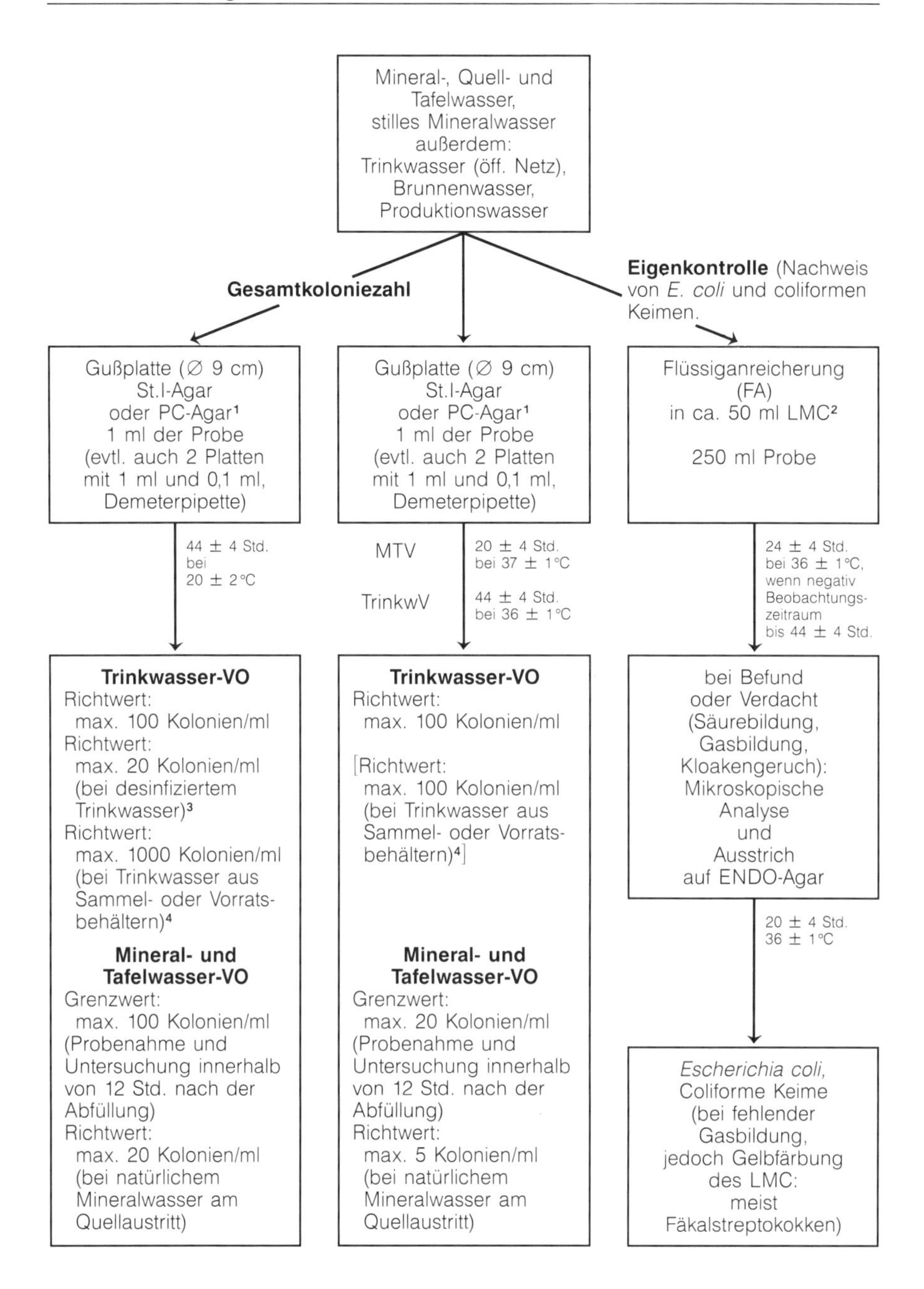

Abb. 10.2: Untersuchung von Wasserproben (13)

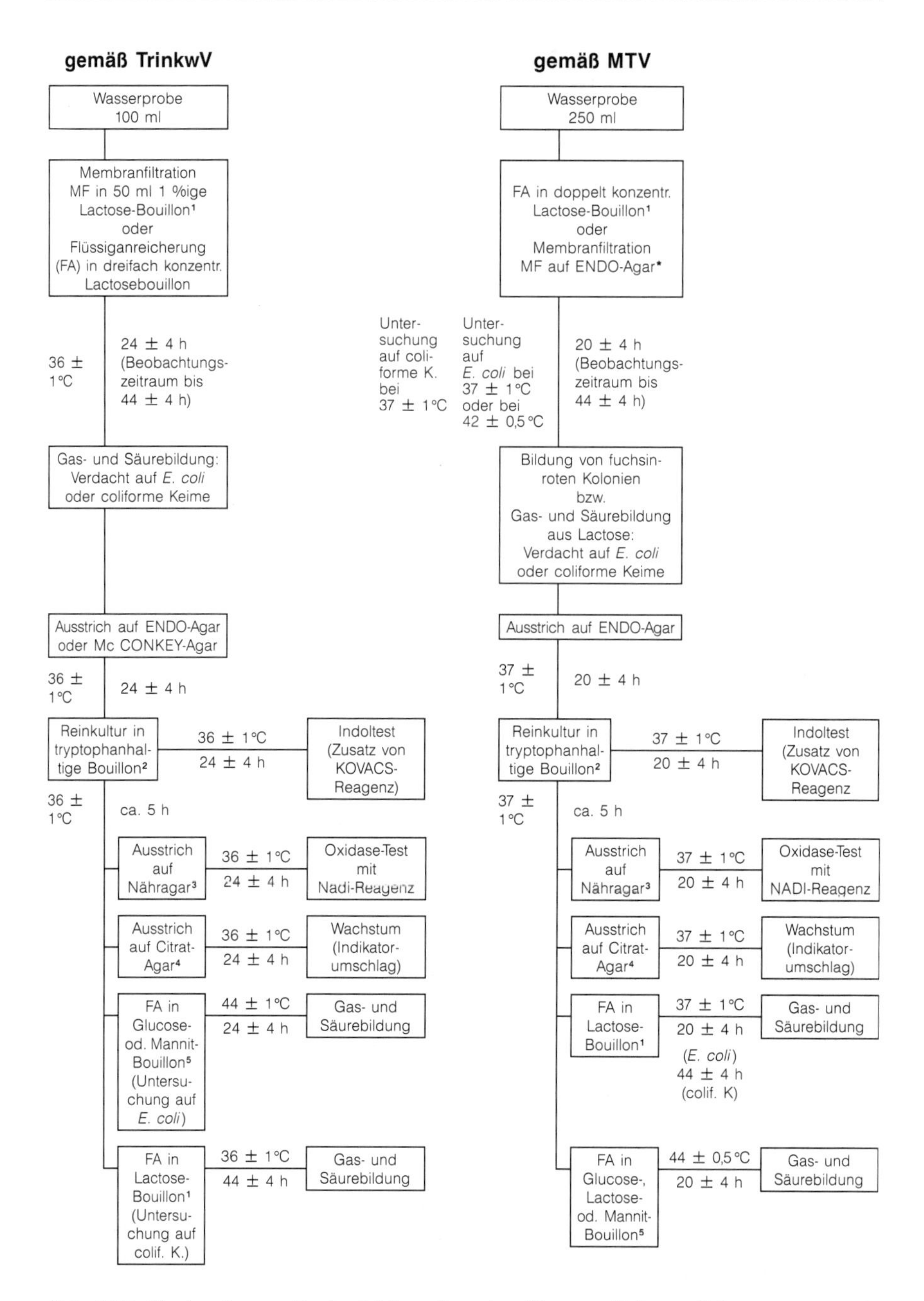

Abb. 10.3: Nachweis von *Escherichia coli* und coliformen Keimen (13)

Test / Keim	Oxidase	Gas- u. Säure aus Lactose bei 36 °C/37 °C	Gas- u. Säure aus Glucose, Lactose oder Mannit bei 44 °C	Indol-Test	Citrat-Verwertung
E. coli	—	+	+	+	—
coliforme Keime	—	+	— (selten +)	— (selten +)	+/— (meist +)

[1] Peptonbouillon mit einem Zusatz von 1 % Lactose. DEV-Lactose-Pepton-Bouillon.

[2] DEV-Tryptophan-Bouillon. Standard II-Bouillon (St II-B).

[3] DEV-Nähragar (NA). Plate-Count-Agar (PC) mit einem Zusatz von 1 % Pepton und 1 % Fleischextrakt. Standard I-Agar (St I-A) mit einem Zusatz von 1 % Fleischextrakt.

[4] DEV-SIMMONS-Citrat-Agar.

[5] Peptonbouillon mit einem Zusatz von 1 % Glucose bzw. 1 % Mannit. DEV-Lactose-Bouillon oder Lactose-Bouillon, jeweils mit einem Zusatz von 1 % D-Glucose (= Dextrose) bzw. 1 % Mannit statt Lactose.

* Die amtliche Methode nach § 35 LMBG sieht dies nicht vor, beschreibt jedoch MF mit Einlegen in einfachkonzentrierte Lactose-Bouillon.

Abb. 10.3: Nachweis von *Escherichia coli* und coliformen Keimen (13) (Fortsetzung)

Eine genaue **Identifizierung** von *E. coli,* coliformen Bakterien und anderen Enterobacteriaceen wird zwar nach den offiziellen Vorschriften nicht gefordert, ist aber mit speziellen Test-Sets (API, Biomérieux; MHK/ID, Biotest; Minitek, Becton Dickinson; Enterotube, Roche u.a.) möglich. Voraussetzung ist aber die Gewinnung von Reinkulturen mittels Ausstrichplatten.

Weitere Untersuchungen, wie der Nachweis von Fäkalstreptokokken, von *Pseudomonas aeruginosa* und sulfitreduzierenden, sporenbildenden Anaerobiern, werden in regelmäßigen Abständen von den Behörden durchgeführt (vgl. Abb.10.4-10.6). Die zuständige Behörde kann z.B. auch bei verdächtigen Befunden Untersuchungen auf *Legionella pneumophila* und atypische Mykobakterien anordnen, wobei derartige Keime beim Einatmen Infektionen auslösen können (Aerosole, Duschen), während sie in Getränken kaum eine Bedeutung haben.

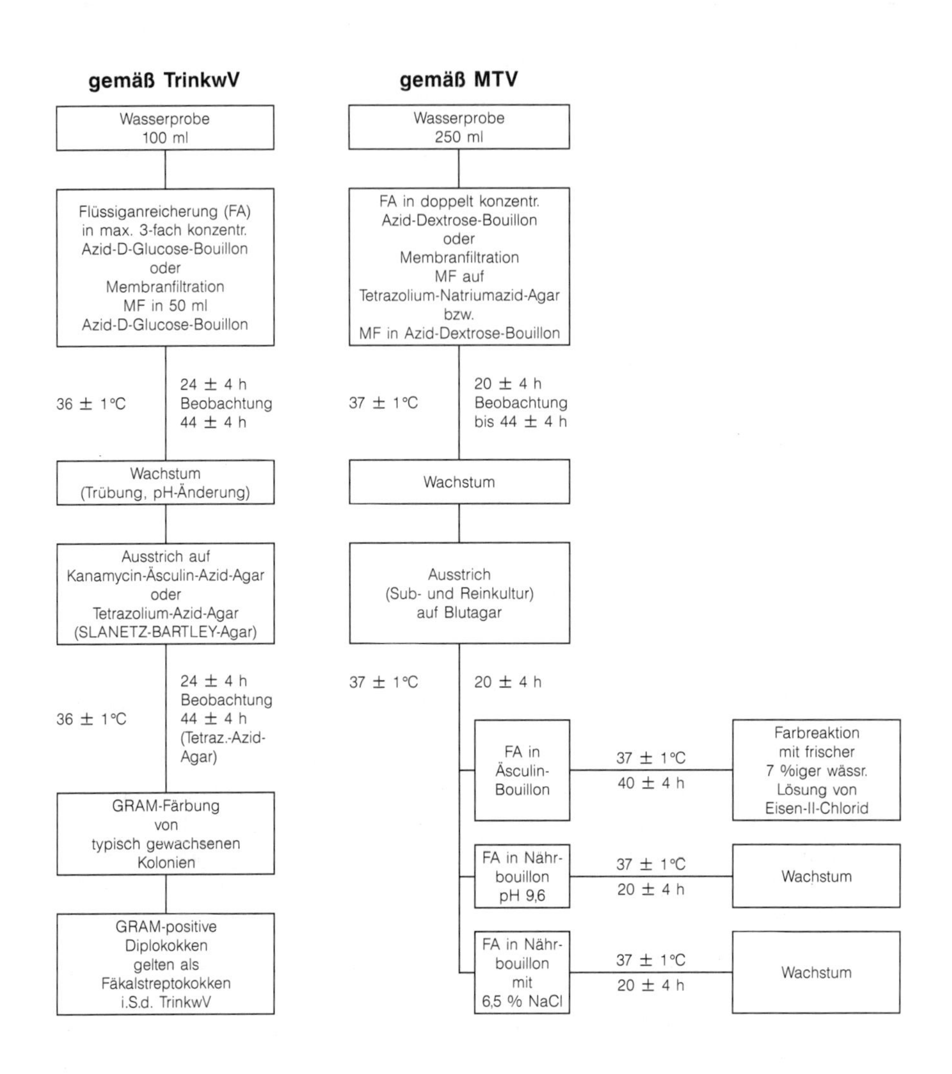

Abb. 10.4: Nachweis von Fäkalstreptokokken (13)

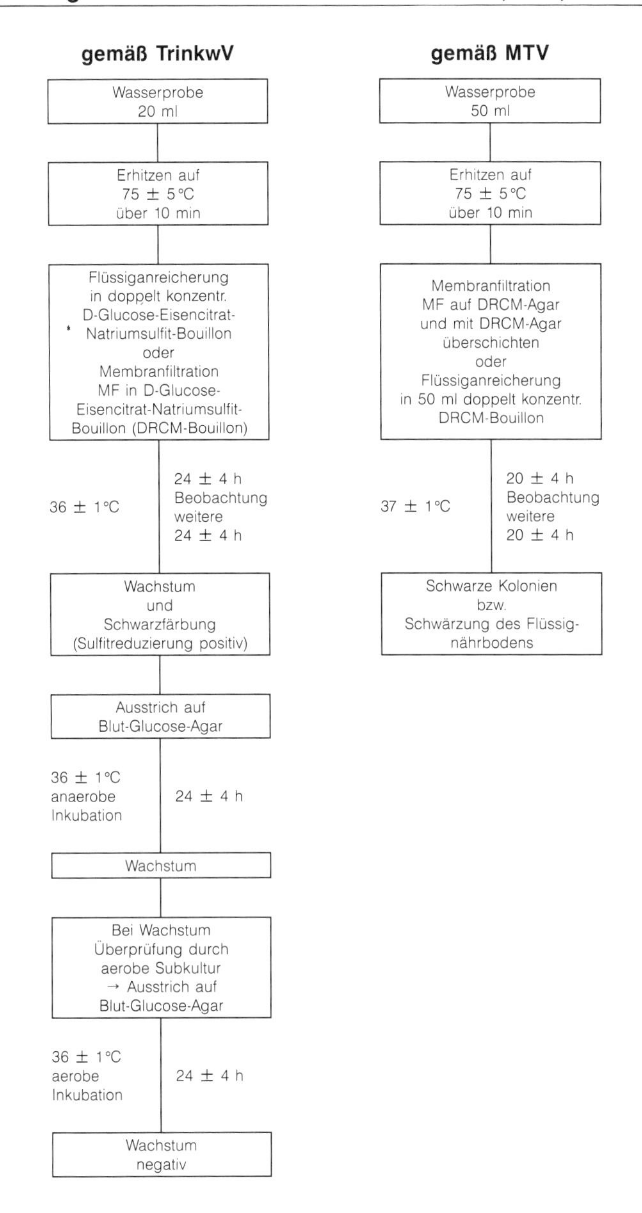

Abb. 10.5: Nachweis sulfitreduzierender, sporenbildender Anaerobier (SSA, Clostridien) (13)

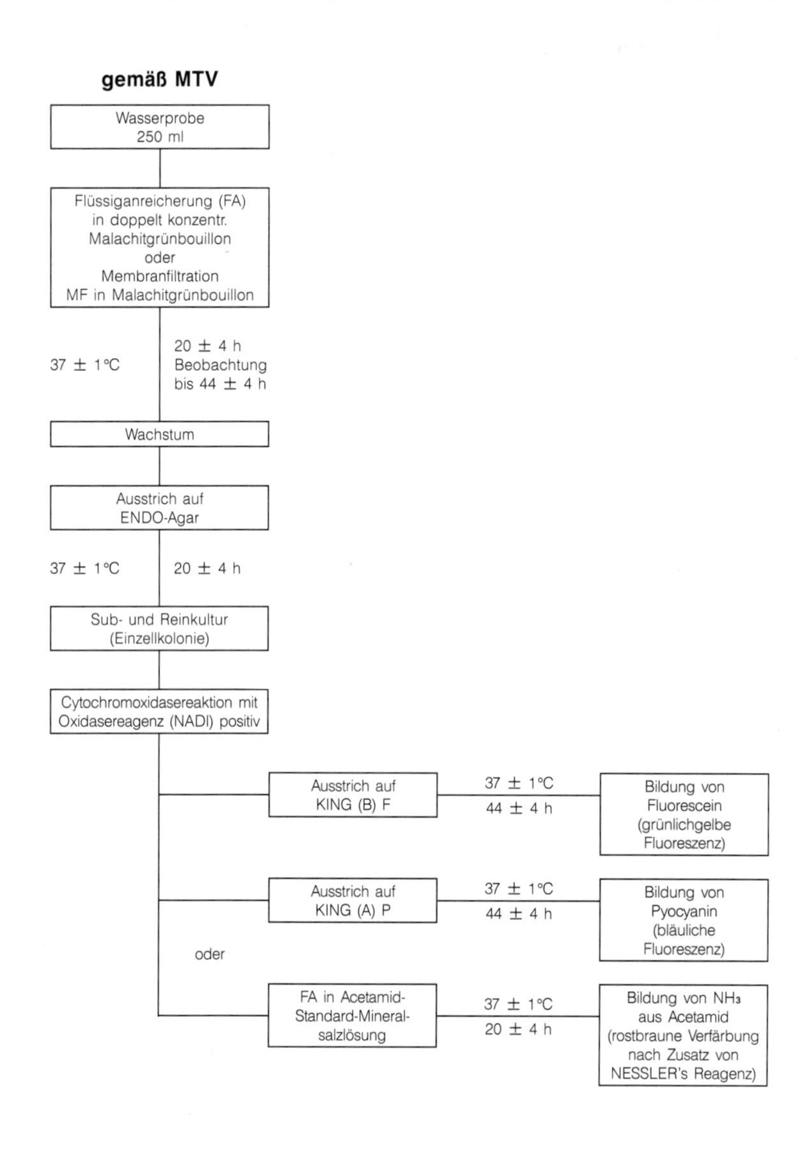

Abb. 10.6: Nachweis von *Pseudomonas aeruginosa* (13)

Die mikrobiologischen Untersuchungsvorschriften für **Heilwässer** stimmen prinzipiell mit denen der MTV überein[1]. So werden neben der Bestimmung der Koloniezahl entsprechende Untersuchungen auf *E. coli*, coliforme Bakterien, Schwefelwasserstoff-Bildner, Clostridien (SSA), *Pseudomonas aeruginosa* und Fäkalstreptokokken durchgeführt.

Heilwasseranalysen müssen alle 10 Jahre und Kontrollanalysen alle 2 Jahre durchgeführt werden. Bei Heilbrunnenbetrieben muß alle 5 Jahre eine Heilwasseranalyse der Flaschenfüllung erfolgen. Hygienische Kontrolluntersuchungen müssen mindestens einmal im Jahr durchgeführt werden. Das gilt auch für jedes bei der Abfüllung von Heilwässern verwendete Zusatz- und Flaschenspülwasser.

Auszug aus: Begriffsbestimmungen für Kurorte, Erholungsorte und Heilbrunnen, herausgegeben vom Deutschen Bäderverband e.V. , 53113 Bonn, Schumannstraße 111 und vom Deutschen Fremdenverkehrsverband e.V., 53113 Bonn, Niebuhrstraße 16 b. 9. Auflage, überarbeitete Fassung vom 11. April 1987.

10.3 Mikrobiologische Qualitätskontrollen bei Alkoholfreien Getränken (AfG)

In **alkoholfreien Getränken (AfG)** ist wegen der meist sehr niedrigen pH-Werte vor allem der Nachweis von acidophilen und acidotoleranten Keimen von Bedeutung. Hierzu gehören in erster Linie Schimmelpilze, Hefen, Essigsäurebakterien und Milchsäurebakterien. Lediglich bei einigen **Gemüsesäften** oder **Gemüsetrünken** mit kritischen pH-Werten über 5,0 (4,5) müssen auch die üblichen mesophilen und thermophilen Keimzahlen untersucht werden, zumal hier auch Krankheitserreger sowie hitzeresistente Bazillen und Clostridien vorkommen können. Bei **karbonisierten Getränken** empfiehlt sich eine selektive anaerobe Untersuchung auf gärfähige Getränkeschädlinge (gärfähige Hefen, Milchsäurebakterien), da andere Keime in diesem nahezu sauerstofffreien Milieu kaum Vermehrungsmöglichkeiten haben (6).

Bei den Untersuchungen hat sich vor allem das **Gußplattenverfahren** als sehr nützlich erwiesen, da hier eine Unterscheidung von gärkräftigen Arten einerseits und gärschwachen Arten oder reinen Atmungsorganismen andererseits möglich ist. Erstere wachsen auch gut im Nähragar und bilden oft typische stern- oder linsenförmige Kolonien, während gärschwache Arten nur auf der Oberfläche deutliches Kolonienwachstum zeigen.

1) Verlautbarungen der Arzneimittelkommission beim BGA.

Bei klaren Proben ist auch die **Membranfiltration** üblich, wobei der Membranfilter (Porenweite 0,45 μm) oft halbiert wird und die Membranfilterhälften parallel aerob und anaerob inkubiert werden.

Häufig wird auch die **Flüssiganreicherung** angewandt, besonders wenn es sich um trubstoffreiche und konzentrierte, teilweise hochviskose Proben handelt. Als Beispiel sei hier das SSL-Verfahren (7, 9) genannt, bei dem je nach Mischungsverhältnis von Probe und Nährlösung spezifische Konzentrationen und pH-Werte eingestellt werden können. In der 2. Stufe kann von dieser Anreicherung nach 1-3 Tagen eine Gußplatte zur Beschleunigung des Nachweises und zur besseren Differenzierung des Befundes (siehe Abb. 10.7) angelegt werden.

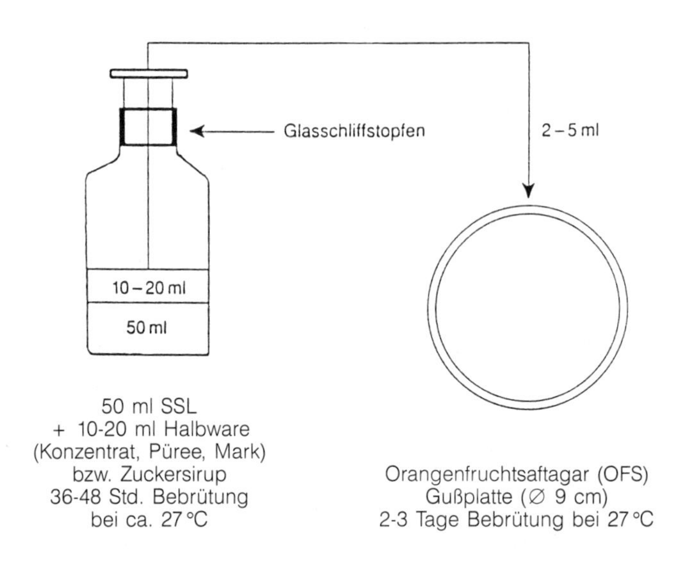

Abb. 10.7: Beispiel für eine Flüssiganreicherung kombiniert mit dem Gußplattenverfahren. SSL-Verfahren zum Nachweis von schädlichen Hefen in Fruchtsaftkonzentrat, Püree, Fruchtmark und Zuckersirup (7, 9, 12)

Zum Nachweis aller wichtigen Getränkeschädlinge sind das Orangen-Serum-Medium (Difco, Oxoid) bzw. das Orangen-Fruchtsaft-Medium (OFS) hervorragend geeignet (6). Die Selektivität kann noch erhöht werden, wenn der pH-Wert auf 4,3-4,8 eingestellt wird und gegebenenfalls unter anaeroben Bedingungen bebrütet wird. Da in vielen Getränken überwiegend Hefen als Getränkeschädlinge in Erscheinung treten, empfiehlt sich hier zur leichteren Auswertung und Beurteilung der Proben der Oxytetracycline-Glucose-Yeast Extract Agar (OGY, Difco, Oxoid), bei dem Bakterien generell gehemmt werden und ein selektiver Nachweis von Hefen und Schimmelpilzen möglich ist (31).

Große Probleme bereitet oft der Nachweis von osmophilen Hefen *(Zygosaccharomyces rouxii, Z. bailii)*, die auf dem üblichen Medium häufig nicht oder nur sehr langsam wachsen. Für diese Organismen wird ein Agar (YGF-OS) empfohlen, der 60 % Zucker (30 % Glucose + 30 % Fructose) enthält. Da in derartig hochkonzentrierten Medien zusätzlich bestimmte, weniger osmotolerante Arten und übliche Hefen (z.B. Ascosporen von *Saccharomyces*) latent vorliegen können, ist eine parallele Kultivierung mit YGF-OS und normalem OFS-Agar erforderlich. Zum Nachweis aller relevanten Keime in höher konzentrierten Produkten könnte auch ein Medium dienen, das 5-10 % weniger Zucker (°Brix) enthält als die zu untersuchende Probe.

Mit den genannten Medien können die üblichen Getränkeschädlinge ohne weiteres erfaßt werden. Daneben werden zum Nachweis von Hefen und Schimmelpilzen auch Würzeagar, Malzextrakt (Agar bzw. Bouillon), Universalmedium für Hefen und YGC-Agar eingesetzt. Für mesophile und thermophile Bakterien kommen meist Plate-Count-Agar (PC) oder Standard-I-Medium zur Anwendung. Als Spezialmedium für Milchsäurebakterien dient meist MRS-Medium und für anaerobe Sporenbildner Clostridien-Differential-Medium (DRCM). Als optimale durchschnittliche Bebrütungstemperatur wird 27 ± 2 °C empfohlen. Die Inkubationszeiten liegen gewöhnlich bei 2-5 Tagen, in speziellen Fällen (osmophile Hefen) bis zu 14 Tagen.

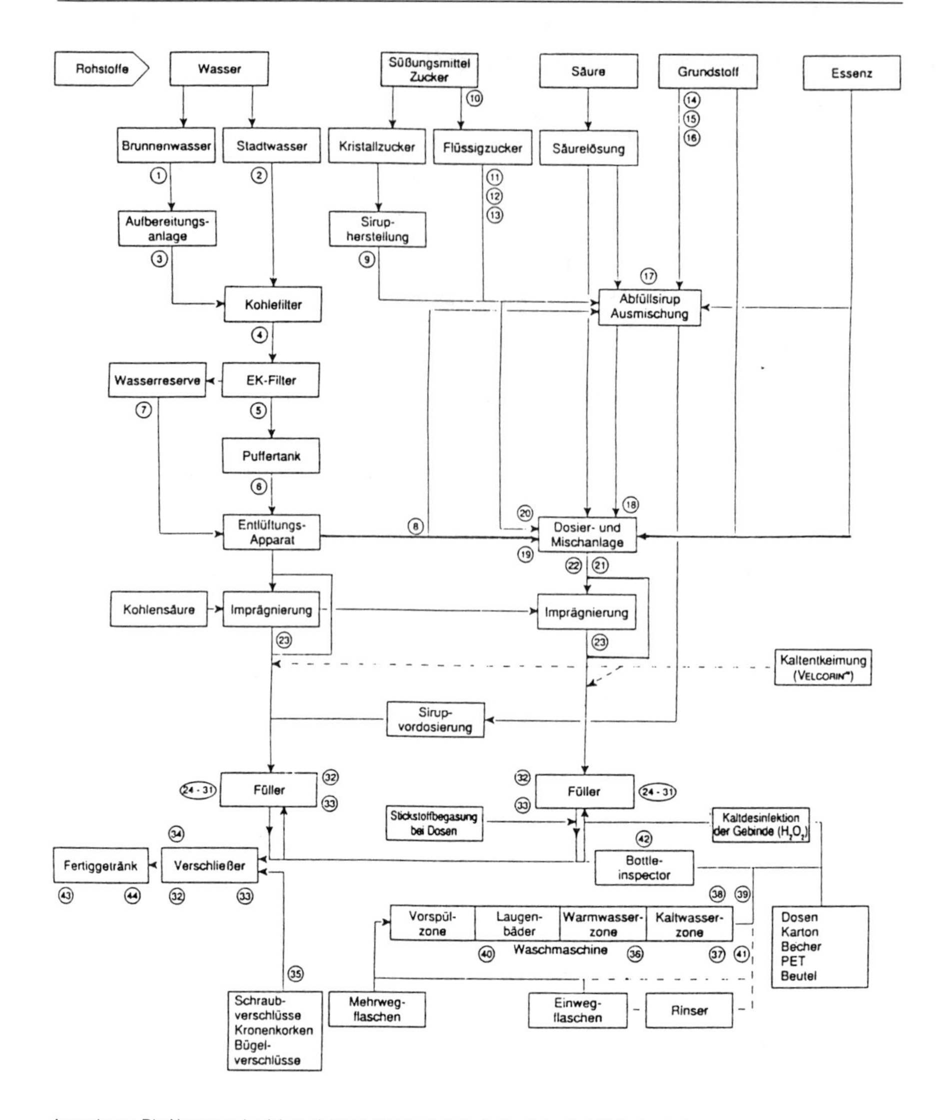

Anmerkung: Die Nummern beziehen sich auf entsprechende Probestellen bei Stufenkontrollen

Abb. 10.8: Fließschema für die Herstellung von AfG (3, 13)

I Bereich Wasseraufbereitung
1 Rohwasser (nach Brunnenpumpe)
2 Stadtwasser (nach Zähler)
3 Aufbereitungsanlage (Ionentauscher; Kiesfilter, Belüftung)
4 nach Kohlefilter
5 EK-Filter-Auslauf (UV-/Ozon-Anlage)
6 Pufferbehälter
7 Wasserreserve

II Bereich Siruppraum
8 Wasser-Blindprobe
9 Zuckerlöser (SWP)
10 Flüssigzucker (aus Tankzug)
11 Flüssigzucker (nach Sieb oder Filter)
12 Zuckertank (Produkt oder SWP)
13 Siruppumpe (Produkt oder SWP)
14 Grundstoff (evtl. weitere Rohstoffe)
15 Grundstoffleitung bzw. Pumpe (Produkt oder SWP)
16 Vorlaufgefäße (Produkt oder SWP)
17 Ansatzbehälter/Mischbehälter (Produkt oder SWP)
18 Mixer Sirup
19 Mixer Wasser
20 BRAN & LÜBBE-Pumpe (Sperrwasser, Schmierwasser) (Sirupseite — Wasserseite)
21 Mixer Auslauf (Produkt oder SWP)
22 Ovalradzähler, Ringkolbenzähler (Produkt oder SWP)
23 Imprägnierung

III Bereich Füller
24 Füller Einlauf (Produkt oder SWP)
25 Sterilflasche (steril verschlossen)
26 Sterilflasche (mit Originalverschluß)
27 Betriebsflasche (verschiedene Füllorgane)
28 Füllventil (WP)
29 Zentriertulpen, Steuerventile und andere Stellen mit Tropfwasser (WP)
30 Abspritzwasser Füllorgane
31 Mündungsdusche
32 Verkleidung Innenseite (Füller und Verschließer) (WP)
33 Einlauf- und Auslaufsterne (Füller und Verschließer) (WP)
34 Anpreßtulpen Verschließer (WP)
35 Verschlüsse

IV Bereich Waschmaschine (WM)
36 Warmwasser-Ausspritzung (Zusatz von Natriumthiosulfat zur Chlorinaktivierung)
37 Kaltwasser-Ausspritzung (Zusatz von Natriumthiosulfat zur Chlorinaktivierung)
38 gereinigte Flaschen aus verschiedenen Körben
39 durchgelaufene Sterilflaschen
40 Laugenbäder
41 Abstriche Flaschenabgabe (Tropf-, Schwitzwasser) (WP)
42 Bottle inspector (WP)

V Fertiggetränke
43 Füllbeginn
44 Füllende

VI Sonderuntersuchungen
45 Blindkappen, Blindstutzen, Probehähnchen, Dreiwegehähne, Dichtungen (vor allem Mischanlage und Produktweg bis zum Füller) (WP)
46 Pumpen, Dosiereinrichtungen, Ventile (WP)
47 Tankeinbauten (Deckel, Mannloch, Rührwerk, Füllstandsanzeigen) (WP)
48 Meßeinrichtungen, spezielle Armaturen (WP)
49 Preßluft, Kohlensäure; Reinigungs- und Desinfektionsmittellösungen (CIP)
50 Raumluft aus den Bereichen WM-Flaschenabgabe sowie Füller und Verschließer

Nährmedien Getränkeschädlinge: OFS-Agar, SSL-Bouillon; *E. coli*/Coliforme: ENDO-Agar, Lactose-Bouillon (LB), Lactose-Konzentrat (LK, LMC); Gesamtkoloniezahl: DEV Nähragar (NA), Plate-Count-Agar (PC), Standard-I-Agar. — **Probenverarbeitung** Bei Wasserproben aus Bereich I wird auf *E. coli*/Coliforme untersucht und die Gesamtkoloniezahl ermittelt: Membranfiltration von 250 ml Wasserprobe; Membranfilter (MF) auf ENDO-Agar oder in LB oder 250 ml zu 50 ml LK. Bebrütung bei 36 °C, Auswertung nach 24 und 48 Stunden. — Bei Wasserproben (ca. 50 ml), z.B. Spülwasserproben (SWP) nach erfolgter Reinigung und Desinfektion, wird in erster Linie auf Getränkeschädlinge untersucht: Membranfiltration, MF auf OFS-Agar. Bebrütung bei 25-28 °C 4-5 Tage. Bei kleineren Probemengen (ca. 5 ml) empfiehlt sich das Anlegen von OFS-Gußplatten. Bei Rohstoff- und Produktproben (Flüssigzucker, Sirup, Grundstoff, Konzentrat, Fertiggetränke) wird auf Getränkeschädlinge untersucht: OFS-Gußplatte (für 1-3 ml Probe sind Petrischalen mit 9 cm ∅ und für 10-25 ml Probe solche mit 14 cm ∅ geeignet) oder SSL-Verfahren bei größeren Probemengen (10-50 ml). Bebrütung bei OFS-Gußplatten 4-5 Tage, beim SSL-Verfahren (zweistufig) insgesamt 5 Tage. Sterilflaschen, Betriebsflaschen, Container, Verschlüsse werden mit sterilem Wasser ausgeschwenkt und in erster Linie auf Getränkeschädlinge untersucht. Das Schwenkwasser wird membranfiltriert oder bei geringeren Mengen mittels Gußplatten angelegt. Bebrütung auf OFS-Agar 4-5 Tage bei 25-28 °C. Außenflächen und Kontaktstellen werden mittels Wischproben (WP) untersucht. Am günstigsten sind Sterilupfer in Einwegreagenzgläsern. Die Reagenzgläser werden mit 3-5 ml sterilem Wasser oder Nährlösung (SSL/St-I B. u.a.) gefüllt, so daß die Tupfer eintauchen. Nach Schütteln der Proben werden OFS-Gußplatten angelegt. Bebrütung 4-5 Tage bei 25-28 °C. Preßluft und Kohlensäure läßt man einige Sekunden in Nährlösungen (SSL/VW/St-I B. u.a.) einströmen und bebrütet diese Flüssiganreicherungen in Reagenzgläsern oder anderen geeigneten Kulturgefäßen 3-5 Tage bei 25-28 °C. Zur besseren Beurteilung der Keimzahlen können aber von der Nährlösung (oder ster. H_2O) auch entsprechende Gußplatten (OFS-Agar) angelegt werden. Raumluftproben werden am besten mittels Luftkeimsammelgerät RCS von BIOTEST und entsprechenden Luftkeimindikatoren untersucht. Die Bebrütung erfolgt 2-5 Tage bei 25-28 °C. Beim Nachweis von Limonadenschädlingen empfiehlt sich wegen der besseren Selektivität eine Inkubation im Anaerobiose-Topf. Bei der Auswertung wird darauf geachtet, daß bezüglich der Keimzahlen keine zu großen Abweichungen im Vergleich zum Normalzustand (gereinigte Anlagen) bestehen. Als ungünstig ist zum Beispiel ein zehnfacher Keimanstieg zu bewerten. Die abgefüllten Getränke werden mindestens 10 Wochen als Haltbarkeitsproben bei 25-28 °C aufgestellt. Zusätzlich sollten noch einige Stichproben direkt auf Getränkeschädlinge untersucht werden. Der Nachweis erfolgt mittels OFS-Gußplatten (Petrischalen mit 14 cm ∅, 10-25 ml Getränkeprobe), SSL-Verfahren oder Membranfilterkulturen (klare Getränke).

Abb. 10.9: Stufenkontrolle im AfG-Betrieb (13)

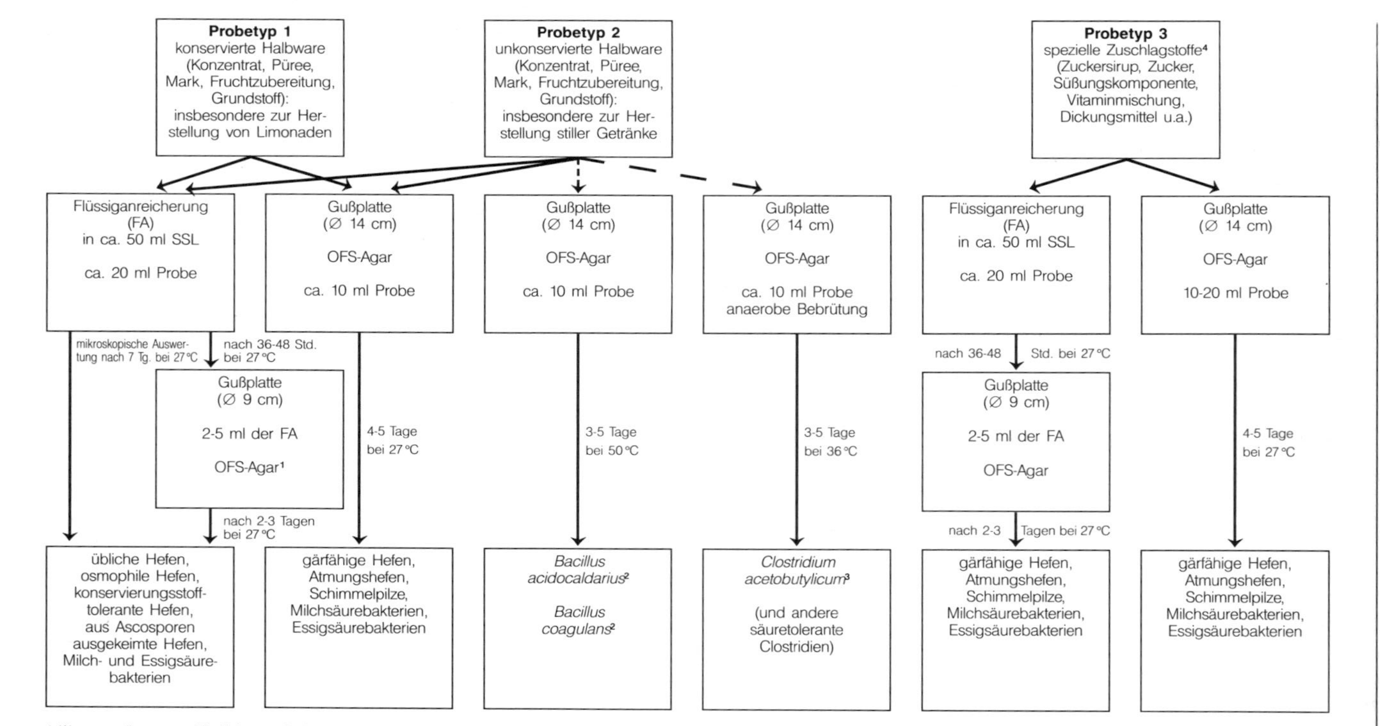

1 Wenn vor allem osmophile Hefen von Bedeutung sind, sollten dem OSF-Agar noch 20-50 % Glucose zugesetzt werden.

2 Beide Bazillen wachsen bei niedrigen pH-Werten (*B. acidocaldarius* sogar bei pH 3,0) und können die Pasteurisation überleben; sie kommen aber nur selten in der AfG-Industrie vor (15, 16).

3 *Clostridium acetobutylicum* tritt besonders bei Stickstoff- oder CO_2-überschichteten Fruchtzubereitungen und bei Halbware mit höheren pH-Werten als Schädling in Erscheinung. Kontaminationen mit dieser Art kommen aber nur selten vor. Als Nachweismedium ist hier auch Clostridien-Differential-Medium (DRCM) geeignet.

4 Beim Einsatz in neutralen oder leicht sauren Produkten müssen auch die mesophilen Keimzahlen (aerob und anaerob) sowie die thermophilen Bazillen und Clostridien untersucht werden (siehe Probetyp 6, mittlere Rubrik).

Abb. 10.10: Untersuchung wichtiger Rohstoffe für AfG (12, 13)

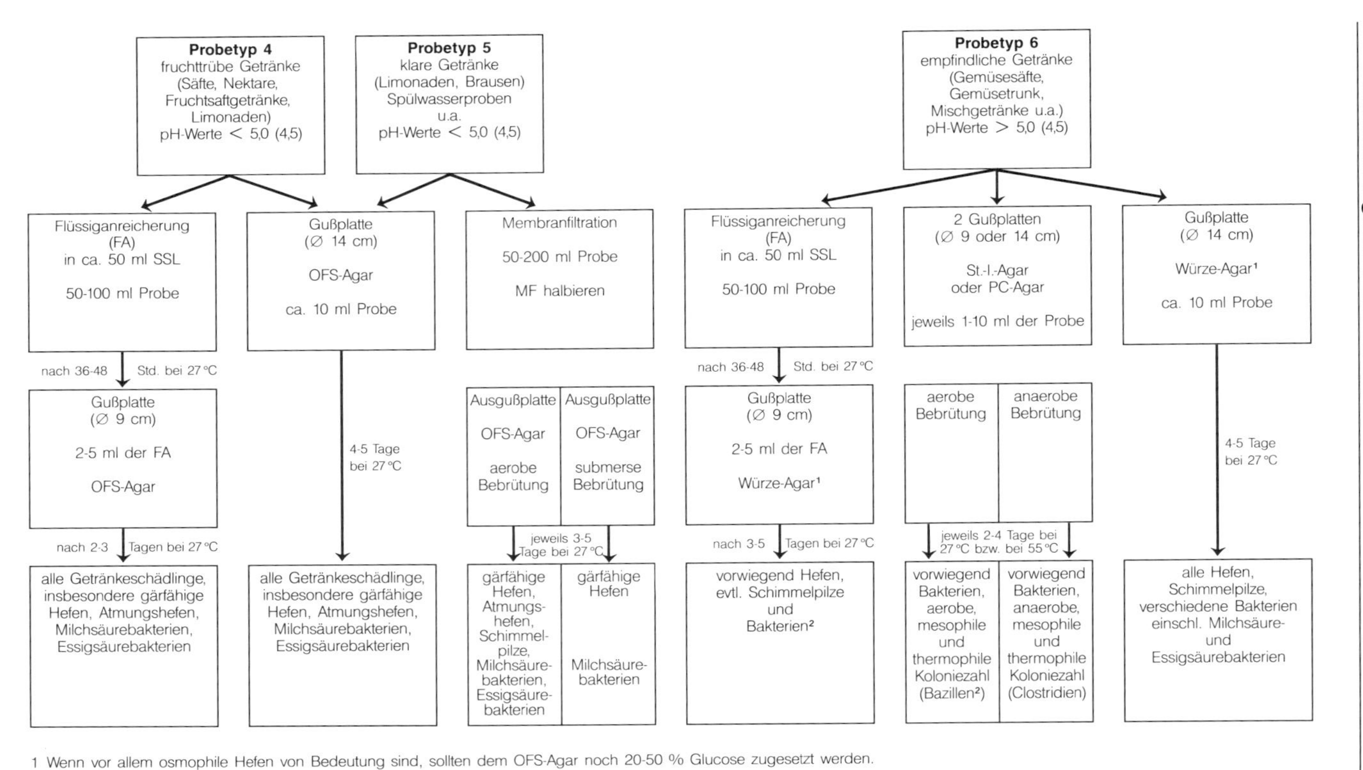

1 Wenn vor allem osmophile Hefen von Bedeutung sind, sollten dem OFS-Agar noch 20-50 % Glucose zugesetzt werden.

2 Besondere Bedeutung haben die beiden *Bacillus*-Arten *B. acidocaldarius* und *B. coagulans*, die die Pasteurisation überleben können und bei niedrigen pH-Werten wachsen (B. acidocaldarius bei pH 3,0). Probleme mit diesen Bazillen treten aber verhältnismäßig selten auf.

Abb. 10.11: Untersuchung von Fertiggetränken (AfG) (12, 13)

10.4 Mikrobiologische Qualitätskontrolle bei Bier

In der Brauerei werden aus mikrobiologischer Sicht **3 Bereiche** unterschieden: 1. Produktionsbereich bis zur Angärung; 2. Gär- und Lagerkeller sowie Produktionsweg bis zum Füller; 3. Abfüllbereich. Bei Bierschädlingen, die aus den ersten beiden Bereichen stammen, spricht man von **Primärkontaminanten**; dagegen werden Bierschädlinge aus dem Abfüllbereich als **Sekundärkontaminanten** bezeichnet (11, 13).

Während in Bierwürze, Wasser und in anderen Proben des 1. Bereiches alle möglichen ubiquitären Keime auftreten können, haben im Bier nur noch wenige Keime Entwicklungsmöglichkeiten (2, 4, 5, 8, 13). Das liegt an folgenden selektiv wirkenden Kriterien:

- anaerobes Milieu
- niedriger pH-Wert (ca. 4,5)
- Hopfenbitterstoffe
- Alkohol
- Mangel an leicht verwertbaren Nähr- und Wuchsstoffen infolge der vorausgegangenen Hefegärung
- niedrige Temperatur.

Vor allem wegen des weitgehend fehlenden Sauerstoffs und wegen des niedrigen pH-Wertes haben hier, wie in Fruchtsäften, Erfrischungsgetränken und Wein, pathogene Keime und hitzeresistente Sporenbildner (Bazillen, Clostridien) keine Bedeutung. Nur wenige säure- und hopfentolerante, anaerobe bzw. fakultativ anaerobe Keime können sich unter diesen Bedingungen vermehren und einen bierschädlichen Charakter annehmen. Hierzu gehören vor allem *Saccharomyces*-Hefen, Laktobazillen, Pediokokken, *Pectinatus* und *Megasphaera*. Aber auch unter diesen Organismen gibt es schädliche und harmlose Arten bzw. Stämme sowie alle möglichen Zwischenformen. Es hat sich daher als sehr nützlich erwiesen, die auftretenden Keime in folgende **5 Schädlichkeitskategorien** einzuteilen:

- obligate Bierschädlinge
- potentielle Bierschädlinge
- indirekte Bierschädlinge
- Indikatorkeime
- Latenzkeime

Unter **Bierschädlingen** versteht man Keime, die das Bier in seinen sensorischen Eigenschaften nachteilig beeinflussen (Verbrauch erwünschter Substanzen, Bildung von unerwünschten Geschmacks- und Geruchsstoffen, Trübung, Bodensatzbildung). Am gefährlichsten sind die **obligaten Bierschädlinge**, die ohne Adaptation in Bier wachsen und die Qualität mehr oder weniger stark beeinträchtigen. Nicht ganz so problematisch sind die **potentiellen Bierschädlinge**, die nur unter bestimmten Bedingungen im Bier wachsen können (z.B. zu hoher pH-Wert, sehr niedrige Hopfenkonzentrationen, schlechter Vergärungsgrad, niedriger Alkoholgehalt). Hierzu gehören auch Keime, die mit der Zeit durch Adaptation an das Biermilieu einen schädlichen Charakter annehmen können. Es ist daher wichtig, daß auch solche Organismen rechtzeitig nachgewiesen werden und sich nicht über einen längeren Zeitraum im Betrieb einnisten können.

Die **indirekten Bierschädlinge** können ebenfalls nicht in normalen Bieren wachsen. Sie verursachen aber Vorschädigungen im Produktionsbereich (z.B. in der Hefe und Würze, im Sauergut, im Jungbier), die sich letztlich bis ins abgefüllte Bier auswirken. Sie müssen daher ebenfalls rechtzeitig nachgewiesen und beseitigt werden.

Eine besondere Bedeutung für die Betriebskontrolle haben die **Indikatorkeime**, weil sie frühzeitig auf unzureichende Reinigungsmaßnahmen und sonstige Mängel hinweisen. Sie sind zwar selbst absolut unschädlich, aber häufig mit Bierschädlingen vergesellschaftet. Da sie schneller und einfacher nachzuweisen sind als Spurenkontaminationen von Bierschädlingen, können Schwachstellen wesentlich schneller entdeckt werden.

Die **Latenzkeime** sind völlig harmlose Ubiquisten, die aber im Biermilieu über einen langen Zeitraum überleben können und nicht selten, besonders bei der Anwendung unspezifischer Nährböden, nachgewiesen werden. Sie haben lediglich gewisse Indikatorfunktionen für kurzfristige Verunreinigungen (z.B. verkeimtes Betriebswasser, Baumaßnahmen). Bei stärkerem Auftreten und in speziellen Fällen können sie auch als Hygieneindikatoren eingestuft werden.

Tab. 10.1: Kategorien der Bierschädlichkeit (13)

Kategorie	Wachstum in Bier	Wachstum in Bier nach erfolgter Adaptation	Wachstum in Spezialbieren mit verminderter Selektivität	Nachweis im Bier mit unspezifischen Medien (z.B. Standard-I-Agar oder Würze-Agar)	Einstufung	Beispiele	Auswirkungen im Bier und Bedeutung der Keime
I	+	+	+	—/+	obligat bierschädlich	*Lactobacillus brevis*	Trübung/Säuerung
						Lactobacillus lindneri	Trübung/Säuerung
						Pediococcus damnosus	Bodensatz/Diacetyl
						Pectinatus cerevisiiphilus	Trübung/Propionsäure, Acetoin
						Saccharomyces c. diastaticus	Bodensatz/Trübung
II	—	+/—	+/—	+/—	potentiell bierschädlich	*Lactobacillus plantarum*	leichte Trübung/Diacetyl
						Lactococcus lactis	leichte Trübung/Diacetyl
						Micrococcus kristinae	Aromaveränderung/leichter Bodens.
						Zymomonas mobilis	Trübung/H_2S, DMS, Acetaldehyd
						Saccharomyces c. pastorianus	Geschmacksfehler/Trübung
III	—	—	—/+	+	indirekt bierschädlich	*Enterobacter agglomerans*	Phenole, DMS, Acetoin, Proteinasen
						Obesumbacterium proteus	Phenole, DMS, Proteinasen
						Candida kefyr	Geschmacksfehler (flüchtige Phenole)
						Hansenula anomala	Geschmacksfehler (Ethylacetat)
						Sacch. cerevisiae - Fremdhefen	Gärstörungen
IV	—	—	—	+	Indikatorkeim	*Acetobacter pasteurianus*	häufig vergesellschaftet mit Bierschädlingen
						Acinetobacter calcoaceticus	
						Klebsiella pneumoniae	
						Debaryomyces hansenii	
						Saccharomyces c. chevalieri	
V	—	—	—	+	Latenzkeim	Bazillen	Verkeimungen bei mangelhafter Betriebshygiene; können im Bier lange Zeit latent überleben
						Clostridien	
						Enterobacteriaceen	
						Mikrokokken	
						Kahmhefen	

Zeichenerklärung:
+ positives Verhalten
— negatives Verhalten
+/— die Mehrzahl der Stämme verhält sich positiv
—/+ die Mehrzahl der Stämme verhält sich negativ

In der Brauerei kommt es auch auf den **Spurennachweis** von Bierschädlingen an. Dazu werden meist **Flüssiganreicherungen,** vor allem bei der Untersuchung der Kulturhefe und hefehaltiger Proben und **Membranfilterkulturen** (0,45 μm-Membranen) bei klaren Bierproben und Spülwasserproben angesetzt.

Beim **Nachweis von Hefen** spielt vor allem Würzeagar eine wichtige Rolle. Zur Differenzierung von Kulturhefen und Fremdhefen dienen Lysin- oder Kupfersulfat-Agar, Kristallviolett- oder LWYM-Agar sowie endvergorenes Bier (siehe Abb. 10.13).

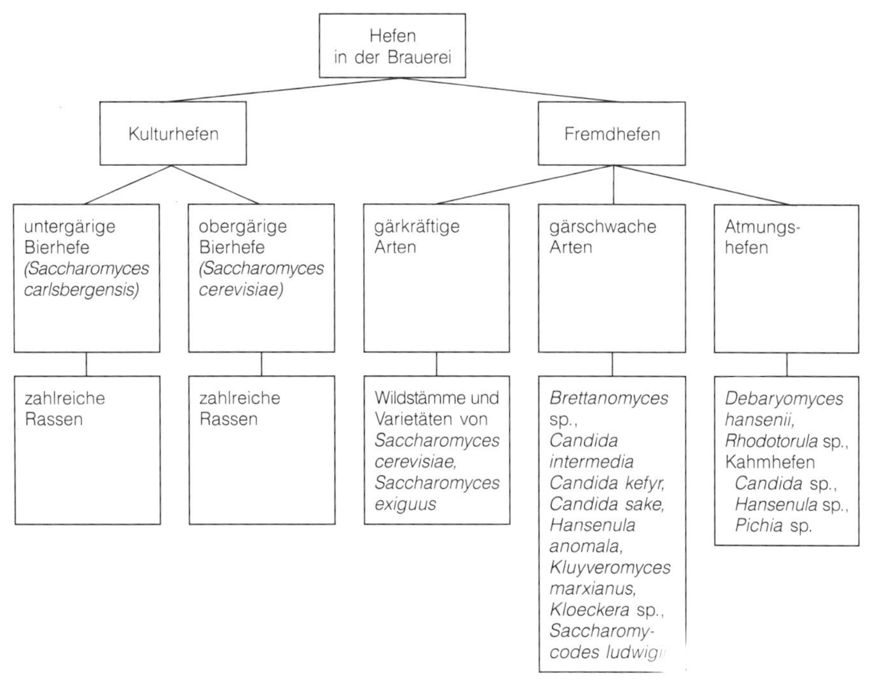

Abb. 10.12: Einteilung der Hefen nach brauereitechnologischen Gesichtspunkten (13, 18, 19, 29, 30, 32)

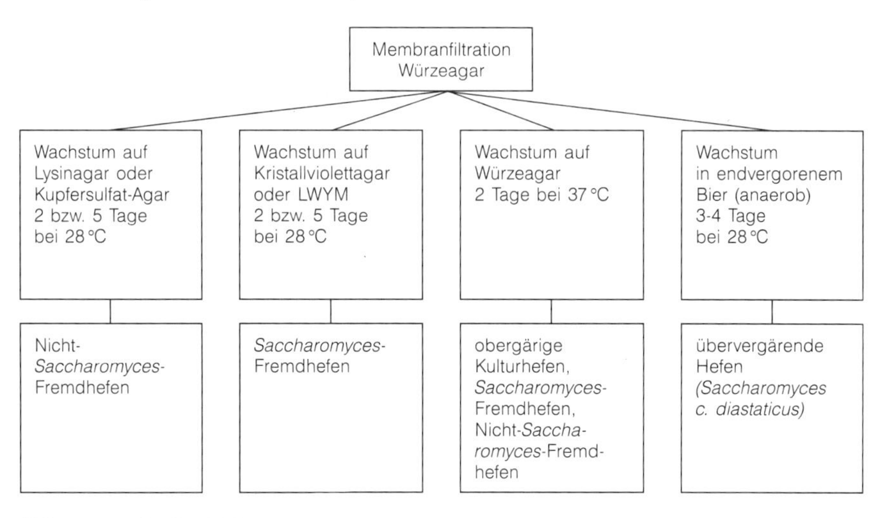

Abb. 10.13: Grobe Differenzierung von Hefen auf Membranfilterkulturen (10, 13, 20, 34, 35, 39, 40)

Die Unterscheidung von untergärigen und obergärigen Hefen erfolgt meist mit Hilfe des Melibiose-Bromkresolpurpur-Agars (nur untergärige Hefen verwerten Melibiose), des Pantothenatagars (nur untergärige Hefen wachsen auf diesem pantothenatfreien Agar) oder des Wachtums bei 37 °C (nur obergärige Hefen wachsen). Zur Unterdrückung von Bakterien kann dem Würzeagar oder anderen Hefemedien Chloramphenicol (0,04 g/l) zugesetzt werden oder der pH-Wert der Medien wird mit Milch- oder Zitronensäure auf 4,0-4,5 abgesenkt.

Für den **Nachweis von bierschädlichen Bakterien** gibt es Spezialmedien, z.B. VLB-S-7-Agar (21), MRS-Agar (27), schwach gehopftes Bier (20, 28), ammoniakalische Gärprobe (20, 28), Universal Beer Agar (25). Am häufigsten wird NBB eingesetzt (vgl. auch Bergey's manual of systematic bacteriology, Vol. 2, S. 1216, 1986) (41).

Die **Vorteile von NBB** (2, 8, 13) sind nicht nur in der Nachweissicherheit, in der Schnelligkeit und in der Selektivität zu sehen, sondern auch in der einfachen Handhabung bei der Probenverarbeitung, im geringen Zeitaufwand, in der guten Auswertbarkeit der Proben sowie in der generellen Anwendung bei allen anfallenden Probetypen. So können **klare Proben** mit Hilfe der Membranfiltration und mit NBB-Agar (NBB-A) untersucht werden, während bei **Hefeproben** und bei **hefetrüben Proben** (z.B. Jungbier, Hefeweißbier) Flüssiganreicherungen angesetzt werden. Hefeproben werden dabei in NBB-Bouillon (NBB-B) eingeimpft (ca. 1 ml dickbreiige Hefe auf ca. 20 ml Bouillon, z.B. in Reagenzgläsern mit gasdurchlässigem Verschluß) und bei hefetrüben Proben werden die eventuell vorhandenen Bierschädlinge mit NBB-Konzentrat (NBB-C) in 180 ml-Bügelverschluß-Probefläschchen (BVPF) angereichert. In beiden Fällen wird die Kulturhefe durch Actidion gehemmt, um den in Spuren vorhandenen bierschädlichen Bakterien einen Selektionsvorteil zu bieten.

Um geringfügige **Spurenkontaminationen** und spezielle **langsam wachsende Arten** (z.B. *Lactobacillus lindneri, L. brevisimilis*) sicher nachzuweisen, wird bei den NBB-A und NBB-B-Proben eine Bebrütungszeit von ca. 5 Tagen und bei den NBB-C-Proben von 7-10 Tagen bei 27 °C empfohlen. Häufig ist der Nachweis auch wesentlich schneller, was meist durch Farbumschlag (Rot nach Gelb) bei NBB-A und NBB-B oder zusätzliche Trübungsbildung bei NBB-C-Proben festgestellt werden kann. Zur besseren Selektivität müssen Plattenkulturen anaerob (CO_2-Atmosphäre) inkubiert werden. Bei den Hefeproben in Reagenzgläsern mit NBB-B erreicht man weitgehend anaerobe Verhältnisse durch ein kurzes Angären der Hefe. Bei den Konzentrat-Proben werden die Flaschen zur Erzielung anaerober Verhältnisse randvoll gefüllt. Zum **schnellen, selektiven und sicheren Nachweis von Spurenkontaminationen in Hefeproben** hat sich auch folgende Flüssiganreicherung in Erlenmeyerkölbchen oder Fläschchen als wirkungsvoll erwiesen: Hefeprobe ca. 10 ml, NBB-C 5 ml, past. Bier 90 ml (schwächer gehopftes Bier oder normales Bier mit ca. 20 % Wasser verdünnen), CO_2-Atmosphäre oder aerobe Bebrütung, Inkubation ca. 5 Tage auf Schüttelapparat bei 25-27 °C . Durch die Schüttelbewegung werden die Bierschädlinge optimal mit Nährstoffen versorgt.

Wasser- und Würzeproben können ebenfalls mittels Flüssiganreicherung auf Bierschädlinge untersucht werden. Man gibt zu ca. 50 ml der Probe in 180 ml BVPF ca. 7-10 ml NBB-C oder 10-20 ml NBB-B und füllt mit pasteurisiertem Bier (ca. 120 ml) randvoll auf. Die Bebrütung erfolgt ebenfalls bei 27 °C ca. 1 Woche. Befunde mit Bierschädlingen äußern sich durch Trübung und Bodensatzbildung.

Bei der Untersuchung von **Sonderproben** aus dem Produktions- und Abfüllbereich arbeitet man am besten mit Steriltupfern in Einwegreagenzgläsern (mit Schraubverschluß), die mit NBB-B weitgehend gefüllt werden. Da hier auch Indikatorkeime (vor allem Essigsäurebakterien) miterfaßt werden sollten, können die Proben auch aerob bei 22-27 °C bebrütet werden. Die Auswertung erfolgt nach 4 Tagen, wobei man lediglich die Anzahl der gelbgefärbten Röhrchen pauschal im Vergleich zum Normalzustand (gereinigte Anlagen) bewertet. Eine Erhöhung der Befunde um das Zehnfache gilt als Warnwert.

Zur **Beurteilung der Bierschädlichkeit** kann bei Flüssiganreicherungen (z.B. filtriertes Bier + NBB-B oder hefetrübes Bier + NBB-C) die Selektivität des Nachweises individuell eingestellt werden. So können durch entsprechende Verdünnung der Bierprobe mit Wasser und durch die damit verbundene Reduktion der bierspezifischen Selektivität außer obligaten Bierschädlingen zusätzlich potentielle und indirekte Bierschädlinge sowie auch Indikatorkeime nachgewiesen werden (vgl. Abb. 10.14).

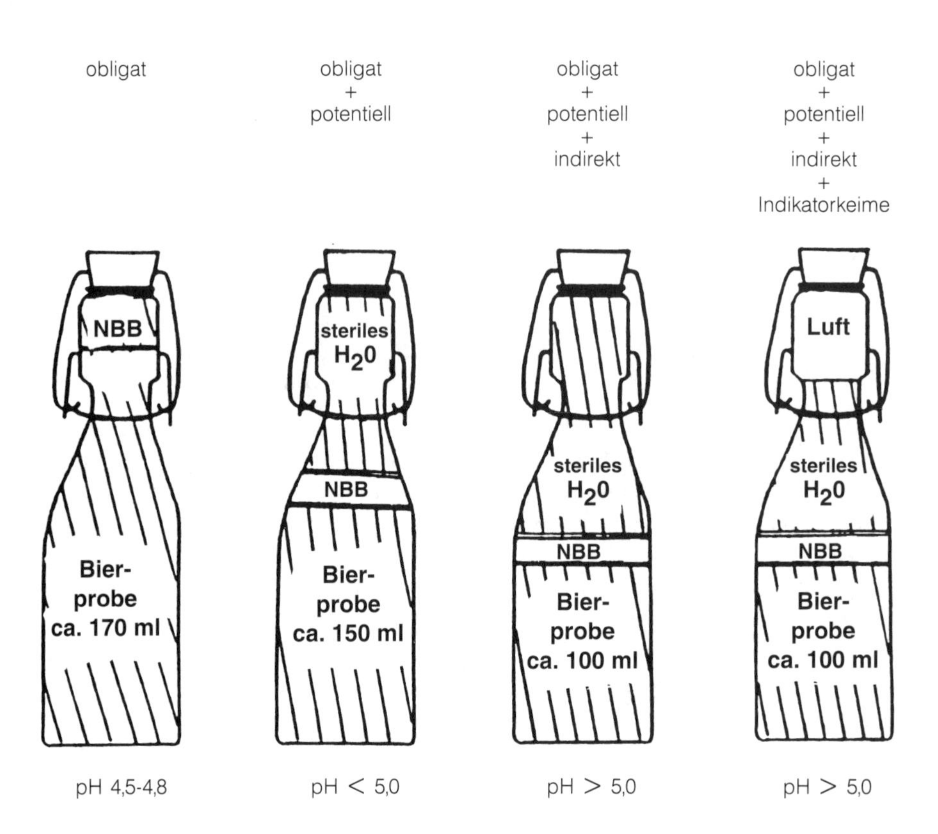

Abb. 10.14: Selektiver Nachweis von Bierschädlingen entsprechend ihrer Schädlichkeitskategorie (13)

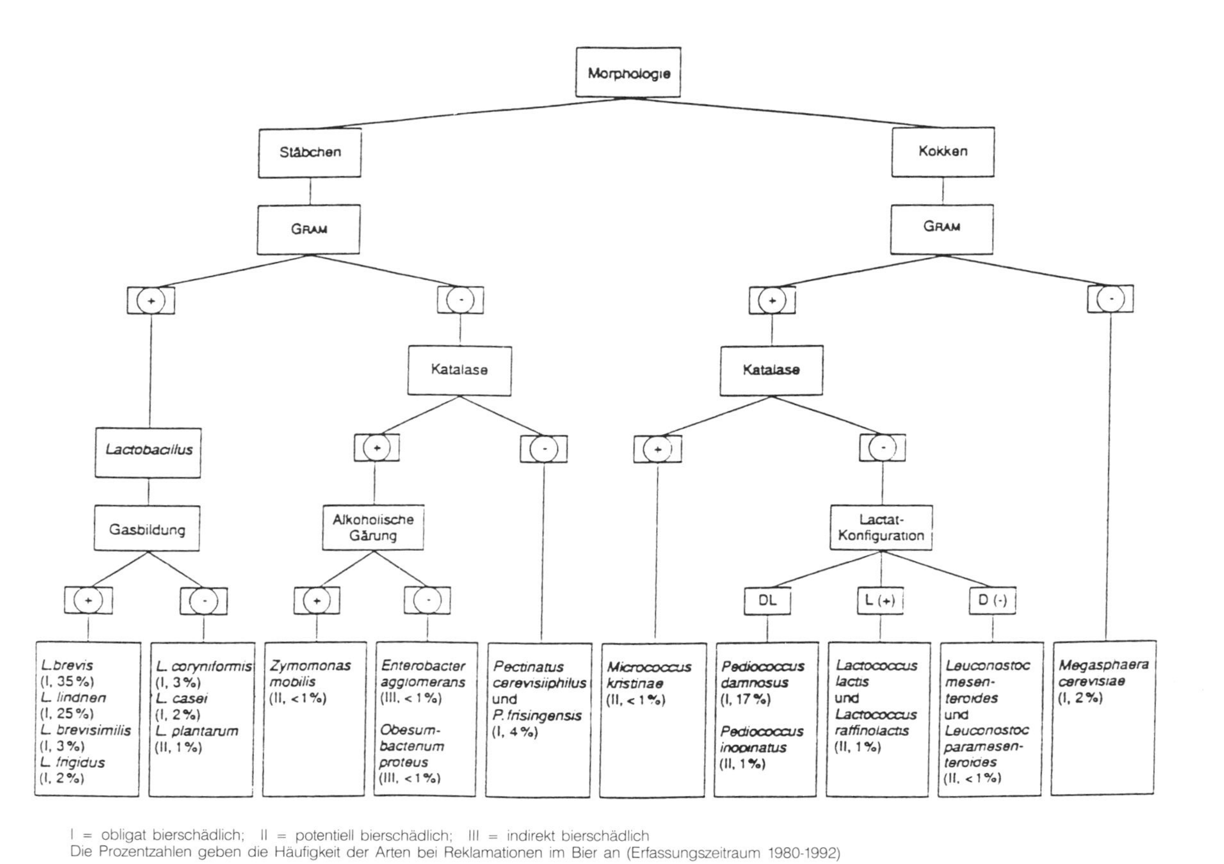

I = obligat bierschädlich; II = potentiell bierschädlich; III = indirekt bierschädlich
Die Prozentzahlen geben die Häufigkeit der Arten bei Reklamationen im Bier an (Erfassungszeitraum 1980-1992)

Abb. 10.15: Einteilung der bierschädlichen Bakterien (2)

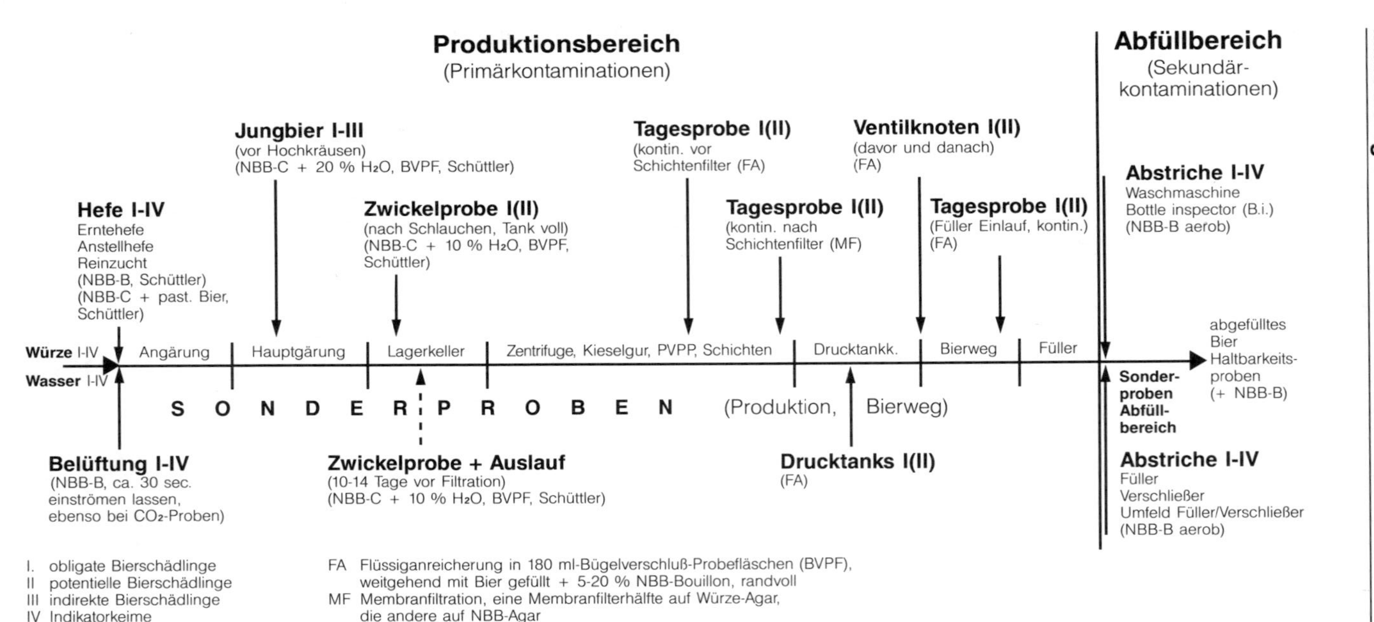

I. obligate Bierschädlinge
II potentielle Bierschädlinge
III indirekte Bierschädlinge
IV Indikatorkeime

FA Flüssiganreicherung in 180 ml-Bügelverschluß-Probeflächen (BVPF), weitgehend mit Bier gefüllt + 5-20 % NBB-Bouillon, randvoll
MF Membranfiltration, eine Membranfilterhälfte auf Würze-Agar, die andere auf NBB-Agar

Sonderproben (Abstriche)

1. PRODUKTION / BIERWEG: Dreiwegehähne (Kükenhähne), CO_2-Leitungen, Spundapparate, CO_2-Dosierung, Meßeinrichtungen, Füllstandsanzeige, Blindkappen (Flächendichtungen!!), Blindrohre, Leitungssäcke, Bypässe (besonders auch an der Zentrifuge, am Kieselgurfilter und am PVPP), Verschraubungen (Dichtungen), Pumpen, Bottichwandungen (Überlaufrinnen), Bottichboden, div. Einbauten und Nischen am Bierweg, aufstehende Böden, Gully (Schläuche, Tankausläufe), CO_2-Tankabsaugung, Restbiertank/Althefetank (Umfeld).
2. ABFÜLLBEREICH: **Waschmaschine** Kopfteil (Kondenswasser), WM-Ablaufrinne, WM-Zahnblech; **Bottle inspector** Sterne, B.i. Flaschentransportbänder, B.i. andere Feuchtstellen; **Füller**, Füllröhrchen, Steuerventile, Tulpen, Hubelemente, Einlaufschnecke, Sterne Oberfläche, Sterne innen, Prallblech, Verschalungen/Träger, Führung Kunststoffschiene, Tulpen (Innengewinde);

   Verschließer: Organe (Führung), Stempel, KK-Einlaufschiene, Teller, Verschalung, Sterne, Transportbänder.

Abb. 10.16: Stufenkontrollplan (13)

10.5 Mikrobiologische Qualitätskontrolle bei Wein
(13, 17)

In Weinkellereien bzw. bei der Weinherstellung hat sich wie in der Brauerei eine spezifische Mikroflora ausgebildet. Hier können ebenfalls mehrere Bereiche unterschieden werden.

So haben bereits auf der Traube spezielle Keime eine Bedeutung für die spätere Weinqualität. Neben dem typischen Traubenpilz *Botrytis cinerea*, der je nach Reifegrad Vor- und Nachteile bewirken kann, kommen noch zahlreiche zum Teil unerwünschte Keime vor (Penicillien, Atmungshefen, Essigsäurebakterien).

Im Most können sich zunächst alle säuretoleranten Keime vermehren. Es handelt sich hier vor allem um Apiculatus- und Kahmhefen, nur in geringerem Maße auch um Essigsäurebakterien.

Beim Einsetzen der Hauptgärung dominieren dann die gärkräftigen *Saccharomyces*-Hefen und verdrängen alle aerophilen Organismen. In diesem sehr sauren (pH-Werte 3,0-3,8) und weitgehend anaeroben Milieu können sich nur sehr wenige Spezialisten vermehren. Hinzu kommt noch ein relativ hoher Alkoholgehalt sowie später die Schwefelung der Weine. Außerdem stellt der Wein ein an Nähr- und Wuchsstoffen verarmtes Substrat dar (32).

Als unerwünschte Kontaminanten spielen lediglich einzelne *Saccharomyces*-Wildhefen sowie gelegentlich *Brettanomyces*-Arten, *Zygosaccharomyces bailii* und *Saccharomycodes ludwigii* eine Rolle.

Außerdem können sich im Wein noch spezielle Milchsäurebakterien vermehren. Es handelt sich zum Teil um dieselben Arten wie im Bier (*Pediococcus damnosus, P. inopinatus, Lactobacillus brevis, L. buchneri, L. frigidus, L. casei* und *L. plantarum*), zum Teil aber auch um weinspezifische Arten, wie *Leuconostoc oenos, Lactobacillus hilgardii* und *L. fructivorans* (1, 13).

L. oenos wird meist als nützlicher Keim eingestuft, weil er hauptverantwortlich für den Säureabbau ist und besonders bei sehr säurereichen Rotweinen ein rundes, angenehmes Geschmacksbild bewirkt. Diese Art ist aber schwer zu kultivieren. Der Nachweis und die Anzucht gelingt am besten mit einer Mischung (1:1) aus NBB und Wein (oder Traubensaft) oder mit dem „Leuconostoc oenos-Medium" (13).

Der Nachweis, die Kultivierung und grobe Differenzierung der Hefen kann mit denselben Medien und Verfahren erfolgen, wie dies im Kapitel 10.4 beschrieben wurde. Eine genauere Identifizierung kann allerdings nur mit ausführlichen und teilweise sehr aufwendigen physiologisch-biochemischen Tests (Fermentation verschiedener

C-Quellen, Assimilation verschiedener C- und N-Quellen u.a., siehe BARNETT et al. 1990 (14), KREGER-VAN RIJ 1984 (26)) erreicht werden.

Die weinschädlichen Milchsäurebakterien (vgl. DITTRICH (1987) (17), vor allem die Diacetyl („Sauerkrautton", „Molketon") und Schleim bildenden Pediokokken, können ebenfalls mit den im Kapitel 10.4 beschriebenen Medien und Methoden nachgewiesen werden.

Die NBB-Medien (NBB-A und NBB-B) sollten aber mit 20-50 % Wein vermischt werden, um dem Nachweis noch eine höhere weinspezifische Selektivität zu verleihen.

In den weinerzeugenden Betrieben wird eine systematische biologische Qualitätskontrolle nur selten durchgeführt, zumal hier normalerweise keine gravierenden Kontaminationen zu erwarten sind. Es empfiehlt sich aber dennoch eine regelmäßige Kontrolle der Kulturhefen (Reinzuchthefen), der Gär- und Lagertanks, der Abfüllanlagen und der abgefüllten Weine, um Gärstörungen und sensorischen Beeinträchtigungen, z.B. durch *Saccharomycodes ludwigii* oder *Pediococcus damnosus*, vorzubeugen. Die Verfahren, die hier zur Anwendung kommen, sind im Kapitel 10.4 ausführlich beschrieben.

Spezielle Literatur für Nährmedien

Brautechnische Analysenmethoden, Band III. Methodensammlung der Mitteleuropäischen Brautechnischen Analysenkommission (MEBAK). Herausgeber: Prof. Dr. F. Drawert. Selbstverlag der MEBAK, Feising-Weihenstephan, 1982

Catalogue of strains 1989, Fourth edition. DSM-Deutsche Sammlung von Mikroorganismen und Zellkulturen GmbH, Mascheroder Weg 1b, 38124 Braunschweig

Difco manual of dehydrated culture media and reagents for microbiological and clinical laboratory procedures, tenth edition. Herausgeber: Difco Laboratories Inc., Detroit, Michigan 48201, USA, 1984

Handbuch der Oxoid-Erzeugnisse für mikrobiologische Zwecke. Herausgeber: Oxoid Deutschland GmbH, Wesel, 1983

Mikrobiologisches Handbuch. Trockennährböden, Nährbodengrundlagen, Nährbodenzusätze und andere Produkte für die Mikrobiologie. Herausgeber: Becton Dickinson GmbH, Heidelberg, 1985

Nährböden Handbuch Merck. Herausgeber: E. Merck, Darmstadt, 1985

Sämtliche für die Getränkeindustrie wichtigen und gebräuchlichen Nähr- und Testmedien sind ausführlich beschrieben in :

BACK, W.: Handbuch und Farbatlas der Getränkebiologie. Band 2. Verlag Hans Carl Nürnberg, Brauwelt-Verlag, 1993 (im Druck)

Bezugsquellen für Nährmedien und Nährbodenbestandteile

BECTON DICKINSON GmbH, Postfach 101629, 69006 Heidelberg (BBL)

BIOTEST-Serum-Institut GmbH, Vertrieb Mikrobiologie, Landsteiner Str. 5, 63303 Dreieich

DIFCO Laboratories Inc., Detroit. Michigan 48201, USA (Auslieferung in Deutschland: Otto Nordwald KG, Heinrichstr. 5, 22769 Hamburg)

DÖHLER GmbH, Postfach 110309, 64218 Darmstadt (NBB, OFS, SSL, LMC u.a.)

E. MERCK, Frankfurter Str. 250, 64293 Darmstadt

OXOID Deutschland GmbH, Postfach 101127, 46467 Wesel

SARTORIUS GmbH, Postfach 3243, D-37022 Göttingen

Literatur

(1) BACK, W.: Zur Taxonomie der Gattung Pediococcus. Phänotypische und genotypische Abgrenzung der bisher bekannten Arten sowie Beschreibung einer neuen bierschädlichen Art: Pediococcus inopinatus. Brauwissenschaft 31 (1978) 237-250, 312-320, 336-343

(2) BACK, W.: Bierschädliche Bakterien. Nachweis und Kultivierung bierschädlicher Bakterien im Betriebslabor. Brauwelt 120, Nr. 43, (1980) 1562-1569

(3) BACK, W.: Schädliche Mikroorganismen in Fruchtsäften, Fruchtnektaren und süßen alkoholfreien Erfrischungsgetränken. Brauwelt 121, Nr. 3 (1981) 43-48

(4) BACK, W.: Bierschädliche Bakterien, Taxonomie der bierschädlichen Bakterien. Grampositive Arten. Monatsschr. Brauerei 34, Nr. 7 (1981) 267-276

(5) BACK, W.: Nachweis und Identifizierung gramnegativer bierschädlicher Bakterien. Brauwissenschaft 34, Nr. 8 (1981) 197-204

(6) BACK, W.: Schädliche Mikroorganismen in AfG-Betrieben. Nachweis und Kultivierungsmethoden. Brauwelt 121, Nr. 10 (1981) 314-318

(7) BACK, W.: Limonadenschädliche Hefen. Schneller Spurennachweis in schlecht filtrierbaren Proben. Brauwelt 122, Nr. 9 (1982) 357-359

(8) BACK, W.: Bierschädliche Bakterien. Spurennachweis und Beurteilung der Bierschädlichkeit mit Hilfe geeigneter Verfahren. Brauwelt 122, Nr. 45 (1982) 2090-2102

(9) BACK, W.: Erkennen von lebenden Mikroorganismen in Halbware wie Konzentrat, Püree und Fruchtmark. Confructa Studien Nr. V/86 (1986) 176-182

(10) BACK, W.: Nachweis und Identifizierung von Fremdhefen in der Brauerei. Brauwelt 127 (1987) 735-737

(11) BACK, W.: Mikrobiologie in der Brauerei. Brauerei- und Getränke-Rundschau 102, Nr. 5/6 (1991) 80-85

(12) BACK, W. : Mikrobiologische Spezifikationen für Alkoholfreie Getränke (AfG). Der Mineralbrunnen 41, Nr. 6 (1991) 244-255

(13) BACK, W. : Handbuch und Farbatlas der Getränkebiologie Band 1 und 2. Verlag Hans Carl Nürnberg, Brauwelt-Verlag, 1993 (Bd 1) / 1994 (Bd. 2)

(14) BARNETT, J.A., PAYNE, R.W., YARROW, D.: Yeasts: Characteristics and identification. Second edition, 1990. Cambridge University Press, Cambridge, New York, Port Chester, Melbourne, Sydney

(15) CERNY, G., HENNLICH, W., POROLLA, K.: Fruchtsaftverderb durch Bacillen: Isolierung und Charakterisierung des Verderbserregers. Z. Lebens. Unters. Forsch. 179 (1984) 224-227

(16) DARLAND, G., BROCK, T.D.: Bacillus acidocaldarius sp. nov., an acidophilic, thermophilic spore-forming bacterium. J. Gen. Microbiol. 67 (1971) 9-15

(17) DITTRICH, H.H.: Mikrobiologie des Weines. 2. Aufl. Ulmer Verlag, Stuttgart, 1987

(18) DONHAUSER, S., FRIEDRICHSON, U., RITTER, H. SCHMITT, J.: Enzym-Polymorphismen bei Hefen. 1.: Genetische Variabilität der PGM,HK, MPI, GPI, G6PD und 6PGD bei Saccharomyces. Monatsschrift für Brauwissenschaft 29 (1976) 306-310

(19) DONHAUSER, S., FRIEDRICHSON, U., RITTER, H., SCHMITT, J.: Enzym-Polymorphismen bei Hefen. European Brewery Convention, Proceedings of the 16th Congress, Amsterdam 1977, 285-295

(20) DRAWERT, F. (Hrsg.): Brautechnische Analysenmethoden. Band III. Methodensammlung der Mitteleuropäischen Brautechnischen Analysenkommisson (MEBAK). Selbstverlag der MEBAK, Freising-Weihenstephan, 1982

(21) EMEIS, C.C.: Methoden der brauereibiologischen Betriebskontrolle. III. VLB-S7-Agar zum Nachweis bierschädlicher Pediokokken. Monatsschr. Brauerei 22 (1969) 8-11

(22) HUTTER, K.-J.: Fluoreszenzserologischer Schnelltest zur Identifizierung von Mikroorganismen auf Membranfilter. Brauwelt 131 (1991) 726-730

(23) HUTTER, K.-J.: Simultane Identifizierung von L. brevis und P. damnosus im filtrierten Bier. Biologischer Schnelltest mit Hilfe der Fluoreszenzserologie und der Durchflußzytometrie. Brauwelt 131 (1991) 1797-1802

(24) KNISPEL, M., LIPPERT, S., ROCHUS, R., HÜTTEMANN, A., SANDHAUS, V., KOLBUS, S., BAUMGART, J.: Schnellnachweis von Mikroorganismen — Verfahren für das Betriebslabor? Lebensmitteltechnik 22 (1990) 44-48

(25) KOZULIS, J.A., PAGE, H.E. : A new universal beer agar medium for the enumeration of wort and beer microorganisms. ASBC Proc., Congr. 1968, 52-58

(26) KREGER-VAN RIJ, N.J.W.: The yeasts, a taxonomic study (S. 453), Elsevier Science Publishers B.V., Amsterdam 1984

(27) MAN, J.C. DE, ROGOSA, M., SHARPE, M.E.: A medium for the cultivation of lactobacilli. J. Appl. Bact. 23 (1960) 130-135

(28) MÄNDL, B., SEIDEL, H. : Erfahrungen beim Nachweis von bierschädlichen Bakterien (Pediokokken und Laktobazillen) in Brauerei-Betriebshefen mit verschiedenen Nährböden. Brauwissenschaft 24 (1971) 105-109

(29) MARTINI, A.V. : Saccharomyces paradoxus comb. nov., a newly separated species of the Saccharomyces sensu stricto complex based upon nDNA/nDNA Homologies. System. Appl. Microbiol. 12 (1989) 179-182

(30) MARTINI, A.V., MARTINI, A.: The state of the art of the classification of Saccharomyces sensu stricto. 14th International Spezialized Symposium on Yeasts. Yeast Taxonomy: Theoretical an practical aspects. Smolenice, Czechoslovakia 1990, 22-24

(31) MOSSEL, D.A.A., KLEYNEN-SEMMELING, A.M.C., VINCENTIE, H.M., BEERENS, H., GATSARAS, M.: Oxytetracycline-Glucose-Yeast Extract Agar for Selective Enumeration of Moulds and Yeasts in Foods and Clinical Material. J. App. Bact. 33 (1970)

(32) REHM, H.-J.: Industrielle Mikrobiologie, 2. Auflage, Springer Verlag, Berlin, Heidelberg, New York 1980

(33) RINCK, M., WACKERBAUER, K. : Mikrobiologische Endproduktkontrolle mit direktem Schnellverfahren. Monatsschrift f. Brauwissenschaft 40, (1987) 164-169

(34) RÖCKEN, W.: Fremdhefennachweis in der obergärigen Brauerei mit dem Pantothenat-Agar. Monatsschr. f. Brauwissenschaft 36 (1983) 65-69

(35) RÖCKEN, W., SCHULTE, S.: Nachweis von Fremdhefen. Bringen der Kupfersulfat-Agar und der 37 °C-Test Fortschritte beim Nachweis von Fremdhefen? Brauwelt 126 (1986) 1921-1927

(36) RUSCH, A., BACK, W., KRÄMER, J.: Anfärbung bierschädlicher Mikroorganismen mit Fluoreszenzfarbstoffen. Monatsschr. f. Brauwiss. 42 (1989) 192-197

(37) SCHMIDT, H.-J.: Mikrobiologische Schnellnachweisverfahren — Eine kritische Betrachtung. Brauwelt 132 (1992) 402-409

(38) SCHUMACHER, W., MEYN, E. : Bundes-Seuchengesetz, 2. Auflage. Deutscher Gemeindeverlag, Verlag W. Kohlhammer, Köln 1982

(39) SEIDEL, H., LÖFFELMANN, W. : Differenzierung zwischen Brauerei-Kulturhefen und „wilden Hefen". Teil I.: Erfahrungen beim Nachweis von „wilden Hefen" auf Kristallviolettagar und Lysinagar. Brauwissenschaft 25 (1972) 384-389

(40) SEIDEL, H., LÖFFELMANN, W.: Differenzierung zwischen Brauerei-Kulturhefen und „wilden Hefen". Teil III: Erfahrungen bei Verwendung von Kristallviolettagar, Lysinagar und SDM (Schwarz Differential Medium) in Kombination mit der Membranfiltermethode. Brauwissenschaft 28 (1975) 39-42

(41) SNEATH, P.H.A. (Hrsg.): Bergey's Manual of Systematic Bacteriology, Volume 2, 9. Auflage 1986. Williams & Wilkins, Baltimore, London, Los Angeles, Sydney

(42) VOGEL, H., BOHAK, I.: Schnellnachweismethode für schädliche Mikroorganismen in der Brauerei. Brauwelt 130 (1990) 414

Sachwortverzeichnis

B

C

D

H

J

K

T

U